나
무
책

The Book of the Tree

윤주복 지음

책머리에

어느 봄날, 땅에 코를 박고 얼레지 사진을 찍다가 허리가 아파 낙엽 위로 누웠더니 푸른 하늘을 배경으로 가지마다 연두색 어린잎을 가지런히 펼친 나무가 눈에 확 들어왔습니다. 나무의 꽃이나 열매나 단풍 사진은 열심히 찍고 다녔지만, 계절마다 바뀌는 나무의 모습을 관찰하며 사진에 담은 적은 별로 없었다는 것을 그제서야 깨달았습니다. 그때부터 나무가 변해 가는 모습에 더욱 관심을 가지고 혼자 배우며 사진을 촬영한 지 30년 가까이 되었습니다. 그사이 기회가 되어 산과 들에서 만나는 나무의 이름을 쉽게 찾을 수 있는 나무 도감을 몇 권 펴냈지만, 관찰하면 할수록 사계절 모습을 바꾸는 나무에 대해 내가 아는 것이 별로 없다는 것을 또한 깨달았습니다. 그래서 계속 나무를 관찰하며 사진을 찍으러 다녔습니다.

아직도 나무에 대해 아는 것이 얼마 없지만, 그동안 나무를 관찰하며 촬영한 사진으로 나무의 생김새를 이해할 수 있는 책을 만들어 보고자 용기를 내었습니다. 아는 만큼 보인다고 나무를 잘 알기 위해서는 나무 각 부분의 생김새를 설명하기 위해 만든 용어를 익혀야 합니다. 이 책은 나무의 생김새와 살아가는 모습을 용어를 중심으로 살펴보고자 하였습니다. 나무의 각 부분 중에서 '꽃'과 '열매' 부분은 먼저 펴낸 『꽃 책』에서 자세히 살펴보았으므로 이 책에서는 기본적인 내용만 다루었습니다.

예전에는 대부분의 식물 용어가 어려운 한자어라서 한자를 잘 알지 못하면 이해가 어려웠지만, 근래에는 학자들이 한글 용어로 바꾸는 노력을 한 덕분에 이해하기가 훨씬 쉬워졌습니다. 그래서 본문은 한글 용어를 주로 사용하고 어려운 한자어나 영문 용어는 하단에 따로 표기해서 필요할 때 참고하도록 하였으며, 이해를 돕기 위해 용어 해설과 찾아보기를 부록으로 정리했습니다. 이 책과 함께 돋보기 하나만 지니고 나서면 산과 들에서 지천으로 자라는 여러 나무의 모습 속에 숨겨진 비밀을 자세히 알게 될 것입니다.

2025년 봄 윤주복

차례

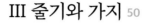

IV 잎 146

VII 나무와 생활 364

코코스야자

I 나무의 구분

지구는 햇빛을 가장 많이 차지하는 나무가 주인인 나무의 행성으로, 나무는 모여서 숲을 이루고 계속 무성하게 자란다. 화석으로 확인된 최초의 나무는 약 3억 8천만 년 전에 살았던 것으로 밝혀졌으며, 약 3억 년 전인 석탄기에는 속새 종류와 나무고사리 등의 고사리식물이 숲을 이루었고, 이어서 2억 년 전인 트라이아스기에 바늘잎을 가진 겉씨식물이 등장하였으며, 마지막으로 1억 년 전인 백악기에 등장한 속씨식물이 오늘날까지 번성하고 있다. 지구상에는 64,100여 종의 나무가 살고 있으며, 이는 전체 식물의 1/4 정도에 해당한다. 그리고 나무 종의 절반 이상이 열대 지역에 분포한다. 2015년 추산에 의하면 세계의 나무 수는 약 3조 4백억 그루로 열대와 아열대에 46%, 온대에 20%가 분포하고, 한대의 침엽수림이 24% 정도를 차지하고 있다. 산림청이 2020년에 발표한 바에 의하면 우리나라의 산림 면적은 약 629만ha로, 국토 전체 면적의 62.6%를 차지하고 약 72억 그루의 나무가 자라는 것으로 추정된다.

나무갓 원줄기 윗부분에 가지와 잎이 달려서 갓 모양을 이룬 부분을 '나무갓'이라고 한다. 곰솔과 같은 바늘잎나무는 줄기에서 가지가 사방으로 돌려나는데, 밑의 가지는 길이가 길고 위로 올라갈수록 가지가 점차 짧아져서 보통 원뿔 모양의 나무 모양을 만든다.

곰솔의 바늘잎은 2개가 한 묶음으로 묶여 있다. 곰솔은 1년 내내 늘푸른 바늘잎을 촘촘히 달고 있다.

나무갓 너비

나무갓 높이

가지 옆으로 자라는 가지는 줄기와 함께 점차 굵어지지만 지상으로부터의 높이는 변하지 않는다.

나무줄기 줄기는 잎과 뿌리를 이어 주는 중심 부분으로 식물의 몸을 지탱해 주는 역할을 하고 물과 양분의 통로가 된다. 특히 나무는 높게 자란 무거운 몸을 지탱하기 위해서 줄기가 단단하게 나무질화되기 때문에 매우 튼튼하다.

나무 밑동 나무줄기에서 뿌리와 가까운 부분은 흔히 '밑동'이라고 한다.

나무껍질 나무껍질은 동물의 피부처럼 외부 환경으로부터 줄기를 보호하며 수분 손실을 방지하는 역할을 한다. 곰솔의 나무껍질은 흑갈색이며 거북의 등처럼 갈라져 조각으로 떨어진다.

뿌리 뿌리목에서 갈라져 벋는 뿌리는 여러 갈래로 갈라지며 땅속으로 길게 벋어 나무를 고정시키고 물과 양분을 흡수한다. 뿌리도 줄기처럼 단단하게 나무질화된다.

뿌리목 나무 밑동의 뿌리와 줄기의 경계가 되는 부분은 흔히 '뿌리목'이라고 한다.

곰솔 분재 나무를 화분에 심어 고목(古木)처럼 자연스러우며 운치가 있게 가꾸는 것을 '분재(盆栽)'라고 한다. 분재는 화분이라는 좁은 공간 속에서 힘든 환경을 극복하면서 자란 나무의 강인한 생명력을 느낄 수 있다.

*나무갓[수관(樹冠), crown, canopy] / 바늘잎[침엽(針葉), acicular leaf, needle leaf]

나무란?

식물은 햇빛을 이용해 양분을 만들기 때문에 햇빛을 더 많이 받기 위해 서로 누가 높이 자라나 경쟁한다. 그러나 키가 커질수록 무게가 많이 나가기 때문에 줄기를 튼튼하게 만들어야 했다. 그래서 점점 단단하면서도 굵은 줄기를 갖는 여러해살이 식물이 나타났는데 이것이 나무이다. 줄기가 높게 자라면 잎이 햇빛을 잘 받을 수 있을 뿐만 아니라 소나 노루처럼 식물을 먹고 사는 동물들로부터 잎을 보호할 수 있다.

곰솔 목재 나무의 세포벽에는 '리그닌'이라는 접착 물질이 축적되어 나무질이 단단해지기 때문에 줄기가 튼튼해져서 나무가 높이 자랄 수 있다. 나무질화된 나무줄기는 단단하면서도 가볍고 가공하기가 쉬워서 오랜 옛날부터 목재로 만들어 집, 배, 가구, 도구 등을 만드는 재료로 널리 이용하였다.

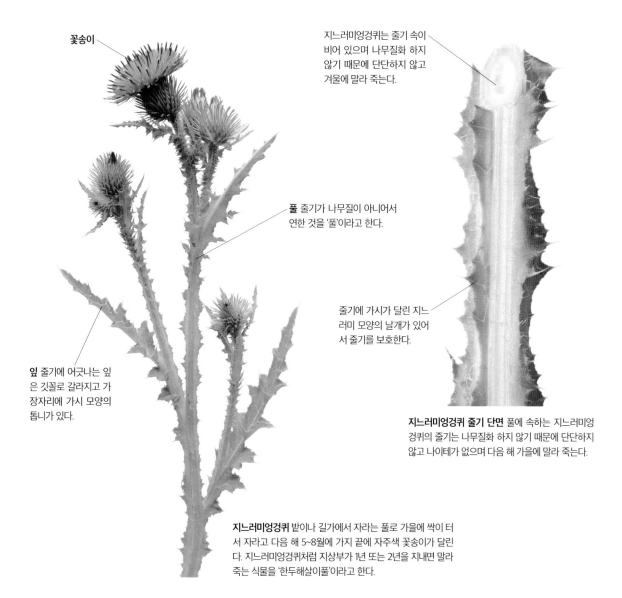

꽃송이

지느러미엉겅퀴는 줄기 속이 비어 있으며 나무질화 하지 않기 때문에 단단하지 않고 겨울에 말라 죽는다.

풀 줄기가 나무질이 아니어서 연한 것을 '풀'이라고 한다.

줄기에 가시가 달린 지느러미 모양의 날개가 있어서 줄기를 보호한다.

잎 줄기에 어긋나는 잎은 깃꼴로 갈라지고 가장자리에 가시 모양의 톱니가 있다.

지느러미엉겅퀴 줄기 단면 풀에 속하는 지느러미엉겅퀴의 줄기는 나무질화 하지 않기 때문에 단단하지 않고 나이테가 없으며 다음 해 가을에 말라 죽는다.

지느러미엉겅퀴 밭이나 길가에서 자라는 풀로 가을에 싹이 터서 자라고 다음 해 5~8월에 가지 끝에 자주색 꽃송이가 달린다. 지느러미엉겅퀴처럼 지상부가 1년 또는 2년을 지내면 말라 죽는 식물을 '한두해살이풀'이라고 한다.

*풀[초본(草本), herb, herbaceous plant] / 나무[목본(木本), 수목(樹木), tree, woody plant]

11

바늘잎 전나무의 단단한 바늘잎은 끝이 뾰족하다.

잎 전나무 잎은 선형이며 2~4㎝ 길이이고 앞의 곰솔(p.10) 잎보다는 짧고 단단해서 찔리면 따가우며 가지에 하나씩 달린다.

겨울눈 가지 끝에 만들어진 겨울눈에서 다음 해에 새로운 잎가지가 나와 자란다.

바늘잎은 늘푸른 잎으로 진녹색이며 가지에 촘촘히 돌려가며 붙는다.

11월의 전나무 잎가지

바늘잎 뒷면에는 2개의 흰색 숨구멍줄이 있어서 숨쉬기와 김내기 작용을 한다.

새로 돋는 잎가지에 촘촘히 돌려가며 달리는 바늘잎은 부드러워서 찌르지 않으며 자라면서 점차 진녹색으로 변하고 단단해진다.

솔방울조각 나선형으로 배열하며 촘촘히 포개져 있다.

상처에서 흘러나온 송진

솔방울열매 가을에 갈색으로 익으면 조각조각 부서지면서 씨앗이 나온다.

전나무 바늘잎 뒷면 바늘 모양의 선형 잎은 2~4㎝ 길이이며 곧거나 약간 굽고 단단하며 끝이 뾰족하다. 바늘잎은 추위에 강하고 겨울에도 광합성을 통해 양분을 만들 수 있지만 광합성 효율은 낮은 편이다.

4월 말의 전나무 새순 겨울눈에서 연두색 바늘잎가지가 새로 돋아 자라기 시작한다.

전나무 솔방울열매 바늘잎나무는 솔방울열매가 열린다. 기다란 원기둥 모양의 솔방울열매는 6~12㎝ 길이이며 위를 향해 곧추선다.

12 ＊바늘잎나무[침엽수(針葉樹), conifer, coniferous tree, needle-leaved tree] / 숨구멍줄[기공조선(氣孔條線), 기공선(氣孔線), 기공대(氣孔帶), stomatal band, coniferous stomata]

바늘잎나무

바늘처럼 가늘고 단단한 잎을 가지고 있는 나무를 흔히 '바늘잎나무'라고 하는데 보통 솔방울열매를 맺으며 대부분이 늘푸른나무이다. 넓은잎을 가지고 있는 넓은잎나무와 잎의 모양을 보고 구분이 된다. 바늘잎나무는 대부분이 겉씨식물이고 넓은잎나무는 대부분이 속씨식물이지만 드물게 그렇지 않은 것도 있으므로 생물학적으로 구분할 때에는 겉씨식물과 속씨식물로 구분하는 것이 좋다. 바늘잎나무는 전 세계적으로 분포하지만 특히 북반구의 추운 지방에 많이 분포하며 드넓은 숲을 이루며 자란다. 바늘잎나무는 줄기가 곧고 나무 모양이 원뿔처럼 자라는 것이 많아서 흔히 크리스마스트리로 이용한다.

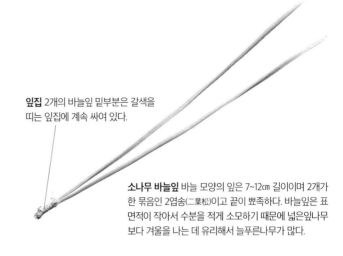

잎집 2개의 바늘잎 밑부분은 갈색을 띠는 잎집에 계속 싸여 있다.

소나무 바늘잎 바늘 모양의 잎은 7~12㎝ 길이이며 2개가 한 묶음인 2엽송(二葉松)이고 끝이 뾰족하다. 바늘잎은 표면적이 작아서 수분을 적게 소모하기 때문에 넓은잎나무보다 겨울을 나는 데 유리해서 늘푸른나무가 많다.

나한송 바늘잎 뒷면 전남 가거도에서 자라는 늘푸른바늘잎나무로 잎은 10~15㎝ 길이이며 넓은 선형으로 우리나라에서 자라는 바늘잎나무 중에 가장 넓다. 잎은 약간 가죽질이고 끝이 뾰족하며 가장자리가 밋밋하다.

주맥 잎 가운데에 주맥이 뚜렷하다.

3월의 전나무 높은 산에서 자라는 늘푸른바늘잎나무이다. 전나무와 같은 바늘잎나무는 일반적으로 곧은 줄기에 가지가 빙 둘러나며 나무갓은 원뿔 모양을 이룬다.

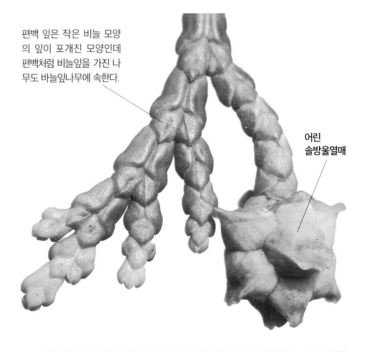

편백 잎은 작은 비늘 모양의 잎이 포개진 모양인데 편백처럼 비늘잎을 가진 나무도 바늘잎나무에 속한다.

어린 솔방울열매

편백 어린 솔방울열매 일본 원산의 늘푸른바늘잎나무로 솔방울열매는 둥근 모양이며 어릴 때는 솔방울조각 끝이 뾰족하다.

＊솔방울열매[구과(毬果), cone, strobilus] / 솔방울조각[실편(實片), 종린(種鱗), ovuliferous scale, cone scale] / 비늘잎[인엽(鱗葉), 인편엽(鱗片葉), scale leaf]

넓은잎나무

손바닥처럼 넓적하고 평평한 잎을 가진 나무를 '넓은잎나무'라고 하는데, 넓은잎은 흔히 꽃을 피우는 속씨식물이 가지고 있는 잎을 뜻한다. 바늘잎과 솔방울열매를 맺는 바늘잎나무와 잎의 모양을 보고 구분이 된다. 넓은잎을 가진 식물은 전 세계적으로 널리 분포하며 전체 식물의 90%를 차지할 정도로 번성하고 있다. 넓은잎나무는 따뜻한 곳에서 잘 자라며 추운 지방에서는 겨울에 잎을 떨구고 봄까지 겨울잠을 자는 나무가 대부분이다.

신갈나무는 가지 끝에 넓은잎이 모여 달리는 넓은잎나무의 하나이다.

넓은잎은 광합성을 통해 식물이 자라는 데 필요한 양분을 만든다. 넓은잎나무 잎은 바늘잎나무 잎보다 광합성 효율이 높은 편이다.

4월에 돋은 신갈나무 어린잎 봄이 오면 가지 끝의 겨울눈이 벌어지면서 새잎이 나와 자란다.

새로 돋는 잎은 붉은빛이 돌다가 점차 녹색이 된다.

7월 초의 신갈나무 잎가지 산에서 자라는 갈잎큰키나무로 넓은잎나무의 하나이다.

도토리 깍정이를 덮고 있는 비늘 모양의 조각은 '비늘조각'이라고 하며 기와를 인 모양이다.

도토리열매는 갈색으로 익는다.

신갈나무 열매 신갈나무와 같은 참나무 종류가 맺는 열매는 흔히 '도토리'라고 한다. 도토리열매는 묵을 쑤어 먹는다.

＊넓은잎나무[활엽수(闊葉樹), broad-leaved tree] / 비늘조각[인편(鱗片), scale]

넓은 잎몸은 거꿀달걀형
이며 길이가 10~20㎝이
고 가죽처럼 질기다.

신갈나무 단풍잎 온대 지방에서는
겨울 동안 에너지 소모를 줄이기 위
해 대부분의 넓은잎나무가 단풍이
든다. 단풍이 든 잎은 곧 시들고 점차
낙엽이 진다.

잎 가장자리에는
굵은 톱니가 있다.

여름이 되면 잎겨드랑이
에서 어린 열매가 점차
크게 자라기 시작한다.

신갈나무 나무 모양 트인 곳에서 자란 신갈나무는 나무갓이
둥근 모양이나 타원형을 만들지만 다른 나무와 인접한 숲속에
서는 우산 모양을 만든다. 전나무와 같은 바늘잎나무는 나무갓
이 대부분 원뿔 모양이다.

잎자루는 거의 없다.

나무갓 너비

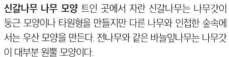

나무갓 높이

신갈나무 줄기 단면 단단한 줄기는 나무를 지탱하는 역할을
한다. 딱정벌레와 같은 곤충의 애벌레가 줄기 속을 파먹기도
한다.

＊속씨식물[피자식물(被子植物), angiosperm, angiospermae]

야자나무

야자나무의 곧게 자라는 줄기는 대부분 가지가 갈라지지 않으며 커다란 잎이 줄기 끝부분에 빙 둘러나기 때문에 쉽게 구분할 수 있다. 야자나무는 전 세계에 3천여 종이 자라는데 대부분이 열대와 아열대 지방에 분포한다. 잎은 깃 모양의 겹잎이나 부채 모양이며 길이가 수 센티미터에서 25m에 이르는 것도 있다. 야자나무는 줄기 꼭대기의 생장점 밑부분의 세포가 왕성하게 증식하여 만들어진 관다발이 흩어져서 나무질화되면 더 이상 굵어지지 않는다. 야자나무는 줄기의 부피생장이 일어나는 부름켜가 없기 때문에 나무가 아닌 풀로 구분하기도 한다.

종려나무 잎 모양 잎몸이 둥글며 지름 50~80㎝이고 세로로 깊게 갈라지며 갈래조각은 주맥을 중심으로 접힌 모양이 쥘부채의 부챗살을 닮았다.

갈래조각은 각각 반으로 접힌다.

잎 손바닥 모양의 잎은 줄기 끝부분에 빙 둘러난다.

꽃송이 5월 말에 잎겨드랑이에 큼직한 연노란색 꽃송이가 자란다.

종려나무 잎은 이 잎처럼 갈래조각이 처지지 않는 당종려와 갈래조각이 처지기도 하는 왜종려로 구분하기도 한다. 당종려는 중국 원산이고 왜종려는 일본 원산이다.

잎자루 1m 정도 길이이며 단면은 세모꼴이고 가장자리에 돌기가 있어 껄끔거린다.

줄기 원기둥 모양의 줄기는 가지가 갈라지지 않으며 가느다란 실 모양의 섬유질로 덮여 있다.

종려나무 중국과 일본 원산의 야자나무로 5~10m 높이로 곧게 자란다.

종려나무 잎 모양

*야자나무[야자수(椰子樹), palm]

줄기 끝에 모여나는 잎은 2~3m 길이이
며 잎몸이 깃꼴로 잘게 갈라진다. 야자나
무 잎은 대부분이 깃꼴로 갈라지거나 손
꼴로 갈라진다.

잎겨드랑이에
모여 달리는 열매송이

칼라파리아야자(*Actinorhytis calapparia*) 남태평양 군도
원산의 야자나무로 15m 정도 높이로 곧게 자란다.

종려나무 암꽃이삭 암수딴그루로 5~6월에 잎겨드
랑이에서 나오는 원뿔 모양의 꽃송이에 자잘한 연노
란색 꽃이 촘촘히 모여 핀다.

야자나무 줄기 단면 야자나무 줄기는 풀의 횡단면처럼 관다발이 줄기
전체에 불규칙하게 분포하며 부름켜가 없어서 일단 나무질화되면 지름
이 더 이상 굵어지지 않기 때문에 나무가 아닌 풀로 구분하기도 한다. 또
해가 바뀌어도 줄기 단면에 나이테가 만들어지지 않는다.

소철 야자나무를 닮은 바늘잎나무

소철은 원통 모양의 줄기 끝에 깃꼴로 갈라진 잎이 사방으로 돌려난 모습이 야자나무와 닮았다. 하지만 작은잎은 뾰족하고 단단한 바늘잎으로 바늘잎나무에 속한다. 줄기가 부피생장을 해서 점차 굵어지는 것도 야자나무와 다른 점이다. '소철(蘇鐵)'은 '되살아날 소(蘇)'와 '쇠 철(鐵)'이 합쳐진 한자 이름으로 나무가 쇠약해졌을 때 철분을 주면 회복되기 때문에 붙여진 이름이다. 소철은 중국 남부와 일본 남부에 분포하는 아열대성 바늘잎나무로 남쪽 섬에서 관상수로 심는다.

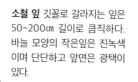

바늘잎 나무 모양과 깃꼴로 갈라지는 잎은 야자나무와 비슷하지만 갈래조각이 바늘잎인 바늘잎나무이다. 바늘잎은 단단해서 찔리면 아프다.

소철 잎 깃꼴로 갈라지는 잎은 50~200㎝ 길이로 큼직하다. 바늘 모양의 작은잎은 진녹색이며 단단하고 앞면은 광택이 있다.

원통 모양의 줄기 끝에 깃꼴로 갈라진 잎이 촘촘히 모여나는 것은 야자나무와 비슷하다.

소철 수그루 수그루에는 작은홀씨잎이 촘촘히 돌려가며 붙어서 원기둥 모양이 된다.

소철 암그루 암그루에는 큰홀씨잎이 촘촘히 붙어서 둥그스름한 공 모양을 만든다.

줄기 끝에서 깃꼴로 갈라지는 잎이 사방으로 빙 둘러난다.

＊큰홀씨잎[대포자엽(大胞子葉), megasporophyll]

작은홀씨잎

3개가 모여 있는 작은홀씨주머니
홀씨주머니는 보통 3~4개씩 뭉쳐 있다.

터진 작은홀씨주머니

6월의 작은홀씨잎 수그루에 원기둥 모양으로 촘촘히 모여나는 작은홀씨잎은 밑부분이 점차 좁아지는 좁은 쐐기 모양이다. 작은홀씨잎 뒷면에는 작은홀씨주머니가 촘촘히 달리는데 황갈색으로 성숙하면 터지면서 바람에 가루가 날려 퍼진다.

큰홀씨잎 큰홀씨잎은 암그루에 둥그스름하게 모여 달린다. 큰홀씨잎은 윗부분이 달걀형이며 깃꼴로 잘게 갈라지고 털로 덮여 있다.

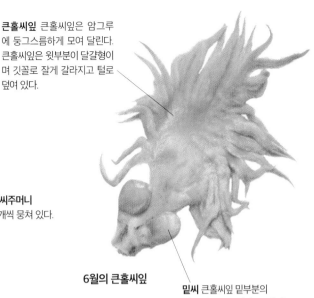

6월의 큰홀씨잎

밑씨 큰홀씨잎 밑부분의 자루 양쪽으로 각각 1~3개의 둥근 밑씨가 붙는다.

씨앗은 잔털로 덮여 있다.

씨앗 모양 씨앗은 큰홀씨잎 밑부분에 겉으로 드러난다. 씨앗은 약간 납작한 달걀 모양이며 붉은색으로 익는다.

소철 나무 모양 둥근 기둥 모양의 줄기는 잎이 떨어져 나간 자리가 비늘 모양으로 남아 줄기를 이룬다. 줄기 속의 나무질은 부드러운 편이다.

나무고사리(*Cyathea* sp.) 주로 열대 지방에서 자라는 고사리식물로 줄기 끝부분에서 잎이 모여나는 모양은 소철이나 야자나무를 많이 닮았다. 줄기처럼 보이는 것은 뿌리줄기가 서로 엉키면서 둘러싸서 만들어진 것이다.

솜대

조선의 시인 윤선도는 「오우가」에서 대나무를 이렇게 표현했다.

'나무도 아닌 것이 풀도 아닌 것이'

솜대가 속해 있는 대나무는 나무처럼 높게 자라서 이름에 나무가 붙지만 부름켜가 없어서 줄기가 점점 굵어지는 부피생장을 하지 않기 때문에 엄밀히 말하면 여러해살이풀이다. 또 부피생장을 하는 나무는 마디가 잘 드러나지 않는데 대나무는 마디가 뚜렷한 것이 나무가 아니란 증거이기도 하다. 하지만 대나무는 높게 자라고 줄기도 단단해서 흔히들 나무로 생각한다. 대나무종 중에서 가장 높이 자란 기록은 46m라고 하는데 줄기의 지름은 36㎝에 불과했다. 대나무의 튼튼한 구조는 속이 빈 파이프 모양의 줄기와 마디 때문이다. 이런 튼튼함 때문에 대나무 줄기는 인류가 생활에 널리 이용하고 있다.

잎집 솜대 잎 밑부분의 잎집에 달리는 비단털은 5개 정도이며 점차 떨어져 나간다.

잎 모양 잎은 피침형이며 6~10㎝ 길이이고 끝이 길게 뾰족하며 가장자리에 잔톱니가 있다.

솜대 잎가지 작은 가지 끝에 잎이 2~3장씩 달린다.

솜대 뿌리줄기 솜대와 같은 대나무는 땅속에서 옆으로 굵은 뿌리줄기가 벋으면서 자잘한 뿌리가 촘촘히 나온다.

솜대 줄기의 마디 줄기 마디의 고리는 2개이며 같은 높이로 볼록하게 나온다. 대나무는 마디가 뚜렷한 것이 특징이다.

대나무 줄기 단면 줄기 속은 비어 있고 마디 부분만 막혀 있는 구조이며 높게 자라는 줄기를 지탱할 수 있다.

20

*잎집[엽초(葉鞘), leaf sheath] / 뿌리줄기[근경(根莖), rhizoma, rhizome]

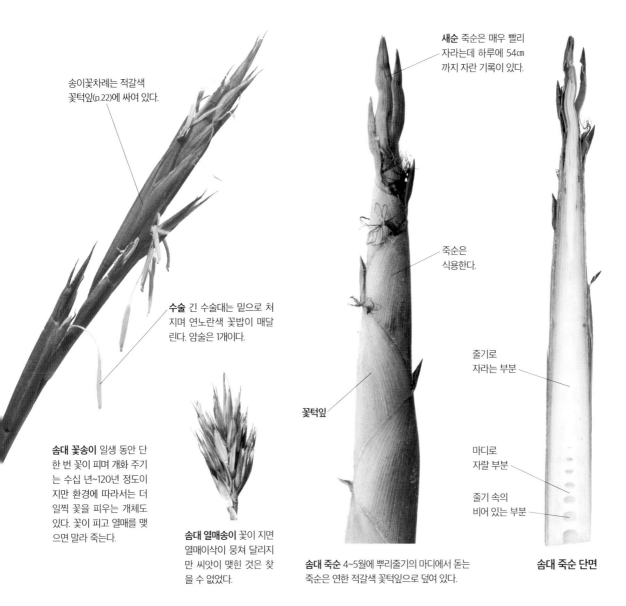

송이꽃차례는 적갈색 꽃턱잎(p.22)에 싸여 있다.

새순 죽순은 매우 빨리 자라는데 하루에 54㎝까지 자란 기록이 있다.

수술 긴 수술대는 밑으로 처지며 연노란색 꽃밥이 매달린다. 암술은 1개이다.

죽순은 식용한다.

줄기로 자라는 부분

마디로 자랄 부분

줄기 속의 비어 있는 부분

꽃턱잎

솜대 꽃송이 일생 동안 단 한 번 꽃이 피며 개화 주기는 수십 년~120년 정도이지만 환경에 따라서는 더 일찍 꽃을 피우는 개체도 있다. 꽃이 피고 열매를 맺으면 말라 죽는다.

솜대 열매송이 꽃이 지면 열매이삭이 뭉쳐 달리지만 씨앗이 맺힌 것은 찾을 수 없었다.

솜대 죽순 4~5월에 뿌리줄기의 마디에서 돋는 죽순은 연한 적갈색 꽃턱잎으로 덮여 있다.

솜대 죽순 단면

왕대 숲 왕대는 솜대와 함께 대나무로 불린다. 땅속의 뿌리줄기가 벋으면서 군데군데에서 죽순이 나와 빽빽한 대나무 숲을 만든다.

열대의 남방죽(南方竹) 우리나라에서 자라는 북방계 대나무와 달리 열대 지방에서 자라는 남방죽은 줄기가 촘촘히 모여나 다발을 이루며 자라는 것이 특징이다.

21

바나나

바나나는 열대 아시아 원산으로 10m 정도 높이까지 자라는 것도 있기 때문에 나무로 착각하는 사람도 있지만 여러해살이풀이다. 바나나와 같은 외떡잎식물은 줄기에 부름켜가 없어서 굵어지지 않는다. 대신에 바나나는 커다란 잎을 달고 있는 밑부분의 잎집이 서로 촘촘히 포개져서 줄기처럼 굵어지는데, 이런 줄기를 '헛줄기'라고 하며 땅속에 진짜 줄기가 있다. 땅속줄기에서 잎과 함께 나오는 꽃줄기는 헛줄기 속을 지나 끝에서 나와 비스듬히 밑으로 처지며 암꽃과 수꽃이 함께 피는 암수한그루이다.

꽃턱잎 꽃이나 꽃대의 밑에 있는 잎이 변형된 조각을 '꽃턱잎'이라고 한다. 바나나의 꽃턱잎은 붉은색~암자색으로 커다란 꽃잎처럼 보이며 꽃이 필 때면 뒤로 젖혀진다.

꽃 연노란색 꽃은 꽃턱잎 조각 사이에 2줄로 촘촘히 포개져 있으며 암꽃과 수꽃이 한 그루에 따로 피는 암수한그루이다.

바나나 꽃차례 가짜 줄기 끝에서 길게 자라는 꽃차례는 밑으로 처져서 매달린다. 꽃차례는 커다란 암자색 꽃턱잎이 차곡차곡 포개져 있으며 사이사이마다 연노란색 꽃이 포개져 있다.

커다란 꽃턱잎은 차곡차곡 포개져 있다.

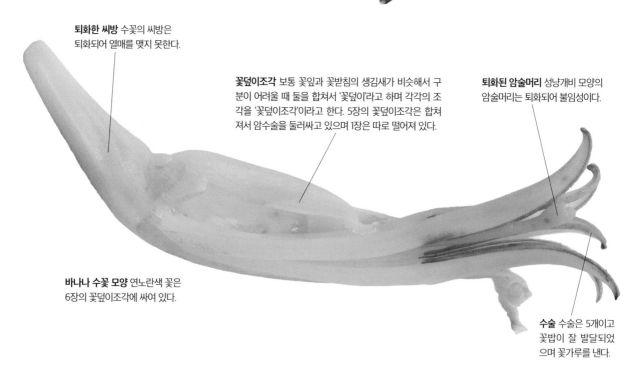

퇴화한 씨방 수꽃의 씨방은 퇴화되어 열매를 맺지 못한다.

꽃덮이조각 보통 꽃잎과 꽃받침의 생김새가 비슷해서 구분이 어려울 때 둘을 합쳐서 '꽃덮이'라고 하며 각각의 조각을 '꽃덮이조각'이라고 한다. 5장의 꽃덮이조각은 합쳐져서 암수술을 둘러싸고 있으며 1장은 따로 떨어져 있다.

퇴화된 암술머리 성냥개비 모양의 암술머리는 퇴화되어 불임성이다.

바나나 수꽃 모양 연노란색 꽃은 6장의 꽃덮이조각에 싸여 있다.

수술 수술은 5개이고 꽃밥이 잘 발달되었으며 꽃가루를 낸다.

*꽃턱잎[꽃싸개잎, 포(苞), bract] / 헛줄기[위경(僞莖), 가경(假莖), pseudostem] / 꽃가루[화분(花粉), pollen]

바나나 열매 송이로 달리는 기다란 열매는 안쪽으로 약간씩 구부러지고 어릴 때는 5개의 모가 지며 노랗게 익는다. 농학에서는 과일이 아니라 열매채소로 구분한다.

열매살 속에는 제대로 자라지 못한 씨앗이 까만 점처럼 박혀 있기도 하지만 먹을 때에는 씨앗이 들어 있는 것이 느껴지지 않는다.

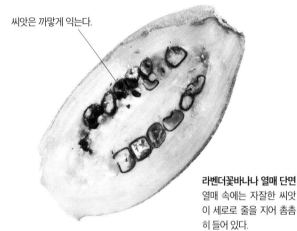

바나나 열매 단면 연노란색 열매살은 달콤하면서도 부드러운 물열매로 맛도 좋고 먹기가 편하다.

라벤더꽃바나나 열매 동남아시아 원산의 바나나 종류로 둥근 타원형 열매는 붉게 익는다.

씨앗은 까맣게 익는다.

열매 속에는 자잘한 씨앗이 세로로 줄을 지어 촘촘히 들어 있다.

라벤더꽃바나나 열매 단면

바나나 줄기는 10m 정도 높이까지 자라기도 하며 큼직한 잎은 주맥에서 직각으로 갈라지는 측맥을 따라 바람 등에 의해 잘 찢어진다.

바나나 줄기 굵은 줄기는 밑부분의 지름이 15~40㎝로 굵어져서 나무처럼 느껴지지만 약해서 센 바람에 부러지기도 한다.

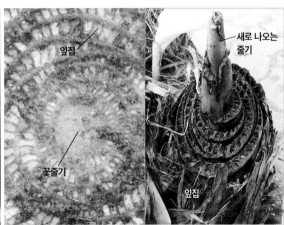

잎집

꽃줄기

새로 나오는 줄기

잎집

바나나 줄기 단면 줄기는 잎집이 서로 촘촘히 감겨서 생긴 헛줄기로 땅속에 진짜 줄기가 있으며 기는줄기를 내기도 한다. 잎집은 안쪽 것을 바깥쪽 잎집이 둘러싼 모양이 양파 알뿌리 단면과 비슷하다. 헛줄기 한가운데에는 꽃줄기가 위치한다. 줄기를 자르면 가운데에서 다시 줄기가 자라기도 한다.

*꽃덮이[화피(花被), perianth] / 꽃덮이조각[화피편(花被片), tepal, perianth segment]

23

늘푸른나무와 갈잎나무

늘푸른나무

계절에 관계없이 1년 내내 잎이 푸른 나무를 '늘푸른나무'라고 한다. 겉씨식물인 바늘잎나무는 대부분이 늘푸른나무이고 넓은잎나무 중에서 늘푸른잎을 가진 나무는 주로 따뜻한 남쪽 지방에서 자란다.

겨울을 나는 사철나무의
늘푸른잎에 눈이 쌓였다.

잎 모양 잎은 마주나고 타원형~달
걀형이며 끝이 둥글고 가장자리에
둔한 톱니가 있다. 잎몸은 가죽질
이고 앞면은 광택이 있다.

사철나무 중부 이남의 바닷가 산기슭에서 자라는 늘푸
른떨기나무로 2~6m 높이로 자란다. 실제로는 늘푸른
나무의 잎도 대부분이 몇 년 이내에 낙엽이 지며 5년 이
상 푸른 잎을 달고 있는 나무는 매우 드물다.

팔손이 남쪽 섬에서 자라는 늘푸른떨기나
무이다. 늘푸른잎은 어긋나고 둥근 잎몸은
7~9갈래로 깊게 갈라지며 가죽질이고 광
택이 있다. 잎의 수명은 3년 정도이다.

녹나무 제주도에서 자라는 늘푸른큰키나무
이다. 늘푸른잎은 어긋나고 달걀형~타원형
이며 끝이 뾰족하고 가죽질이며 광택이 있다.
늘푸른나무이지만 잎의 수명은 1년 정도이다.

웰위치아 아프리카 사막에서 드물게 자
라는 겉씨식물로 줄기 가장자리에 달리는
2장의 벨트 모양 잎은 시들지 않고 수백
년 이상 계속 자란다.

*늘푸른나무[상록수(常綠樹), evergreen tree]

갈잎나무

봄에 돋은 잎이 가을이 되면 낙엽이 지는 나무를 '갈잎나무'라고 한다. 갈잎나무는 대부분이 쌍떡잎식물이지만 겉씨식물인 은행나무나 잎갈나무처럼 가을에 낙엽이 지는 바늘잎나무도 있다.

새순 봄이 오면 신갈나무 가지에 새잎이 돋아 자란다. 잎은 어긋나지만 가지 끝에서는 모여난다.

잎몸은 거꿀달걀형이며 끝이 둔하고 가장자리에 물결 모양의 큰 톱니가 있다.

잎은 가을이면 낙엽이 지는 갈잎나무이다. 신갈나무와 같은 참나무 종류는 잎자루 끝에 떨켜가 잘 발달하지 않기 때문에 봄에 새순이 돋을 무렵에야 낙엽이 떨어져 나가기도 한다.

신갈나무 낙엽과 새순 산에서 자라는 갈잎큰키나무로 20~30m 높이로 자란다. 봄에 돋은 잎은 가을에 기온이 떨어지면 단풍이 든 후에 누렇게 시든 채 겨우내 가지에 매달려 있다.

층층나무 낙엽 산에서 흔히 자라는 갈잎큰키나무이다. 잎은 어긋나고 넓은 달걀형~넓은 타원형이며 가을에 낙엽이 진다.

백목련 낙엽 중국 원산의 갈잎큰키나무이다. 잎은 어긋나고 거꿀달걀형이며 끝이 급히 뾰족해지고 가을에 낙엽이 진다.

낙우송 낙엽 물가에 심는 갈잎큰키나무이다. 잔가지에 선형 잎이 깃털 모양으로 어긋나며 가을에 잎이 달린 가지가 통째로 낙엽이 진다.

＊갈잎나무[낙엽수(落葉樹), deciduous tree]

단풍이 든 잎

인동덩굴 열매 숲가에서 자라는 갈잎덩굴나무로 다른 물체를 감고 오른다. 5~6월에 흰색 꽃이 피고 가을에 둥근 열매가 검게 익는다.

새로 돋는 잎

겨울을 난 잎

인동덩굴 잎가지 중부 지방에서는 겨울에 잎이 대부분 낙엽이 지지만 남부 지방에서는 잎의 일부가 살아남는 반상록성이다. 그래서 참을 인(忍), 겨울 동(冬)자를 써서 '인동(忍冬)'이라고 한다. 봄이 오면 겨울을 난 잎 옆에서 새 잎가지가 돋아 자라기 시작한다.

단풍이 드는 잎

푸른 잎

상동나무 잎가지 남쪽 섬에서 자라는 떨기나무로 겨울에도 잎의 일부가 살아남는 반상록성이다. 잎이 겨울에도 살아남아서 '생동목(生冬木)'이라고 하던 것이 상동나무로 변한 것으로 추정한다.

4월의 어린 열매

새로 돋는 잎

상동나무 어린 열매 10월에 꽃이 피고 둥근 열매는 다음 해 봄에 흑자색으로 익는다. 봄에 어린 열매 옆에서 새 잎가지가 돋아 자라기 시작한다.

＊반상록성(半常綠性)[semi-evergreen, semi-deciduous]

반상록성

날씨가 따뜻한 곳에서는 늘푸른나무처럼 사계절 내내 푸르지만 추운 곳에서는 낙엽이 지고 잎을 떨구는 성질을 가진 나무를 '반상록성'이라고 한다. 일부만 낙엽이 지기도 하므로 '반푸른나무'라고도 할 수 있다.

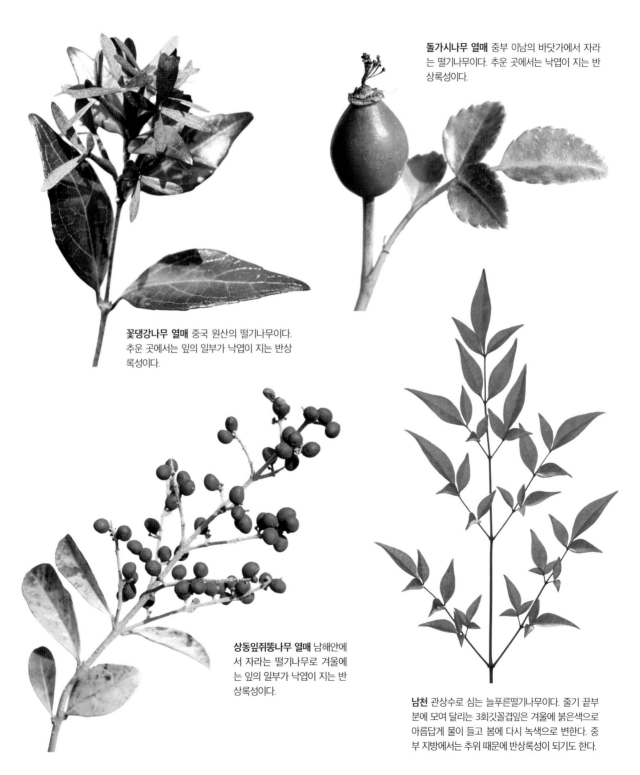

돌가시나무 열매 중부 이남의 바닷가에서 자라는 떨기나무이다. 추운 곳에서는 낙엽이 지는 반상록성이다.

꽃댕강나무 열매 중국 원산의 떨기나무이다. 추운 곳에서는 잎의 일부가 낙엽이 지는 반상록성이다.

상동잎쥐똥나무 열매 남해안에서 자라는 떨기나무로 겨울에는 잎의 일부가 낙엽이 지는 반상록성이다.

남천 관상수로 심는 늘푸른떨기나무이다. 줄기 끝부분에 모여 달리는 3회깃꼴겹잎은 겨울에 붉은색으로 아름답게 물이 들고 봄에 다시 녹색으로 변한다. 중부 지방에서는 추위 때문에 반상록성이 되기도 한다.

떨기나무·키나무·덩굴나무

숲은 여러 종류의 나무가 함께 어우러져 살아가는 공간이다. 제각각 다른 나무들을 비슷한 크기와 모양에 따라 묶어서 구분하면 우리가 그 나무의 모습을 이해하는 데 도움이 된다. 나무는 키와 나무 모양에 따라 떨기나무, 키나무, 덩굴나무 등으로 구분한다. 하지만 구분이 애매한 나무도 있고 같은 나무라도 환경에 따라 더 잘 자라는 것과 그렇지 못한 것이 있으므로 절대적인 기준은 아니다.

으름덩굴 줄기 덩굴지는 줄기는 다른 물체를 감거나 서로 엉키면서 위로 기어오른다.

덩굴나무(으름덩굴) 혼자 힘으로 곧게 설 수 없고 다른 물체에 감기거나 붙어서 기어오르며 자라는 나무를 '덩굴나무'라고 한다. 덩굴나무는 줄기를 튼튼하게 만들지 않기 때문에 비교적 빠른 속도로 높이 자랄 수 있다. 으름덩굴은 산에서 자라는 덩굴나무이다.

잎 영산홍 잎은 피침형~넓은 피침형이며 겨울에도 잎의 일부가 살아남는 반푸른나무이다.

줄기와 가지는 촘촘히 모여서 덤불을 이룬다.

꽃 모양 가지 끝에 1~2개씩 피는 붉은색 꽃은 넓은 깔때기 모양이다.

줄기는 여러 대가 모여난다.

떨기나무(영산홍 품종) 대략 5m 정도 높이까지 자라는 나무를 '떨기나무'라고 한다. 보통 사람의 키와 비슷한 높이의 나무를 말하지만 훨씬 더 크게 자라는 것도 있다. 흔히 뿌리나 줄기 밑부분에서 여러 개의 가지가 갈라져 자라기도 한다. 원종인 영산홍은 일본 원산의 떨기나무이다.

키나무

원줄기와 곁가지가 분명하게 구별되고 대략 5m 이상 높이로 자라는 나무를 '키나무'라고 한다. 키나무는 크기에 따라서 다시 큰키나무와 작은키나무로 구분하는데 큰키나무는 줄기가 곧고 굵으며 10m 이상 높이로 자라는 나무이다. 숲을 가장 많이 차지하는 나무들로 모두 햇빛을 좋아하는 나무이다. 작은키나무는 떨기나무보다 크고 큰키나무보다 작은 나무로 보통 5~10m 높이로 자라는 나무이다. 보통 큰키나무와 함께 섞여 자란다.

으름덩굴 짧은가지 짧은가지 끝에서는 잎과 꽃차례가 모여 나온다.

으름덩굴 꽃봉오리 짧은가지의 잎 사이에서 꽃봉오리가 나온다.

양버들은 가느다란 가지들이 줄기를 따라 위로 자라 나무 모양이 빗자루처럼 보인다.

으름덩굴 잎 잎은 손꼴겹잎이며 5~8장의 작은잎이 빙 둘러난다.

키나무(양버들) 가을에 낙엽이 지는 키나무로 줄기는 전봇대처럼 30m 정도 높이까지 곧게 자란다.

*떨기나무[관목(灌木), shrub] / 키나무[교목(喬木), tree, arbor, tall-tree] / 작은키나무 [소교목(小喬木), 아교목(亞喬木), subarbor] / 덩굴나무[만경(蔓莖), 만목(蔓木), vine]

나무는 얼마나 높이 자랄 수 있을까?

우리나라에서 가장 키가 큰 나무는 경기도 양평 용문산에서 자라는 용문사 은행나무로 높이가 40여m에 달하고, 나이는 천 년이 넘는 노거수로 천연기념물로 지정되었다. 세계에서 가장 높이 자라는 나무는 미국 캘리포니아 레드우드 국립 공원에서 자라는 레드우드(*Sequoia sempervirens*)로 높이가 115m에 달한다.

레드우드는 뿌리에서 흡수한 물을 어떻게 115m 높이까지 전달하는 것일까? 사람과 동물은 심장에서 펌프질을 하여 피를 머리 꼭대기까지 전달한다. 동물 중에서 가장 키가 큰 기린도 사람의 2배에 가까운 혈압으로 3m 정도 높이까지 피를 끌어 올릴 수 있을 뿐이다. 식물이 물을 높이 끌어 올리는 비밀은 '김내기(증산)'에 있다. 식물의 잎 뒷면에는 공기를 들이마시고 내뱉는 숨구멍(기공)이 있는데, 이 숨구멍으로 식물 몸속에 있던 물이 수증기가 되어 밖으로 내보내지는 김내기 작용을 한다. 김내기 작용을 통해 물이 공기 중으로 사라지면 빨대로 빨아올리는 것처럼 뿌리에서부터 이어져 있던 물을 그만큼 끌어 올릴 수 있다. 레드우드는 이 김내기 작용으로 115m 높이까지 물을 끌어 올리며, 태평양 연안의 아침 안개도 나무 꼭대기의 잎에 물을 공급하는 데 큰 도움을 준다.

바늘잎은 5~10mm 길이이며 끝이 뾰족하다.

레드우드 잎가지

레드우드 수솔방울 암수한그루로 수솔방울은 타원형이다.

레드우드 솔방울열매 둥근 달걀형이며 솔방울조각은 15~20개이다.

가지치기를 한 레드우드 줄기는 일직선으로 곧게 높이 자란다.

레드우드 나무껍질 새로 자란 줄기의 껍질이 적갈색이라서 'Redwood'라고 한다.

*김내기[증산(蒸散), 증산작용(蒸散作用), transpiration] / 숨구멍[기공(氣孔), stoma, stomata]

레드우드 새로 자란 가지 새로 자란 가지와 바늘잎은 아직 연두색이다. 바늘잎은 가지에 나선형으로 돌려가며 붙지만 햇빛을 잘 쪼이기 위해 깃꼴로 배열하는 것이 대부분이다.

잎은 태평양 연안에 자주 끼는 아침 안개로부터도 물을 흡수하기 때문에 아침 안개는 나무 꼭대기에 물을 공급하는 데 도움이 된다.

지난해에 자란 가지와 바늘잎은 진녹색이며 사시사철 잎이 푸른 상록성이다.

용문사 은행나무 경기도 양평 용문사에 있는 은행나무로 높이가 40여m에 달하는 우리나라에서 가장 키가 큰 나무이다. 수령은 1,100여 년으로 추정하며 우리나라에서 가장 오래 사는 나무 중의 하나로도 알려져 있다. 천연기념물로 지정되었다.

노란메란티나무(*Shorea faguetiana*) 동남아시아의 열대 우림 지역에서 가장 높이 자라는 넓은잎나무의 하나로 추정된다. 말레이시아에서 100.7m 높이로 자란 나무가 발견되어 '메나라'라는 별명을 붙여 주었는데 말레이시아어로 탑을 뜻한다.

블루검(*Eucalyptus globulus*) 호주에서 자라는 *Eucalyptus*속 나무 중에는 레드우드처럼 100m 정도 높이로 자라는 몇몇 종이 있는데 가장 높이 자라는 넓은잎나무에 속한다. 블루검도 그중 하나로 잎에서 추출한 오일은 향수 등의 원료로 쓴다.

빅트리(*Sequoiadendron giganteum*) 북아메리카 로키산맥에서 레드우드와 함께 자라는 바늘잎나무로 94.8m 높이로 자란 나무가 발견되었다. 캘리포니아에 있는 '제너럴 셔먼'이라고 이름 붙여진 나무는 세계에서 가장 큰 나무로 알려져 있다.

코코스야자 뿌리 야자나무는 외떡잎식물로 벼나 강아지풀처럼 가느다란 수염뿌리가 사방으로 발달한다.

Ⅱ 뿌리

식물의 씨앗이 땅에 떨어지면 싹이 트면서 땅속으로 뿌리를 내린다.
뿌리는 주변의 물과 양분을 흡수해서 물관을 통해 줄기와 잎으로 보낸다.
줄기가 높이 자랄수록 뿌리도 땅속으로 깊게 뻗어 나가면서 식물의 몸을
단단히 고정시키는 역할을 한다. 하지만 양분과 산소를 흡수하기 위해서
잔뿌리는 대부분 그리 깊지 않은 곳에 분포한다. 겉씨식물과 쌍떡잎식물은
대부분 원뿌리와 곁뿌리의 구분이 뚜렷한 곧은뿌리가 번지만, 대부분의
외떡잎식물은 씨눈에서 자란 원뿌리는 일찍 죽어 버리고 가느다란
수염뿌리가 사방으로 발달한다.

사방으로 벋는 수염뿌리

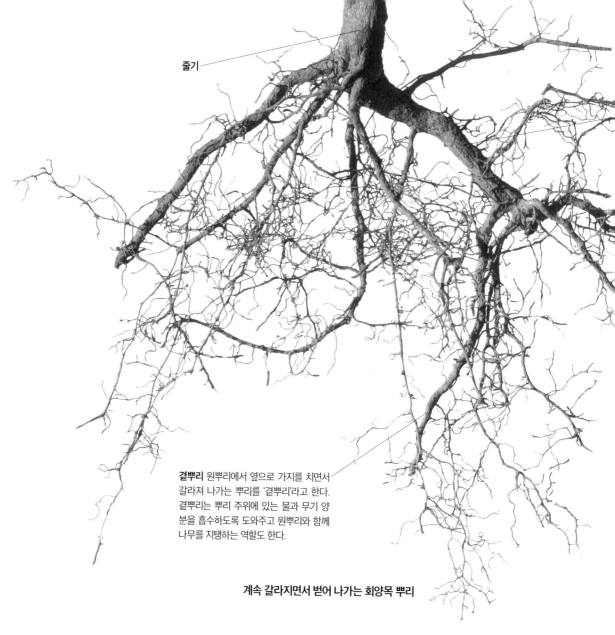

줄기

곁뿌리 원뿌리에서 옆으로 가지를 치면서 갈라져 나가는 뿌리를 '곁뿌리'라고 한다. 곁뿌리는 뿌리 주위에 있는 물과 무기 양분을 흡수하도록 도와주고 원뿌리와 함께 나무를 지탱하는 역할도 한다.

계속 갈라지면서 벋어 나가는 회양목 뿌리

뿌리

뿌리는 줄기나 가지처럼 길이생장과 부피생장이 일어나 차츰 길게 자라고 점점 굵어진다. 뿌리는 물과 양분을 빨아올려 줄기와 가지를 통해 잎으로 보내고 나무의 몸을 지탱하는 역할을 한다. 흔히 뿌리 깊은 나무는 바람에 흔들리지 않는다고 말하지만 대부분의 나무는 뿌리가 땅속 깊이 들어가지 못하고 옆으로 넓게 퍼져 나간다.

벤자민고무나무(*Ficus benjamina*) 뿌리 흙이 빗물에 씻겨 내려가면서 뿌리의 일부가 드러났다. 뿌리는 사방으로 곁뿌리가 계속해서 갈라지며 벋는 모습이 가지가 벋어 나가는 모습과 비슷하다.

*뿌리[근(根), root, radix] / 원뿌리[주근(主根), main root, tap root] / 곁뿌리[측근(側根), lateral root]

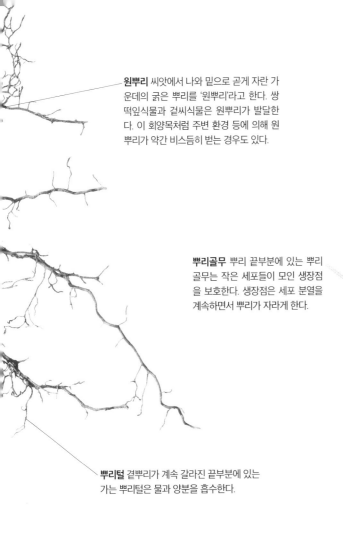

원뿌리 씨앗에서 나와 밑으로 곧게 자란 가운데의 굵은 뿌리를 '원뿌리'라고 한다. 쌍떡잎식물과 겉씨식물은 원뿌리가 발달한다. 이 회양목처럼 주변 환경 등에 의해 원뿌리가 약간 비스듬히 뻗는 경우도 있다.

뿌리골무 뿌리 끝부분에 있는 뿌리골무는 작은 세포들이 모인 생장점을 보호한다. 생장점은 세포 분열을 계속하면서 뿌리가 자라게 한다.

뿌리털 곁뿌리가 계속 갈라진 끝부분에 있는 가는 뿌리털은 물과 양분을 흡수한다.

뿌리털

뿌리털 뿌리는 단세포의 뿌리털을 수없이 만들어 낸다. 이 뿌리털은 땅 속의 물과 양분을 빨아들이는 역할을 한다. 하나의 뿌리털은 수명이 1~2개월로 계속해서 만들어지며 가을이 되면 모두 죽는다.

낙우송 뿌리에서 융기하는 혹 모양의 뿌리는 숨을 쉬는 데 도움을 주는 역할을 하는 호흡뿌리로 추정한다.

낙우송 호흡뿌리 늪지에서 자라는 낙우송은 물속에서 공기를 얻지 못하기 때문에 숨을 쉬기 위해 큼직한 혹 모양의 호흡뿌리를 땅 위로 올려 보낸다.

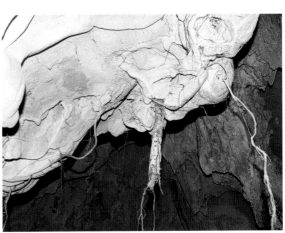

돌도 뚫는 뿌리 나무뿌리는 단단한 돌도 뚫는다. 나무뿌리가 단단한 석회석을 뚫고 동굴 속으로 뿌리를 내리고 있다.

＊뿌리털[근모(根毛), root hair] / 뿌리골무[근관(根冠), root cap] / 호흡뿌리[숨뿌리, 호흡근(呼吸根), respiratory root]

반얀나무

반얀나무(Banyan tree)는 열대 지방에서 자라는 큰키나무로 줄기와 가지에서 실 같은 공기뿌리가 길게 늘어져 땅에 닿으면 뿌리를 내리고 새로운 줄기가 되기 때문에 계속 옆으로 퍼지면서 넓은 면적을 차지하고 자란다. 크게 자란 반얀나무를 멀리서 보면, 한 그루가 빽빽한 숲을 이룬 것처럼 보이는 나무로 뽕나무과 무화과나무속(Ficus)에 속하는 인도반얀나무, 버마반얀나무, 말레이반얀나무 등 여러 종류가 있다. 인도 캘커타 식물원에 있는 인도반얀나무는 나무줄기가 3,800여 개로 약 1.89ha를 차지할 정도로 크게 자라고 있다. 열대의 정글 속에서 자라는 반얀나무는 많은 줄기에 여러 종류의 착생식물이 함께 뒤엉켜 자라기 때문에 기괴한 모습을 하기도 하지만, 공원이나 정원에 심어 잘 가꾸고 다듬은 나무는 제각기 개성 있는 독특한 모습을 보여 준다. 우리나라에서 관엽식물로 흔히 기르는 인도고무나무도 공기뿌리가 내리면 새로운 줄기로 변하는 반얀나무의 일종으로 볼 수 있다.

버마반얀나무 어린 열매 가지 잎은 어긋나고 긴타원형이며 가죽질이고 끝이 뾰족하며 가장자리가 밋밋하다. 잎 앞면은 짙은 녹색이며 광택이 있고 뒷면은 연녹색이다.

인도반얀나무 열매 잎은 어긋나고 타원형~달걀형이며 가죽질이고 잎맥이 뚜렷하다. 가지와 잎겨드랑이에 동그란 꽃주머니가 달린다. 동그란 꽃주머니가 그대로 자란 열매는 지름이 1.5~2㎝이며 자갈색으로 익고 먹을 수 있다.

인도반얀나무(Ficus benghalensis) 동남아시아 원산의 늘푸른큰키나무로 30m 정도 높이로 자란다. 반얀나무의 한 종류로 줄기나 가지에서 늘어진 공기뿌리는 끝부분이 땅에 박혀 새로운 줄기가 되면서 넓은 면적을 차지하며 자란다.

*공기뿌리[기근(氣根), aerial root]

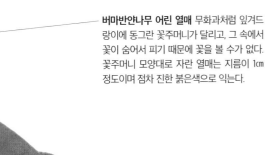

버마반얀나무 어린 열매 무화과처럼 잎겨드랑이에 동그란 꽃주머니가 달리고, 그 속에서 꽃이 숨어서 피기 때문에 꽃을 볼 수가 없다. 꽃주머니 모양대로 자란 열매는 지름이 1㎝ 정도이며 점차 진한 붉은색으로 익는다.

버마반얀나무(*Ficus kurzii*) 열대 아시아 원산의 늘푸른큰키나무로 20m 정도 높이로 자란다. 반얀나무의 한 종류로 줄기나 가지에서 늘어진 공기뿌리는 끝부분이 땅에 박혀 새로운 줄기가 되면서 빽빽하게 배열한다.

말레이반얀나무(*Ficus microcarpa*) 열대 아시아 원산의 늘푸른큰키나무로 30m 정도 높이로 자란다. 반얀나무의 한 종류로 줄기나 가지에서 늘어진 공기뿌리는 새로운 줄기가 되면서 빽빽이 배열한다. 잎은 어긋나고 달걀형~타원형이며 가죽질이다. 잎겨드랑이에 동그란 꽃주머니가 생기며 둥근 열매는 지름 2.5㎝ 정도이고 연한 반점이 있으며 적갈색으로 익는다.

교살자무화과나무 *Ficus*속 나무 중에 늘어진 공기뿌리가 다른 나무의 줄기를 감아서 목 졸라 죽이고 자라는 나무를 통틀어 '교살자무화과나무'라고 한다.

판다누스 버팀뿌리

판다누스는 태평양의 열대 지방에서 자라는 늘푸른나무로 주로 바닷가나 늪지에서 볼 수 있고 여러 종이 있으며 종에 따라 1~10m 높이로 자란다. 줄기의 밑부분에서 공기뿌리가 방사상으로 나와 뿌리를 단단히 박기 때문에 늪지에서도 쓰러지지 않고 잘 버틴다. 이런 모습 때문에 일본에서는 '문어나무'라고 부른다. 영어로는 '스크류 파인(Screw pine)'이라고 하는데, 가지에 잎이 나선형으로 촘촘히 돌려나는 모습이 스크류 드라이버처럼 돌려가며 올라가는 모습에서 붙여진 이름이라고 한다.

줄기의 마디에서 나오는 공기뿌리는 굵고 단단하게 자라며 공기를 흡수하는 역할을 하고 점차 밑으로 비스듬히 자라 땅에 박는다.

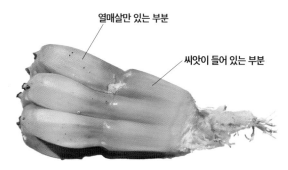

열매살만 있는 부분

씨앗이 들어 있는 부분

대만판다누스(*Pandanus tectorius*) 열매 둥근 열매송이에 길쭉한 열매가 촘촘히 모여 달린다. 열매 윗부분은 열매살로 되어 있고 밑부분은 속에 1~몇 개의 씨앗이 들어 있다. 열매살은 식용한다. 열매는 바닷물에 떠다니다가 육지에 닿으면 싹이 터서 자라기도 한다.

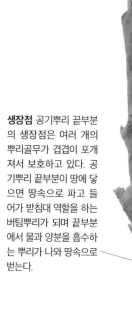

생장점 공기뿌리 끝부분의 생장점은 여러 개의 뿌리골무가 겹겹이 포개져서 보호하고 있다. 공기뿌리 끝부분이 땅에 닿으면 땅속으로 파고 들어가 받침대 역할을 하는 버팀뿌리가 되며 끝부분에서 물과 양분을 흡수하는 뿌리가 나와 땅속으로 벋는다.

대만판다누스 버팀뿌리 대만판다누스는 서태평양 원산의 늘푸른작은키나무로 줄기 밑부분에서 공기뿌리가 방사상으로 나와 땅에 뿌리를 박는다.

줄기에서 나온 공기뿌리

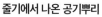

＊버팀뿌리[받침뿌리, 지주근(支柱根), prop aerial root, prop root]

대만판다누스 잎 가지 끝에 선형 잎이 나선 모양으로 빽빽이 달린다. 잎맥은 나란하며 잎 가장자리와 뒷면 주맥에는 날카로운 가시가 있어 스치면 베일 수 있다.

대만판다누스 열매 암수딴그루로 흰색 꽃턱잎에 싸인 수꽃이삭과 둥근 연녹색 암꽃이삭이 달린다. 가지 끝에 달리는 파인애플 모양의 열매는 등황색으로 익고 식용하는데 파인애플 비슷한 맛이 난다.

판다누스 공기뿌리 줄기 밑부분에서 공기뿌리가 계속 나와 비스듬히 땅을 향해 자라고 있다.

줄기에서 나온 공기뿌리는 끝부분에 뿌리골무가 겹겹이 포개져서 다양한 환경에서 보호해 준다.

공기뿌리는 계속 밑으로 자라서 땅에 닿았고 뿌리골무에 의해 보호받고 있다.

공기뿌리는 드디어 땅속으로 깊이 뿌리를 박고 든든한 받침대 역할을 하는 버팀뿌리가 된다.

붉은새잎야자(*Areca vestiaria*) 인도네시아 원산의 야자나무로 줄기는 마디가 뚜렷하며 밑부분에 버팀뿌리가 발달한다. 줄기 끝에 깃꼴겹잎이 모여나는데 새로 돋는 잎은 적갈색이 돈다.

세이셸긴다리야자(*Verschaffeltia splendida*) 인도양 세이셸 군도 원산의 야자나무로 줄기는 마디가 뚜렷하며 밑부분에 버팀뿌리가 발달한다. 줄기 끝에 모여나는 긴타원형 잎은 잎맥을 따라 깃꼴로 갈라진다.

케이폭나무 판뿌리

케이폭나무(*Ceiba pentandra*)는 열대 아메리카 원산의 늘푸른큰키나무로 30m 정도 높이까지 자란다. 케이폭나무는 줄기 밑부분에 판 모양의 받침뿌리가 발달하기 때문에 원산지에서는 허리케인의 강풍에도 나무가 넘어지지 않는다고 한다. 판뿌리는 속이 비어 있어서 더욱 튼튼하며 두들기면 북소리가 난다. 잎겨드랑이에 노란색 꽃이 모여 피고 긴 타원형 열매가 주렁주렁 매달린다. 열매 속은 5개의 방으로 나뉘어지고 솜털에 싸인 씨앗이 100~150개가 들어 있으며 씨앗으로 기름을 짠다. 솜털은 '케이폭'이라고 하는데 가벼우면서도 탄력성이 있어서 이불이나 쿠션 등에 넣는 충전재로 사용한다. 또 비중이 낮아 물에 잘 뜨기 때문에 구명대나 구명 방석 등을 만들기도 하였다.

케이폭나무 열매 긴 타원형 열매는 15㎝ 정도 길이이며 주렁주렁 매달린다.

5갈래로 갈라지며 벌어지는 열매

솜털 속에 많은 씨앗이 들어 있다.

케이폭나무 떨어진 열매 열매는 5개의 방으로 이루어지며 익으면 세로로 5갈래로 배가 갈라지면서 벌어진다.

케이폭나무 잎 모양 잎은 어긋나고 손꼴겹잎이며 5~8장의 작은잎이 빙 둘러나고 뒷면은 연녹색이다. 작은잎은 피침형이며 끝이 뾰족하고 가장자리가 밋밋하며 가운데 잎맥이 뚜렷하다.

씨앗 열매가 갈라진 방마다 촘촘히 들어 있는 씨앗은 솜털에 싸여 있다. 솜털은 기름을 잘 흡수하므로 기름 흡수제로도 사용한다.

케이폭나무 벌어진 열매 속의 씨앗

*판뿌리[판근(板根), buttress root]

케이폭나무 판뿌리 줄기 밑동에서 방사상으로 벋는 곁뿌리는 약간 위로 치우치게 자라는 경향이 있다. 케이폭나무는 이런 경향이 강해서 줄기와 만나는 부분의 곁뿌리가 판자를 세운 것처럼 되는데 이를 '판뿌리'라고 한다. 판뿌리는 나무가 넘어지는 것을 막아 주는 역할을 한다.

봉황목/플람보얀(*Delonix regia*) 아프리카 마다가스카르 원산의 늘푸른큰키나무로 줄기 밑동에 넓적한 판뿌리가 돌려가며 발달한다. 붉은색 꽃이 나무 가득 핀 모습은 불이 붙은 듯 화려해서 '불꽃나무' 또는 '공작꽃'이라고도 하며 꽃이 지면 꼬투리열매가 열린다.

푸조나무 남부 지방에서 자라는 갈잎큰키나무로 봄에 잎이 돋을 때 자잘한 황록색 꽃이 모여 피고 둥근 열매는 가을에 흑색~흑자색으로 익는다. 줄기 밑동에 넓적한 판뿌리가 돌려가며 발달하기도 한다. 우리나라에서 자생하는 나무 중에는 판뿌리가 발달하는 나무가 드물다.

아피아피나무 호흡뿌리

아피아피나무(*Avicennia alba*)는 쥐꼬리망초과에 속하는 늘푸른큰키나무로 인도, 동남아시아, 오세아니아의 바닷가에서 20m 정도 높이까지 자란다. 아피아피나무처럼 열대나 아열대의 바닷가나 하구의 습지에서 자라는 나무를 통틀어 '맹그로브(Mangrove)'라고 한다. 밀물과 썰물에 따라 바닷물에 잠기기도 하는 아피아피나무는 뿌리에서 가늘고 긴 연필 모양의 호흡뿌리(숨뿌리)를 땅 밖으로 많이 내보낸다. 썰물 때가 되어 호흡뿌리가 물 밖으로 드러나면 호흡뿌리에 흩어져 나는 껍질눈을 통해 호흡을 해서 부족한 산소를 보충한다. 이와 같은 호흡 방법은 다른 맹그로브 나무에서도 흔히 볼 수 있다. 기다란 원뿔 모양의 열매는 바닷물에 떠다니다가 땅에 닿으면 곧바로 뿌리를 내리기 시작하는데, 파도에 쓸려가지 않도록 뿌리를 깊게 내리고 잎가지가 나와 자란다.

아피아피나무와 같은 맹그로브는 고도의 여과 작용으로 뿌리에서 90~97%의 염분을 걸러내지만 나머지 염분이 잎까지 도달한다. 잎은 겉면에 있는 분비샘을 통해 나머지 염분을 배출하기 때문에 잎 겉면에서 소금 가루를 볼 수 있다.

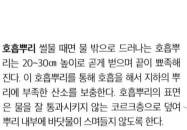

호흡뿌리 썰물 때면 물 밖으로 드러나는 호흡뿌리는 20~30㎝ 높이로 곧게 벋으며 끝이 뾰족해진다. 이 호흡뿌리를 통해 호흡을 해서 지하의 뿌리에 부족한 산소를 보충한다. 호흡뿌리의 표면은 물을 잘 통과시키지 않는 코르크층으로 덮여 뿌리 내부에 바닷물이 스며들지 않도록 한다.

복잡하게 얽힌 호흡뿌리는 다양한 생물의 서식처가 된다.

꽃차례 가지 끝의 꽃차례에 모여 피는 오렌지색 꽃은 지름 3~5㎜로 작으며 4장의 꽃잎은 활짝 벌어진다.

열매 모양 기다란 원뿔 모양의 열매는 1~4㎝ 길이이고 끝이 뾰족하며 자루가 짧고 익어 떨어지면 바닷물을 타고 퍼진다.

새로 나온 잎

새싹 태생열매(p.44)는 땅에 닿으면 곧바로 밑부분에서 뿌리를 내리고 이어서 뾰족한 끝부분이 벌어지면서 잎가지가 나와 자란다.

태생씨앗

아피아피나무처럼 열대나 아열대의 바닷가나 하구의 습지에서 자라는 나무를 통틀어 '맹그로브'라고 하며 110여 종의 나무가 숲을 이루고 자란다. 맹그로브라고 하면 땅 밖으로 튀어나온 호흡뿌리와 함께 기다란 연필 모양의 태생씨앗으로 뻘에 박혀서 자라는 나무를 떠올리지만 태생씨앗을 가지지 않은 나무도 많이 있다. 흔히 태생씨앗은 실제로는 속에 1개의 씨앗이 들어 있는 열매라서 '태생열매'라고도 한다. 맹그로브 숲은 파도가 심한 곳에서는 잘 형성되지 않고 큰 강의 하구에 잘 만들어진다. 맹그로브 숲은 나무들의 다양한 호흡뿌리가 복잡하게 얽혀 있어서 여러 동물에게 숨어서 살아갈 곳을 제공하기 때문에 독특한 생태계를 만든다.

장다리홍수 꽃받침조각 짧은가지 끝에 달리는 꽃은 꽃받침이 두꺼우며 4갈래로 갈라져 벌어지고 안쪽은 노란색이다.

꽃잎 연노란색 꽃잎은 4장이 꽃받침조각과 어긋나게 달리며 지금은 모두 떨어져 나갔다.

암술 암술머리 끝은 뾰족하고 씨방은 원뿔 모양이다.

수술 먼저 성숙한 수술은 꽃잎과 함께 모두 떨어져 나갔다.

장다리홍수(*Rhizophora apiculata*) **시든 꽃** 태평양의 바닷가에서 널리 자라는 늘푸른키나무로 맹그로브 숲에서 자란다. 장다리홍수의 태생씨앗은 38㎝ 길이까지 길어지고 끝은 뾰족하기 때문에 뻘에 떨어지면 잘 박히고 바로 잎가지가 나와 자란다.

장다리홍수 열매 열매는 태생씨앗이 밑으로 38㎝ 길이까지 길게 자라기도 하며 떨어지면 뻘에 잘 박힐 수 있도록 끝이 뾰족하다.

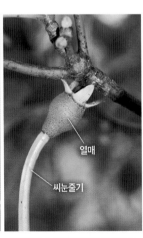

열매

씨눈줄기

장다리홍수 열매 부분 열매 속에 들어 있는 1개의 씨앗에서 싹 튼 씨눈줄기가 붓 모양으로 길게 자라서 늘어진 채로 매달려 있다.

장다리홍수 새싹 뻘이나 모래밭에 박힌 태생씨앗은 윗부분에서 바로 잎줄기가 나와서 자라기 시작하고 밑에서는 뿌리를 내린다.

장다리홍수 버팀뿌리 줄기 밑부분에는 아치 모양의 버팀뿌리가 발달해서 파도와 바닷바람으로부터 줄기를 단단하게 고정시켜 보호한다.

44

*태생씨앗[태생종자(胎生種子), 태생모종, 태생열매, viviparous seed]

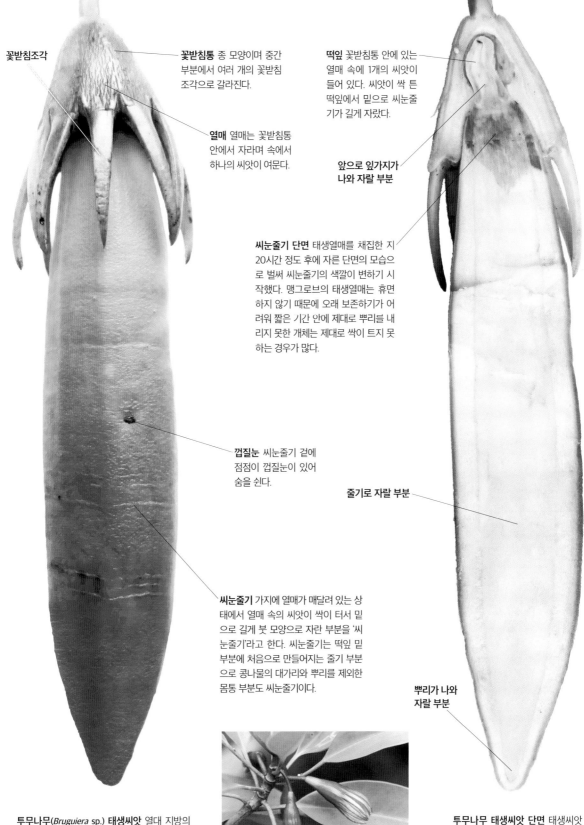

꽃받침조각

꽃받침통 종 모양이며 중간 부분에서 여러 개의 꽃받침 조각으로 갈라진다.

열매 열매는 꽃받침통 안에서 자라며 속에서 하나의 씨앗이 여문다.

떡잎 꽃받침통 안에 있는 열매 속에 1개의 씨앗이 들어 있다. 씨앗이 싹 튼 떡잎에서 밑으로 씨눈줄기가 길게 자랐다.

앞으로 잎가지가 나와 자랄 부분

씨눈줄기 단면 태생열매를 채집한 지 20시간 정도 후에 자른 단면의 모습으로 벌써 씨눈줄기의 색깔이 변하기 시작했다. 맹그로브의 태생열매는 휴면하지 않기 때문에 오래 보존하기가 어려워 짧은 기간 안에 제대로 뿌리를 내리지 못한 개체는 제대로 싹이 트지 못하는 경우가 많다.

껍질눈 씨눈줄기 겉에 점점이 껍질눈이 있어 숨을 쉰다.

줄기로 자랄 부분

씨눈줄기 가지에 열매가 매달려 있는 상태에서 열매 속의 씨앗이 싹이 터서 밑으로 길게 붓 모양으로 자란 부분을 '씨눈줄기'라고 한다. 씨눈줄기는 떡잎 밑부분에 처음으로 만들어지는 줄기 부분으로 콩나물의 대가리와 뿌리를 제외한 몸통 부분도 씨눈줄기이다.

뿌리가 나와 자랄 부분

투무나무(*Bruguiera* sp.) 태생씨앗 열대 지방의 바닷가 맹그로브 숲에서 자란다. 투무나무는 열매 속에 있는 씨앗의 씨눈이 휴면 상태가 되지 않고 열매에서 직접 발아하는데, 씨눈줄기가 길어지면서 붓 모양으로 자라기 때문에 '태생씨앗' 또는 '태생열매'라고 한다.

투무나무 꽃 종 모양의 꽃받침은 윗부분이 8~16 갈래로 갈라진다.

투무나무 태생씨앗 단면 태생씨앗이 뻘에 떨어져 박히면 씨눈줄기 윗부분에서는 잎가지가 자라고 중간부분은 줄기로 자라며 밑부분에서는 뿌리가 돋아 자란다.

＊씨눈줄기[배축(胚軸), embryonic axis, hypocotyl]

맹그로브

맹그로브 숲은 아피아피나무나 투무나무처럼 제일 앞에서 바다를 향해 나아가면서 숲을 이루기 시작하는 나무가 있고, 그 뒤를 따라 갯무궁화와 같은 나무와 풀들이 따라 들어와 자리를 잡고 숲을 이루며 자란다. 맹그로브 숲은 많은 뿌리와 줄기가 파도를 잔잔하게 만들므로 물고기를 비롯한 바닷속 생물들이 살아갈 공간을 제공한다. 또 흙이 씻겨 나가는 것을 막거나 쓰나미의 피해도 줄일 수 있다.

맹그로브 숲가에서 그물질하고 있는 어부

바카우뿌띠나무(*Bruguiera cylindrica*) 동남아시아와 호주 원산의 늘푸른키나무이다. 꽃받침은 끝부분이 8갈래로 갈라지고 꽃잎은 갈색으로 변한다. 열매에서 기다란 바늘 모양의 태생씨앗이 자란다.

홍남자두(*Lumnitzera littorea*) 인도와 동남아시아, 호주 북부 원산의 늘푸른키나무이다. 잎은 어긋나고 거꿀달걀형이며 두껍다. 짧은 꽃송이에 붉은색 꽃이 촘촘히 모여 피고 병 모양의 열매가 열린다.

바카우파시르나무(*Rhizophora stylosa*) 동남아시아 원산의 늘푸른키나무이며 발달한 버팀뿌리로 호흡도 한다. 연노란색 꽃이 피고 꽃받침은 4갈래로 갈라진다. 열매에서 기다란 바늘 모양의 태생씨앗이 자란다.

해상나무(*Sonneratia caseolaris*) 동아프리카와 호주, 동남아시아 원산의 늘푸른키나무이다. 뿌리에서 기다란 공기뿌리가 많이 솟는다. 붉은색 꽃은 밤에 피며 납작한 감 모양의 열매는 날로 먹거나 요리를 한다.

　　　　　　　　　　　　*맹그로브[홍수림(紅樹林), mangrove, mangrove forest]

니파야자(*Nypa fruticans*) 열대 아시아와 호주 원산의 야자나무로 깃꼴겹잎은 10m 정도 높이까지 자란다. 암수한그루로 잎겨드랑이에 둥근 꽃송이가 달린다. 꽃자루를 자르면 나오는 즙을 음료로 마신다.

첸감/병화목(*Scyphiphora hydrophyllacea*) 열대 아시아와 호주, 동아프리카 원산의 늘푸른떨기나무이다. 꽃가지에 연분홍색~흰색 꽃이 모여 피고 타원형 열매는 녹색이며 점차 노란색으로 익는다.

둥운나무(*Heritiera littoralis*) 동아프리카와 열대 아시아 원산의 늘푸른키나무이다. 가지의 꽃송이에 자잘한 종 모양의 자갈색 꽃이 모여 피고 둥그스름한 열매가 열린다. 씨앗은 생선 요리에 넣는다.

갯무궁화(*Talipariti tiliaceum*) 열대 아시아와 오세아니아 원산의 늘푸른키나무이다. 가지에 노란색 무궁화 꽃이 모여 피는데 중심부는 암자색이다. 적황색 꽃이 피는 자주갯무궁화는 관상수로 심는다.

맹그로브트럼펫나무(*Dolichandrone spathacea*) 동남아시아 원산의 늘푸른키나무이다. 트럼펫 모양의 커다란 흰색 꽃은 2~10개가 모여 핀다. 가느다란 열매는 25~60㎝ 길이이고 갈색으로 익는다.

맹그로브데리스(*Derris trifoliata*) 동아프리카와 열대 아시아, 호주 원산의 늘푸른덩굴나무이다. 겹잎은 작은잎이 3~5장이며 광택이 있다. 자잘한 나비 모양의 흰색 꽃이 모여 피고 납작한 타원형 열매가 열린다.

담쟁이덩굴 붙음뿌리

담쟁이덩굴은 낙엽이 지는 덩굴나무로 산과 들의 나무나 바위, 시골집의 담장 등 무엇이든 잘 타고 오른다. 담쟁이덩굴은 잎과 마주나는 붙음뿌리로 다른 물체에 달라붙으면서 줄기와 가지가 위로 뻗는다. 이 붙음뿌리는 덩굴손이 변한 것으로 다른 물체에 닿으면 본드처럼 끈적이는 점액질을 내어 단단히 달라붙는다. 이런 담쟁이덩굴의 특성을 이용해 시멘트나 콘크리트로 된 담장을 가리는 용도로 많이 심는다.

새로 돋은
붙음뿌리

새로 돋은
어린잎

담쟁이덩굴 어린잎과 붙음뿌리

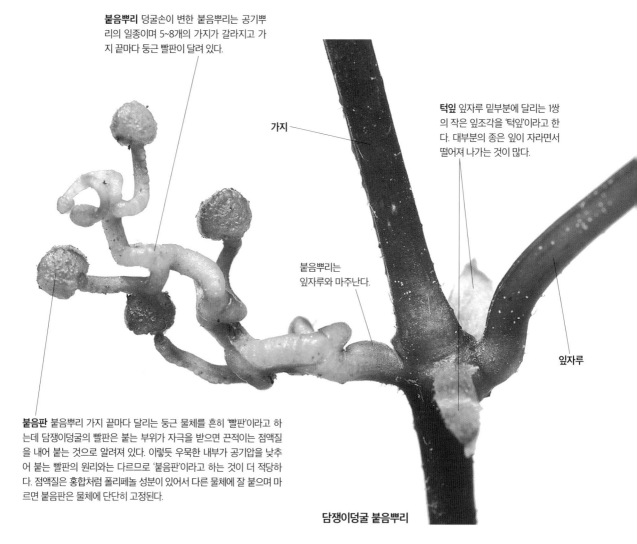

붙음뿌리 덩굴손이 변한 붙음뿌리는 공기뿌리의 일종이며 5~8개의 가지가 갈라지고 가지 끝마다 둥근 빨판이 달려 있다.

가지

턱잎 잎자루 밑부분에 달리는 1쌍의 작은 잎조각을 '턱잎'이라고 한다. 대부분의 종은 잎이 자라면서 떨어져 나가는 것이 많다.

붙음뿌리는
잎자루와 마주난다.

잎자루

붙음판 붙음뿌리 가지 끝마다 달리는 둥근 물체를 흔히 '빨판'이라고 하는데 담쟁이덩굴의 빨판은 붙는 부위가 자극을 받으면 끈적이는 점액질을 내어 붙는 것으로 알려져 있다. 이렇듯 우묵한 내부가 공기압을 낮추어 붙는 빨판의 원리와는 다르므로 '붙음판'이라고 하는 것이 더 적당하다. 점액질은 홍합처럼 폴리페놀 성분이 있어서 다른 물체에 잘 붙으며 마르면 붙음판은 물체에 단단히 고정된다.

담쟁이덩굴 붙음뿌리

*붙음뿌리[부착근(付着根), adhesive root] / 빨판[흡반(吸盤), sucker, adhesive disk]

담쟁이덩굴 묵은 붙음뿌리 줄기에 계속해서 만들어진 붙음뿌리가 마른 채로 물체에 단단히 붙어 있는 모습이다.

이른 봄의 담쟁이덩굴 겨울을 견뎌 낸 앙상한 줄기와 가지에 붉은빛이 도는 새잎이 돋아나고 있다.

능소화 붙음뿌리 관상용으로 심는 갈잎덩굴나무로 줄기나 가지에서 나오는 공기뿌리가 다른 물체에 달라붙는 붙음뿌리 역할을 한다.

덩굴옻나무 붙음뿌리 남쪽 섬에서 자라는 갈잎덩굴나무로 줄기나 가지에서 나오는 공기뿌리가 다른 물체에 달라붙는 붙음뿌리 역할을 한다.

모람 붙음뿌리 남해안이나 남쪽 섬에서 자라는 늘푸른덩굴나무로 줄기나 가지에서 나오는 공기뿌리가 다른 물체에 달라붙는 붙음뿌리 역할을 한다.

*붙음판[부착반(附着盤), pulvillus] / 턱잎[받침잎, 탁엽(托葉), stipule]

봄에 자라기 시작하는 햇가지

가지가 옆으로 넓게 퍼진 소나무

Ⅲ 줄기와 가지

줄기는 잎과 뿌리를 이어 주는 중심 부분으로 식물의 몸을 지탱하는 역할을 하고 물과 양분의
통로가 된다. 특히 나무는 높고 크게 자란 무거운 몸을 지탱하기 위해서 줄기가 매우 튼튼하다.
나무의 기둥 역할을 하는 굵은 줄기를 '원줄기'라고 하며 나무는 원줄기로부터 여러 갈래로
가지가 갈라져 번는다. 원줄기는 나무의 기본 수형을 결정하는 기준이 되며, 곧게 자라는 수종도
있고 휘어지거나 누워 자라는 수종도 있는 등 여러 가지이다. 원줄기에서 갈라져 나간 가지는
곁가지가 갈라지기를 반복하면서 고유의 나무 모양을 만드는데, 이를 '나무갓(p.10)'이라고 한다.
줄기와 가지는 나무를 지탱하는 뼈대 역할을 하고, 뿌리에서 흡수한 물과 무기 양분을 잎으로
전달하는 통로가 되며, 잎에서 광합성을 통해 만든 양분을 뿌리까지 골고루 전달하는 역할을
한다. 종에 따라서는 땅속줄기가 발달하는 것도 있다.

나무껍질

나무껍질은 나무줄기를 감싸고 있는 부분을 말한다. 나무껍질은 줄기 둘레의 부름켜보다 바깥 부분으로 보통 코르크 조직이 두껍게 발달한다. 나무껍질은 줄기 속의 수분이 마르는 것을 막아 주고 동물 등의 공격이나 곰팡이의 침입을 막는 옷과 같은 역할을 한다. 보통 어린나무의 껍질은 매끈하지만 나이를 먹으면 껍질이 두꺼워지면서 갈라지기도 하고 얇은 껍질 조각이 떨어져 나가기도 한다. 나무껍질의 무늬와 두께, 갈라지고 벗겨지는 방법은 나무마다 조금씩 달라서 나무를 구분하는 데 도움을 준다.

은행나무 어린나무의 나무껍질은 매끈한 편이지만 나이가 들면 나무껍질이 두꺼워지면서 불규칙하게 갈라지고 틈이 생긴다. 나무가 나이를 먹을수록 갈라진 틈은 점점 깊어진다.

양버즘나무 나무껍질은 맨 바깥쪽에 있는 껍질 조각이 벗겨져 떨어지면 그 속에서 다시 연한 색의 나무껍질이 드러난다. 껍질 조각이 벗겨진 모양이 얼룩덜룩 버짐이 핀 모습과 비슷하다.

노란색 속껍질

두꺼운 나무껍질

황벽나무 나무껍질은 코르크가 발달해서 두꺼우며 손가락으로 눌러 보면 폭신거린다. 황벽나무의 나무껍질 안쪽에는 노란색 속껍질이 있는데 쓴맛이 나며 한약재로 쓰거나 노란색 물감으로 이용한다.

*나무껍질[수피(樹皮), bark] / 어린나무[유목(幼木), 약목(若木), young tree, sapling]

지의무리

버드나무 오래된 나무껍질에는 지의무리나 이끼무리가 붙어서 자라기도 한다. 지의무리는 곰팡이와 조류가 서로 도우며 살아가는 공생 생물이다.

느티나무 나무껍질은 회백색~회갈색이고 약간 밋밋하며 비늘처럼 떨어지고 껍질눈은 옆으로 길어진다.

껍질눈 박달나무 줄기에는 가로로 긴 껍질눈이 많이 있는데 이곳에 난 구멍으로 숨을 쉰다.

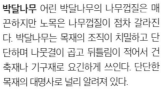

박달나무 어린 박달나무의 나무껍질은 매끈하지만 노목은 나무껍질이 점차 갈라진다. 박달나무는 목재의 조직이 치밀하고 단단하며 나뭇결이 곱고 뒤틀림이 적어서 건축재나 기구재로 요긴하게 쓰인다. 단단한 목재의 대명사로 널리 알려져 있다.

＊껍질눈[피목(皮目), lenticel]

자작나무 나무껍질

자작나무는 북부 지방의 깊은 산속에서 자라는 갈잎 큰키나무로 남한에서 저절로 자라는 나무는 없지만 가로수나 관상수로 심고 있으며 중부 지방의 산에 심어 기르기도 한다. 추운 지방에서 자라는 자작나무는 나무껍질이 얇은 대신에 기름기를 많이 포함하고 있어서 추위를 견딜 수 있다. 기름기가 많은 나무껍질은 불이 잘 붙어서 불쏘시개로 이용하는데, 탈 때 '자작 자작' 하는 소리가 나서 자작나무라고 부른다지만 실제로는 타는 소리가 잘 들리지 않는다. 옛날 종이가 없을 때에는 얇게 벗겨진 자작나무 껍질에 그림을 그리거나 글을 쓰는 종이 대용품으로 이용했다. 또 고로쇠나무처럼 봄에 줄기에서 나무즙을 채취해 음료수로 마시기도 한다.

8월의 자작나무 열매 잎은 어긋나고 세모진 달걀형이다. 긴 원통형 열매이삭은 밑으로 늘어지고 점차 갈색으로 익는다.

자작나무 숲 위로 곧게 자라는 줄기가 매끈한 흰색으로 보기 좋아서 '눈의 여왕'이나 '숲속의 주인'이라는 별명으로도 불린다. 빨리 자라는 나무로 중부 지방의 산에 조림수로 심기도 한다.

나무껍질 흰색 나무껍질은 매끈하고 얇으며 기름기가 많고 기품이 있어 보인다. 오래된 나무껍질은 얇은 종잇장처럼 불규칙하게 옆으로 벗겨지면서 조금씩 떨어져 나간다.

줄기의 가지자국 자작나무는 자라면서 줄기 아래 쪽의 가지를 스스로 떨구는데 가지가 잘라져 나가면서 생기는 눈(目) 모양의 흔적 양쪽으로 八 자 모양의 검은 무늬가 함께 생겨서 가지자국을 구분하기가 쉽다.

＊가지자국[지흔(枝痕), branch scar] / 조림수(造林樹)[조림목(造林木), plantation wood]

자작나무 나무껍질 추운 지방에서 자라는 자작나무는 흰빛을 띠는 나무껍질이 얇고 가로로 종잇장처럼 벗겨지며 잘 썩지 않는다. 흰색 나무껍질은 주변에 내린 눈에서 반사되는 반사열과 햇빛의 복사열을 반사시켜 추운 겨울에도 줄기 내부의 온도를 일정하게 유지해 주는 역할을 한다.

나무껍질 안쪽 면은 황갈색을 띤다.

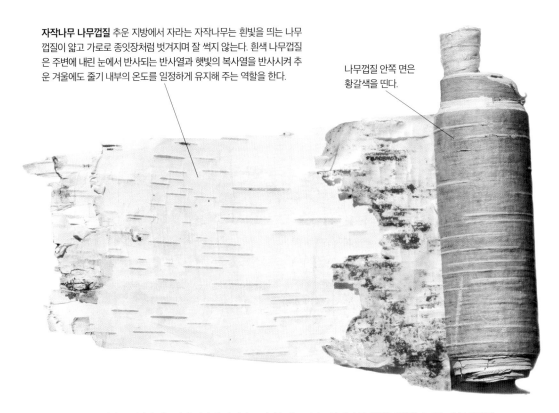

자작나무 벗겨진 나무껍질 벗겨 낸 자작나무 껍질은 얇으면서도 질겨서 종이처럼 사용할 수 있는데 특히 줄기에 물이 오르는 봄에 채취하는 것이 잘 벗겨지면서도 품질이 우수하다. 인류가 자작나무 껍질을 이용한 것은 신석기 시대부터라고 한다. 몽골을 비롯한 동북아 지역에서는 오래전부터 자작나무 껍질을 종이 대용품으로 사용했으며 자작나무 껍질의 방수성과 보온성을 이용해 그릇을 만들어 쓰기도 하였다.

천마도 1973년 경주를 정비하면서 155호 고분을 발굴했는데 11,500여 점의 유물이 쏟아져 나왔다. 유물 중에서 특히 관심을 끄는 것은 천마가 그려진 말다래 3점과 금관이었다. 말다래는 한자어로 '장니(障泥)'라고 하는데 말을 탄 사람에게 흙이 튀지 않도록 말안장 양쪽에 늘어뜨리는 가리개로 장식물로도 사용되었다. 발굴된 말다래 중에는 자작나무 껍질을 여러 겹으로 겹쳐서 누빈 위에 하늘을 나는 말인 천마(天馬)를 그린 것이 있었다. 이 말다래에 그려진 천마 그림 때문에 155호 고분은 이후에 '천마 무덤'이란 뜻인 천마총(天馬塚)으로 부르게 되었다. 말다래에 사용된 자작나무 껍질은 70㎝ 정도 넓이로 크고 질이 좋았다. 이 자작나무 껍질을 어디에서 구했을까에 대해서는 여러 가지 가설이 있지만, 자작나무는 신라에서는 자라지 않는 북방계 나무이기 때문에 위쪽의 고구려에서 구했을 것이라는 추측이 우세하다. 말다래에 그려진 천마는 머리에 뿔이 달리고 구름 위를 달리는 모습을 하고 있다.

경주 천마총

천마도

코르크 냄비 받침 코르크는 마찰력이 높은 자연 소재로 코르크로 만든 냄비 받침은 냄비가 잘 미끄러지지 않는다.

코르크 컵 받침 단단한 나무 위에 코르크를 붙여서 컵이 미끄러지지 않도록 컵 받침을 만들었다.

코르크 미니 화분 공기가 통하면서 방수가 되는 코르크로 만든 작은 화분에 다육식물을 심기도 한다.

병마개 제작 모습 채취한 코르크참나무 껍질을 적당한 크기로 다듬은 후에 병마개를 찍어 내는 모습이다. 코르크 조각을 압착해서 병마개를 만들기도 하고 다른 재질로 합성 코르크를 만들어 사용하기도 한다.

코르크 병마개 코르크는 공기가 통하면서 방수가 되기 때문에 포도주 등을 담는 유리병의 뚜껑으로 널리 사용되고 있다.

어린 코르크참나무 나무껍질 어린 나무의 나무껍질에는 아직 코르크 층이 조금밖에 발달하지 않았지만 자라면서 점차 두꺼워진다.

나무껍질 나무껍질에 발달하는 두 꺼운 코르크층은 산불에 잘 견디기 때문에 단열재로도 사용한다.

어린 열매 잎은 어긋나고 달걀 모양 의 타원형이며 가장자리에 톱니가 있다. 꽃은 봄에 피고 도토리열매는 가을에 익는다.

코르크참나무 늘푸른큰키나무로 18m 정도 높이까지 자라며 줄기 지 름은 150㎝에 달하고 보통 250년 정도 살 수 있다.

코르크참나무

코르크참나무(*Quercus suber*)는 유럽 남부에서 아프리카 북부에 걸쳐서 자라는 늘푸른큰키나무로 도토리열매가 열리는 참나무의 한 종류이다. 건조한 지중해성 기후에서 자라는 코르크참나무는 수분이 증발되는 것을 막기 위해 나무껍질에 굴참나무보다 훨씬 두껍고 질이 좋은 코르크층이 발달한다. 20년 정도 자라면 나무껍질의 두꺼운 코르크를 벗겨서 병마개나 벽타일 등을 만드는 데 이용하기 때문에 '코르크참나무'라고 한다. 코르크를 채취하고 나면 새로 나무껍질이 만들어지며 코르크층이 생기는데, 보통 10년마다 다시 코르크를 채취한다. 코르크는 폭신거리면서도 모양이 변하지 않고 외부의 충격을 막아 주며 단열 효과도 높아 병마개뿐만 아니라 생활용품, 건축재 등으로도 널리 사용하고 있다.

코르크 산책로 수원 월드컵 경기장 중앙광장에 조성된 산책로는 천연 소재인 코르크 병마개를 잘게 부숴 재가공한 친환경 바닥재로 만들었다. 코르크 바닥재는 탄력이 좋아 충격을 잘 흡수하고 유해 성분이 없어서 보행자에게 안전하다.

삼척 신기리의 굴피집과 통방아

굴참나무 나무껍질 산에서 흔히 자라는 갈잎큰키나무로 나무껍질에 코르크층이 발달하지만 코르크참나무만큼 두껍거나 폭신거리지는 않는다.

굴피집 두꺼운 나무껍질로 지붕을 이은 집을 '굴피집'이라고 하며 예전에 산간 지방 화전민들의 가옥에 이용되었다. 굴피는 굴참나무, 상수리나무 등의 나무껍질을 벗겨서 잘라 기와처럼 이은 다음에 '너시래'라는 길쭉한 나무 장대를 여러 개 걸쳐 고정시킨다. 강원도 삼척시 신기면 대이리에 굴피집이 보존되어 있다.

통방아 대이리에는 굴피집과 함께 원뿔형 물방아간이 있는데 굴피로 지붕을 이었고 굴피집과 함께 국가민속문화재로 지정되어 있다.

여러 가지 나무껍질 구분해 보기

가을바람에 낙엽이 지면 앙상한 나무에서 가장 눈에 띄는 것이 나무껍질이다. 어떤 종은 껍질만 봐도 알아볼 수 있는 나무도 있지만 나무껍질은 특징을 파악하기 어려운 것이 많다. 여기에 같은 종끼리도 나무의 나이에 따라 모습이 바뀌는 것도 많고 생육 환경이나 병충해, 지역 차이 같은 여러 가지 조건에 의해 다양한 변이가 나타나기 때문에 나무껍질만 보고 나무를 파악하기는 쉽지 않다. 하지만 낙엽이나 가지 등을 함께 비교해 가며 계속해서 관찰하면 나무껍질로도 나무를 구분할 수 있게 된다. 나무껍질을 관찰할 때는 다음의 사항 등을 구분하여 비교하면 나무껍질을 보고 겨울나무를 구분하는 데 도움이 된다.

1) 나무껍질이 밋밋한가 갈라지는가? 갈라지면 갈라진 틈의 방향은?
2) 나무껍질의 색깔은?
3) 껍질눈이 있으면 모양이나 색깔은 어떠한가?
4) 줄기에 가시가 발달하는가?

나무껍질이 밋밋한 나무

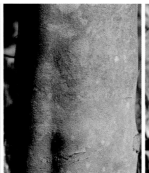

귤 남해안 이남에서 재배하며 나무껍질은 녹갈색이 돌고 밋밋하다.

동백나무 남부 지방의 산과 들에서 자라며 나무껍질은 회갈색~황갈색이고 밋밋하다.

백목련 중국 원산의 관상수로 나무껍질은 회백색이고 밋밋하다.

팽나무 전국의 바닷가나 남부 지방에서 자라며 나무껍질은 회색~회홍색이고 밋밋하다.

나무껍질이 벗겨져 나가며 밋밋해지는 나무

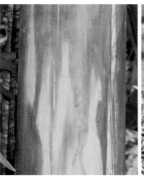

노각나무 남부 지방의 산에서 자라며 나무껍질은 회갈색이고 얇은 조각으로 벗겨져 나가며 적갈색 얼룩이 생긴다.

무지개유칼립투스(*Eucalyptus deglupta*) 호주 원산으로 점차 나무껍질이 벗겨지며 무지개 색깔의 얼룩무늬가 나타난다.

배롱나무 중국 원산의 관상수로 나무껍질이 벗겨져 나가면 매끈한 속살은 홍갈색 얼룩무늬가 생긴다.

적피배롱나무(*Lagerstroemia fauriei*) 일본 원산의 관상수로 나무껍질이 벗겨지며 매끈해지고 적갈색 얼룩이 진다.

나무껍질이 조각조각 벗겨져 나가며 얼룩이 생기는 나무

모과나무 중국 원산의 관상수로 나무껍질은 묵은 조각이 벗겨져 나가며 여러 색깔의 얼룩을 만든다.

백송 중국 원산의 관상수로 나무껍질은 매끈하지만 점차 불규칙한 얇은 조각으로 벗겨지면서 얼룩이 생긴다.

양버즘나무 북미 원산의 관상수로 나무껍질은 얇은 조각으로 벗겨져 나가며 얼룩무늬를 만든다.

육박나무 남쪽 섬에서 자라며 나무껍질은 회흑색이고 얇은 조각으로 벗겨져 나가며 얼룩무늬를 만든다.

나무껍질이 세로로 얇게 벗겨지는 나무

복자기 중부 이북의 산에서 자라며 나무껍질은 회갈색이고 세로로 얇은 조각으로 불규칙하게 갈라져 벗겨진다.

중국단풍 중국 원산의 관상수로 나무껍질은 회갈색이며 세로로 종이처럼 갈라져 벗겨진다.

새우나무 전남 이남의 산에서 자라며 나무껍질은 갈색~회갈색이고 세로로 갈라진 조각이 젖혀지며 벗겨진다.

편백 일본 원산의 조림수로 나무껍질은 적갈색이며 세로로 약간 거칠고 길게 갈라져 벗겨진다.

나무껍질이 가로로 얇게 벗겨지는 나무

물박달나무 산에서 자라며 나무껍질은 회갈색이고 여러 겹으로 종이처럼 얇게 벗겨져서 눈에 잘 띈다.

거제수나무 높은 산에서 자라며 나무껍질은 황갈색이고 껍질눈이 있으며 가로로 종이처럼 얇게 갈라져 벗겨진다.

사스래나무 높은 산에서 자라며 나무껍질은 회백색~회갈색이고 가로로 종이처럼 얇게 갈라져 벗겨진다.

자작나무 북부 지방의 깊은 산에서 자라며 나무껍질은 흰색이고 가로로 종이처럼 얇게 갈라져 벗겨진다.

나무껍질이 울퉁불퉁 갈라진 나무

고욤나무 산에서 자라며 나무껍질은 어두운 회색이고 어릴 때부터 그물코 모양으로 깊게 갈라진다.

말채나무 산에서 자라며 나무껍질은 회갈색~흑갈색이고 그물코 모양으로 깊게 갈라진다.

서양산딸나무 북미 원산의 관상수로 나무껍질은 회흑색이며 그물코 모양으로 불규칙하게 갈라진다.

소나무 산에서 자라며 나무껍질은 회갈색이고 거북등처럼 깊게 갈라진다. 줄기 윗부분은 적갈색이다.

나무껍질이 세로로 골이 지는 나무

떡갈나무 산에서 자라며 나무껍질은 적갈색~흑갈색이고 세로로 불규칙하게 골이 진다.

졸참나무 낮은 산에서 자라며 나무껍질은 진회색~회갈색이고 세로로 불규칙하게 골이 진다.

음나무 산에서 자라며 나무껍질은 회갈색~흑갈색이고 노목은 세로로 불규칙하게 골이 진다.

황철나무 강원 이북의 산에서 자라며 노목의 나무껍질은 흑회색이고 세로로 불규칙하게 골이 진다.

나무껍질이 무늬 모양이 되는 나무

까치박달 산에서 자라며 나무껍질은 회색~회갈색이고 얇게 갈라지는 부분은 색깔이 짙어진다.

서나무 산에서 자라며 나무껍질은 암회색이고 얇게 갈라지는 부분은 색깔이 짙어지며 노목은 울퉁불퉁해진다.

아까시나무 산에서 자라며 나무껍질은 연갈색~황갈색이고 세로로 갈라지는 부분은 교차하는 것처럼 보인다.

푸조나무 남부 지방에서 자라며 나무껍질은 회갈색이고 세로로 갈라지는 부분은 교차하여 무늬를 만든다.

나무껍질에 껍질눈이 두드러진 나무

미역줄나무 산에서 자라며 어린 나무껍질은 회갈색~적갈색이고 껍질눈이 빽빽하게 튀어나온다.

박달나무 깊은 산에서 자라며 나무껍질은 흑갈색~회갈색이고 어릴 때는 껍질눈이 가로로 길게 빈다.

은사시나무 조림을 하며 나무껍질은 회백색이고 껍질눈은 마름모꼴로 독특한 모양이지만 변화가 심하다.

티벳벚나무(*Prunus serrula*) 중국 원산으로 남부 지방에 재식되었다. 붉은색 나무껍질에 껍질눈이 가로로 길게 빈다.

나무껍질에 코르크가 많이 발달하는 나무

굴참나무 산에서 자라며 나무껍질은 회색~흑회색이고 코르크질이 두껍게 발달하며 세로로 불규칙하게 갈라진다.

등칡 깊은 산에서 자라며 나무껍질은 회갈색이고 코르크질이 두껍게 발달하며 세로로 불규칙하게 골이 진다.

코르크참나무 지중해 연안에서 자라며 나무껍질에 두껍게 발달하는 코르크를 채취하여 생활용품을 만든다.

황벽나무 산에서 자라며 나무껍질은 회색이고 코르크질이 두껍게 발달하며 세로로 불규칙하게 갈라진다.

줄기에 가시가 발달하는 나무

개산초 남부 지방의 산에서 자라며 나무껍질은 회흑색이고 줄기와 가지에 껍질눈이 많으며 날카로운 가시가 마주난다.

실거리나무 남해안에서 자라며 나무껍질은 회색~적갈색이고 줄기와 가지에 껍질눈이 많으며 가시가 있다.

주엽나무 산에서 자라며 나무껍질은 흑갈색~회갈색이고 줄기와 가지에 여러 번 갈라진 긴 가시가 난다.

비주패왕수(*Pachypodium lamerei*) 마다가스카르 원산의 늘푸른떨기나무로 퉁퉁한 줄기에 가시가 많다.

나무줄기 단면과 나이테

나무줄기는 줄기 바깥쪽에 원통 모양으로 빙 둘러 있는 부름켜가 계속 밖으로 분열하면서 자라므로 안쪽의 목질부가 점점 굵어지는데, 이를 '부피생장' 또는 '직경생장'이라고 한다. 광합성이 활발한 봄~여름에는 나무가 잘 자라지만 가을이 되면 나무가 잎을 떨구고 자람을 멈춘다. 이런 자람의 모습이 줄기에 동그란 나이테로 만들어지는데, 넓은 부분은 여름에 자란 부분이고 진한 색의 가는 줄 부분은 가을에 느리게 자란 부분이다. 나무줄기는 부피생장을 하면서 해마다 나이테를 만들기 때문에 나이테를 보고 나무가 자란 환경과 나이를 알 수 있다.

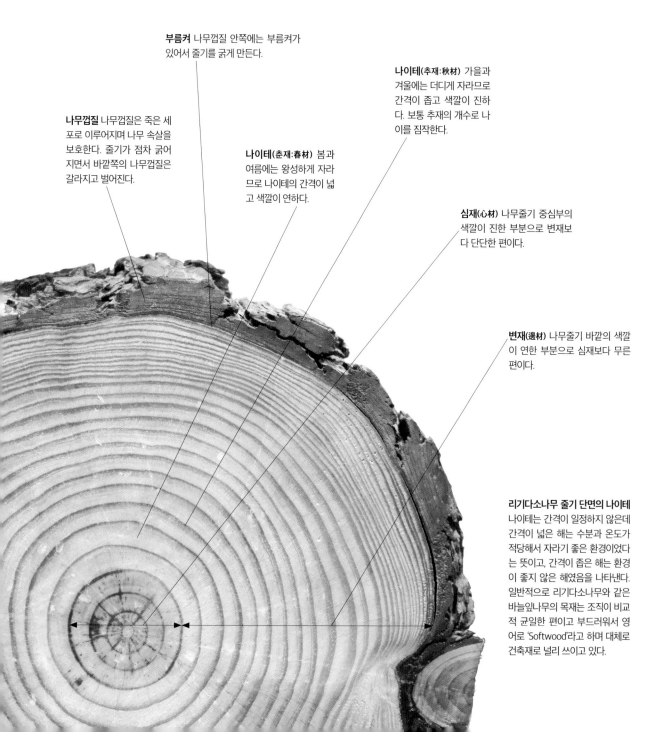

부름켜 나무껍질 안쪽에는 부름켜가 있어서 줄기를 굵게 만든다.

나이테(추재:秋材) 가을과 겨울에는 더디게 자라므로 간격이 좁고 색깔이 진하다. 보통 추재의 개수로 나이를 짐작한다.

나무껍질 나무껍질은 죽은 세포로 이루어지며 나무 속살을 보호한다. 줄기가 점차 굵어지면서 바깥쪽의 나무껍질은 갈라지고 벌어진다.

나이테(춘재:春材) 봄과 여름에는 왕성하게 자라므로 나이테의 간격이 넓고 색깔이 연하다.

심재(心材) 나무줄기 중심부의 색깔이 진한 부분으로 변재보다 단단한 편이다.

변재(邊材) 나무줄기 바깥의 색깔이 연한 부분으로 심재보다 무른 편이다.

리기다소나무 줄기 단면의 나이테 나이테는 간격이 일정하지 않은데 간격이 넓은 해는 수분과 온도가 적당해서 자라기 좋은 환경이었다는 뜻이고, 간격이 좁은 해는 환경이 좋지 않은 해였음을 나타낸다. 일반적으로 리기다소나무와 같은 바늘잎나무의 목재는 조직이 비교적 균일한 편이고 부드러워서 영어로 'Softwood'라고 하며 대체로 건축재로 널리 쓰이고 있다.

나무줄기의 구조

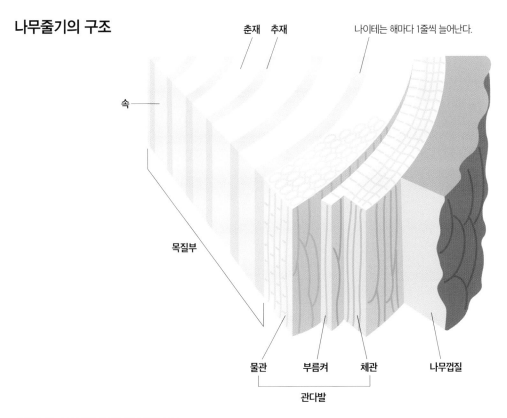

춘재 추재

나이테는 해마다 1줄씩 늘어난다.

속

목질부

물관 부름켜 체관 나무껍질

관다발

속 죽은 세포로 구성된 줄기의 가장 안쪽 부분.
목질부(木質部) 단단해져서 나무를 지탱하고 물과 양분의 통로가 된다.
물관(도관:導管) 뿌리에서 흡수한 물과 무기 양분이 식물의 각 부위로 이동하는 통로.
체관(사관:篩管) 잎에서 만들어진 영양분이 줄기나 뿌리로 이동하는 통로.
부름켜(형성층:形成層) 세포가 왕성하게 분열하면서 줄기가 굵어지게 만드는 층.
관다발(관속:管束) 식물의 물과 양분을 운반하는 관 모양의 조직으로 물관, 체관, 부름켜로 이루어진다.

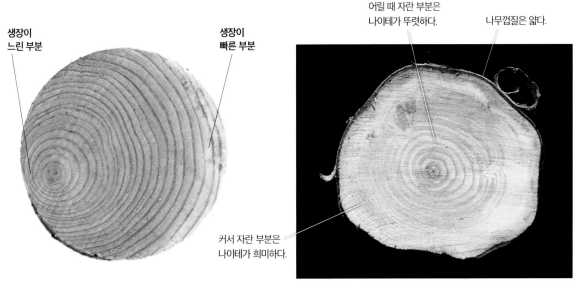

생장이
느린 부분

생장이
빠른 부분

어릴 때 자란 부분은
나이테가 뚜렷하다.

나무껍질은 얇다.

커서 자란 부분은
나이테가 희미하다.

치우쳐 자란 소나무 줄기 이 소나무는 줄기의 중심이 한쪽으로 심하게 치우쳐 있는데 나이테가 넓은 쪽은 환경 조건이 좋아서 가지가 잘 자란 쪽이고, 좁은 쪽은 그늘이거나 강풍을 맞는 것처럼 조건이 좋지 않아 가지가 드문 쪽이다.

자작나무 줄기 가로 단면 자작나무와 같은 쌍떡잎식물은 소나무와 같은 바늘잎나무처럼 줄기에 나이테가 잘 나타나지 않는다. 자작나무와 같은 넓은잎나무의 목재는 비교적 조직이 균일하지 않고 단단한 편이어서 영어로 'Hardwood'라고 하며 내부 장식이나 가구 등을 만드는 데 주로 쓰인다.

＊나이테[연륜(年輪), annual ring] / 부피생장[직경생장(直徑生長), diameter growth]

덩굴나무가 오르는 방법

식물은 햇빛을 많이 받기 위해 높이 자라기 경쟁을 한다. 높게 자라기 위해서는 줄기를 굵고 튼튼하게 만들어야 하는데 그러려면 시간과 양분이 많이 든다. 이를 쉽게 해결할 꾀를 낸 것이 덩굴식물이다. 덩굴식물은 가는 줄기를 덩굴로 만들어서 다른 물체를 감거나 기댄 채 재빠르게 높이 올라간다. 덩굴은 다른 물체를 타고 오르는 방법이 여러 가지이다. 줄기가 직접 다른 물체를 감고 오르기도 하고, 덩굴손이나 잎자루로 감고 오르기도 하며, 붙음뿌리로 붙고 오르기도 한다. 줄기에 난 밑을 향한 가시나 가시털로 다른 물체에 기대고 오르는 것도 있다.

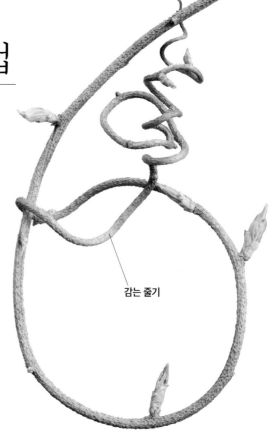

감는 줄기

미역줄나무 산에서 자라는 갈잎덩굴나무로 줄기가 미역 고갱이처럼 튼튼해서 '미역줄나무'라고 한다. 덩굴지는 줄기는 다른 물체를 감거나 서로 기대면서 위로 오른다.

공기뿌리

마삭줄 남부 지방에서 자라는 늘푸른덩굴나무로 줄기에서 공기뿌리가 나와 다른 물체에 달라붙고 위로 오른다.

감는 잎자루 잎자루는 점차 가지처럼 단단해져서 다른 물체를 감은 채로 겨울을 난다.

사위질빵 산과 들의 숲 가장자리나 풀밭에서 자라는 갈잎반덩굴나무로 잎자루와 작은잎자루는 덩굴손처럼 다른 물체를 감고 오른다.

＊덩굴손[권수(卷鬚), tendril]

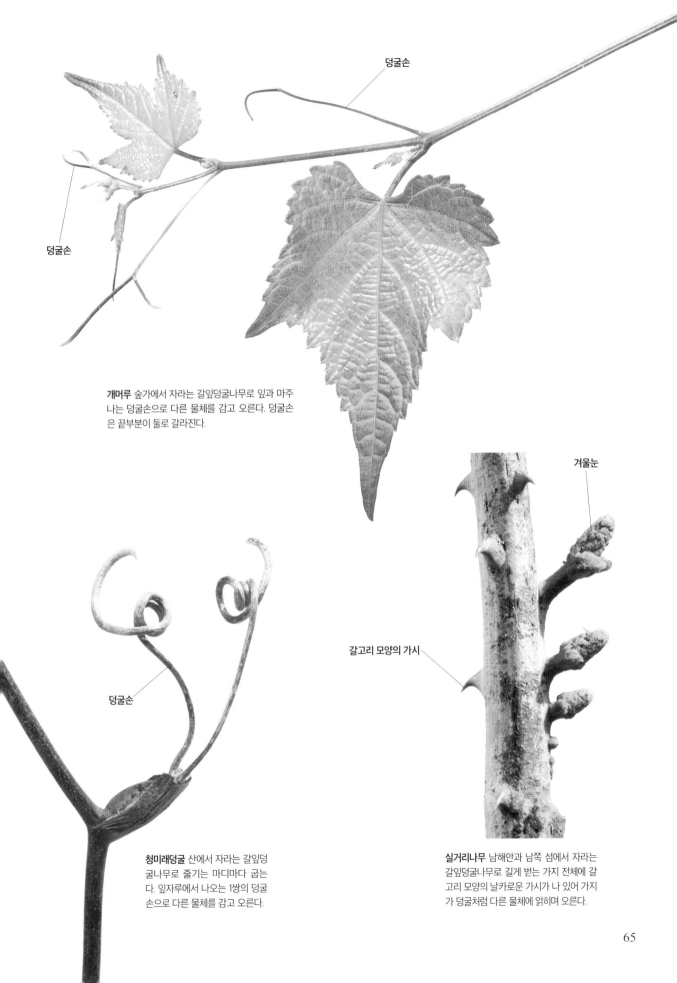

덩굴손

덩굴손

덩굴손

개머루 숲가에서 자라는 갈잎덩굴나무로 잎과 마주
나는 덩굴손으로 다른 물체를 감고 오른다. 덩굴손
은 끝부분이 둘로 갈라진다.

겨울눈

갈고리 모양의 가시

덩굴손

청미래덩굴 산에서 자라는 갈잎덩
굴나무로 줄기는 마디마다 굽는
다. 잎자루에서 나오는 1쌍의 덩굴
손으로 다른 물체를 감고 오른다.

실거리나무 남해안과 남쪽 섬에서 자라는
갈잎덩굴나무로 길게 벋는 가지 전체에 갈
고리 모양의 날카로운 가시가 나 있어 가지
가 덩굴처럼 다른 물체에 얽히며 오른다.

65

줄기 단면은 방사상으로
무늬가 있다.

나무껍질은 두꺼운
코르크질이 발달한다.

등칡 줄기 가로 단면 쌍떡잎식물인 등칡은 소나무와 같은
바늘잎나무와 달리 줄기에 나이테가 잘 나타나지 않는다.

방사상으로
갈라지는 줄기

점점 줄기와
벌어지는 나무껍질

등칡 줄기 덩굴지는 줄기는 다른 물체를 감고 올라간다.
나무껍질은 두꺼운 코르크질이 발달해 폭신거린다.

등칡 죽은 줄기 가로 단면 줄기가 방사상으로 난
무늬를 따라 세로로 갈라지고 있다.

등칡의 줄기

등칡은 중부 이북의 깊은 산에서 자라는 갈잎덩굴나무이다. 줄기는 두꺼운 코르크질이 발달하면서 불규칙하게 골이 지며 손가락으로 누르면 폭신거린다. 말라 죽어서 나무껍질이 떨어져 나간 줄기를 보면 세로로 조각조각 쪼개지는 것을 알 수 있다. 이렇게 얇은 조각이 모여 있는 것은 통으로 된 줄기보다 더 질겨서 잘 끊어지지 않는 구조이다. 밧줄을 만들 때 여러 가닥을 꼬아서 만드는 것도 이와 비슷한 원리이다.

나무껍질은 썩어서 모두 떨어져 나갔다.

방사상으로 갈라져 조각조각 벌어지는 줄기

여러 가닥이 모여 있는 모양의 줄기는 통으로 된 줄기보다 더욱 질겨서 잘 끊어지지 않는 구조이다.

등칡 죽은 줄기 줄기는 썩은 나무껍질이 점차 벗겨져 나가며 세로로 가늘게 조각조각 갈라져 벌어진다.

등칡 죽은 줄기 세로 단면 세로로 가늘게 갈라진 조각은 얇은 널빤지 모양이다.

나뭇진

나뭇진은 한자어로 '수지(樹脂)'라고 하며 주로 나무에서 분비된 나무즙이 굳어진 물질을 말하며 자연적으로 얻을 수 있기 때문에 '자연수지(自然樹脂)'라고도 한다. 나뭇진은 소나무와 같은 바늘잎나무에서 만들어진 송진(松津)을 예로 들 수 있다. 반면에 석유나 식물 섬유를 주원료로 화학적으로 합성하여 만든 것은 '플라스틱' 또는 '합성수지(合成樹脂)'라고 하며 일상생활에 널리 이용되고 있다.

6월 초에 핀 옻나무 수꽃 중국과 인도 원산의 갈잎큰키나무로 옻을 얻기 위해 심어 기른다. 줄기에 상처를 내면 나오는 나뭇진을 '옻'이라고 하는데, 나무나 금속 등으로 만든 물건에 윤을 내기 위해 겉에 바르는 용도로 사용한다. 옻이 몸에 닿으면 피부가 몹시 가려운 증상을 보이는데 옻이 오른다고 하며 주의해야 한다.

옻칠을 한 소반 목재 겉에 옻칠을 하면 안으로 스며들고 겉에는 비닐처럼 얇은 막을 형성하여 코팅 효과를 내는데 방수 기능도 있다.

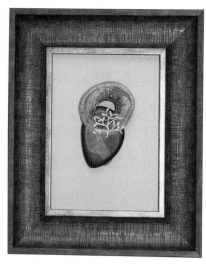

옻칠 공예품 최근에는 옻의 생산량이 적고 비싸기 때문에 주로 미술 공예품을 만드는 등의 용도로 사용된다.

*나뭇진[수지(樹脂), resin] / 송진(松津), pine resin

9월의 황칠나무 어린 열매송이 남해안과 남쪽 섬의 숲속에서 자라는 늘푸른작은키나무로 여름에 가지 끝에 황록색 꽃이 모여 피고 타원형 열매는 가을에 흑자색으로 익는다. 줄기에 상처를 내면 황금빛 칠액이 나오기 때문에 '황칠나무'라고 하며 '노란옻나무'라고도 한다. 줄기에 상처를 내서 얻는 노란색 즙을 '황칠'이라고 하며, 가구나 기구의 표면에 칠하는데 칠이 투명해서 물체의 질감을 그대로 살리면서도 황금빛을 내기 때문에 적갈색을 내는 옻칠보다 더욱 귀한 대접을 받았다. 황칠을 한 제품은 삼국 시대부터 중국으로 수출될 정도로 인기였지만, 황칠나무가 자라는 지역이 제한되어 있고 한 나무에서 생산되는 나무즙의 양이 적어서 항상 공급이 부족했다.

황칠나무 벗겨 낸 나무껍질 나무껍질을 벗겨 내면 투명한 노란색 나뭇진이 나오는데 옻처럼 칠액으로 써서 '노란옻나무'라고도 한다.

섬잣나무 나뭇진 소나무과(Pinaceae)에 속하는 나무는 상처를 입으면 흰색 나뭇진이 흘러나오는데, 흔히 '송진(松津)'이라고 하며 끈적거린다.

소나무 송진 채취 흔적 석유가 부족한 일제 시대에는 줄기에 상처를 내어 흘러나오는 송진을 받아 만든 기름인 송탄유(松炭油)를 석유 대신 사용하기도 했다.

파라고무나무

파라고무나무(*Hevea brasiliensis*)는 남아메리카 아마존강 유역 원산의 늘푸른큰키나무로 대극과에 속한다. 파라고무나무는 나무줄기에 비스듬히 상처를 내면 나오는 흰색 나뭇진을 채취해서 천연고무의 원료로 쓴다. 아마존강 유역이 원산지이지만 영국이 동남아시아에서 많이 재배하였기 때문에 지금도 동남아시아에서 천연고무가 가장 많이 생산된다. 고무는 타이어와 같은 생활용품이나 장난감 등에 널리 사용하지만, 생산량이 부족하기 때문에 현재는 석유에서 얻어지는 합성고무가 더 널리 쓰이고 있다.

파라고무나무 열매 열매는 세로로 3개의 골이 지며 3개의 씨앗이 들어 있다. 열매가 익으면 마른 열매껍질이 팽창하면서 터지는 힘으로 씨앗을 날려 보낸다.

파라고무나무 나뭇진 채취 나무껍질에 비스듬히 상처를 내면 흘러내리는 흰색 나뭇진을 그릇에 모아서 천연고무 원료로 쓴다.

파라고무나무 농장 동남아시아에는 대규모로 조성된 파라고무나무 농장이 많이 있다. 파라고무나무의 '파라'는 원산지인 브라질의 주(州) 이름이다.

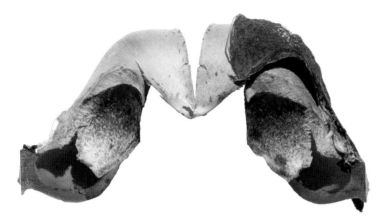

파라고무나무 터진 열매껍질 열매가 마르면 점차 팽창하다가 파열하면서 껍질이 씨앗과 함께 날아간다.

파라고무나무 꽃가지 암수한그루로 가지 끝의 꽃송이에 자잘한 황백색 꽃이 모여 핀다.

파라고무나무 씨앗 둥그스름한 씨앗은 적갈색 바탕에 회색 무늬가 있으며 기름을 짜고 남은 찌꺼기는 가축 사료로 쓴다. 헨리 위컴이라는 사람이 브라질에서 파라고무나무 씨앗을 몰래 빼내어 동남아시아의 영국 식민지에 심어 퍼뜨린 덕에 동남아시아가 천연고무의 주산지가 되었다.

파라고무나무 나뭇진 가지에 상처를 내도 흰색 나뭇진이 흘러나온다.

인도고무나무

인도고무나무 인도 원산의 늘푸른큰키나무로 뽕나무과에 속하며 같은 속의 반얀나무처럼 줄기나 가지에서 내린 공기뿌리가 땅에 닿으면 새로운 줄기가 된다. 옛날에 고무를 얻기 위해 재배해서 '고무나무'라는 이름을 얻었지만 고무 생산량이 훨씬 많은 파라고무나무가 발견되면서 지금은 관상수로만 널리 재배되고 있다.

인도고무나무 열매와 나뭇진 같은 속의 무화과처럼 잎겨드랑이의 꽃주머니가 그대로 열매로 자란다. 가지나 잎을 자르면 흰색 나뭇진이 나오며 천연고무의 원료로 쓰기도 했다. 큼직한 타원형 잎은 관상 가치가 높으며 공기 정화 능력이 우수해 실내 관엽식물로 널리 기르고 있다.

나무즙

나무즙은 식물의 뿌리에서 줄기를 지나 잎으로 가는 액체로 한자어로는 '수액(樹液)'이라고 한다. 나무즙의 성분은 대부분이 물이며 뿌리털에서 빨아올린 무기 이온 등이 섞여 있다. 봄에 고로쇠나무처럼 달짝지근한 나무즙이 많이 나오는 나무의 즙을 채취해 음료로 마시기도 한다. 넓은 의미로 나뭇진도 나무즙에 포함된다.

고로쇠나무 열매 꽃이 지면 열리는 열매는 양쪽에 날개가 있는 마른열매로 보통 직각 정도로 벌어지지만 더 많이 또는 더 좁게 벌어지는 것도 있다. 2장씩 마주나는 잎은 둥그스름한 잎몸이 5~7갈래로 별처럼 갈라지며 갈래조각 끝은 뾰족하다.

설탕단풍(*Acer saccharum*) 단풍잎 북미 원산의 갈잎큰키나무로 단풍나무의 한 종류이다. 잎몸은 손바닥처럼 5갈래로 갈라지며 밑부분 양쪽의 갈래조각은 위의 갈래조각보다 작다.

고로쇠나무 나무즙 채취 산에서 자라는 갈잎큰키나무로 나무껍질은 회색~회갈색이고 세로로 얕게 터진다. 경칩을 전후해서 줄기에 8㎜ 이내의 구멍을 뚫고 호스를 꽂아 나무즙을 채취해 마시는데 약간 단맛이 나며 향기가 있다. 나무즙은 위장병이나 신경통 등에 좋다고 한다. 신라의 도선국사가 무릎이 아플 때 이 나무의 나무즙을 마시고 회복되어 '골리수(骨利樹)'라고 하였는데, 뼈에 이로운 물을 가진 나무란 뜻이다. 골리수가 오랜 세월을 거치면서 고로쇠로 변했다고 한다.

메이플시럽 일교차가 큰 원산지에서는 이른 봄에 설탕단풍의 나무즙을 받아 졸여서 메이플시럽을 만들어 팬케이크나 와플 등에 발라 먹는다.

*나무즙[수액(樹液), sap]

그 밖의 나무즙을 채취하는 나무

거제수나무 높은 산에서 자라는 갈잎큰키나무로 이른 봄에 줄기에서 나무즙을 뽑아 마신다. 달걀형 열매는 위를 향한다. 나무껍질은 황갈색이며 종잇장처럼 얇게 가로로 벗겨져서 지저분하게 보인다.

자작나무 심어 기르는 갈잎큰키나무이다. 같은 속의 거제수나무처럼 이른 봄에 줄기에서 나무즙을 뽑아 마신다. 긴 원통형 열매는 아래로 늘어진다. 나무껍질은 흰색이며 옆으로 종잇장처럼 얇게 벗겨진다.

다래 산에서 자라는 갈잎덩굴나무로 봄에 돋는 새순은 나물로 먹고 가을에 익는 달콤한 열매는 과일로 먹는다. 이른 봄에 줄기에서 나무즙을 뽑아 음료로 마시는데 입맛을 돋구어 준다.

설탕대추야자(*Phoenix sylve -stris*) 인도와 파키스탄 원산의 야자나무로 어린 꽃차례를 자르면 나오는 나무즙을 받아서 음료로 사용하거나 시럽과 술을 만들며 졸여서 설탕을 만든다.

나무즙이 만드는 얼룩

나무 중에는 흘러나온 나무즙이 줄기에 묻어서 마르면 얼룩이 생기기도 하는데, 이를 보고 나무를 구분할 수도 있다. 나무껍질의 상처에서 분비되는 나무즙은 손상된 부분을 보수하는 작용을 한다고 알려져 있다.

층층나무 줄기의 나무즙 산에서 자라는 갈잎큰키나무로 줄기에 가지가 층층으로 돌려나서 '층층나무'라고 한다. 가지를 자르면 나오는 나무즙은 시간이 지나면 붉은색으로 변한다.

비술나무 줄기 산골짜기에서 자라는 갈잎큰키나무로 나무껍질은 진회색~회갈색이며 세로로 깊게 갈라진다. 가지를 자르면 나오는 나무즙은 시간이 지나면 흰색으로 변한다.

자작나무 줄기 심어 기르는 갈잎큰키나무로 이른 봄에 나무즙을 채취해 마신다. 흰색 줄기에 상처가 나서 나오는 나무즙은 시간이 지나면 검은색으로 변한다.

줄기에 물을
저장하는 나무

건조한 기후 지역에서 자라는 나무 중에는 가뭄에 대비하기 위해 줄기에 물을 저장해 두는 나무가 여럿 있다. 이들 나무는 줄기가 통통한 모습 덕분에 눈에 띄어서 관상용으로 재배하기도 한다. 건조 지역에서 자라는 식물 중에는 줄기뿐만 아니라 잎에도 물을 저장해서 통통해진 것이 있는데, 이들을 통틀어 '다육식물'이라고 한다.

좁은잎병나무(*Brachychiton rupestris*) 호주 북동부에 위치한 퀸즐랜드 원산의 큰키나무이다. 나무가 크게 자라면서 줄기는 술병처럼 부풀어 오르며 속에 물을 저장해서 가뭄을 이겨 낸다.

좁은잎병나무 잎 잎몸은 좁은 버들잎 모양이며 여러 갈래로 갈라지기도 한다.

병야자(*Hyophorbe lagenicaulis*) 아프리카 원산의 야자나무로 줄기는 원기둥 모양으로 술병처럼 부풀어서 '병야자' 또는 '주병야자'라고 하며 열대 지방에서 관상수로 심는다. 줄기 끝에 모여 나는 깃꼴겹잎은 활처럼 휘어진다.

미인수(*Ceiba speciosa*) 남미 원산의 늘푸른큰키나무로 어린 줄기는 녹색이며 큰 가시가 많고 건기를 대비해 물을 저장해서 술병처럼 부푼다. 잎은 손꼴겹잎이고 가지 가득 붉은색 꽃이 모여 핀 모습이 아름답다.

용혈수(*Dracaena draco*) 아프리카 카나리 제도 원산으로 줄기와 가지에 물을 저장해 퉁퉁해진다. 줄기에 상처를 내면 나오는 붉은색 즙이 용의 피 같다고 '용혈수(龍血樹)'라고 한다. 칼 모양의 잎은 가지 끝에 모여난다.

사막장미(*Adenium obesum*) 아프리카 원산의 늘푸른떨기나무로 건조한 곳에서 자라는 줄기는 퉁퉁해지며 물을 저장하고 있다. 가지 끝에 달리는 깔때기 모양의 붉은색, 흰색, 분홍색 등의 꽃은 5갈래로 갈라진다.

덕구리난/놀리나(*Beaucarnea recurvata*) 멕시코 원산으로 줄기 밑부분이 주둥이가 잘쪽한 술병을 닮아서 '덕구리난'이라고 한다. 칼 모양의 잎은 가지 끝에 모여나고 커다란 꽃송이에 자잘한 황백색 꽃이 모여 핀다.

환접만(*Adenia glauca*) 남아프리카 원산의 늘푸른덩굴나무로 녹색을 띠는 줄기 밑동이 덕구리난처럼 잘쪽한 술병을 닮았다. 둥그스름한 잎은 5갈래로 깊게 갈라지며 암수딴그루로 연노란색~연황록색 꽃이 핀다.

구갑룡(*Dioscorea elephantipes*) 남아프리카 케이프 지방 원산의 덩굴식물로 줄기와 뿌리가 합쳐진 둥근 덩이줄기의 표면은 코르크질로 거북이 등처럼 갈라진다. 덩굴지는 줄기에 하트 모양의 잎이 어긋난다.

화월(*Crassula ovata*) 아프리카 원산의 늘푸른떨기나무로 둥근 달걀형 잎이 두툼한 다육질인 다육식물이며 줄기도 퉁퉁해진다. 겨울에 가지 끝에서 자라는 꽃송이에 별 모양의 흰색~연분홍색 꽃이 모여 핀다.

*다육식물(多肉植物), succulent plant

상록넉줄고사리 잎 깃꼴로 갈라지는 잎은
섬세하며 레이스를 연상하게 하지만 가죽질이다.

뿌리줄기

썩은 나무줄기

상록넉줄고사리(*Davallia tyermanii*) 열대 아시아 원산으로 나무줄기나 바위에 붙어서 자라는 착생 고사리
이며 관상용으로 널리 기르고 있다. 겉으로 드러난 기다란 뿌리줄기는 길고 부드러운 흰색 털로 덮여 있는
모습이 토끼발을 닮아서 '흰토끼발고사리'라고도 한다.

착생 고사리 열대 지방에서 자라는 레인트리(*Albizia saman*) 줄기에 여러 고
사리식물 등이 착생하며 자라고 있다.

생울타리 나무줄기로 만든 낮은 울타리에 여러 착생식물이 붙어서 자라게
만든 생울타리이다.

*착생식물(着生植物)[air plant, aerial plant, epiphyte]

착생식물

땅에 뿌리를 내리지 않고 나무줄기와 같은 다른 식물의 표면이나 바위 등에 붙어서 살아가는 식물을 '착생식물(着生植物)'이라고 한다. 기생식물은 다른 식물의 줄기에 뿌리를 내려서 물과 양분을 빼앗지만 착생식물은 물리적으로만 다른 식물에 붙어서 자라고 물과 양분은 주변의 대기로부터 잎이나 뿌리 등을 이용해 얻는다. 대표적인 착생식물로는 이끼류, 고사리류, 난초, 파인애플과 식물 등이 있으며 원예 식물로도 널리 이용하고 있다.

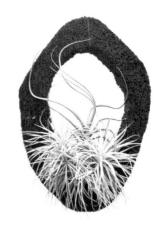

틸란드시아(*Tillandsia*) 벽걸이 장식 나무로 만든 둥근 벽걸이에 착생식물인 파인애플과의 틸란드시아를 착생시켜 자라게 만든 벽 장식품으로 '목부작(木附作)'이라고도 한다. 틸란드시아는 뿌리가 고착 기능밖에 없고 물과 양분은 잎으로 흡수한다.

박쥐란(*Platycerium bifurcatum*) 열대 아시아 원산의 고사리식물로 나무줄기에 착생해서 자란다. 늘어지는 홀씨잎은 2~3회 깃꼴로 갈라진다.

벽 장식 벽면에 둥근 구멍을 내고 파인애플과의 여러 착생식물로 장식을 했다.

나무줄기에 착생하는 파인애플과의 네오레겔리아속(*Neoregelia*)은 돌려나는 뿌리잎 밑부분에 빗물이 고이게 되어 있고 그 물을 흡수세포로 빨아들인다.

실내 장식품 나무줄기에 여러 종류의 착생 난초가 붙어서 자라게 만들어서 실내 장식을 하였다.

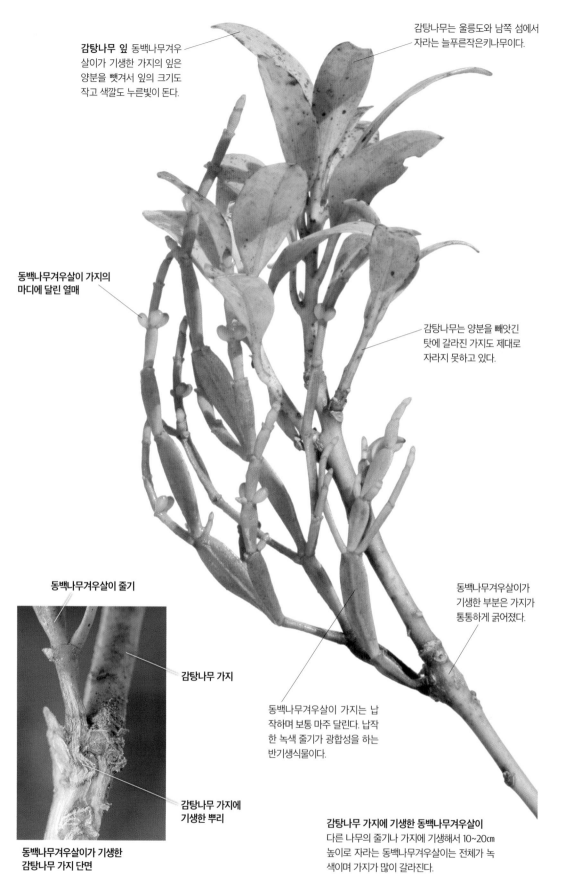

감탕나무 잎 동백나무겨우
살이가 기생한 가지의 잎은
양분을 뺏겨서 잎의 크기도
작고 색깔도 누른빛이 돈다.

감탕나무는 울릉도와 남쪽 섬에서
자라는 늘푸른작은키나무이다.

동백나무겨우살이 가지의
마디에 달린 열매

감탕나무는 양분을 빼앗긴
탓에 갈라진 가지도 제대로
자라지 못하고 있다.

동백나무겨우살이 줄기

동백나무겨우살이가
기생한 부분은 가지가
통통하게 굵어졌다.

감탕나무 가지

동백나무겨우살이 가지는 납
작하며 보통 마주 달린다. 납작
한 녹색 줄기가 광합성을 하는
반기생식물이다.

**감탕나무 가지에
기생한 뿌리**

**동백나무겨우살이가 기생한
감탕나무 가지 단면**

감탕나무 가지에 기생한 동백나무겨우살이
다른 나무의 줄기나 가지에 기생해서 10~20㎝
높이로 자라는 동백나무겨우살이는 전체가 녹
색이며 가지가 많이 갈라진다.

＊기생식물(寄生植物)[parasitic plant, parasite]

새로 자란 동백나무겨우살이 줄기는 약간 통통하다.

열매 둥근 타원형 열매는 마디에 빙 돌려가며 달리는데 제대로 성숙하지 않는 열매도 있다.

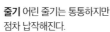

마디 마디에 달리는 잎은 퇴화해서 잘 보이지 않으며 마디는 잘 부러진다.

줄기 어린 줄기는 통통하지만 점차 납작해진다.

기생식물

동백나무겨우살이는 남쪽 섬에서 자라는 늘푸른떨기나무로 동백나무나 감탕나무, 사스레피나무와 같은 늘푸른나무의 줄기나 가지에 주로 기생하며 드물게 갈잎나무에도 기생한다. 기생식물은 살아 있는 다른 식물로부터 영양분을 얻어 생활하는 식물로 동백나무겨우살이처럼 줄기에 기생하는 식물과 개종용처럼 뿌리에 기생하여 자라는 식물로 나눌 수 있다.

겨우살이 열매 산에서 자라는 늘푸른떨기나무로 참나무 등의 줄기나 가지에 기생한다. 마주나는 잎으로 광합성도 하는 반기생식물이며 둥근 열매는 겨울에 연노란색으로 익는다.

동백나무겨우살이 열매가지 열매는 노랗게 익은 후에 갈라져 터지면 씨앗 둘레에 끈적거리는 물질이 있어 가지에 잘 붙고 점차 싹이 터서 자란다.

개종용 울릉도에서 자라는 여러해살이풀로 참나무과, 자작나무과, 버드나무과 식물의 뿌리에 기생하여 자란다. 스스로 광합성을 못하는 전기생식물이다.

꼬리겨우살이 열매 산에서 자라는 갈잎떨기나무로 참나무 등의 줄기나 가지에 기생한다. 마주나는 잎으로 광합성도 하는 반기생식물이며 노란색 열매송이는 밑으로 늘어진다.

79

가지

나무의 가지는 원줄기에서 갈라져서 자라는 부분으로 고등 식물에서는 보통 잎겨드랑이에서 새순이 나와 자란 부분을 말한다. 가지는 계속해서 갈라져 벋으며 갈라져 나가는 방법도 여러 가지이다.

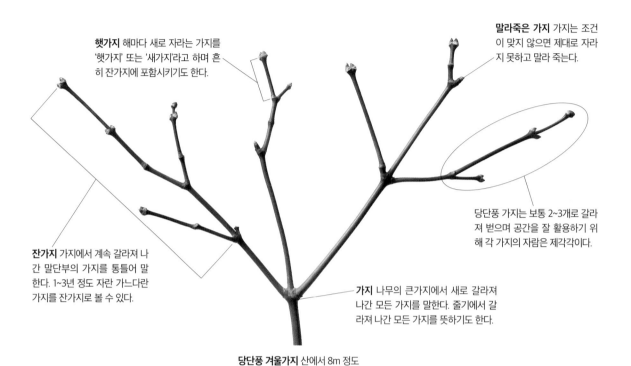

햇가지 해마다 새로 자라는 가지를 '햇가지' 또는 '새가지'라고 하며 흔히 잔가지에 포함시키기도 한다.

말라죽은 가지 가지는 조건이 맞지 않으면 제대로 자라지 못하고 말라 죽는다.

잔가지 가지에서 계속 갈라져 나간 말단부의 가지를 통틀어 말한다. 1~3년 정도 자란 가느다란 가지를 잔가지로 볼 수 있다.

당단풍 가지는 보통 2~3개로 갈라져 벋으며 공간을 잘 활용하기 위해 각 가지의 자람은 제각각이다.

가지 나무의 큰가지에서 새로 갈라져 나간 모든 가지를 말한다. 줄기에서 갈라져 나간 모든 가지를 뜻하기도 한다.

당단풍 겨울가지 산에서 8m 정도 높이로 자라는 갈잎작은키나무이다.

잔가지

잘못 자란 가지 햇빛이 잘 안 드는 응달쪽이거나 환경이 좋지 않은 곳에서 자라는 가지는 작고 가늘게 자란다.

나무는 주변 환경에 따라 줄기에서 벋는 가지의 자람과 모양이 달라진다.

줄기 줄기 바깥쪽에 원통 모양으로 빙 둘러 있는 부름켜가 세포 분열을 해서 해마다 나이테를 만들며 줄기의 지름이 굵어지는 부피생장(직경생장)을 한다.

잘 자란 가지 햇빛이 잘 드는 양지쪽이거나 환경이 좋은 곳에서 자라는 가지는 크고 굵게 잘 자란다.

큰가지 나무줄기에서 바로 자라 나중에 가지와 잔가지로 나뉘는 가지를 말한다.

분재처럼 키운 구실잣밤나무 조경수

*가지[수지(樹枝), branch] / 큰가지[대지(大枝), bough, limb] / 잔가지[소지(小枝), branchlet, twig]

우듬지 나무의 원줄기 꼭대기에 있는 끝눈이 자란 가지를 우리말로 '우듬지'라고 하는데 모든 가지의 우두머리가 되는 가지란 뜻이다. 우듬지는 잎을 달고 있고 한 나무에 하나밖에 없으며 해를 따라 위로 자랄 방향을 잡는 중심 가지이다.

곁눈이 자란 가지 독일가문비 곁눈이 자란 햇가지는 거의 수평으로 비스듬히 돌려난다. 일반적으로 곁눈이 자란 가지는 끝눈이 자란 가지보다 자람이 더디다.

마디사이에서 자란 가지(internode buds)는 점차 나무갓의 안쪽 부분을 빈틈없이 채우며 자라서 나무갓이 전체적으로 원뿔 모양이 되게 만든다.

줄기에 돌려나는 가지(whorl buds)는 길게 자라면서 나무갓의 바깥쪽 부분을 빈틈없이 채우며 자란다.

어린 바늘잎 갓 자란 짧은 바늘잎은 아직 단단하지 않아서 찌르지는 않으며 가지에 촘촘히 돌려가며 달린다.

굵어진 가지에는 다시 잔가지가 돌려나 자라기를 반복한다.

독일가문비 어린 줄기와 가지

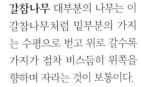

갈참나무 대부분의 나무는 이 갈참나무처럼 밑부분의 가지는 수평으로 벋고 위로 갈수록 가지가 점차 비스듬히 위쪽을 향하며 자라는 것이 보통이다.

일본잎갈나무 바늘잎나무인 일본잎갈나무는 큰가지가 대부분 수평으로 벋으며 나무 모양이 원뿔 모양으로 자라는 것이 특징이다.

양버들 넓은잎나무인 양버들은 가지의 대부분이 위를 향하는 특징을 가지고 있어서 나무 모양이 빗자루처럼 보인다. 관상수로 심는다.

처진소나무 늘푸른큰키나무인 소나무의 품종으로 줄기에서 자란 모든 가지가 밑으로 축 처지는 특성이 있다. 관상수로도 심는다.

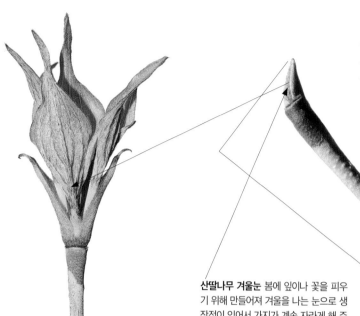

1년생 가지 끝눈(p.86)에서 자란 가지는 보통 길이가 긴데 이를 북한에서는 '끝눈우세현상'이라고 한다.

1년생 가지 지난해에 만들어진 가지 끝의 겨울눈에서 2개의 가지가 나와 자랐다. 옆으로 비스듬히 자라는 가지는 길이가 길고 위쪽으로 비스듬히 서는 곁가지는 길이가 짧다.

산딸나무 겨울눈 봄에 잎이나 꽃을 피우기 위해 만들어져 겨울을 나는 눈으로 생장점이 있어서 가지가 계속 자라게 해 준다. 원뿔 모양의 겨울눈은 짧은털로 덮여 있으며 속에는 미숙한 잎이나 꽃이 촘촘히 포개져 있다. 겨울눈 중에서 가지 끝에 달리는 겨울눈은 '끝눈'이라고 한다.

산딸나무 새순 봄이 오면 끝눈이 벌어지면서 새순이 돋아 잎가지로 자란다. 산딸나무 긴 가지의 끝눈에서는 보통 1~여러 개의 잎가지가 나와 자란다.

1년생 가지 줄기 옆쪽의 가지는 비스듬히 옆으로 벋으며 자라고 곁가지가 만들어졌다. 이 1년생 가지를 '햇가지'라고도 한다.

열대 지방에서 자라는 인디언아몬드(*Platycerium bifurcatum*)의 가지 배열 나무는 햇빛을 많이 받기 위해 위로 높이 자랄 뿐만 아니라 가지를 넓게 펼쳐서 넓은 면적을 차지하는 것이 유리하다. 이때 가지들은 어느 정도 나선형으로 벋으면서 서로 겹치지 않게 배열해야 가지에 달린 잎들이 골고루 햇빛을 받는 데 유리하다. 잎도 가지와 마찬가지로 서로 겹치지 않게끔 배열한다. 식물의 가지와 잎의 배열 패턴은 흔히 피보나치 수열을 따르는 경우가 많다. 피보나치 수열은 앞의 두 수의 합이 바로 뒤의 수가 되는 수의 배열을 말한다. 1, 2, 3, 5, 8, 13, 21, 34, 55 …

*겨울눈[동아(冬芽), winter bud] / 끝눈우세[정아우세(頂芽優勢), apjcal dominance]

산딸나무 가지의 나이

식물의 원줄기에서 갈라져 사방으로 계속 갈라져 벋는 가지도 해마다 자라면서 점차 굵어진다. 나무줄기에 1년마다 나이테가 만들어지는 것처럼 산딸나무의 햇가지 밑부분에는 겨울눈의 눈비늘조각이 떨어져 나간 흔적인 둥근 고리 모양의 눈비늘조각자국을 볼 수 있다. 이 고리를 세면 그 가지의 나이를 알 수 있다.

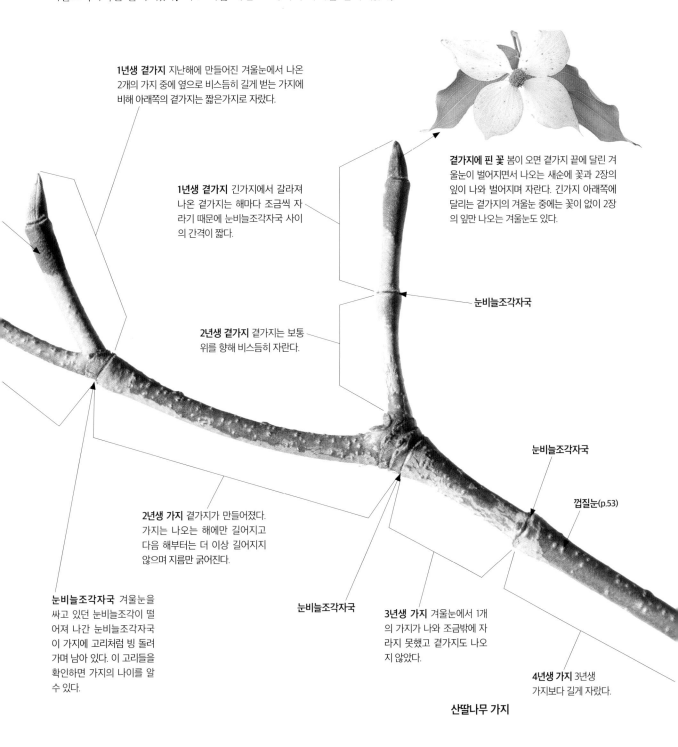

1년생 곁가지 지난해에 만들어진 겨울눈에서 나온 2개의 가지 중에 옆으로 비스듬히 길게 벋는 가지에 비해 아래쪽의 곁가지는 짧은가지로 자랐다.

1년생 곁가지 긴가지에서 갈라져 나온 곁가지는 해마다 조금씩 자라기 때문에 눈비늘조각자국 사이의 간격이 짧다.

2년생 곁가지 곁가지는 보통 위를 향해 비스듬히 자란다.

곁가지에 핀 꽃 봄이 오면 곁가지 끝에 달린 겨울눈이 벌어지면서 나오는 새순에 꽃과 2장의 잎이 나와 벌어지며 자란다. 긴가지 아래쪽에 달리는 곁가지의 겨울눈 중에는 꽃이 없이 2장의 잎만 나오는 겨울눈도 있다.

눈비늘조각자국

눈비늘조각자국

껍질눈(p.53)

2년생 가지 곁가지가 만들어졌다. 가지는 나오는 해에만 길어지고 다음 해부터는 더 이상 길어지지 않으며 지름만 굵어진다.

눈비늘조각자국 겨울눈을 싸고 있던 눈비늘조각이 떨어져 나간 눈비늘조각자국이 가지에 고리처럼 빙 돌려가며 남아 있다. 이 고리들을 확인하면 가지의 나이를 알 수 있다.

눈비늘조각자국

3년생 가지 겨울눈에서 1개의 가지가 나와 조금밖에 자라지 못했고 곁가지도 나오지 않았다.

4년생 가지 3년생 가지보다 길게 자랐다.

산딸나무 가지

*눈비늘조각자국[아린흔(芽鱗痕), bud scale scar]

긴가지와 짧은가지

가지의 마디사이가 정상적으로 길게 자란 가지를 '긴가지'라고 하고, 가지의 마디사이가 거의 자라지 않기 때문에 마디사이의 간격이 촘촘해 보이는 가지를 '짧은가지'라고 한다. 짧은가지의 마디 수를 세어 보면 그 가지의 나이를 알 수 있다. 긴가지와 짧은가지는 본질적으로 큰 차이가 없고, 끝눈의 자람이 우세한 현상 등에 의해 자람이 억제된 가지가 마디사이가 아주 짧게 압축되어 짧은가지가 된 것으로 본다.

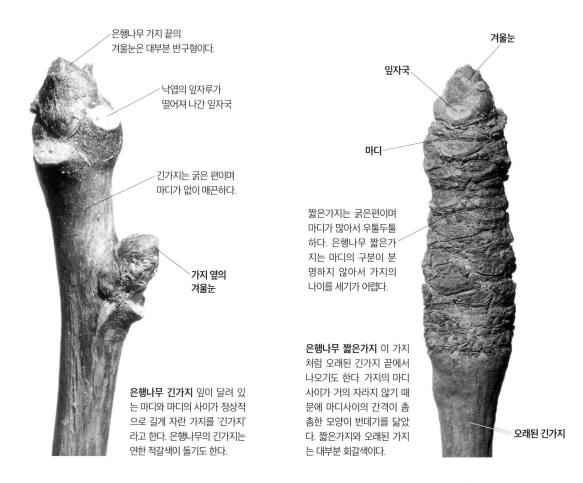

은행나무 가지 끝의 겨울눈은 대부분 반구형이다.

낙엽의 잎자루가 떨어져 나간 잎자국

긴가지는 굵은 편이며 마디가 없이 매끈하다.

가지 옆의 겨울눈

은행나무 긴가지 잎이 달려 있는 마디와 마디의 사이가 정상적으로 길게 자란 가지를 '긴가지'라고 한다. 은행나무의 긴가지는 연한 적갈색이 돌기도 한다.

겨울눈

잎자국

마디

짧은가지는 굵은편이며 마디가 많아서 우툴두툴 하다. 은행나무 짧은가지는 마디의 구분이 분명하지 않아서 가지의 나이를 세기가 어렵다.

은행나무 짧은가지 이 가지처럼 오래된 긴가지 끝에서 나오기도 한다. 가지의 마디사이가 거의 자라지 않기 때문에 마디사이의 간격이 촘촘한 모양이 번데기를 닮았다. 짧은가지와 오래된 가지는 대부분 회갈색이다.

오래된 긴가지

긴가지 끝의 겨울눈이 벌어지면서 잎가지가 나와 자란다.

어린 잎가지

긴가지의 새순

어린잎

짧은가지의 새순 가지 끝의 겨울눈이 벌어지면서 잎이 모여난다.

수솔방울 봉오리

수솔방울 짧은가지 끝에는 잎과 함께 수솔방울이나 암솔방울이 자라기도 한다.

＊긴가지[장지(長枝), long shoot] / 짧은가지[단지(短枝), short shoot]

짧은가지가 발달하는 나무

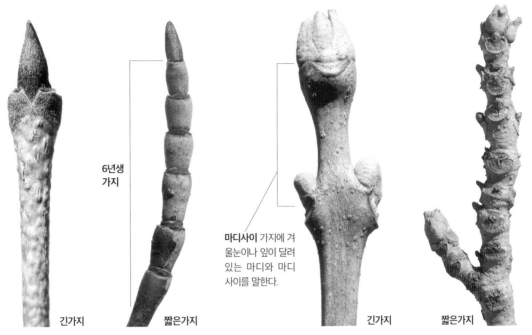

6년생
가지

마디사이 가지에 겨울눈이나 잎이 달려 있는 마디와 마디 사이를 말한다.

긴가지　　　　짧은가지　　　　긴가지　　　　짧은가지

산딸나무 중부 이남의 산에서 자라는 갈잎작은키나무이다. 긴가지와 더불어 짧은가지가 발달한다. 가지는 털이 없고 껍질눈이 많다. 잎눈은 원뿔형이고 꽃눈은 둥근 달걀형이며 끝이 뾰족하고 짧은털로 싸여 있다.

물푸레나무 산에서 자라는 갈잎큰키나무이다. 긴가지와 더불어 짧은가지가 발달한다. 끝눈은 넓은 달걀형이고 바깥쪽 눈비늘조각은 끝부분이 양쪽으로 잘 벌어져서 왕관 모양이 되기도 한다.

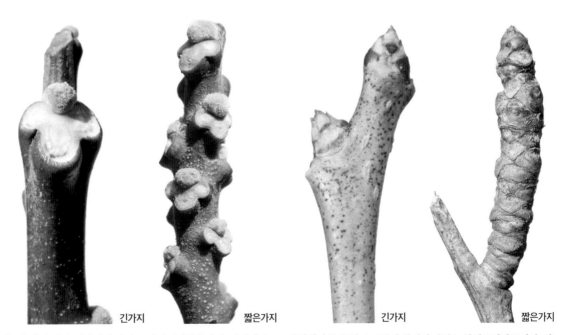

긴가지　　　　짧은가지　　　　긴가지　　　　짧은가지

멀구슬나무 남부 지방에서 자라는 갈잎큰키나무이다. 긴가지와 더불어 짧은가지가 발달한다. 잔가지는 굵고 녹색~갈색이며 털과 껍질눈이 있다. 겨울눈은 일그러진 구형이고 잎자국은 T자 모양이다.

대팻집나무 충청도 이남의 산에서 자라는 갈잎큰키나무이다. 잔가지는 털이 없고 긴가지와 더불어 짧은가지가 발달한다. 겨울눈은 원뿔형이며 회갈색이고 잎자국은 반원형~삼각형이다.

＊마디사이[절간(節間), internode]

끝눈과 곁눈

갈잎나무는 추운 겨울을 나기 위해 잎을 떨군 나뭇가지에 겨울눈을 준비해 겨울을 나고, 다음 해 봄에 겨울눈에서 새순이 나와 자란다. 가지나 줄기 끝에 달린 겨울눈을 '끝눈'이라고 하며 보통 곁눈보다 큰 것이 특징이다. 나무 중에는 끝눈이 없는 나무도 있다. '곁눈'은 가지의 옆부분에 달리는 눈으로 흔히 끝눈보다 작고 대부분 잎자국 바로 위에 달리기 때문에 '겨드랑눈'이라고도 한다. 곁눈도 끝눈처럼 생장점이 있어서 가지가 나와 자랄 수 있게 해 준다.

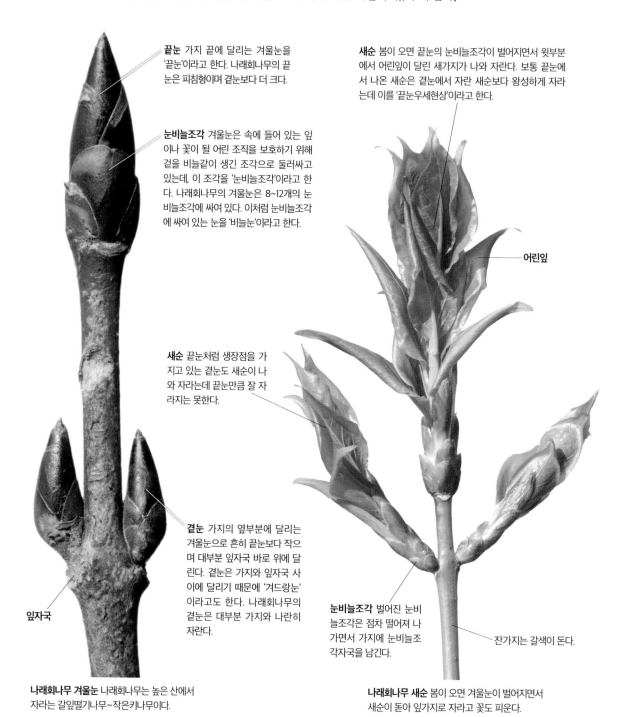

끝눈 가지 끝에 달리는 겨울눈을 '끝눈'이라고 한다. 나래회나무의 끝눈은 피침형이며 곁눈보다 더 크다.

눈비늘조각 겨울눈은 속에 들어 있는 잎이나 꽃이 될 어린 조직을 보호하기 위해 겉을 비늘같이 생긴 조각으로 둘러싸고 있는데, 이 조각을 '눈비늘조각'이라고 한다. 나래회나무의 겨울눈은 8~12개의 눈비늘조각에 싸여 있다. 이처럼 눈비늘조각에 싸여 있는 눈을 '비늘눈'이라고 한다.

새순 끝눈처럼 생장점을 가지고 있는 곁눈도 새순이 나와 자라는데 끝눈만큼 잘 자라지는 못한다.

곁눈 가지의 옆부분에 달리는 겨울눈으로 흔히 끝눈보다 작으며 대부분 잎자국 바로 위에 달린다. 곁눈은 가지와 잎자국 사이에 달리기 때문에 '겨드랑눈'이라고도 한다. 나래회나무의 곁눈은 대부분 가지와 나란히 자란다.

잎자국

새순 봄이 오면 끝눈의 눈비늘조각이 벌어지면서 윗부분에서 어린잎이 달린 새가지가 나와 자란다. 보통 끝눈에서 나온 새순은 곁눈에서 자란 새순보다 왕성하게 자라는데 이를 '끝눈우세현상'이라고 한다.

어린잎

눈비늘조각 벌어진 눈비늘조각은 점차 떨어져 나가면서 가지에 눈비늘조각자국을 남긴다.

잔가지는 갈색이 돈다.

나래회나무 겨울눈 나래회나무는 높은 산에서 자라는 갈잎떨기나무~작은키나무이다.

나래회나무 새순 봄이 오면 겨울눈이 벌어지면서 새순이 돋아 잎가지로 자라고 꽃도 피운다.

*끝눈[정아(頂芽), apical bud, terminal bud] / 곁눈[겨드랑눈, 측아(側芽), 액아(腋芽), axillary bud, lateral bud]

끝눈

곁눈

끝눈

곁눈

끝눈

곁눈

산수유 심어 기르는 갈잎작은키나무이다. 겨울눈은 긴 달걀형이며 끝이 뾰족하고 털로 덮여 있다. 가지에 마주 달리는 곁눈은 끝눈보다 작다.

시닥나무 깊은 산에서 자라는 갈잎큰키나무이다. 겨울눈은 긴 달걀형이며 가지에 마주 달리는 곁눈은 끝눈보다 약간 작다.

산겨릅나무 높은 산에서 자라는 갈잎큰키나무이다. 겨울눈은 긴 달걀형이며 가지에 마주 달리는 곁눈은 끝눈보다 작다.

끝눈

곁눈

끝눈

곁눈

끝눈

곁눈

함박꽃나무 산에서 자라는 갈잎작은키나무이다. 겨울눈은 길쭉하며 누운털로 덮여 있다. 가지에 어긋나는 곁눈은 끝눈보다 작다.

히어리 산에서 드물게 자라는 갈잎떨기나무이다. 겨울눈은 긴 달걀형이며 끝이 뾰족하다. 가지에 어긋나는 곁눈은 끝눈보다 작다.

상산 주로 남부 지방의 산에서 자라는 갈잎떨기나무이다. 겨울눈은 달걀형이며 무늬가 생긴다. 가지에 어긋나는 곁눈은 끝눈보다 약간 작다.

＊눈비늘조각[아린(芽鱗), bud scale] / 비늘눈[인아(鱗芽), 인편아(鱗片芽), 유린아(有鱗芽), scaled bud]

눈비늘조각

대부분의 갈잎나무는 겨울눈 속에 들어 있는 잎이나 꽃이 될 어린 조직을 보호하기 위해 겉을 눈비늘조각으로 싸고 있는 비늘눈을 달고 있다. 종마다 겨울눈을 싸고 있는 눈비늘조각의 개수와 모양, 색깔 등이 달라서 나무를 구분하는 데 도움이 된다.

눈비늘조각

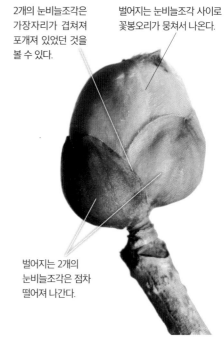

2개의 눈비늘조각은 가장자리가 겹쳐져 포개져 있었던 것을 볼 수 있다.

벌어지는 눈비늘조각 사이로 꽃봉오리가 뭉쳐서 나온다.

벌어지는 2개의 눈비늘조각은 점차 떨어져 나간다.

히어리 산에서 드물게 자라는 갈잎떨기나무로 겨울눈은 2개의 눈비늘조각에 싸여 있다. 이른 봄이면 서로 겹쳐져 있던 눈비늘조각이 벌어지면서 새순이 나온다.

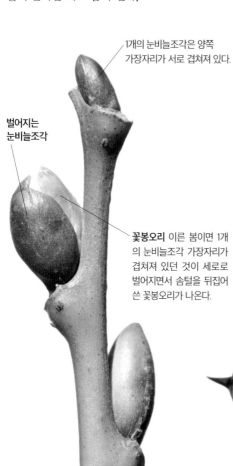

1개의 눈비늘조각은 양쪽 가장자리가 서로 겹쳐져 있다.

벌어지는 눈비늘조각

꽃봉오리 이른 봄이면 1개의 눈비늘조각 가장자리가 겹쳐져 있던 것이 세로로 벌어지면서 솜털을 뒤집어 쓴 꽃봉오리가 나온다.

호랑버들 산에서 자라는 갈잎작은키나무로 겨울눈은 1개의 눈비늘조각에 싸여 있다.

머귀나무 울릉도와 남쪽 바닷가 산에서 자라는 갈잎큰키나무로 겨울눈은 3개의 눈비늘조각에 싸여 있다.

말오줌때 남부 지방의 바닷가 산에서 자라는 갈잎떨기나무~작은키나무로 겨울눈은 2~4개의 눈비늘조각에 싸여 있다.

산가막살나무 산에서 드물게 자라는 갈 잎떨기나무로 겨울눈은 2쌍의 눈비늘조 각이 十자로 겹쳐져 싸고 있다.

느릅나무 산에서 자라는 갈잎큰키나무로 겨울눈은 5~6개의 눈비늘조각이 물고기 비늘처럼 겹쳐져 있다.

라일락 유럽 원산의 갈잎떨기나무로 겨 울눈은 6~8개의 눈비늘조각이 쌍으로 겹 쳐지며 싸고 있다.

감태나무 충북 이남의 산기슭에서 자라 는 갈잎떨기나무~작은키나무로 겨울눈 은 7~9개의 눈비늘조각에 싸여 있다.

개서나무 남부 지방의 산과 들에서 자라 는 갈잎큰키나무로 겨울눈은 12~14개의 눈비늘조각이 물고기 비늘처럼 겹쳐져 있다.

굴참나무 산에서 자라는 갈잎큰키나무 로 겨울눈은 20~30개의 눈비늘조각이 물 고기 비늘처럼 촘촘히 겹쳐져 있다.

맨눈

대부분의 나무는 겨울눈이 눈비늘조각에 싸여 있는 비늘눈이
지만 나무 중에는 눈비늘조각이 없이 어린잎이나 꽃봉오리가
그대로 드러난 채로 겨울을 나는 겨울눈도 있다. 이런 겨울눈
을 '맨눈'이라고 하는데, 쪽동백나무의 맨눈처럼 표면이 털로
덮여 있어서 추위를 견디는 것이 보통이다.

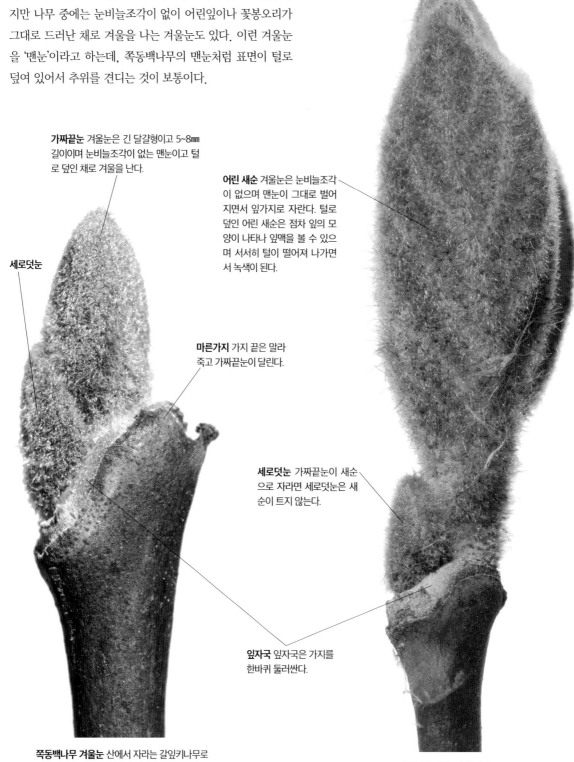

**녹색이 돌기
시작하는 어린잎**

가짜끝눈 겨울눈은 긴 달걀형이고 5~8mm
길이이며 눈비늘조각이 없는 맨눈이고 털
로 덮인 채로 겨울을 난다.

어린 새순 겨울눈은 눈비늘조각
이 없으며 맨눈이 그대로 벌어
지면서 잎가지로 자란다. 털로
덮인 어린 새순은 점차 잎의 모
양이 나타나 잎맥을 볼 수 있으
며 서서히 털이 떨어져 나가면
서 녹색이 된다.

세로덧눈

마른가지 가지 끝은 말라
죽고 가짜끝눈이 달린다.

세로덧눈 가짜끝눈이 새순
으로 자라면 세로덧눈은 새
순이 트지 않는다.

잎자국 잎자국은 가지를
한바퀴 둘러싼다.

쪽동백나무 겨울눈 산에서 자라는 갈잎키나무로
끝눈 밑부분에 세로덧눈이 달린다.

쪽동백나무 어린 새순

90

*맨눈[벗은눈, 나아(裸芽), 무린아(無鱗芽), naked bud]

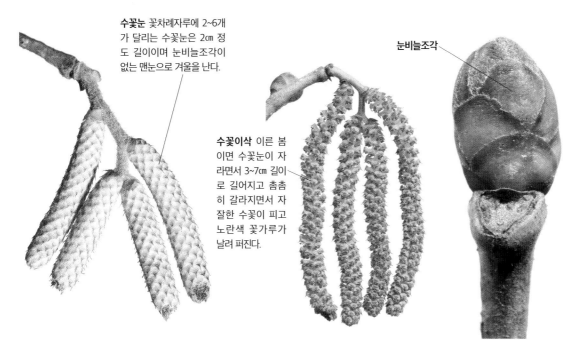

수꽃눈 꽃차례자루에 2~6개가 달리는 수꽃눈은 2㎝ 정도 길이이며 눈비늘조각이 없는 맨눈으로 겨울을 난다.

수꽃이삭 이른 봄이면 수꽃눈이 자라면서 3~7㎝ 길이로 길어지고 촘촘히 갈라지면서 자잘한 수꽃이 피고 노란색 꽃가루가 날려 퍼진다.

눈비늘조각

개암나무 수꽃눈 산에서 자라는 갈잎떨기나무로 가을에 가지 끝에 이미 만들어진 2~6개의 수꽃눈은 원통 모양이며 밑으로 비스듬히 처진다.

개암나무 수꽃이삭 길게 늘어지는 수꽃이삭은 꼬리꽃차례이다.

개암나무 잎눈 잎눈은 맨눈이 아니고 5~8개의 눈비늘조각에 덮여 있는 비늘눈이다.

글로브 모양의 끝눈

나도밤나무 남부 지방의 산에서 자라는 갈잎큰키나무로 겨울눈은 맨눈이며 황갈색의 누운털로 덮여 있다.

예덕나무 남부 지방의 바닷가에서 자라는 갈잎작은키나무로 겨울눈은 맨눈이며 흰색~갈색의 별모양털로 덮여 있다.

수국 관상수로 심는 갈잎떨기나무로 끝눈은 맨눈이며 잎맥이 드러난 2장의 어린잎이 마주 붙은 채로 겨울을 난다.

겨울눈

털로 덮인 눈비늘조각

겨울눈 중에는 맨눈처럼 표면이 털로 덮여 있지만 털 안쪽에 눈비늘조각이 있는 겨울눈도 있다. 이런 비늘눈을 가진 겨울눈은 눈비늘조각과 눈비늘조각 겉을 덮고 있는 털로 속에 든 눈을 이중으로 보호하고 있다. 이런 비늘눈은 맨눈처럼 털로 덮여 있기 때문에 자세히 관찰하지 않으면 맨눈으로 오해하기가 쉽다.

털로 덮인 백목련 겨울눈은 맨눈이 아니라 눈비늘조각 겉이 털로 덮여 있는 비늘눈이다.

봄이 오면 털로 덮인 눈비늘조각이 벌어지면서 우윳빛 꽃봉오리가 고개를 내민다.

11월의 백목련 겨울눈 관상수로 심는 백목련의 겨울눈은 긴털로 덮여 있는 것이 맨눈처럼 보인다.

3월 말의 백목련 벌어지는 겨울눈

눈비늘조각 겉에는 작은 잎이 달리기도 하는데 그 잎의 흔적이다.

벌어지는 꽃봉오리

안쪽의 눈비늘조각은 겉의 눈비늘조각보다 얇은 편이다.

겉의 눈비늘조각은 턱잎이 변한 눈비늘조각이다.

겉의 눈비늘조각 안쪽에도 털로 덮인 눈비늘조각이 있다.

털로 덮인 겉의 눈비늘조각

12월의 백목련 벌어지는 겨울눈 겉의 눈비늘조각이 밑부분부터 떨어져 벌어지면서 위로 벗겨져 나가기도 한다.

4월의 백목련 꽃봉오리 일반적으로 백목련의 겨울눈은 3~4개의 눈비늘조각이 2겹으로 싸고 있다.

4월의 백목련 꽃봉오리 꽃봉오리는 햇빛을 받는 남쪽이 빨리 자라 끝이 북쪽으로 굽기 때문에 '북향화(北向花)'라고도 한다.

가막살나무 겨울눈 산에서 자라는 갈잎 떨기나무로 겨울눈은 털로 덮인 2쌍의 눈비늘조각에 싸여 있다.

붉나무 겨울눈 산과 들에서 자라는 갈잎 작은키나무로 겨울눈은 털로 덮인 3~4개의 눈비늘조각에 싸여 있다.

장구밥나무 겨울눈 바닷가 산기슭에서 자라는 갈잎떨기나무로 겨울눈은 털로 덮인 여러 개의 눈비늘조각에 싸여 있다.

산딸나무 겨울눈 산에서 자라는 갈잎큰키나무로 겨울눈은 짧은털로 덮인 2개의 눈비늘조각에 싸여 있다.

산수유 겨울눈 집 근처에 심어 기르는 갈잎작은키나무로 겨울눈은 누운털로 덮인 2개의 눈비늘조각에 싸여 있다.

호두나무 겨울눈 집 근처에 심어 기르는 갈잎큰키나무로 겨울눈은 잔털로 덮인 2~3개의 눈비늘조각에 싸여 있다.

꽃눈과 잎눈

겨울눈은 앞으로 자라서 무엇이 되느냐에 따라 크게 '꽃눈'과 '잎눈'으로 나눈다. 꽃눈은 자라서 꽃이나 꽃차례가 될 겨울눈으로 속에 든 암술과 수술 등을 추위로부터 보호하는 역할을 한다. 꽃눈은 보통 잎눈보다 짧고 통통해서 구분이 되는 것이 보통이다. 잎눈은 자라서 잎이나 가지가 될 겨울눈으로 속에 어린잎이 촘촘히 포개져 있다. 잎눈은 보통 꽃눈보다 가늘고 긴편이다.

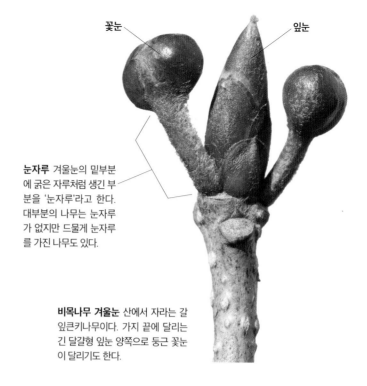

꽃눈

잎눈

눈자루 겨울눈의 밑부분에 굵은 자루처럼 생긴 부분을 '눈자루'라고 한다. 대부분의 나무는 눈자루가 없지만 드물게 눈자루를 가진 나무도 있다.

비목나무 겨울눈 산에서 자라는 갈잎큰키나무이다. 가지 끝에 달리는 긴 달걀형 잎눈 양쪽으로 둥근 꽃눈이 달리기도 한다.

벌어지는 잎눈

벌어지는 꽃눈

곁눈은 아직 벌어지지 않았다.

비목나무 새순 4월이 되면 가지 끝의 꽃눈과 잎눈이 함께 벌어지면서 새순이 돋는다.

자라는 잎가지

비스듬히 처지는 꽃송이

가지 끝에 3개의 꽃송이가 달리기도 한다.

비목나무 꽃송이 가지 끝의 잎눈은 점차 잎가지로 자라고 각각의 꽃눈이 벌어지면서 피어난 노란색 꽃송이는 밑으로 약간 처진다.

*꽃눈[화아(花芽), flower bud, floral bud] / 잎눈[엽아(葉芽), leaf bud, foliar bud]

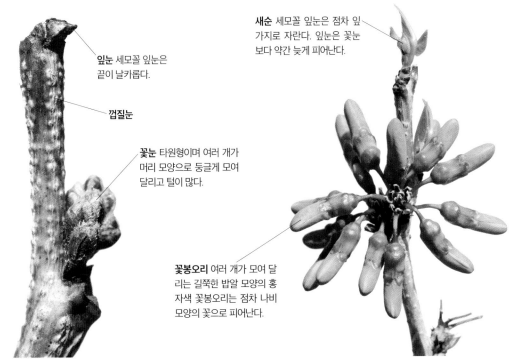

잎눈 세모꼴 잎눈은 끝이 날카롭다.

껍질눈

꽃눈 타원형이며 여러 개가 머리 모양으로 둥글게 모여 달리고 털이 많다.

새순 세모꼴 잎눈은 점차 잎가지로 자란다. 잎눈은 꽃눈보다 약간 늦게 피어난다.

꽃봉오리 여러 개가 모여 달리는 길쭉한 밥알 모양의 홍자색 꽃봉오리는 점차 나비 모양의 꽃으로 피어난다.

박태기나무 겨울눈 관상수로 심는 갈잎떨기나무로 가지에 세모꼴 잎눈과 머리 모양의 꽃눈이 어긋나게 달린다. 가지에는 자잘한 점 모양의 흰색 껍질눈이 많다.

박태기나무 꽃봉오리 봄이 오면 머리 모양의 꽃눈이 벌어지면서 밥알 모양의 홍자색 꽃봉오리가 사방으로 벌어진다. 이 모습이 밥을 튀겨 놓은 밥튀기와 닮아서 '밥튀기나무'라고 하던 것이 점차 변해 박태기나무가 되었다고 한다.

잎눈

수꽃눈

잎눈

꽃눈

잎눈

수꽃눈

눈자루

들메나무 겨울눈 중부 이북의 산골짜기에서 자라는 갈잎큰키나무이다. 가지 끝의 원뿔형 잎눈 밑에 양쪽으로 동그스름한 수꽃눈이 달려 있다.

생강나무 겨울눈 산에서 자라는 갈잎떨기나무이다. 가지 끝의 잎눈은 타원형이고 서로 어긋나는 둥그스름한 꽃눈은 자루가 없다.

중국굴피나무 겨울눈 가지 끝의 잎눈은 원통 모양이며 끝이 뾰족하고 서로 어긋나는 긴 달걀형 수꽃눈은 짧은 눈자루가 있다.

*눈자루[아병(芽柄), bud peduncle]

95

진달래와 산수유 꽃눈

겨울눈 중에서 앞으로 꽃으로 자랄 꽃눈이 만들어지는 데에는 보통 빛이나 온도, 영양 조건 등이 맞아야 만들어진다. 꽃눈은 잎눈이 변해서 만들어진 것으로 본다.

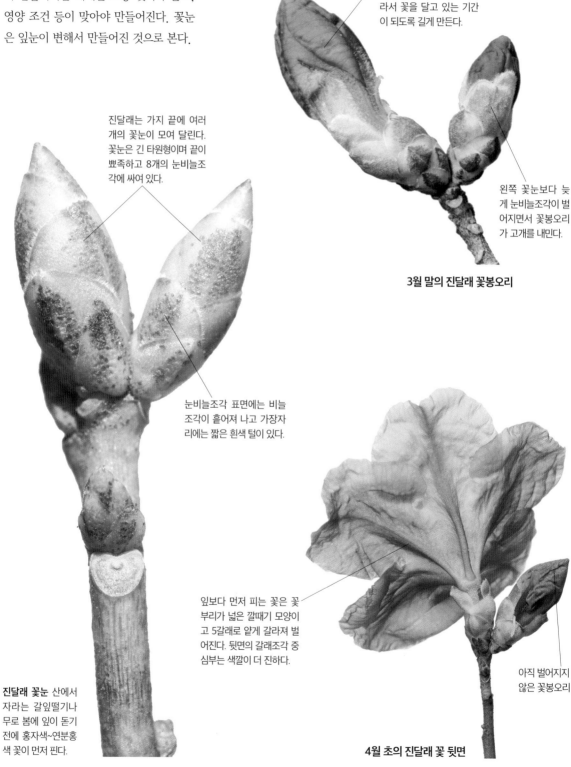

먼저 자란 꽃봉오리 꽃눈은 성숙하는 시기가 조금씩 달라서 꽃을 달고 있는 기간이 되도록 길게 만든다.

진달래는 가지 끝에 여러 개의 꽃눈이 모여 달린다. 꽃눈은 긴 타원형이며 끝이 뾰족하고 8개의 눈비늘조각에 싸여 있다.

왼쪽 꽃눈보다 늦게 눈비늘조각이 벌어지면서 꽃봉오리가 고개를 내민다.

3월 말의 진달래 꽃봉오리

눈비늘조각 표면에는 비늘조각이 흩어져 나고 가장자리에는 짧은 흰색 털이 있다.

잎보다 먼저 피는 꽃은 꽃부리가 넓은 깔때기 모양이고 5갈래로 얕게 갈라져 벌어진다. 뒷면의 갈래조각 중심부는 색깔이 더 진하다.

진달래 꽃눈 산에서 자라는 갈잎떨기나무로 봄에 잎이 돋기 전에 홍자색~연분홍색 꽃이 먼저 핀다.

아직 벌어지지 않은 꽃봉오리

4월 초의 진달래 꽃 뒷면

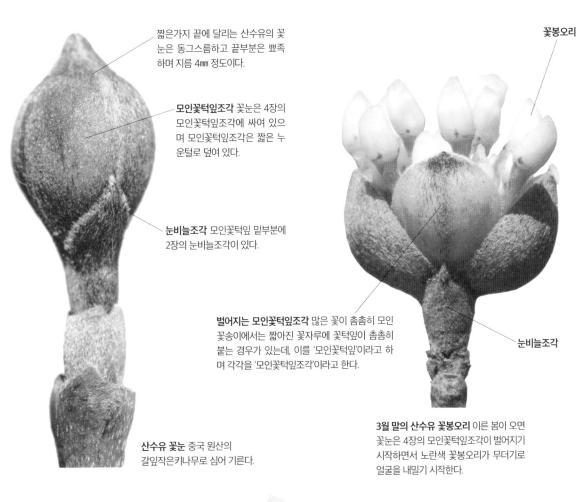

짧은가지 끝에 달리는 산수유의 꽃
눈은 동그스름하고 끝부분은 뾰족
하며 지름 4㎜ 정도이다.

모인꽃턱잎조각 꽃눈은 4장의
모인꽃턱잎조각에 싸여 있으
며 모인꽃턱잎조각은 짧은 누
운털로 덮여 있다.

눈비늘조각 모인꽃턱잎 밑부분에
2장의 눈비늘조각이 있다.

벌어지는 모인꽃턱잎조각 많은 꽃이 촘촘히 모인
꽃송이에서는 짧아진 꽃자루에 꽃턱잎이 촘촘히
붙는 경우가 있는데, 이를 '모인꽃턱잎'이라고 하
며 각각을 '모인꽃턱잎조각'이라고 한다.

산수유 꽃눈 중국 원산의
갈잎작은키나무로 심어 기른다.

꽃봉오리

눈비늘조각

3월 말의 산수유 꽃봉오리 이른 봄이 오면
꽃눈은 4장의 모인꽃턱잎조각이 벌어지기
시작하면서 노란색 꽃봉오리가 무더기로
얼굴을 내밀기 시작한다.

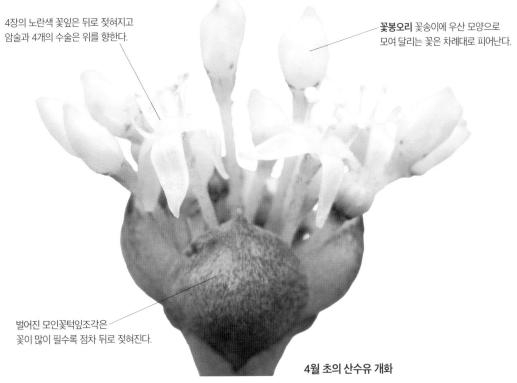

4장의 노란색 꽃잎은 뒤로 젖혀지고
암술과 4개의 수술은 위를 향한다.

꽃봉오리 꽃송이에 우산 모양으로
모여 달리는 꽃은 차례대로 피어난다.

벌어진 모인꽃턱잎조각은
꽃이 많이 필수록 점차 뒤로 젖혀진다.

4월 초의 산수유 개화

＊모인꽃턱잎조각[총포조각, 총포편(總苞片), 총포엽(總苞葉), involucral bract]

오리나무 꽃눈

나무 중에는 암꽃과 수꽃이 한 그루에 따로 피는 암수한그루도 볼 수 있고, 암꽃과 수꽃이 서로 다른 그루에 피는 암수딴 그루도 볼 수 있다. 봄에 일찍 꽃이 피는 암수한그루와 암수딴그루는 가지에 암꽃이 필 암꽃눈과 수꽃이 필 수꽃눈이 따로 달리는데 암꽃눈과 수꽃눈의 모양이 서로 다른 경우가 많다.

오리나무 암꽃눈 수꽃눈 바로 밑의 잎겨드랑이에 달리는 암꽃눈은 긴 타원형이며 적자색이 돌고 3~4mm 길이로 아주 작으며 짧고 굵은 눈자루가 있다. 암꽃눈은 눈비늘조각이 없는 맨눈이며 그 대로 겨울을 난다.

오리나무 수꽃눈 가지 끝에 2~5개가 달리는 수꽃눈은 원통형이 고 자갈색이 돌며 비스듬히 처지고 4~7cm 길이로 암꽃눈보다 훨 씬 크며 가늘고 긴 눈자루가 있다. 수꽃눈도 암꽃눈처럼 눈비늘 조각이 없는 맨눈이며 그대로 겨울을 난다.

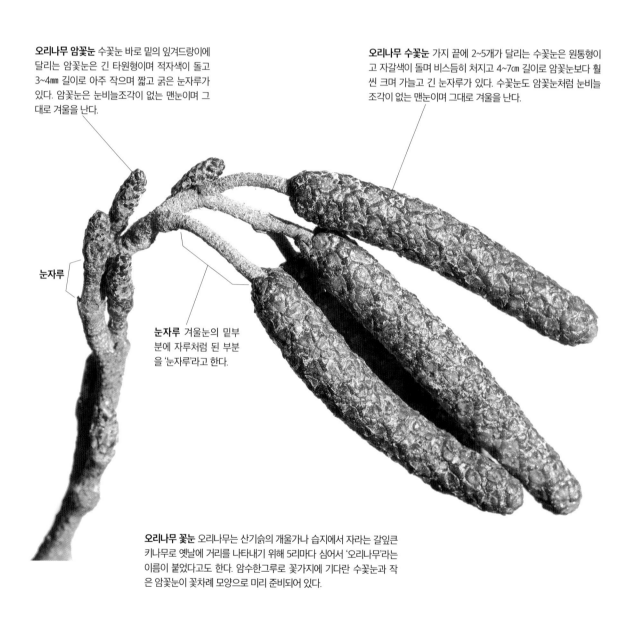

눈자루

눈자루 겨울눈의 밑부 분에 자루처럼 된 부분 을 '눈자루'라고 한다.

오리나무 꽃눈 오리나무는 산기슭의 개울가나 습지에서 자라는 갈잎큰 키나무로 옛날에 거리를 나타내기 위해 5리마다 심어서 '오리나무'라는 이름이 붙었다고도 한다. 암수한그루로 꽃가지에 기다란 수꽃눈과 작 은 암꽃눈이 꽃차례 모양으로 미리 준비되어 있다.

*수꽃눈[웅화아(雄花芽), male flower bud] / 암꽃눈[자화아(雌花芽), female flower bud]

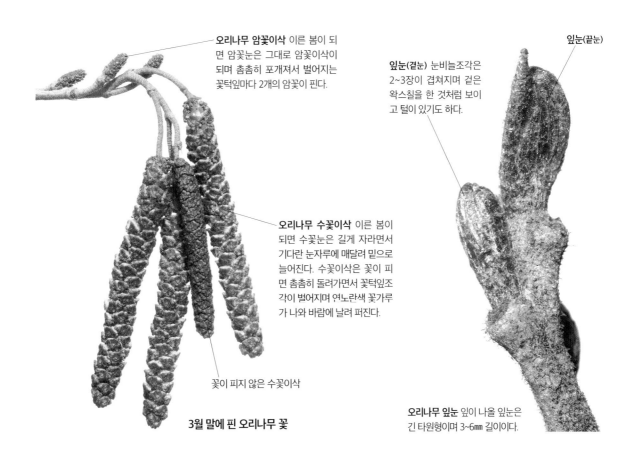

오리나무 암꽃이삭 이른 봄이 되면 암꽃눈은 그대로 암꽃이삭이 되며 촘촘히 포개져서 벌어지는 꽃턱잎마다 2개의 암꽃이 핀다.

잎눈(곁눈) 눈비늘조각은 2~3장이 겹쳐지며 겉은 왁스칠을 한 것처럼 보이고 털이 있기도 하다.

잎눈(끝눈)

오리나무 수꽃이삭 이른 봄이 되면 수꽃눈은 길게 자라면서 기다란 눈자루에 매달려 밑으로 늘어진다. 수꽃이삭은 꽃이 피면 촘촘히 돌려가면서 꽃턱잎조각이 벌어지며 연노란색 꽃가루가 나와 바람에 날려 퍼진다.

꽃이 피지 않은 수꽃이삭

3월 말에 핀 오리나무 꽃

오리나무 잎눈 잎이 나올 잎눈은 긴 타원형이며 3~6㎜ 길이이다.

은단풍 꽃눈과 잎눈

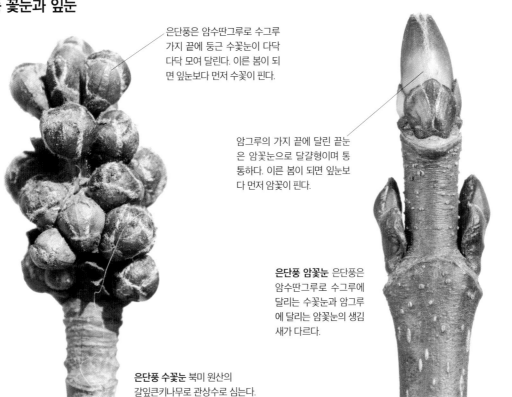

은단풍은 암수딴그루로 수그루 가지 끝에 둥근 수꽃눈이 다닥다닥 모여 달린다. 이른 봄이 되면 잎눈보다 먼저 수꽃이 핀다.

암그루의 가지 끝에 달린 끝눈은 암꽃눈으로 달걀형이며 통통하다. 이른 봄이 되면 잎눈보다 먼저 암꽃이 핀다.

은단풍 수꽃눈 북미 원산의 갈잎큰키나무로 관상수로 심는다.

은단풍 암꽃눈 은단풍은 암수딴그루로 수그루에 달리는 수꽃눈과 암그루에 달리는 암꽃눈의 생김새가 다르다.

생강나무 잎눈

겨울눈 중에서 앞으로 잎이나 잎가지로 자랄 눈을 '잎눈'이라고 하며, 속에 어린잎이나 가지가 될 부분이 촘촘히 포개져 있다가 봄이 되면 잎가지로 자란다. 잎눈은 보통 꽃눈보다 가늘고 긴 편이다. 생강나무는 산에서 자라는 갈잎떨기나무로 잎눈은 동그스름한 꽃눈과 모양이 달라서 쉽게 구분이 된다.

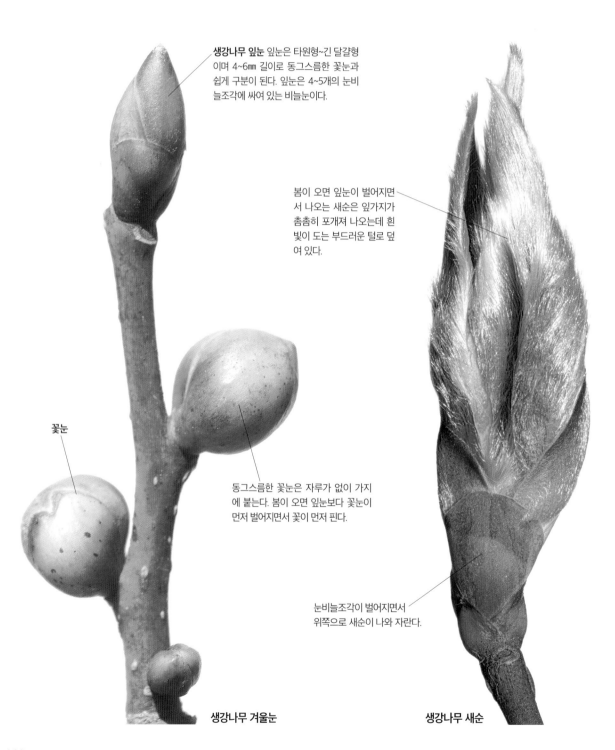

생강나무 잎눈 잎눈은 타원형~긴 달걀형이며 4~6mm 길이로 동그스름한 꽃눈과 쉽게 구분이 된다. 잎눈은 4~5개의 눈비늘조각에 싸여 있는 비늘눈이다.

봄이 오면 잎눈이 벌어지면서 나오는 새순은 잎가지가 촘촘히 포개져 나오는데 흰빛이 도는 부드러운 털로 덮여 있다.

꽃눈

동그스름한 꽃눈은 자루가 없이 가지에 붙는다. 봄이 오면 잎눈보다 꽃눈이 먼저 벌어지면서 꽃이 먼저 핀다.

눈비늘조각이 벌어지면서 위쪽으로 새순이 나와 자란다.

생강나무 겨울눈

생강나무 새순

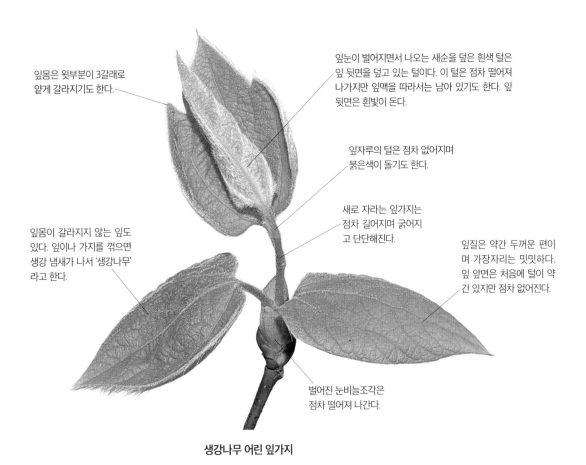

잎몸은 윗부분이 3갈래로 얕게 갈라지기도 한다.

잎눈이 벌어지면서 나오는 새순을 덮은 흰색 털은 잎 뒷면을 덮고 있는 털이다. 이 털은 점차 떨어져 나가지만 잎맥을 따라서는 남아 있기도 한다. 잎 뒷면은 흰빛이 돈다.

잎자루의 털은 점차 없어지며 붉은색이 돌기도 한다.

새로 자라는 잎가지는 점차 길어지며 굵어지고 단단해진다.

잎몸이 갈라지지 않는 잎도 있다. 잎이나 가지를 꺾으면 생강 냄새가 나서 '생강나무'라고 한다.

잎질은 약간 두꺼운 편이며 가장자리는 밋밋하다. 잎 앞면은 처음에 털이 약간 있지만 점차 없어진다.

벌어진 눈비늘조각은 점차 떨어져 나간다.

생강나무 어린 잎가지

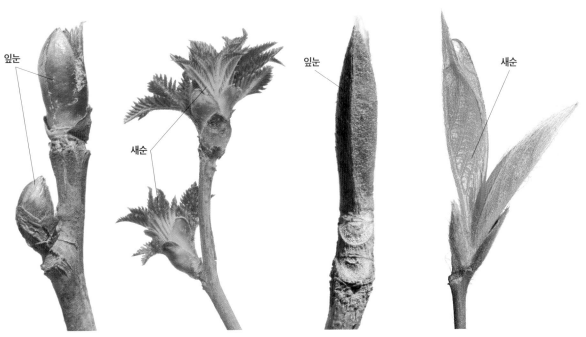

잎눈

새순

잎눈

새순

쉬땅나무 산에서 자라는 갈잎떨기나무로 잎눈은 달걀형~긴 달걀형이며 끝눈이 곁눈보다 약간 크다. 이른 봄이면 잎눈이 벌어지면서 붉은색 잎가지가 나온다.

노각나무 남부 지방의 산에서 자라는 갈잎큰키나무로 겨울눈은 긴 타원형이고 끝이 뾰족하다. 봄이면 겨울눈이 벌어지면서 털로 덮인 잎가지가 나와 자란다.

딱총나무 섞임눈

딱총나무는 산에서 자라는 갈잎떨기나무로 겨울이면 가지 끝에 동그스름한 겨울눈을 달고 있다. 봄이 오면 겨울눈이 벌어지면서 꽃송이와 함께 잎가지가 나와 자란다. 딱총나무 겨울눈처럼 하나의 겨울눈에 꽃눈과 잎눈이 섞여 있는 눈을 '섞임눈'이라고 한다. 섞임눈은 겉보기에는 꽃눈처럼 생겼으므로 꽃눈에 포함시키기도 한다.

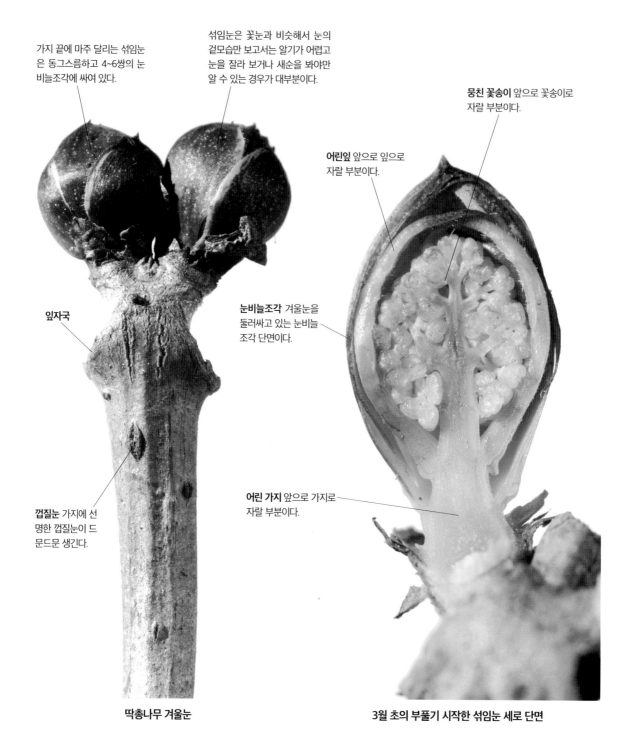

가지 끝에 마주 달리는 섞임눈은 동그스름하고 4~6쌍의 눈비늘조각에 싸여 있다.

섞임눈은 꽃눈과 비슷해서 눈의 겉모습만 보고서는 알기가 어렵고 눈을 잘라 보거나 새순을 봐야만 알 수 있는 경우가 대부분이다.

뭉친 꽃송이 앞으로 꽃송이로 자랄 부분이다.

어린잎 앞으로 잎으로 자랄 부분이다.

잎자국

눈비늘조각 겨울눈을 둘러싸고 있는 눈비늘조각 단면이다.

껍질눈 가지에 선명한 껍질눈이 드문드문 생긴다.

어린 가지 앞으로 가지로 자랄 부분이다.

딱총나무 겨울눈

3월 초의 부풀기 시작한 섞임눈 세로 단면

*섞임눈[혼아(混芽), mixed bud]

꽃송이는 둥글게 뭉쳐 나오며 적자색이 돈다.

어린 꽃송이는 어린잎에 싸여 나온다.

어린 꽃송이를 싸고 있던 잎은 자라면서 점차 벌어진다.

꽃송이를 달고 있는 햇가지에 잎이 마주 달린 채로 나온다.

눈비늘조각 햇가지가 자라면 눈비늘조각은 활짝 벌어지고 점차 떨어져 나간다.

햇가지는 잎이 마주 달린 채로 점차 굵게 자란다.

4월 초의 딱총나무 새순 이른 봄에 섞임눈이 벌어지면서 둥글게 뭉쳐 있는 꽃봉오리와 그 밑의 어린잎이 마주 달린 햇가지가 함께 나와 자란다.

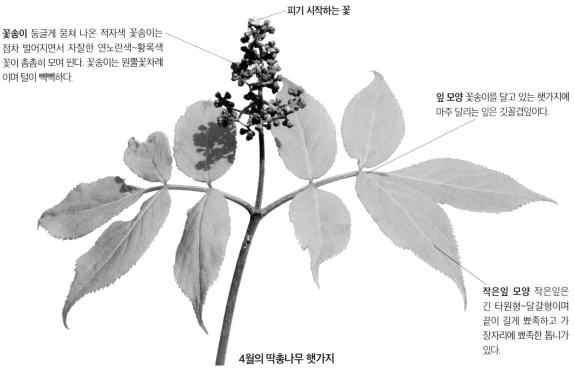

피기 시작하는 꽃

꽃송이 둥글게 뭉쳐 나온 적자색 꽃송이는 점차 벌어지면서 자잘한 연노란색~황록색 꽃이 촘촘히 모여 핀다. 꽃송이는 원뿔꽃차례 이며 털이 빽빽하다.

잎 모양 꽃송이를 달고 있는 햇가지에 마주 달리는 잎은 깃꼴겹잎이다.

작은잎 모양 작은잎은 긴 타원형~달걀형이며 끝이 길게 뾰족하고 가 장자리에 뾰족한 톱니가 있다.

4월의 딱총나무 햇가지

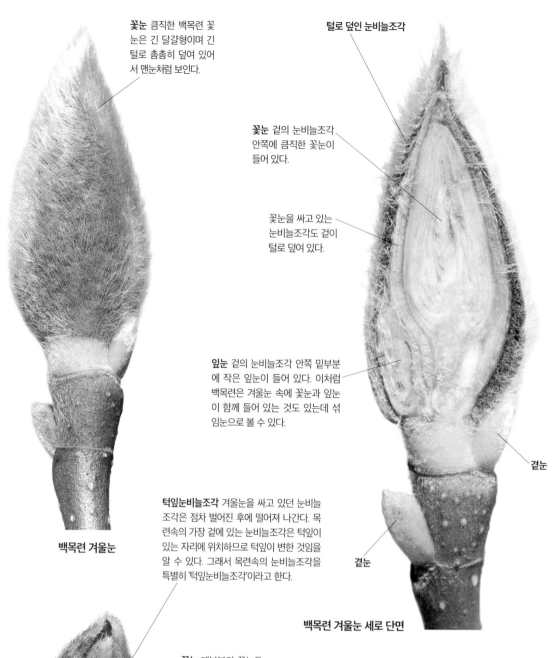

꽃눈 큼직한 백목련 꽃눈은 긴 달걀형이며 긴 털로 촘촘히 덮여 있어서 맨눈처럼 보인다.

털로 덮인 눈비늘조각

꽃눈 겉의 눈비늘조각 안쪽에 큼직한 꽃눈이 들어 있다.

꽃눈을 싸고 있는 눈비늘조각도 겉이 털로 덮여 있다.

잎눈 겉의 눈비늘조각 안쪽 밑부분에 작은 잎눈이 들어 있다. 이처럼 백목련은 겨울눈 속에 꽃눈과 잎눈이 함께 들어 있는 것도 있는데 섞임눈으로 볼 수 있다.

곁눈

곁눈

백목련 겨울눈

백목련 겨울눈 세로 단면

턱잎눈비늘조각 겨울눈을 싸고 있던 눈비늘조각은 점차 벌어진 후에 떨어져 나간다. 목련속의 가장 겉에 있는 눈비늘조각은 턱잎이 있는 자리에 위치하므로 턱잎이 변한 것임을 알 수 있다. 그래서 목련속의 눈비늘조각을 특별히 '턱잎눈비늘조각'이라고 한다.

꽃눈 대부분의 꽃눈은 2겹의 눈비늘조각에 싸여 있는데 안쪽을 싸고 있는 눈비늘조각도 털로 덮여 있다.

잎눈

백목련 겨울눈

백목련 겨울눈

백목련은 중국 원산의 갈잎큰키나무로 관상수로 심고 있다. 겨울이면 가지 끝에 털로 덮인 큼직한 겨울눈을 달고 있어서 눈에 잘 띄는데 이 겨울눈은 꽃눈이다. 봄이 오면 꽃눈이 벌어지면서 큼직한 우윳빛의 꽃이 피는데 자세히 보면 꽃만 피는 것도 있고 꽃이 핀 밑부분에서 잎이 함께 나오는 것도 있다. 이처럼 백목련의 겨울눈은 꽃눈과 섞임눈을 함께 가지고 있는 것이 특징이다.

*턱잎눈비늘조각[탁엽아린(托葉芽鱗), stipular bud scale]

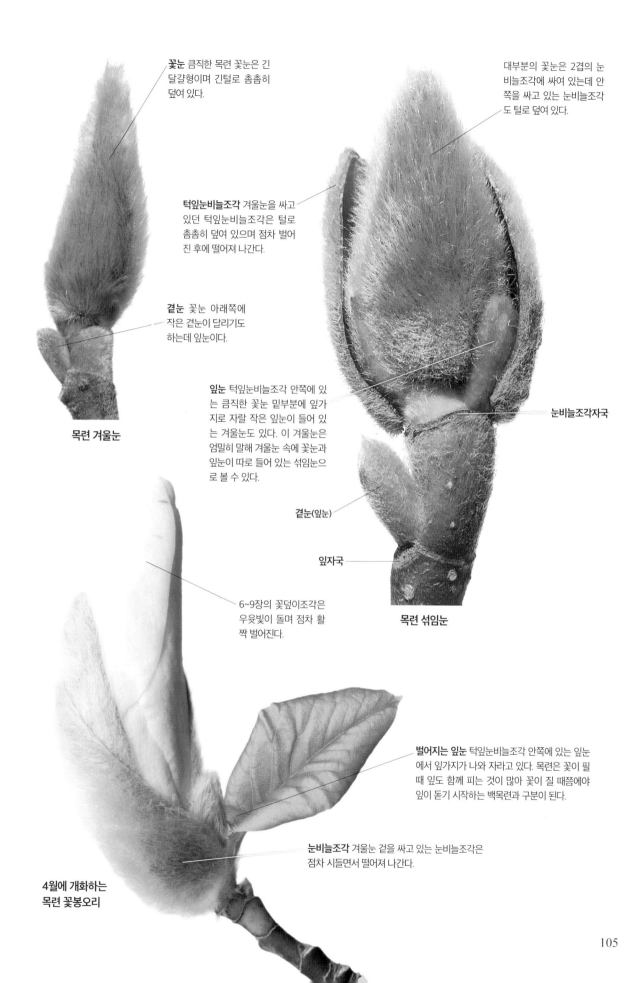

꽃눈 큰직한 목련 꽃눈은 긴 달걀형이며 긴털로 촘촘히 덮여 있다.

대부분의 꽃눈은 2겹의 눈비늘조각에 싸여 있는데 안쪽을 싸고 있는 눈비늘조각도 털로 덮여 있다.

턱잎눈비늘조각 겨울눈을 싸고 있던 턱잎눈비늘조각은 털로 촘촘히 덮여 있으며 점차 벌어진 후에 떨어져 나간다.

곁눈 꽃눈 아래쪽에 작은 곁눈이 달리기도 하는데 잎눈이다.

잎눈 턱잎눈비늘조각 안쪽에 있는 큰직한 꽃눈 밑부분에 잎가지로 자랄 작은 잎눈이 들어 있는 겨울눈도 있다. 이 겨울눈은 엄밀히 말해 겨울눈 속에 꽃눈과 잎눈이 따로 들어 있는 섞임눈으로 볼 수 있다.

눈비늘조각자국

곁눈(잎눈)

잎자국

목련 겨울눈

목련 섞임눈

6~9장의 꽃덮이조각은 우윳빛이 돌며 점차 활짝 벌어진다.

벌어지는 잎눈 턱잎눈비늘조각 안쪽에 있는 잎눈에서 잎가지가 나와 자라고 있다. 목련은 꽃이 필 때 잎도 함께 피는 것이 많아 꽃이 질 때쯤에야 잎이 돋기 시작하는 백목련과 구분이 된다.

눈비늘조각 겨울눈 겉을 싸고 있는 눈비늘조각은 점차 시들면서 떨어져 나간다.

4월에 개화하는 목련 꽃봉오리

겨울눈과 여름눈

가을에 낙엽이 지는 가지에 생기는 겨울눈은 추운 겨울을 나고 봄이 오면 새순이 돋아 자란다. 줄기나 가지 끝에는 여름에도 새로운 눈이 계속 생기면서 자란다. 일반적으로 우기와 건기로 나뉘어지는 열대 지역에서는 건기에 낙엽이 지면서 휴면 상태에 있는 눈이 생기기도 하는데 이를 '여름눈'이라고 한다.

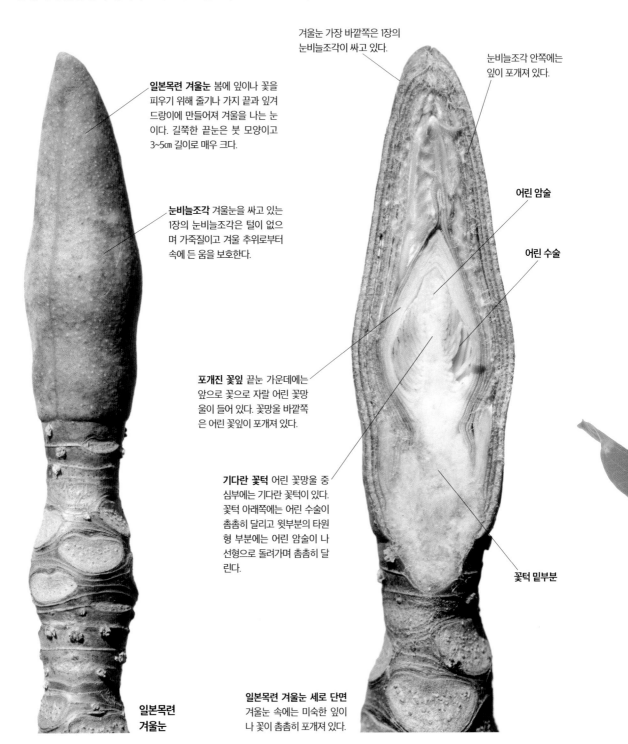

일본목련 겨울눈 봄에 잎이나 꽃을 피우기 위해 줄기나 가지 끝과 잎겨드랑이에 만들어져 겨울을 나는 눈이다. 길쭉한 끝눈은 붓 모양이고 3~5㎝ 길이로 매우 크다.

눈비늘조각 겨울눈을 싸고 있는 1장의 눈비늘조각은 털이 없으며 가죽질이고 겨울 추위로부터 속에 든 움을 보호한다.

겨울눈 가장 바깥쪽은 1장의 눈비늘조각이 싸고 있다.

눈비늘조각 안쪽에는 잎이 포개져 있다.

어린 암술

어린 수술

포개진 꽃잎 끝눈 가운데에는 앞으로 꽃으로 자랄 어린 꽃망울이 들어 있다. 꽃망울 바깥쪽은 어린 꽃잎이 포개져 있다.

기다란 꽃턱 어린 꽃망울 중심부에는 기다란 꽃턱이 있다. 꽃턱 아래쪽에는 어린 수술이 촘촘히 달리고 윗부분의 타원형 부분에는 어린 암술이 나선형으로 돌려가며 촘촘히 달린다.

꽃턱 밑부분

일본목련 겨울눈

일본목련 겨울눈 세로 단면 겨울눈 속에는 미숙한 잎이나 꽃이 촘촘히 포개져 있다.

＊여름눈[하아(夏芽), summer bud]

새순 봄이 오면 겨울눈이 벌어지면서 돋는 새순에 많은 잎이 모여 나온다.

눈비늘조각 겨울눈을 싸고 있던 눈비늘조각은 새순이 자라면서 벌어져 뒤로 젖혀진 후에 점차 떨어져 나간다.

새로운 눈 잎눈이 벌어지면서 모여나 자란 잎자루 사이에서 새로 뾰족한 눈이 나오고 있다. 새눈이 자라서 벌어지면 새로운 잎가지가 나와 자란다. 이렇게 가지가 여름내 계속 자라는 것을 '자유생장(p.213)'이라고 한다.

잎자루 봄에 겨울눈에서 모여나 자란 잎의 잎자루

5월에 돋는 일본목련 새로운 눈

5월 초에 돋는 일본목련 새순

어린잎 어느 정도 자라 모양을 갖춘 어린잎은 녹색에 주황빛이 섞여 있지만 점차 크게 자라면서 녹색이 된다.

새로 나오는 어린잎은 우글쭈글하며 포개져 있고 은빛이 도는 털이 있지만 점차 없어진다.

새로 나오는 어린잎을 싸고 있던 턱잎이 벌어지면서 새잎이 나온다.

어린잎을 싸고 있던 턱잎은 점차 시든 후에 떨어져 나간다.

새로운 눈은 계속해서 새가지로 자란다.

여름눈

잎자국

6월의 일본목련 여름에 자라는 눈 새로 나온 뾰족한 눈은 점차 새 잎가지로 자라기 시작한다. 새눈을 싸고 있던 턱잎은 새잎이 자라면 점차 떨어져 나간다.

면도솔나무(*Pseudobombax ellipticum*) 여름눈 중앙아메리카 원산의 면도솔나무는 건기에 낙엽이 지고 여름눈이 만들어졌다가 우기가 다가오면 새순이 트며 꽃과 잎이 나와 자란다.

107

잎자국

칡의 햇가지에는 갈색이나 흰색의 퍼진 털과 구부러진 털이 많다.

겨울눈 잎겨드랑이에 달리는 겨울눈은 긴 달걀형이며 끝이 길게 뾰족해지고 털로 덮여 있다.

단풍이 든 잎은 가을바람에 낙엽이 진다. 낙엽이 질 때 가지에서 잎자루가 떨어져 나간 흔적을 '잎자국'이라고 한다. 잎자국의 모양이나 크기는 나무의 종에 따라 큰 차이가 나기 때문에 종을 구분하는 데 도움이 된다. 잎자국에는 물과 양분의 통로였던 관다발이 잘려 나간 자리가 작은 돌기의 형태로 남아 있는데, 이를 '관다발자국'이라고 한다. 관다발자국에 있는 돌기의 수와 배열 방법도 나무의 종마다 제각기 다르다.

턱잎이 떨어져 나간 흔적을 '턱잎자국'이라고 한다.

잎자루 볼록한 잎자루 밑부분은 '잎베개(p.179)' 라고 한다.

가지

떨켜 늦가을이 되면 가지와 잎자루 사이의 잎겨드랑이 부분에 떨켜가 만들어지고 떨켜를 따라 금이 가면서 잎자루가 떨어져 나간다.

1월의 칡 가지 단풍이 든 잎이 가지에서 떨어져 나갈 때 가지와 잎자루가 연결되었던 경계면의 세포층이 분리되면서 잎자루가 떨어져 나가는데 이 경계면을 '떨켜라고 한다. 가지의 경계면에는 수분이 빠져나가는 것을 막고 병균이 침입하는 것을 막는 보호층이 만들어진다. 떨켜는 잎자루뿐만 아니라 꽃자루나 열매자루에서도 만들어진다.

관다발자국

떨어져 나간 잎자루 단면 떨어져 나간 잎자루 단면을 보면 물과 양분의 통로였던 관다발이 잘려 나간 흔적인 3개의 관다발자국을 볼 수 있다.

*잎자국[엽흔(葉痕), leaf scar] / 잎겨드랑이[엽액(葉腋), axil, leaf axil] / 떨켜[이층(離層), absciss layer, abscission layer]

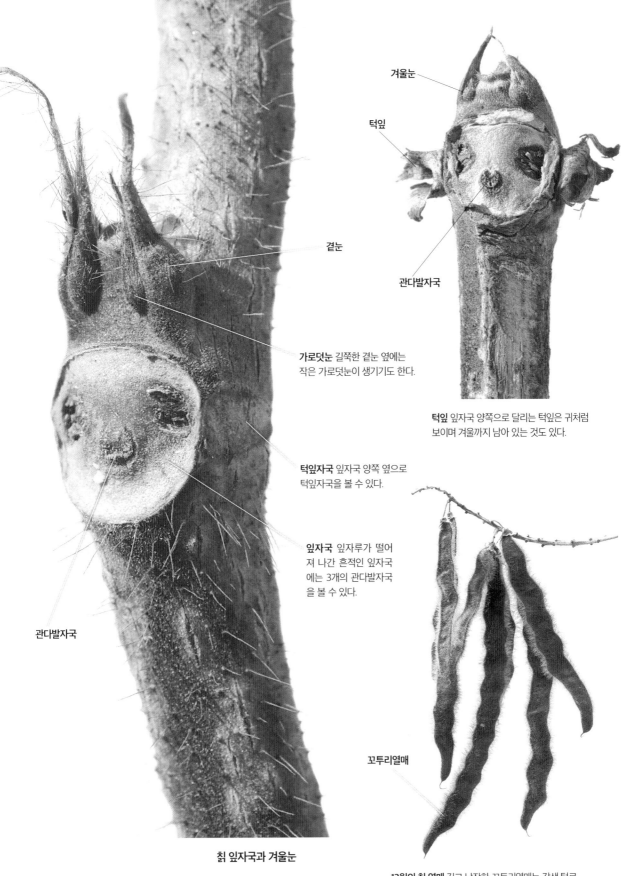

겨울눈

턱잎

관다발자국

겉눈

가로덧눈 길쭉한 겉눈 옆에는
작은 가로덧눈이 생기기도 한다.

턱잎 잎자국 양쪽으로 달리는 턱잎은 귀처럼
보이며 겨울까지 남아 있는 것도 있다.

턱잎자국 잎자국 양쪽 옆으로
턱잎자국을 볼 수 있다.

잎자국 잎자루가 떨어
져 나간 흔적인 잎자국
에는 3개의 관다발자국
을 볼 수 있다.

관다발자국

칡 잎자국과 겨울눈

꼬투리열매

12월의 칡 열매 길고 납작한 꼬투리열매는 갈색 털로
촘촘히 덮인 채로 겨울까지 매달려 있어서 구분하기가 쉽다.

*턱잎자국[탁엽흔(托葉痕), stipule scar] / 관다발자국[관속흔(管束痕), bundle scar]

109

호목수

마을 주변이나 산기슭에서 흔히 자라는 가죽나무는 가지에 커다란 깃꼴겹잎이 어긋난다. 어린나무에 달리는 깃꼴겹잎은 길이가 1m를 넘는 것도 있을 정도로 큼직하니 가지에 붙는 잎자루도 굵고 튼튼해야만 한다. 가을에 낙엽이 지면 굵은 잎자루가 떨어져 나간 자리에 큼직한 잎자국이 생기는데, 옛날 사람들은 이 큼직한 잎자국을 보고 호랑이 눈과 비슷하다고 하여 '호목수(虎目樹)' 또는 '호안수(虎眼樹)'라고 불렀다. 옛날부터 가죽나무는 잎자국이 특별히 커서 주목받은 나무이다.

잎자루 커다란 깃꼴겹잎을 달고 있는 잎자루는 밑부분이 볼록하게 굵어져서 가지에 단단히 붙는다.

잎자국 잎자루가 떨어져 나간 잎자국은 말발굽을 닮았으며 하트 모양과도 비슷하다. 옛날 사람들은 이 잎자국이 호랑이 눈을 닮았다고 '호목수라고 불렀다.

겨울눈은 납작한 반구형이며 밑부분을 잎자국이 둘러싼다.

관다발자국 많은 관다발자국이 잎자국 가장자리에 U자형으로 배열한다.

잎자루가 떨어져 나간 자리에 잎자국이 생겼다.

껍질눈 굵은 가지에는 점 모양의 껍질눈이 흩어져 난다.

가죽나무 가지

가죽나무 겨울눈

봄에 돋은 새순 봄이 오면 겨울눈이 벌어지면서 새순이 돋는
다. 새순은 나물로 먹기도 하지만 참죽나무에 비해 맛이 덜해
서 '가짜 죽나무'란 뜻으로 '가죽나무'라고 한다.

어린나무의 커다란 잎자국은 거의
100원짜리 동전 크기만 하다.

작은잎 뒷면의 사마귀 작은잎
가장자리의 톱니 끝에는 볼록
튀어나온 사마귀가 있는데 여
기에서 고약한 냄새가 난다.

작은잎은 기다란 달걀형이
며 끝이 뾰족하고 밑부분에
1~2쌍의 톱니가 있다.

가죽나무 잎 모양 가지에 어긋나는 깃꼴겹잎은
길이가 40~100㎝로 매우 크다.

여러 가지 잎자국

나무마다 잎 모양이 각각 다른 것처럼 가을에 낙엽이 떨어져 나간 잎자국도 모양이 제각각이라서 관찰하는 재미가 쏠쏠하다. 또 잎자국에 남아 있는 관다 발자국도 달려 있는 위치가 종마다 제 각각이고 관다발자국에 남아 있는 돌기의 개수와 배열 방법도 종마다 달라서 겨울나무를 구분하는 데 도움이 된다. 다음 나무의 잎자국 모양과 관다발자국의 수와 배열 방법을 관찰해 보자.

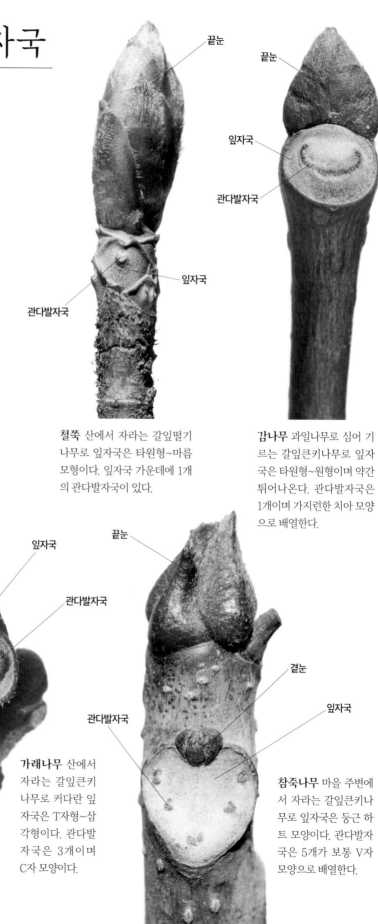

철쭉 산에서 자라는 갈잎떨기나무로 잎자국은 타원형~마름모형이다. 잎자국 가운데에 1개의 관다발자국이 있다.

감나무 과일나무로 심어 기르는 갈잎큰키나무로 잎자국은 타원형~원형이며 약간 튀어나온다. 관다발자국은 1개이며 가지런한 치아 모양으로 배열한다.

가래나무 산에서 자라는 갈잎큰키나무로 커다란 잎자국은 T자형~삼각형이다. 관다발자국은 3개이며 C자 모양이다.

참죽나무 마을 주변에서 자라는 갈잎큰키나무로 잎자국은 둥근 하트 모양이다. 관다발자국은 5개가 보통 V자 모양으로 배열한다.

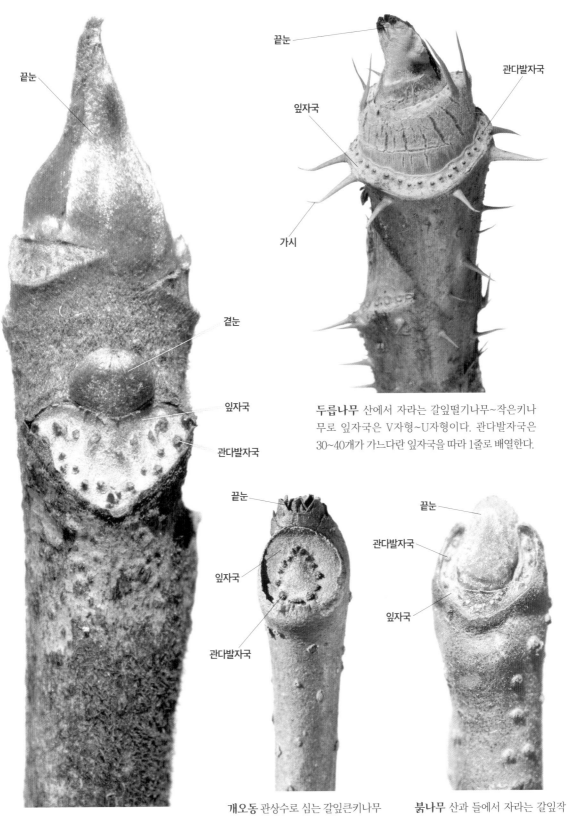

끝눈

끝눈

잎자국

관다발자국

곁눈

가시

잎자국

관다발자국

두릅나무 산에서 자라는 갈잎떨기나무~작은키나무로 잎자국은 V자형~U자형이다. 관다발자국은 30~40개가 가느다란 잎자국을 따라 1줄로 배열한다.

끝눈

끝눈

관다발자국

잎자국

잎자국

관다발자국

옻나무 마을 주변에서 자라는 갈잎큰키나무로 잎자국은 하트형~원형이다. 관다발자국은 많으며 잎자국에 골고루 흩어져 난다.

개오동 관상수로 심는 갈잎큰키나무로 둥그스름한 잎자국은 매우 크다. 관다발자국은 15~20개가 둥그스름하게 배열한다.

붉나무 산과 들에서 자라는 갈잎작은키나무로 잎자국은 U자형~V자형이다. 관다발자국은 많으며 가느다란 잎자국을 따라 배열한다.

원숭이나무

겨울눈

나무는 종마다 잎자국의 모양이 제각각이다. 또 잎자국 속에 흔적을 남기는 관다발자국의 위치나 돌기의 수, 배열 방법도 종에 따라 제각각이다. 특히 관다발자국이 3개인 잎자국은 동물 등의 얼굴 모양을 닮아서 관찰하는 재미가 있다. 산에서 자라는 느릅나무는 반원형 잎자국 속에 3개의 관다발자국이 배열한 모습이 원숭이 얼굴 모양과 비슷한 경우가 있어서 눈길을 끈다.

겨울눈

관다발자국

잎자국

관다발자국

잎자국

느릅나무 산에서 자라는 갈잎큰키나무로 잎자국은 반원형이다. 잎자국 안에 3개의 관다발자국이 뚜렷하게 배열한 모습이 원숭이처럼 보이기도 한다.

다릅나무 산에서 자라는 갈잎큰키나무로 잎자국은 반원형이며 볼록 튀어나온다. 관다발자국은 3개이다.

114

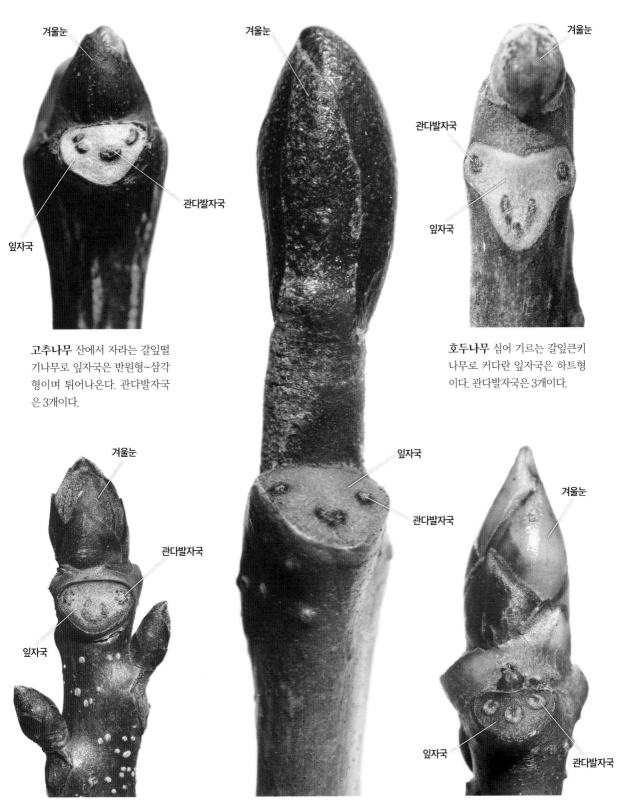

고추나무 산에서 자라는 갈잎떨기나무로 잎자국은 반원형~삼각형이며 튀어나온다. 관다발자국은 3개이다.

호두나무 심어 기르는 갈잎큰키나무로 커다란 잎자국은 하트형이다. 관다발자국은 3개이다.

굴피나무 산에서 자라는 갈잎작은키나무로 잎자국은 하트형~반원형이다. 관다발자국은 3개이며 둥근 고리 모양이다.

물오리나무 산에서 자라는 갈잎큰키나무로 잎자국은 삼각형~반원형이며 튀어나온다. 관다발자국은 3개이다.

미국풍나무 심어 기르는 갈잎큰키나무로 커다란 잎자국은 반원형~콩팥형이며 튀어나온다. 관다발자국은 3개이다.

삐에로나무

산에서 자라는 황벽나무는 U자 모양의 잎자국이 반구형의 겨울눈을 빙 둘러싸고 있다. 잎자국에 남아 있는 3개의 관다발자국은 각각 눈과 입을 닮았고, 반구형의 겨울눈은 큼직한 코와 비슷한 것이 코주부를 닮아서 우스갯소리로 '코주부나무'라고도 한다. 또 생김새가 프랑스 무언극에 나오는 어릿광대인 삐에로의 모습과 비슷해서 '삐에로나무'라고도 한다.

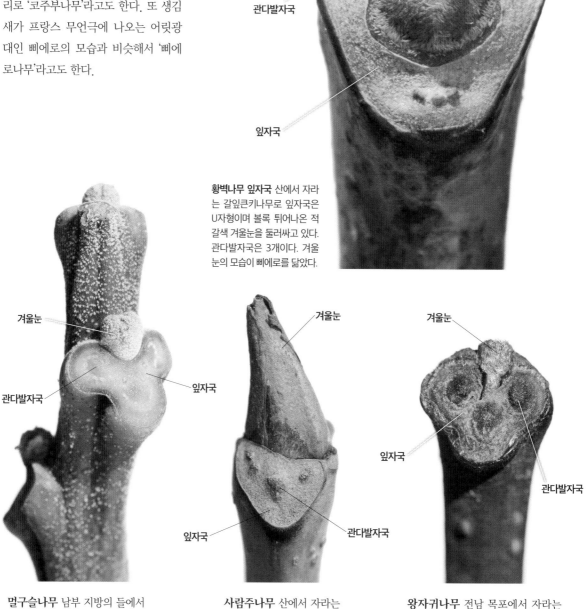

겨울눈

관다발자국

잎자국

황벽나무 잎자국 산에서 자라는 갈잎큰키나무로 잎자국은 U자형이며 볼록 튀어나온 적갈색 겨울눈을 둘러싸고 있다. 관다발자국은 3개이다. 겨울눈의 모습이 삐에로를 닮았다.

겨울눈

관다발자국

잎자국

겨울눈

잎자국

관다발자국

겨울눈

잎자국

관다발자국

멀구슬나무 남부 지방의 들에서 자라는 갈잎큰키나무로 잎자국은 T자형이며 튀어나온다. 관다발자국은 3개이다.

사람주나무 산에서 자라는 갈잎작은키나무로 잎자국은 반원형~삼각형이다. 관다발자국은 3개이다.

왕자귀나무 전남 목포에서 자라는 갈잎작은키나무로 잎자국은 삼각형~반원형이고 튀어나온다. 관다발자국은 3개이다.

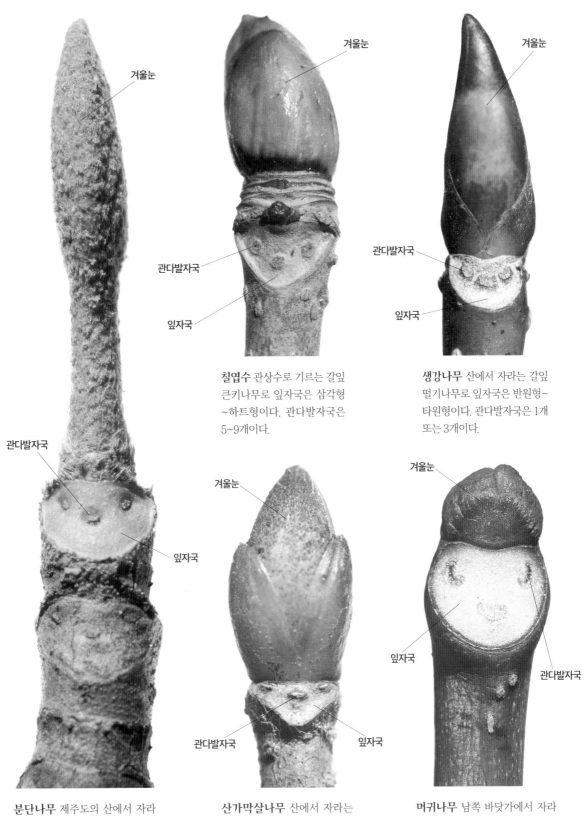

칠엽수 관상수로 기르는 갈잎
큰키나무로 잎자국은 삼각형
~하트형이다. 관다발자국은
5~9개이다.

생강나무 산에서 자라는 갈잎
떨기나무로 잎자국은 반원형~
타원형이다. 관다발자국은 1개
또는 3개이다.

분단나무 제주도의 산에서 자라
는 갈잎떨기나무로 잎자국은 둥근
타원형~삼각형이다. 관다발자국
은 3개이다.

산가막살나무 산에서 자라는
갈잎떨기나무로 잎자국은 V자
형~삼각형이다. 관다발자국은
3개이다.

머귀나무 남쪽 바닷가에서 자라
는 갈잎큰키나무로 잎자국은 콩팥
형~하트형이다. 관다발자국은 3개
이다.

턱잎자국

가지에 잎자루가 붙는 짧은 잎겨드랑이에는 턱잎이 달리는 경우가 많은데, 이 턱잎이 떨어져 나가면서 가지에 남기는 자국을 '턱잎자국'이라고 한다. 턱잎자국은 보통 잎자루가 떨어져 나간 잎자국 양쪽에 나타나며 흔히 길쭉한 모양이다.

턱잎 2장이 포개져 있는 턱잎 속에는 잎가지로 자랄 새순이 숨어 있다.

잎자루

잎자루

겨울눈 끝눈은 긴 타원형이며 밀랍 물질로 덮인 2장의 눈비늘조각에 싸여 있다.

잎자국 큼직한 잎자국은 콩팥형~원형이고 10개 정도의 관다발자국이 흩어져 있다.

턱잎 긴 타원형이며 2장이 마주 붙어서 가지를 둘러싸고 점차 떨어져 나간다.

턱잎자국 길고 가느다란 선 모양으로 가지를 한 바퀴 돈다. 튤립나무가 속한 목련과 나무는 대부분이 가느다란 턱잎자국이 가지를 한 바퀴 도는 특징이 있다.

튤립나무 턱잎

튤립나무 턱잎자국

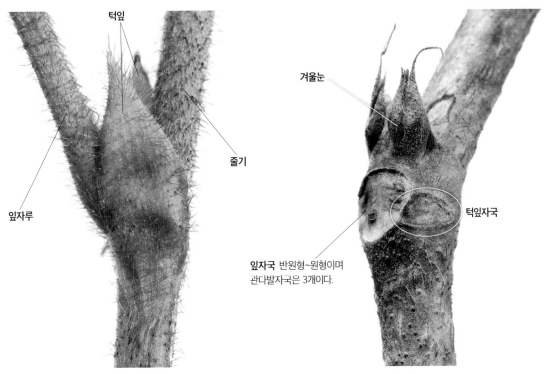

칡 턱잎 산에서 자라는 갈잎덩굴나무이며 햇가지에는 갈색~흰색 털이 많다. 잎겨드랑이 좌우로 1쌍의 턱잎이 달린다.

칡 턱잎자국 낙엽이 지면 잎자루가 떨어져 나간 잎자국 좌우로 긴 타원형의 턱잎자국이 생긴다.

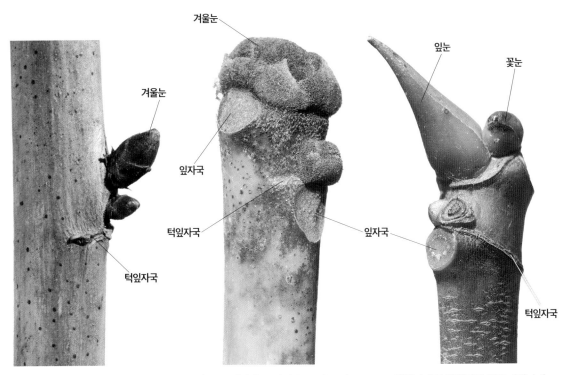

국수나무 턱잎자국 산에서 자라는 갈잎떨기나무이며 잎자국 좌우로 가느다란 턱잎자국이 생긴다.

벽오동 턱잎자국 관상수로 심는 갈잎큰키나무이며 잎자국 좌우로 가느다란 턱잎자국이 생긴다.

천선과나무 턱잎자국 남쪽 바닷가에서 자라는 갈잎떨기나무이며 가느다란 턱잎자국이 가지를 한 바퀴 돈다.

가짜끝눈

끝눈처럼 보이지만 크기가 곁눈과 비슷하고 눈 옆에 말라 버린 잔가지의 흔적이 남아 있는 눈을 '가짜끝눈'이라고 한다. 관상수로 심는 계수나무는 가지 끝에 2개의 가짜끝눈이 마주나고 가지 가운데에 말라 죽은 가지의 흔적이 남아 있다. 관상수로 심는 양버즘나무는 말라 죽은 가지 끝에 1개의 가짜끝눈이 달린다.

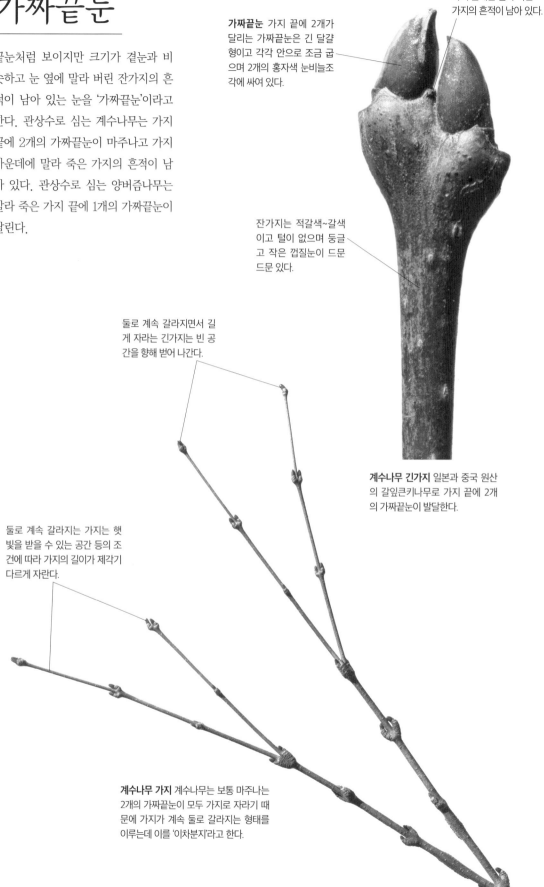

가짜끝눈 가지 끝에 2개가 달리는 가짜끝눈은 긴 달걀형이고 각각 안으로 조금 굽으며 2개의 홍자색 눈비늘조각에 싸여 있다.

가지 끝에는 말라 죽은 가지의 흔적이 남아 있다.

잔가지는 적갈색~갈색이고 털이 없으며 둥글고 작은 껍질눈이 드문드문 있다.

둘로 계속 갈라지면서 길게 자라는 긴가지는 빈 공간을 향해 벋어 나간다.

계수나무 긴가지 일본과 중국 원산의 갈잎큰키나무로 가지 끝에 2개의 가짜끝눈이 발달한다.

둘로 계속 갈라지는 가지는 햇빛을 받을 수 있는 공간 등의 조건에 따라 가지의 길이가 제각기 다르게 자란다.

계수나무 가지 계수나무는 보통 마주나는 2개의 가짜끝눈이 모두 가지로 자라기 때문에 가지가 계속 둘로 갈라지는 형태를 이루는데 이를 '이차분지'라고 한다.

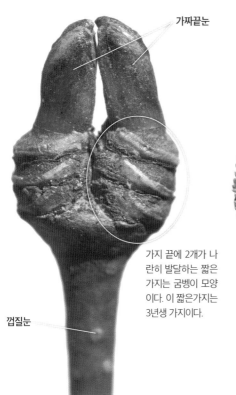

가짜끝눈

껍질눈

가지 끝에 2개가 나란히 발달하는 짧은 가지는 굼벵이 모양이다. 이 짧은가지는 3년생 가지이다.

계수나무 짧은가지 계수나무는 짧은 가지가 잘 발달하는데 각각 굼벵이 모양으로 자란다.

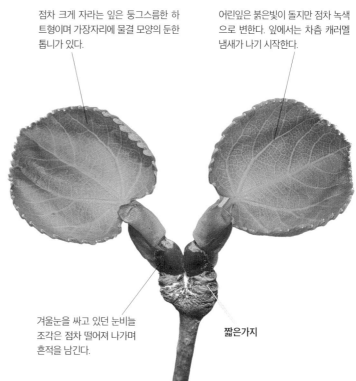

점차 크게 자라는 잎은 둥그스름한 하트형이며 가장자리에 물결 모양의 둔한 톱니가 있다.

어린잎은 붉은빛이 돌지만 점차 녹색으로 변한다. 잎에서는 차츰 캐러멜 냄새가 나기 시작한다.

겨울눈을 싸고 있던 눈비늘 조각은 점차 떨어져 나가며 흔적을 남긴다.

짧은가지

4월의 계수나무 새순 이른 봄이면 짧은가지 끝의 가짜끝눈에서 각각 새잎이 돋아 자란다.

가짜끝눈

마른가지

양버즘나무 북미 원산의 갈잎큰키나무로 가지 끝은 보통 말라 죽고 1개의 가짜끝눈이 달린다.

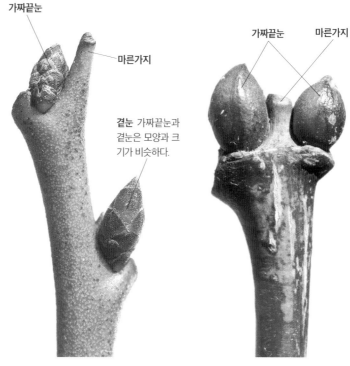

가짜끝눈

마른가지

겉눈 가짜끝눈과 겉눈은 모양과 크기가 비슷하다.

매실나무 중국 원산의 갈잎큰키나무로 관상수로 심는다. 가지 끝은 보통 말라 죽고 1개의 가짜끝눈이 달린다.

가짜끝눈　마른가지

백당나무 산에서 자라는 갈잎떨기나무이다. 가지 끝은 보통 말라 죽고 2개의 가짜끝눈이 마주 달린다.

*가짜끝눈[헛끝눈, 가정아(假頂芽), 준정아(準頂芽), false terminal bud] / 이차분지(二次分枝), dichotomous branching

묻힌눈

겨울눈이 잎자국이나 그 부근에 묻혀서 겉으로 잘 드러나지 않는 눈을 '묻힌눈'이라고 한다. 묻힌눈은 다른 겨울눈처럼 봄이 되면 잎자국 속에 묻혀 있던 겨울눈이 벌어지면서 새순이 터서 자란다. 아까시나무는 북미 원산의 갈잎큰키나무로 예전에 헐벗은 산에 사방 공사용으로 많이 심어 길렀다. 아까시나무는 가시가 많은 가지에 어긋나는 잎자국 속에 겨울눈이 숨어 있어서 겉에서는 보이지 않는 묻힌눈을 가지고 있다.

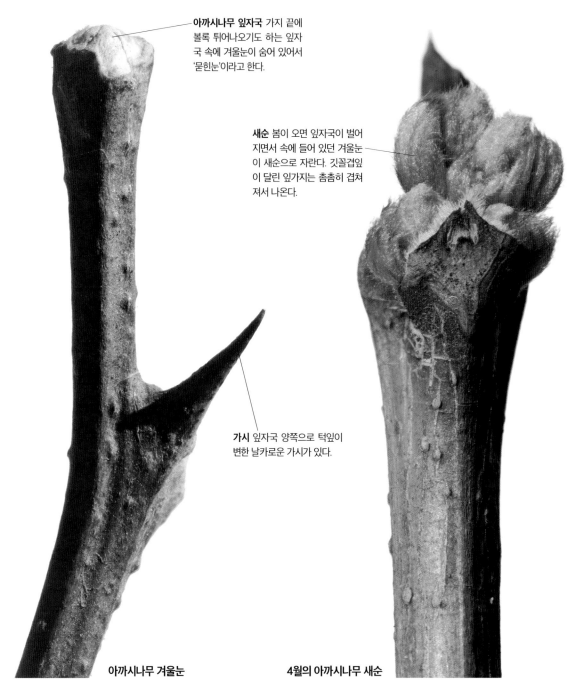

아까시나무 잎자국 가지 끝에 볼록 튀어나오기도 하는 잎자국 속에 겨울눈이 숨어 있어서 '묻힌눈'이라고 한다.

새순 봄이 오면 잎자국이 벌어지면서 속에 들어 있던 겨울눈이 새순으로 자란다. 깃꼴겹잎이 달린 잎가지는 촘촘히 겹쳐져서 나온다.

가시 잎자국 양쪽으로 턱잎이 변한 날카로운 가시가 있다.

아까시나무 겨울눈　　　　　**4월의 아까시나무 새순**

*묻힌눈[은아(隱芽), concealed bud]

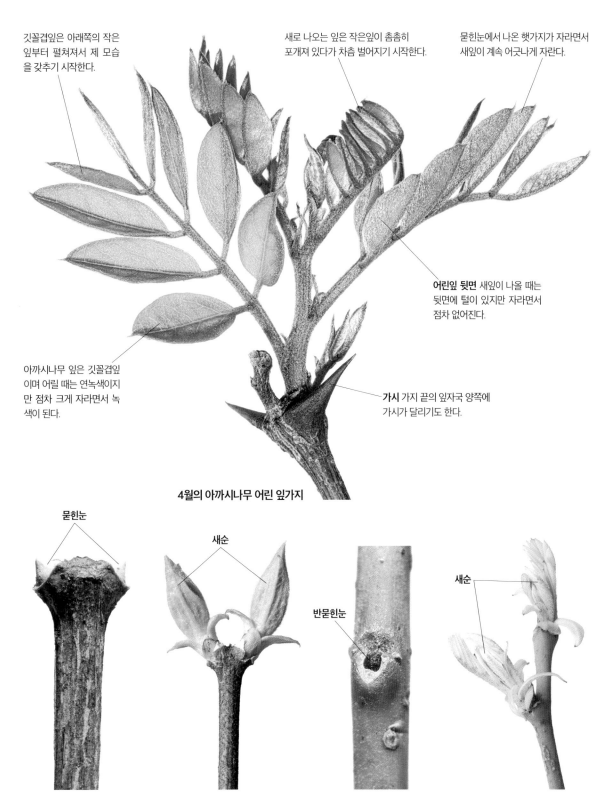

깃꼴겹잎은 아래쪽의 작은
잎부터 펼쳐져서 제 모습
을 갖추기 시작한다.

새로 나오는 잎은 작은잎이 촘촘히
포개져 있다가 차츰 벌어지기 시작한다.

묻힌눈에서 나온 햇가지가 자라면서
새잎이 계속 어긋나게 자란다.

어린잎 뒷면 새잎이 나올 때는
뒷면에 털이 있지만 자라면서
점차 없어진다.

아까시나무 잎은 깃꼴겹잎
이며 어릴 때는 연녹색이지
만 점차 크게 자라면서 녹
색이 된다.

가시 가지 끝의 잎자국 양쪽에
가시가 달리기도 한다.

4월의 아까시나무 어린 잎가지

묻힌눈

새순

반묻힌눈

새순

얇은잎고광나무 숲 가장자리에서 자라는 갈잎떨기나무로 회갈
색 잔가지 끝에 보통 2개씩 마주 달리는 겨울눈은 가짜끝눈이며
볼록 튀어나온 흰색 잎자국 속에 숨어 있는 묻힌눈이다. 2개의
가짜끝눈이 마주 짝이 터서 자라기 때문에 가지는 보통 2갈래로
계속 갈라진다.

회화나무 중국 원산의 갈잎큰키나무로 관상수로 심는다. 어린
녹색 가지에 어긋나게 달리는 겨울눈은 일부가 U자 모양의 잎자
국 속에 숨어서 반쯤만 드러나기 때문에 '반묻힌눈'이라고 한다.
겨울눈은 흑갈색이다.

*반묻힌눈[반은아(半隱芽), semiconcealed bud]

123

으뜸눈과 덧눈

가지의 한 마디에 2개 이상의 겨울눈이 붙어 있을 때 그중에서 가장 큰 겨울눈을 '으뜸눈'이라고 하고, 나머지 작은 겨울눈을 '덧눈'이라고 한다. 봄이 오면 으뜸눈이 벌어지면서 새순이 돋아 자라지만 으뜸눈이 상처를 입었을 때는 덧눈이 벌어지면서 새순이 돋는다. 덧눈은 으뜸눈이 불의의 사고를 당할 때를 대비해 예비로 만든 스페어 눈이라고 할 수 있다. 덧눈은 생기는 위치에 따라 가로덧눈과 세로덧눈으로 나눌 수 있다.

**으뜸눈과 덧눈이
모두 자란 때죽나무 가지**

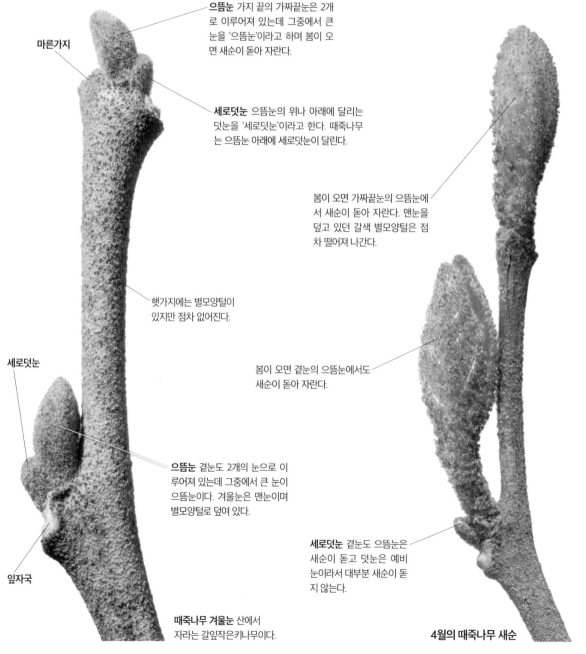

으뜸눈 가지 끝의 가짜끝눈은 2개로 이루어져 있는데 그중에서 큰 눈을 '으뜸눈'이라고 하며 봄이 오면 새순이 돋아 자란다.

마른가지

세로덧눈 으뜸눈의 위나 아래에 달리는 덧눈을 '세로덧눈'이라고 한다. 때죽나무는 으뜸눈 아래에 세로덧눈이 달린다.

봄이 오면 가짜끝눈의 으뜸눈에서 새순이 돋아 자란다. 맨눈을 덮고 있던 갈색 별모양털은 점차 떨어져 나간다.

햇가지에는 별모양털이 있지만 점차 없어진다.

봄이 오면 곁눈의 으뜸눈에서도 새순이 돋아 자란다.

세로덧눈

으뜸눈 곁눈도 2개의 눈으로 이루어져 있는데 그중에서 큰 눈이 으뜸눈이다. 겨울눈은 맨눈이며 별모양털로 덮여 있다.

세로덧눈 곁눈도 으뜸눈은 새순이 돋고 덧눈은 예비눈이라서 대부분 새순이 돋지 않는다.

잎자국

때죽나무 겨울눈 산에서 자라는 갈잎작은키나무이다.

4월의 때죽나무 새순

124 　　　　　*으뜸눈[주아(主芽), superimposed bud, main bud] / 덧눈[부아(副芽), accessory bud]

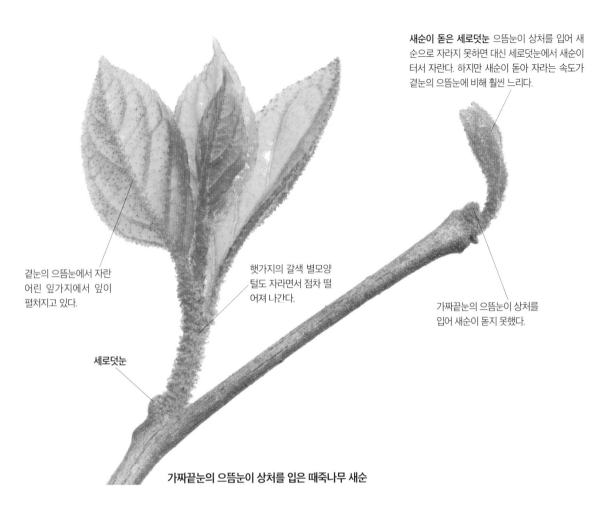

새순이 돋은 세로덧눈 으뜸눈이 상처를 입어 새순으로 자라지 못하면 대신 세로덧눈에서 새순이 터서 자란다. 하지만 새순이 돋아 자라는 속도가 곁눈의 으뜸눈에 비해 훨씬 느리다.

곁눈의 으뜸눈에서 자란 어린 잎가지에서 잎이 펼쳐지고 있다.

햇가지의 갈색 별모양 털도 자라면서 점차 떨어져 나간다.

가짜끝눈의 으뜸눈이 상처를 입어 새순이 돋지 못했다.

세로덧눈

가짜끝눈의 으뜸눈이 상처를 입은 때죽나무 새순

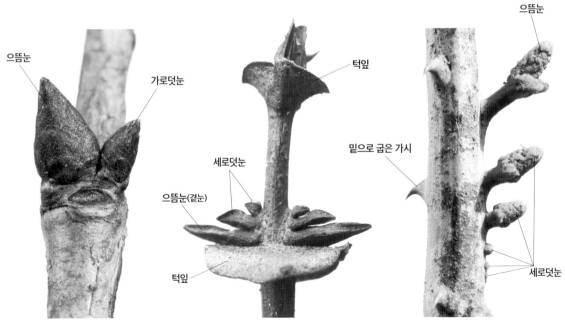

으뜸눈

가로덧눈

으뜸눈

턱잎

세로덧눈

으뜸눈(곁눈)

밑으로 굽은 가시

세로덧눈

턱잎

세로덧눈

느티나무 산골짜기에서 자라는 갈잎 큰키나무로 으뜸눈 옆에 작은 가로덧눈이 달리기도 한다.

댕댕이나무 높은 산에서 자라는 갈잎떨 기나무로 곁눈 위쪽에 세로덧눈이 모여 달리고 아래쪽에는 턱잎이 남아 있다.

실거리나무 남해안 이남에서 자라는 갈 잎덩굴나무로 겨울눈은 맨눈이며 으뜸 눈 밑으로 세로덧눈이 8개까지 달린다.

＊가로덧눈[측생부아(側生副芽), 병생부아(竝生副芽), collateral accessory bud] / 세로덧눈[중생부아(重生副芽), 종생부아(縱生副芽), serial accessory bud]

잎자루속눈

대부분의 나무는 늦여름이 되면 잎겨드랑이에 추운 겨울을 날 겨울눈이 만들어지는 것을 볼 수 있다. 하지만 쪽동백나무는 잎겨드랑이에 겨울눈이 만들어지는 것을 볼 수가 없는데, 겨울눈이 잎자루 속에서 만들어지기 때문이다. 쪽동백나무는 잎자루 속에 겨울눈이 들어 있기 때문에 잎자루 밑부분이 굵어진다. 가을에 단풍이 들고 떨켜가 생기면서 잎자루가 떨어져 나가면 그제서야 잎자국에 둘러싸인 겨울눈이 드러난다. 이와 같이 잎자루 속에서 만들어지는 겨울눈을 '잎자루속눈'이라고 하며 쪽동백나무 외에 박쥐나무, 황벽나무, 양버즘나무 등에서 볼 수 있다.

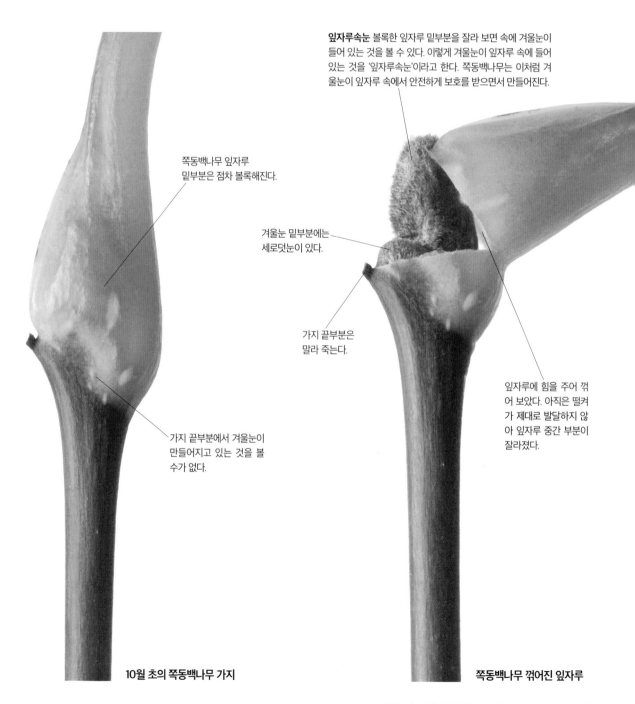

잎자루속눈 볼록한 잎자루 밑부분을 잘라 보면 속에 겨울눈이 들어 있는 것을 볼 수 있다. 이렇게 겨울눈이 잎자루 속에 들어 있는 것을 '잎자루속눈'이라고 한다. 쪽동백나무는 이처럼 겨울눈이 잎자루 속에서 안전하게 보호를 받으면서 만들어진다.

쪽동백나무 잎자루 밑부분은 점차 볼록해진다.

겨울눈 밑부분에는 세로덧눈이 있다.

가지 끝부분은 말라 죽는다.

가지 끝부분에서 겨울눈이 만들어지고 있는 것을 볼 수가 없다.

잎자루에 힘을 주어 꺾어 보았다. 아직은 떨켜가 제대로 발달하지 않아 잎자루 중간 부분이 잘라졌다.

10월 초의 쪽동백나무 가지

쪽동백나무 꺾어진 잎자루

＊잎자루속눈[엽병내아(葉柄內芽), intrapetiolar bud]

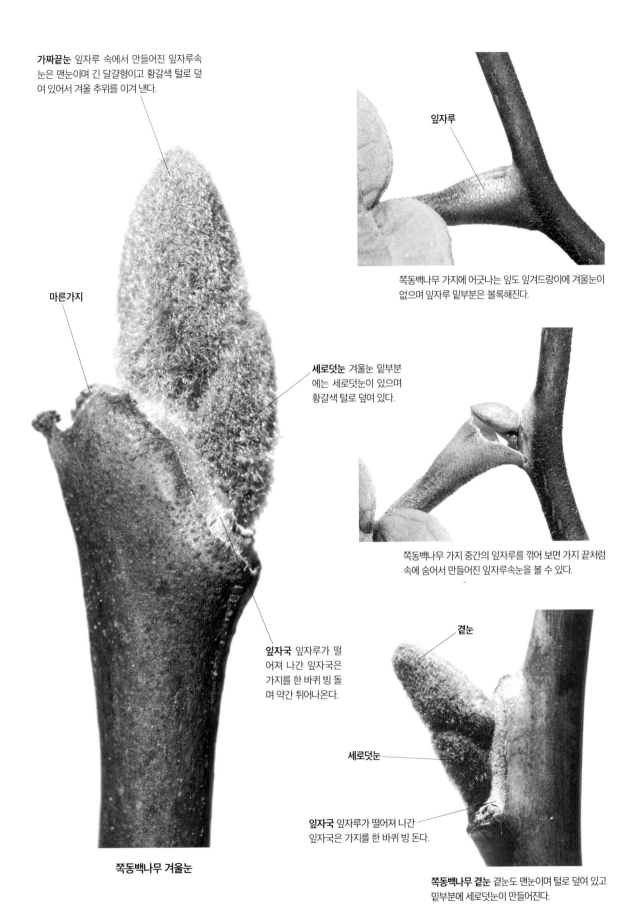

가짜끝눈 잎자루 속에서 만들어진 잎자루속눈은 맨눈이며 긴 달걀형이고 황갈색 털로 덮여 있어서 겨울 추위를 이겨 낸다.

잎자루

쪽동백나무 가지에 어긋나는 잎도 잎겨드랑이에 겨울눈이 없으며 잎자루 밑부분은 볼록해진다.

마른가지

세로덧눈 겨울눈 밑부분에는 세로덧눈이 있으며 황갈색 털로 덮여 있다.

쪽동백나무 가지 중간의 잎자루를 꺾어 보면 가지 끝처럼 속에 숨어서 만들어진 잎자루속눈을 볼 수 있다.

곁눈

잎자국 잎자루가 떨어져 나간 잎자국은 가지를 한 바퀴 빙 돌며 약간 튀어나온다.

세로덧눈

잎자국 잎자루가 떨어져 나간 잎자국은 가지를 한 바퀴 빙 돈다.

쪽동백나무 겨울눈

쪽동백나무 곁눈 곁눈도 맨눈이며 털로 덮여 있고 밑부분에 세로덧눈이 만들어진다.

잠눈

나무는 줄기나 가지의 나무껍질 안쪽에 숨어 있는 눈이 있는데, 이를 '잠눈' 또는 '숨은눈'이라고 한다. 잠눈은 보통때는 싹이 트지 않고 쉬고 있다가 갑자기 나무의 상태가 나빠져서 정상적인 눈이 제대로 움트지 못할 경우가 생기면 잠눈이 움터서 자라기 시작한다. 쉽게 비유하자면 자동차에 예비로 준비하는 스페어타이어와 같은 역할로, 덧눈과 비슷한 일을 하지만 겉에서 보이지 않는 점이 다르다.

잠눈이 튼 새순은 흔히 '움돋이'라고 하며 정상적인 눈을 대신해서 자란다. 나무는 갑작스러운 환경의 변화에 따라 위험이 닥칠 경우 이런 방법 등으로 살아 나갈 방법을 찾는다. 잠눈처럼 정상적인 위치에 나지 않는 눈은 '막눈'이라고 하고, 가지 끝이나 잎겨드랑이에 정상적으로 달리는 눈은 '제눈'이라고 한다.

새순이 자란 새가지는 잎을 달고 있으며 위를 향해 새로운 줄기로 자라고 있다.

잘린 줄기 끝부분에 있던 잠눈에서 새순이 나와 자라고 있다.

줄기가 잘려 나간 말레이배롱나무

줄기 밑동의 잠눈에서 많은 새순이 무더기로 움돋이를 해 더부룩하게 자라고 있다.

말레이배롱나무(*Lagerstroemia floribunda*)는 열대 아시아 원산의 늘푸른큰키나무로 배롱나무와 같은 속이며 배롱나무처럼 아름다운 꽃이 피기 때문에 열대 지방에서 관상수로 많이 심는다.

은행나무 은행나무 줄기를 베어 나무다리를 만든 지 여러 해가 지나 나무껍질이 많이 벗겨져 나갔다. 장마철에 비가 많이 내리자 줄기에 숨어 있던 잠눈에서 싹이 터서 새 잎가지가 나왔다. 이처럼 잠눈의 생명력은 끈질기다.

미루나무 심어 기르는 갈잎큰키나무로 줄기의 잠눈에서 짧은가지가 나와 자라고 있다.

우산고로쇠 울릉도에서 자라는 갈잎큰키나무로 줄기의 잠눈에서 짧은가지가 나와 자라고 있다.

녹나무 남쪽 섬에서 자라는 늘푸른큰키나무로 줄기를 베어 낸 그루터기에서 많은 가지가 움돋이를 하고 있다.

귀룽나무 산에서 자라는 갈잎큰키나무로 나무 밑동에서 많은 가지가 움돋이를 하고 있다.

리기다소나무 산에 심어 기르는 늘푸른바늘잎나무로 줄기의 잠눈에서 자란 짧은가지가 많은 것이 특징이다.

* 잠눈[숨은눈, 잠아(潛芽), 잠복아(潛伏芽), latent bud] / 움돋이[움싹, 맹아(萌芽), sprout] / 제눈[정아(定芽), definite bud] / 막눈[부정아(不定芽), adventive bud, indefinite bud]

겨울눈 단면

겨울눈 안에는 봄이 되면 새순이 터서 자랄 어린잎, 어린 꽃, 어린 가지가 서로 촘촘히 포개져 있다. 겨울눈 단면을 보면 잎, 꽃, 가지 등이 겹쳐지는 방법이나 서로 간의 위치 관계를 확인할 수 있는데, 이를 '아형' 또는 '유엽태'라고도 한다. 잎이 겹치는 방법은 기와 모양으로 겹치거나 부채 모양으로 접히기도 하는 등 여러 가지 방법으로 접힌다. 종마다 꽃은 꽃잎이나 꽃턱잎, 꽃밥의 배열 방법이나 방향 등이 서로 다르다. 아형은 속간 또는 속내에서 종을 구분하는 데에도 도움이 된다.

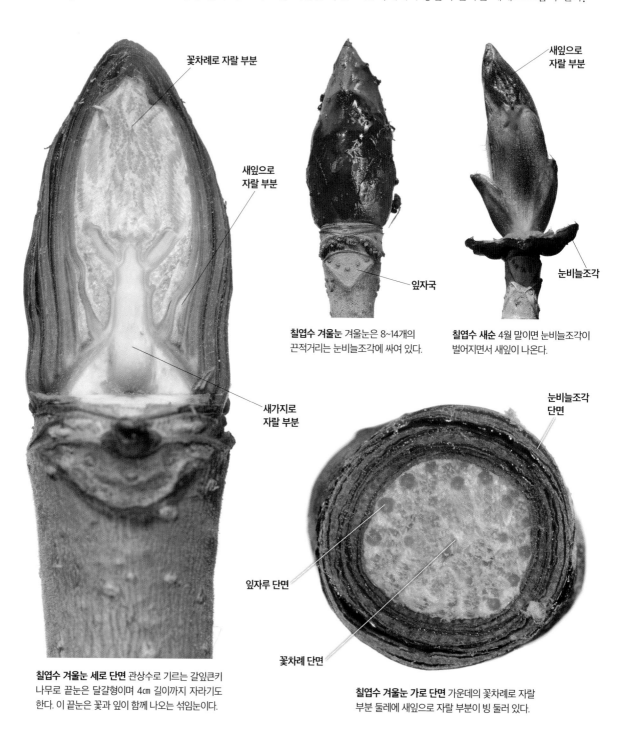

칠엽수 겨울눈 겨울눈은 8~14개의 끈적거리는 눈비늘조각에 싸여 있다.

칠엽수 새순 4월 말이면 눈비늘조각이 벌어지면서 새잎이 나온다.

칠엽수 겨울눈 세로 단면 관상수로 기르는 갈잎큰키나무로 끝눈은 달걀형이며 4㎝ 길이까지 자라기도 한다. 이 끝눈은 꽃과 잎이 함께 나오는 섞임눈이다.

칠엽수 겨울눈 가로 단면 가운데의 꽃차례로 자랄 부분 둘레에 새잎으로 자랄 부분이 빙 둘러 있다.

＊아형(芽型)[유엽태(幼葉態), aestivation]

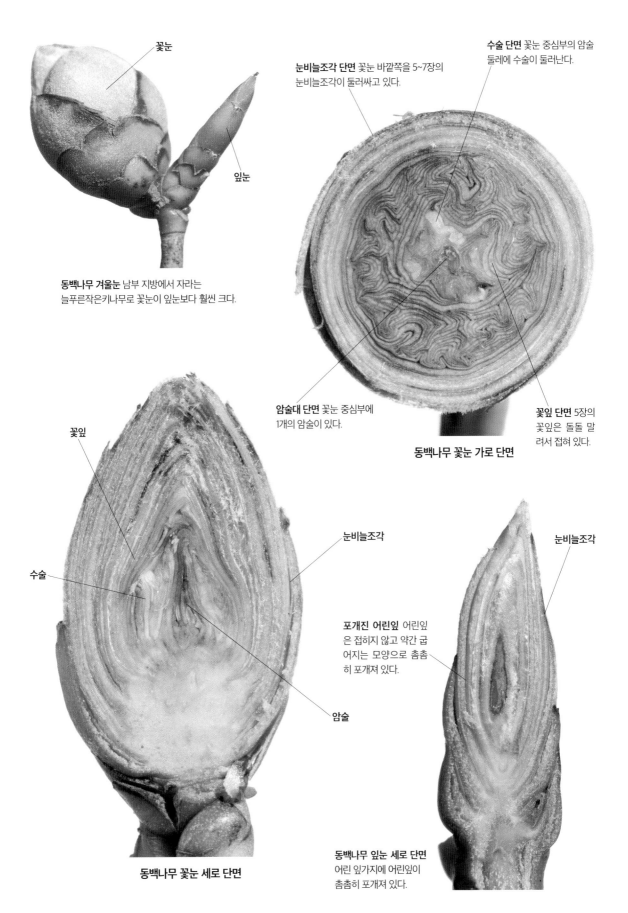

꽃눈

잎눈

동백나무 겨울눈 남부 지방에서 자라는
늘푸른작은키나무로 꽃눈이 잎눈보다 훨씬 크다.

눈비늘조각 단면 꽃눈 바깥쪽을 5~7장의
눈비늘조각이 둘러싸고 있다.

수술 단면 꽃눈 중심부의 암술
둘레에 수술이 둘러난다.

암술대 단면 꽃눈 중심부에
1개의 암술이 있다.

꽃잎 단면 5장의
꽃잎은 돌돌 말
려서 접혀 있다.

동백나무 꽃눈 가로 단면

꽃잎

수술

눈비늘조각

포개진 어린잎 어린잎
은 접히지 않고 약간 굽
어지는 모양으로 촘촘
히 포개져 있다.

암술

눈비늘조각

동백나무 꽃눈 세로 단면

동백나무 잎눈 세로 단면
어린 잎가지에 어린잎이
촘촘히 포개져 있다.

131

줄기가시

식물의 가시는 줄기나 잎에 바늘과 같이 뾰족하게 돋아나서 다른 생물로부터 자신의 몸을 보호하는 역할을 한다. 가시는 어느 부분이 변해서 만들어졌느냐에 따라 줄기가시, 잎가시, 껍질가시 등으로 구분한다. 식물의 줄기와 가지의 끝이나 전체가 딱딱한 가시로 변한 것을 '줄기가시'라고 한다. 일반적으로 줄기가시는 매우 단단하며 가지나 줄기에서 잘 떨어지지 않는다.

탱자나무 줄기가시 가시는 단단하고 뾰족해서 찔리면 아프다. 가시는 가지에 붙는 밑부분이 보통 넓어진다.

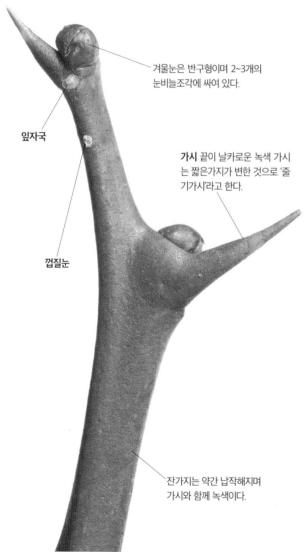

겨울눈은 반구형이며 2~3개의 눈비늘조각에 싸여 있다.

잎자국

가시 끝이 날카로운 녹색 가시는 짧은가지가 변한 것으로 '줄기가시'라고 한다.

껍질눈

잔가지는 약간 납작해지며 가시와 함께 녹색이다.

탱자나무 가지 중부 이남에서 관상수로 심는 갈잎떨기나무로 나무 전체에 짧은가지가 변한 날카로운 가시가 많다.

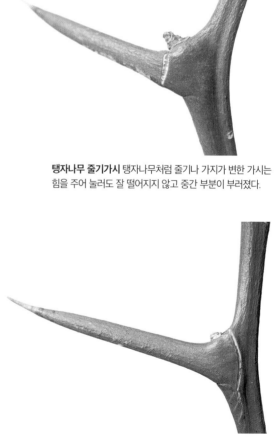

탱자나무 줄기가시 탱자나무처럼 줄기나 가지가 변한 가시는 힘을 주어 눌러도 잘 떨어지지 않고 중간 부분이 부러졌다.

탱자나무 줄기가시 다른 가시 밑부분을 힘주어 누르니까 가시 밑부분의 가지 부분까지 함께 쪼개졌다. 이처럼 줄기가시는 가지에 단단히 붙어 있다.

＊줄기가시[경침(莖針), thorn, stem spine]

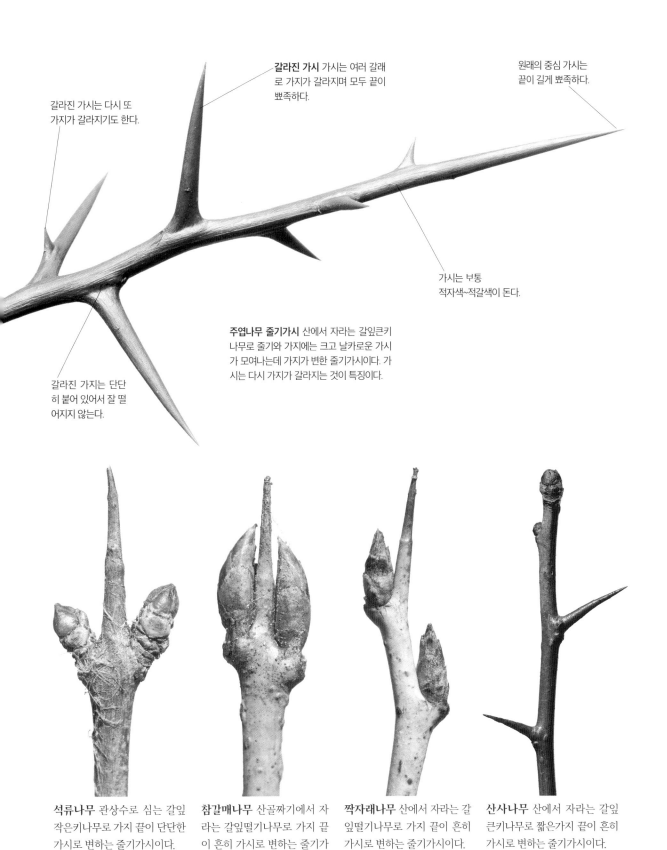

갈라진 가지는 다시 또
가지가 갈라지기도 한다.

갈라진 가시 가시는 여러 갈래
로 가지가 갈라지며 모두 끝이
뾰족하다.

원래의 중심 가시는
끝이 길게 뾰족하다.

가시는 보통
적자색~적갈색이 돈다.

주엽나무 줄기가시 산에서 자라는 갈잎큰키
나무로 줄기와 가지에는 크고 날카로운 가시
가 모여나는데 가지가 변한 줄기가시이다. 가
시는 다시 가지가 갈라지는 것이 특징이다.

갈라진 가지는 단단
히 붙어 있어서 잘 떨
어지지 않는다.

석류나무 관상수로 심는 갈잎
작은키나무로 가지 끝이 단단한
가시로 변하는 줄기가시이다.

참갈매나무 산골짜기에서 자
라는 갈잎떨기나무로 가지 끝
이 흔히 가시로 변하는 줄기가
시이다.

짝자래나무 산에서 자라는 갈
잎떨기나무로 가지 끝이 흔히
가시로 변하는 줄기가시이다.

산사나무 산에서 자라는 갈잎
큰키나무로 짧은가지 끝이 흔히
가시로 변하는 줄기가시이다.

잎가시

식물의 잎이나 잎자루, 턱잎 등 잎의 일부분이 변하여 날카로운 가시로 변한 것을 '잎가시'라고 한다. 잎자루 밑부분에 달리는 1쌍의 턱잎이 가시로 변한 것은 흔히 '턱잎가시'라고 하기도 한다. 턱잎은 어린눈을 보호하다가 잎이 자라면서 떨어져 나가는 것이 보통이다. 그래서인지 턱잎가시는 줄기가시와 달리 손으로 누르면 잘 떨어진다.

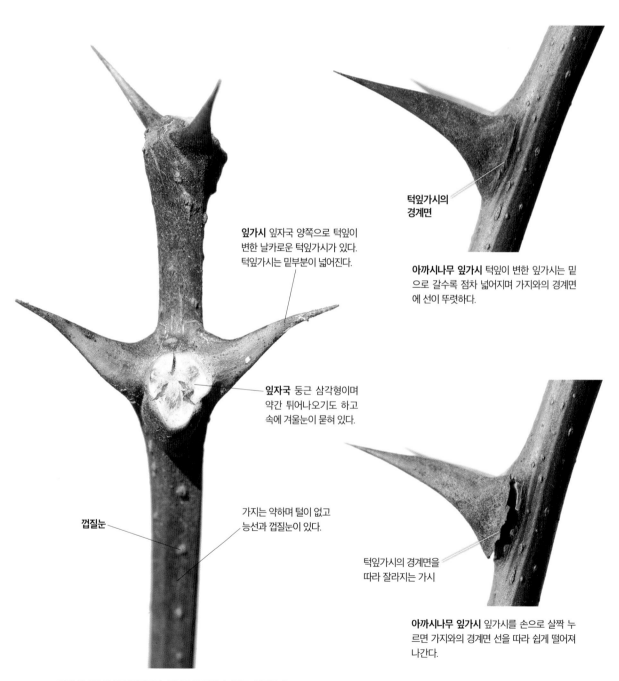

잎가시 잎자국 양쪽으로 턱잎이 변한 날카로운 턱잎가시가 있다. 턱잎가시는 밑부분이 넓어진다.

잎자국 둥근 삼각형이며 약간 튀어나오기도 하고 속에 겨울눈이 묻혀 있다.

껍질눈

가지는 약하며 털이 없고 능선과 껍질눈이 있다.

아까시나무 가시 북아메리카 원산의 갈잎큰키나무로 헐벗은 산에 조림수로 널리 심었다. 가지에 1쌍의 턱잎이 변한 잎가시가 많이 있다.

턱잎가시의 경계면

아까시나무 잎가시 턱잎이 변한 잎가시는 밑으로 갈수록 점차 넓어지며 가지와의 경계면에 선이 뚜렷하다.

턱잎가시의 경계면을 따라 잘라지는 가시

아까시나무 잎가시 잎가시를 손으로 살짝 누르면 가지와의 경계면 선을 따라 쉽게 떨어져 나간다.

＊잎가시[엽침(葉針), leaf spine] / 턱잎가시[탁엽침(托葉針), stipular spine]

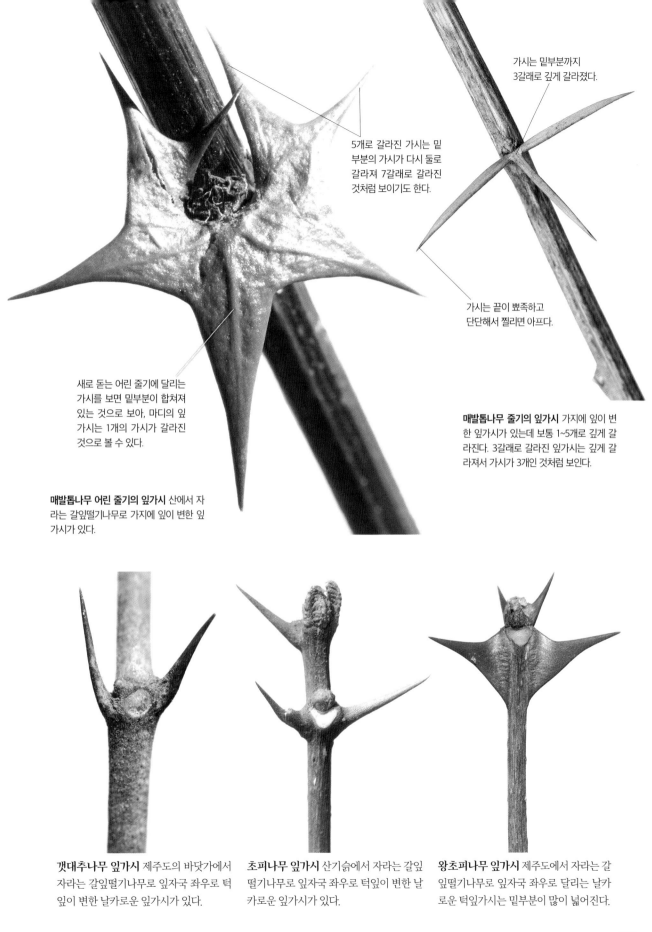

5개로 갈라진 가시는 밑부분의 가시가 다시 둘로 갈라져 7갈래로 갈라진 것처럼 보이기도 한다.

가시는 밑부분까지 3갈래로 깊게 갈라졌다.

가시는 끝이 뾰족하고 단단해서 찔리면 아프다.

새로 돋는 어린 줄기에 달리는 가시를 보면 밑부분이 합쳐져 있는 것으로 보아, 마디의 잎가시는 1개의 가시가 갈라진 것으로 볼 수 있다.

매발톱나무 어린 줄기의 잎가시 산에서 자라는 갈잎떨기나무로 가지에 잎이 변한 잎가시가 있다.

매발톱나무 줄기의 잎가시 가지에 잎이 변한 잎가시가 있는데 보통 1~5개로 깊게 갈라진다. 3갈래로 갈라진 잎가시는 깊게 갈라져서 가시가 3개인 것처럼 보인다.

갯대추나무 잎가시 제주도의 바닷가에서 자라는 갈잎떨기나무로 잎자국 좌우로 턱잎이 변한 날카로운 잎가시가 있다.

초피나무 잎가시 산기슭에서 자라는 갈잎떨기나무로 잎자국 좌우로 턱잎이 변한 날카로운 잎가시가 있다.

왕초피나무 잎가시 제주도에서 자라는 갈잎떨기나무로 잎자국 좌우로 달리는 날카로운 턱잎가시는 밑부분이 많이 넓어진다.

껍질가시

식물의 껍질에 있는 털이 날카로운 가시로 변한 것을 '껍질가시'라고 하는데 털과 구분이 어려운 경우도 있다. 껍질가시는 관다발이 없는 것이 관다발이 있는 줄기가시나 잎가시와 다른 점이다. 일반적으로 껍질가시는 턱잎가시처럼 누르면 가지와의 경계면을 따라 잘 떨어지는 특징을 가지고 있다.

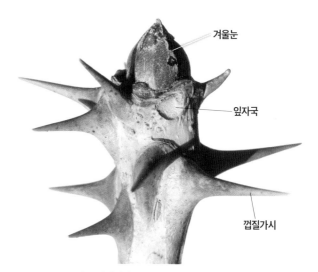

겨울눈

잎자국

껍질가시

음나무 껍질가시 산에서 자라는 갈잎큰키나무로 어린 가지에 털이 변한 날카로운 껍질가시가 많지만 자라면서 점차 줄어든다.

가지의 털이 변한 껍질가시는 단단하고 끝이 뾰족하며 밑부분은 점차 넓어진다.

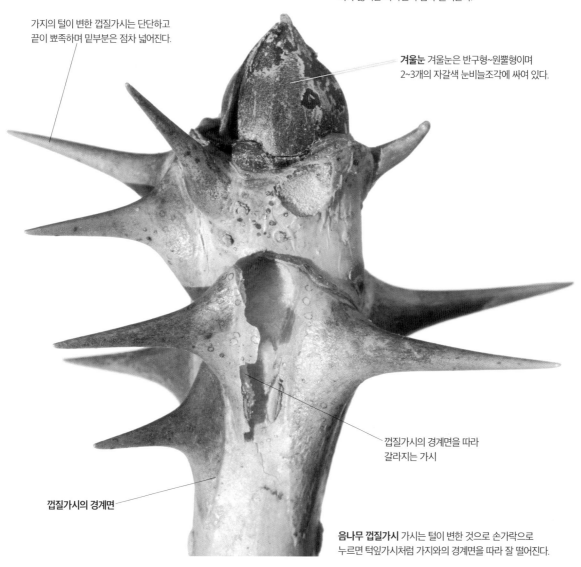

겨울눈 겨울눈은 반구형~원뿔형이며 2~3개의 자갈색 눈비늘조각에 싸여 있다.

껍질가시의 경계면을 따라 갈라지는 가시

껍질가시의 경계면

음나무 껍질가시 가시는 털이 변한 것으로 손가락으로 누르면 턱잎가시처럼 가지와의 경계면을 따라 잘 떨어진다.

＊껍질가시[피침(披針), 자상돌기체(刺狀突起體), cortical spine, prickle]

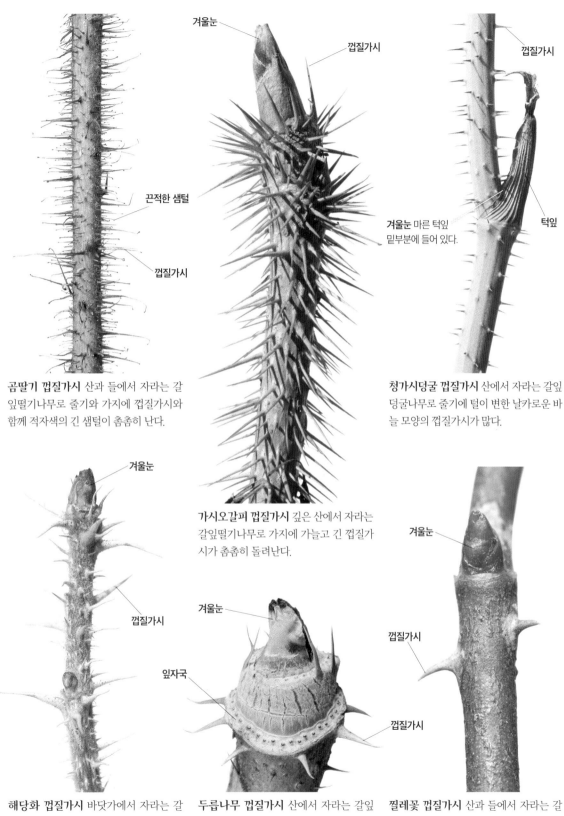

곰딸기 껍질가시 산과 들에서 자라는 갈잎떨기나무로 줄기와 가지에 껍질가시와 함께 적자색의 긴 샘털이 촘촘히 난다.

끈적한 샘털

껍질가시

겨울눈

껍질가시

가시오갈피 껍질가시 깊은 산에서 자라는 갈잎떨기나무로 가지에 가늘고 긴 껍질가시가 촘촘히 돌려난다.

껍질가시

겨울눈 마른 턱잎 밑부분에 들어 있다.

턱잎

청가시덩굴 껍질가시 산에서 자라는 갈잎덩굴나무로 줄기에 털이 변한 날카로운 바늘 모양의 껍질가시가 많다.

겨울눈

껍질가시

해당화 껍질가시 바닷가에서 자라는 갈잎떨기나무로 줄기와 가지에 납작한 껍질가시와 바늘 모양의 껍질가시가 섞여 있고 부드러운 털도 빽빽하다.

겨울눈

잎자국

껍질가시

두릅나무 껍질가시 산에서 자라는 갈잎떨기나무~작은키나무로 굵은 가지에 가늘고 억센 껍질가시가 흩어져 난다.

겨울눈

껍질가시

껍질가시

찔레꽃 껍질가시 산과 들에서 자라는 갈잎떨기나무로 줄기에 드문드문 달리는 껍질가시는 끝부분이 밑으로 구부러져서 다른 물체에 걸치고 오르기도 한다.

껍질눈

껍질눈은 나무의 줄기나 가지, 뿌리 등에 만들어지는 코르크 조직으로 숨구멍 대신에 공기의 통로가 되는 부분이다. 겉보기에는 줄기나 가지 등에 흩어져 나는 작은 반점처럼 보이고 약간 튀어나오는 것이 많으며, 가로 또는 세로로 긴 볼록 렌즈 모양이거나 둥근 모양이다. 잎 뒷면에서 주로 볼 수 있는 숨구멍처럼 줄기가 숨을 쉬며 산소를 흡수하고 이산화탄소를 내보내는 통로가 된다. 구조적으로는 둥글고 큰 세포로 이루어지며 세포의 모양이나 배열 방법은 그다지 규칙적이지 않다.

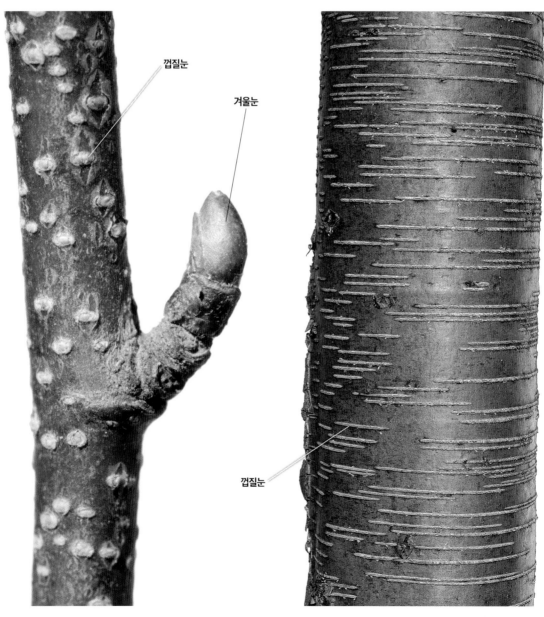

껍질눈

겨울눈

껍질눈

껍질눈

박달나무 가지의 껍질눈 깊은 산에서 자라는 갈잎 큰키나무로 적갈색 잔가지에 둥글거나 가로로 긴 흰색 껍질눈이 흩어져 난다.

박달나무 나무껍질의 껍질눈 어린 줄기의 나무껍질은 흑갈색이며 매끈하고 흰색 껍질눈이 가로로 길게 나란히 나 있다. 노목은 나무껍질이 점차 갈라지고 거칠어진다.

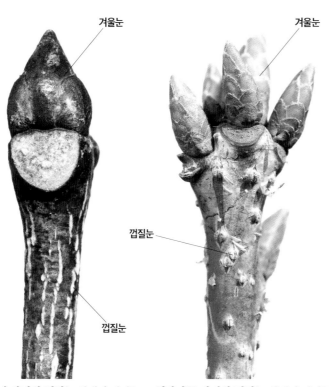

겨울눈

껍질눈

껍질눈

말오줌때 가지의 껍질눈 산에서 자라는 갈잎떨기나무로 가지에 세로로 길쭉한 껍질눈이 흩어져 난다.

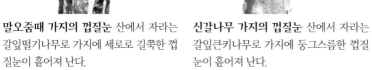

겨울눈

껍질눈

신갈나무 가지의 껍질눈 산에서 자라는 갈잎큰키나무로 가지에 둥그스름한 껍질눈이 흩어져 난다.

껍질눈

콩배나무 열매의 껍질눈 산에서 자라는 갈잎떨기나무로 열매에 흰색 껍질눈이 흩어져 난다.

껍질눈

족제비싸리 열매의 껍질눈 산과 들에서 자라는 갈잎떨기나무로 열매에 자잘한 껍질눈이 올록볼록 흩어져 난다.

겨울눈

껍질눈

밤나무 가지의 껍질눈 산에서 자라는 갈잎큰키나무로 가지에 둥그스름한 껍질눈이 흩어져 난다.

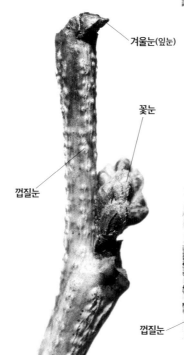

겨울눈(잎눈)

꽃눈

껍질눈

껍질눈

박태기나무 가지의 껍질눈 관상수로 심는 갈잎떨기나무로 가지에 작고 둥그스름한 껍질눈이 흩어져 난다.

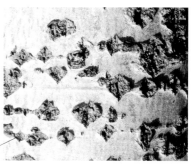

껍질눈

은사시나무 나무껍질의 껍질눈 산과 들에서 자라는 갈잎큰키나무로 푸르스름한 은빛 나무껍질에 흩어져 나는 껍질눈은 보통 마름모꼴이지만 변화가 심하다.

나뭇가지 단면

나뭇가지를 잘라 보면 얇은 나무껍질 안쪽은 단단한 나무질로 되어 있고 가운데 부분은 비어 있거나 부드러운 스펀지 모양의 세포가 채워져 있는 것을 볼 수 있는데 이 부분을 '골속'이라고 한다. 드물게 골속이 계단 모양으로 칸막이처럼 배열하는 것도 있으며 골속이 단단한 경우도 있다. 대부분의 나무는 햇가지 때는 골속이 흰색이나 연갈색인 경우가 대부분이지만 해가 지날수록 점차 검게 변하거나 골속이 줄어들면서 빈 공간이 만들어지기도 한다.

골속

골속

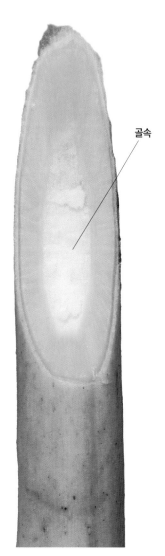

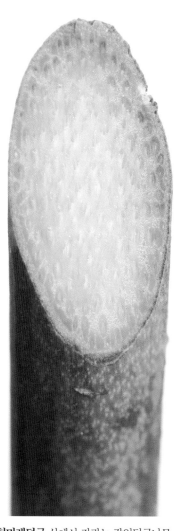

국수나무 산에서 자라는 갈잎떨기나무이다. 가지 단면의 골속은 흰색이며 꽉 차 있고 점차 연한 적갈색으로 변한다. 옛날 아이들이 흰색 골속을 뽑아서 국수라고 하며 놀아서 '국수나무'라고 한다.

물참대 산골짜기에서 자라는 갈잎떨기나무이다. 가지 단면의 골속은 대나무처럼 비어 있어서 아이들이 피리를 만드는 재료로 썼다. 물가에서 잘 자라는 대나무를 닮은 나무란 뜻으로 '물참대'라고 한다.

청미래덩굴 산에서 자라는 갈잎덩굴나무이다. 외떡잎식물에 속하는 청미래덩굴은 관다발이 여러 개의 동심원을 그리도록 흩어져 배열하기 때문에 골속을 따로 구별하기가 어렵다.

＊골속[수(髓), pith]

다래, 쥐다래, 개다래 구분하기

산에서 흔히 만날 수 있는 갈잎덩굴나무인 다래 종류에는 다래와 함께 쥐다래와 개다래가 있다. 어릴 때는 잎이 모두 녹색이라서 구분이 어려운데 가지를 잘라 보면 개다래는 가지 단면의 골속이 흰색이며 꽉 차 있고, 다래와 쥐다래는 가지 단면의 골속이 계단 모양으로 칸막이처럼 배열하며 갈색이 돌아서 개다래와 구분이 가능하다. 또 개화기인 6월부터는 개다래는 잎의 앞면에 흰색 무늬가 생기고 쥐다래는 흰색이나 붉은색 무늬가 나타나서 구분하는 데 큰 도움을 준다.

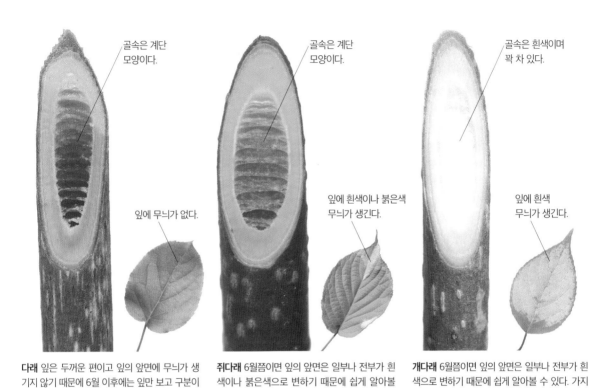

골속은 계단 모양이다.

잎에 무늬가 없다.

골속은 계단 모양이다.

잎에 흰색이나 붉은색 무늬가 생긴다.

골속은 흰색이며 꽉 차 있다.

잎에 흰색 무늬가 생긴다.

다래 잎은 두꺼운 편이고 잎의 앞면에 무늬가 생기지 않기 때문에 6월 이후에는 잎만 보고 구분이 가능하다. 가지의 골속은 갈색의 계단 모양이다.

쥐다래 6월쯤이면 잎의 앞면은 일부나 전부가 흰색이나 붉은색으로 변하기 때문에 쉽게 알아볼 수 있다. 가지의 골속은 갈색의 계단 모양이다.

개다래 6월쯤이면 잎의 앞면은 일부나 전부가 흰색으로 변하기 때문에 쉽게 알아볼 수 있다. 가지의 골속은 흰색으로 꽉 차 있어서 단면만 보고도 구분할 수 있다.

꽃이 핀 사고야자(Sago palm) 동남아시아 원산의 야자나무로 줄기 끝에 깃꼴겹잎이 모여난다. 암수한그루로 일생에 한 번 줄기 끝에 커다란 꽃줄기가 나와 자잘한 황백색 꽃이 촘촘히 피고 열매를 맺으면 전체가 말라 죽는다. 10년 정도 자라면 꽃을 피우기 위해 줄기의 골속에 많은 녹말을 만들어 저장하는데, 꽃줄기가 나오기 직전에 이를 채취하여 녹말 알갱이를 모은 것을 '사고(Sago)'라고 하며 쌀알과 비슷하고 식용하기 때문에 흔히 '쌀나무'라고도 부른다. 사고는 물에 끓여 수프를 만들어 먹거나 국수를 만들고, 가루를 물에 갠 뒤 기름에 튀겨 팬케이크를 만들어 먹으며 음료수를 만들어 마시기도 한다.

커다란 꽃줄기에서 갈라진 가지마다 황백색 꽃송이가 촘촘히 늘어진다.

깃꼴겹잎은 줄기 끝에 모여난다.

겨울눈에서 잎이 자라는 과정

관상수로 널리 심고 있는 백목련은 이른 봄이 되면 가지 끝의 꽃눈이 벌어지면서 큼직한 흰색 꽃이 나무 가득 피어난다. 아름다운 흰색 꽃이 시들 무렵이면 가지의 잎눈이 부풀어 오르며 눈비늘조각이 양쪽으로 벌어지면서 새순이 고개를 내민다. 새순이 점차 성숙하면서 녹색 잎가지를 펼친다.

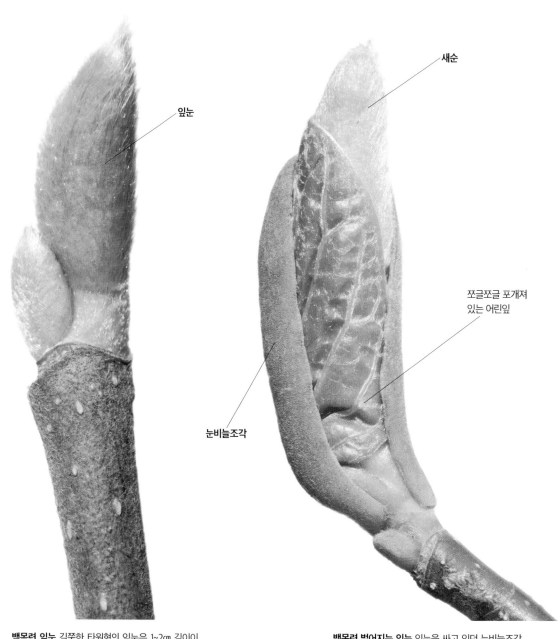

잎눈

새순

쪼글쪼글 포개져
있는 어린잎

눈비늘조각

백목련 잎눈 길쭉한 타원형의 잎눈은 1~2㎝ 길이이며 짧은털로 덮인 눈비늘조각에 싸여 있다. 잎눈은 꽃이 시들기 시작할 무렵 부풀어 오르기 시작한다.

백목련 벌어지는 잎눈 잎눈을 싸고 있던 눈비늘조각이 세로로 벌어지면서 드러나기 시작한 새순은 잎가지가 촘촘히 포개진 것을 볼 수 있다.

어린잎

새순

눈비늘조각

백목련 벌어지는 새순 눈비늘조각 사이로
어린 잎가지가 자라면서 잎이 펼쳐지기 시작한다.

펼쳐지는 잎

시든 눈비늘조각

새순

백목련 어린 잎가지 눈비늘조각은 시들고
펼쳐진 잎과 함께 새순이 점차 햇가지로
자라기 시작한다.

잎끝은 짧고
갑자기 뾰족해진다.

잎몸은 거꿀달걀형이며
10~15㎝ 길이이다.

잎은 가장자리가
밋밋하다.

새로운 눈

백목련 잎가지 햇가지에 거꿀달걀형 잎
이 어긋나고 가지 끝의 새로운 눈은 계
속 가지로 자라면서 새잎이 만들어진다.

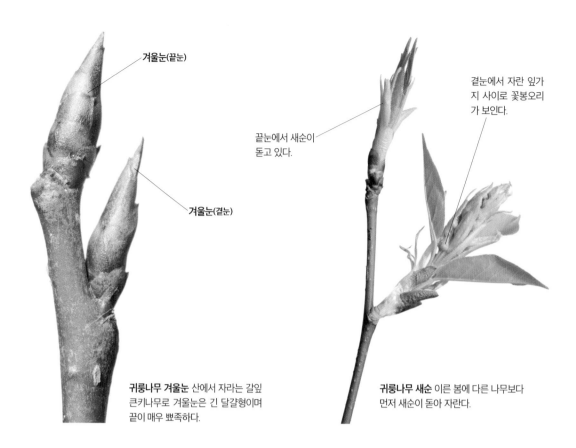

겨울눈(끝눈)

겨울눈(곁눈)

끝눈에서 새순이
돋고 있다.

곁눈에서 자란 잎가
지 사이로 꽃봉오리
가 보인다.

귀룽나무 겨울눈 산에서 자라는 갈잎
큰키나무로 겨울눈은 긴 달걀형이며
끝이 매우 뾰족하다.

귀룽나무 새순 이른 봄에 다른 나무보다
먼저 새순이 돋아 자란다.

꽃샘추위를 만난 귀룽나무 새순(강원도 태백) 높은 산에서 자라는 귀룽나무가 4월 말에 뒤늦게 찾아온 꽃샘 추위에 눈보라를 만나 새순이 얼음에 뒤덮였다.
얼음에 싸인 새순은 대부분 살아나지만 일부는 얼어 죽기도 한다.

꽃샘추위를 만난 새순

이른 봄에 산길을 걷다 보면 다른 나무보다 부지런히 푸른 잎을 내밀어서 눈길을 사로잡는 나무가 있는데 바로 귀룽나무이다. 새순이 먼저 나와서 이른 봄의 햇빛을 독차지하지만 높은 산에서 자라는 귀룽나무는 꽃샘추위에 눈보라를 만나 새순이 얼어 죽기도 한다. 새순이 얼어 죽으면 그 옆의 숨은눈에서 다시 새순이 나와 잎도 돋고 꽃도 피운다.

새로 자란 잎

햇가지 얼어 죽은 가지 대신에 숨은눈에서 새로 가지와 잎이 나와 자란다.

얼어 죽은 가지 처음 돋은 새순이 자란 가지는 꽃샘추위에 얼어 죽었다.

5월의 귀룽나무 잎가지(강원도 태백)

Ⅳ 잎

가지나 줄기에 붙는 잎은 뿌리에서 흡수한 물과 하늘에서 내리쬐는 햇빛,
숨구멍으로 들어온 이산화탄소를 이용하여 스스로 양분을 만드는 생명 활동의
근원이 되는 기관이다. 잎이 만든 양분은 나무가 크게 자라면서 살아갈 수 있도록
해 주고, 양분을 만들면서 내보내는 산소는 숲의 공기를 정화해 주며, 생명이 끝나
떨군 잎은 흙을 기름지게 만들어 여러 생물의 삶의 터전이 되게 해 준다.
잎은 각 부분의 크기나 모양이 종에 따라 제각기 특색이 있어 종을 구분하는 데
중요한 요인이 된다. 보통 편평한 모양인 잎몸은 잎에서 가장 중요한 부분으로
광합성을 통해 양분을 만들고 잎 뒷면의 숨구멍을 통해 김내기를 해서 수분을
끌어 올리고 호흡 작용도 한다. 잎자루는 잎몸과 줄기를 연결하는 부분으로
잎몸이 햇빛을 잘 받을 수 있도록 각도를 조절해 준다.

개암나무 잎가지

잎몸 잎이 넓어진 부분으로 광합성을 통해 양분을 만드는 역할을 한다. 보통 잎에서 잎자루를 제외한 나머지 부분을 말하며 얇은 것이 보통이다.

잎맥(주맥) 잎맥은 잎몸에 고루 퍼져 있는 관다발을 말하며 물과 양분이 이동하는 통로이다. 주맥은 잎맥 중에서 가장 굵은 맥으로 보통 가운데 잎맥을 가리킨다.

톱니 잎이나 꽃잎의 가장자리가 들쑥날쑥하게 얕게 베어져 들어간 자국을 말한다.

겹톱니 하나의 톱니 가장자리에 다시 작은 톱니가 생겨 이중으로 된 톱니를 말한다.

결각 잎의 가장자리가 깊이 패인 부분으로 톱니보다는 훨씬 깊게 갈라진다.

잎맥(측맥) 측맥은 주맥으로부터 갈라져 퍼져 나간 잎맥으로 쌍떡잎식물은 보통 그물처럼 계속 갈라져 퍼져 나간다.

잎자루 잎몸을 지탱하여 가지나 줄기에 붙게 하는 부분을 말하며 '잎꼭지'라고도 한다.

가지 줄기와 잎자루를 이어 주는 부분으로 줄기에 연결된다.

턱잎 보통 잎자루 기부에 붙어 있는 1쌍의 작은 잎조각으로 북한에서는 '받침잎'이라고 한다. 대부분의 종은 잎이 자라면서 떨어져 나가는 것이 많다.

국수나무 잎 모양 산에서 자라는 갈잎떨기나무로 잎몸이 1개인 홑잎이며 잎몸, 잎자루, 턱잎이 모두 있는 갖춘잎이다.

148 *잎몸[엽신(葉身), lamina, leaf blade] / 잎자루[잎꼭지, 엽병(葉柄), petiole] / 톱니[거치(鋸齒), serrate, tooth] / 겹톱니[중거치(重鋸齒), 복거치(復鋸齒), doubly serrate] / 결각(缺刻)[incision, lobation] / 잎맥[엽맥(葉脈), vein] / 주맥(主脈)[중앙맥(中央脈), 가운데맥, 가운데잎줄, main vein, central vein, midvein]

잎의 생김새

가지나 줄기에 붙는 잎은 햇빛을 받아 양분을 만드는 기관으로 종에 따라 모양이 다양하지만 햇빛이 잎몸의 모든 세포에 골고루 비칠 수 있도록 얇은 것이 대부분이다. 잎은 대개 잎몸과 잎자루로 나뉘며 잎자루 밑부분에 턱잎이 붙기도 한다. 잎자루 밑부분에 1쌍씩 달려 있는 턱잎은 보통 크기가 작고 일찍 떨어져 나가는 경우가 흔해서 없는 것처럼 보이기도 한다. 잎몸, 잎자루, 턱잎이 모두 있는 잎을 '갖춘잎'이라고 하고, 이 중에서 어느 하나라도 없는 잎을 '안갖춘잎'이라고 한다. 또 잎자루에 붙는 잎몸이 1장이면 '홑잎'이라고 하고 2장 이상의 작은잎이 달리면 '겹잎'이라고 한다.

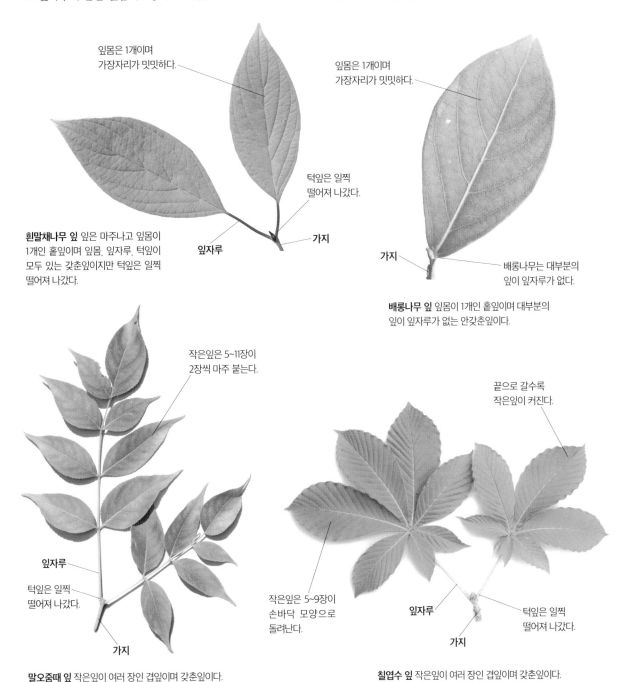

잎몸은 1개이며
가장자리가 밋밋하다.

잎몸은 1개이며
가장자리가 밋밋하다.

턱잎은 일찍
떨어져 나갔다.

가지

잎자루

가지

배롱나무는 대부분의
잎이 잎자루가 없다.

흰말채나무 잎 잎은 마주나고 잎몸이 1개인 홑잎이며 잎몸, 잎자루, 턱잎이 모두 있는 갖춘잎이지만 턱잎은 일찍 떨어져 나갔다.

배롱나무 잎 잎몸이 1개인 홑잎이며 대부분의 잎이 잎자루가 없는 안갖춘잎이다.

작은잎은 5~11장이
2장씩 마주 붙는다.

끝으로 갈수록
작은잎이 커진다.

잎자루

턱잎은 일찍
떨어져 나갔다.

가지

작은잎은 5~9장이
손바닥 모양으로
돌려난다.

잎자루

턱잎은 일찍
떨어져 나갔다.

가지

말오줌때 잎 작은잎이 여러 장인 겹잎이며 갖춘잎이다.

칠엽수 잎 작은잎이 여러 장인 겹잎이며 갖춘잎이다.

*측맥(側脈)[곁맥, 곁잎줄, lateral vein] / 갖춘잎[완전엽(完全葉), complete leaf] / 안갖춘잎[불완전엽(不完全葉), incomplete leaf] /
홑잎[단엽(單葉), simple leaf] / 겹잎[복엽(複葉), compound leaf]

잎의 구조

잎을 자른 가로 단면을 현미경으로 보면 양면을 얇은 껍질이 덮고 있는 것이 보통이다. 잎 표면의 얇은 껍질 밑에는 세로로 가늘고 긴 세포가 울타리처럼 늘어서 있는데 이를 '울타리조직'이라고 하고, 그 밑에 세포들이 불규칙하게 모여 있는 부분은 '갯솜조직'이라고 한다. 갯솜조직 아래에도 얇은 껍질이 있다. 울타리조직과 갯솜조직을 합하여 '잎살'이라고 한다. 잎살 중에 잎의 앞면에 있는 울타리조직에 광합성을 담당하는 잎파랑치(엽록체)가 분포하고, 잎파랑치 속에 든 많은 잎파랑이(엽록소)는 초록빛을 반사하기 때문에 잎이 녹색을 띤다. 잎살 속에는 군데군데 관다발이 파이프처럼 벋는데 이것이 잎맥이며 물과 양분의 통로가 된다. 잎맥은 가지와 줄기의 관다발과 연결되어 있으며 물의 통로가 되는 물관은 잎 앞쪽에 있고 양분의 통로가 되는 체관은 잎 뒤쪽에 있다. 잎 뒷면의 얇은 껍질의 군데군데에는 잎이 숨을 쉴 수 있는 구멍이 뚫려 있는데 이를 '숨구멍'이라고 한다. 식물은 이 숨구멍을 통해 호흡과 광합성에 필요한 산소와 이산화탄소가 드나들고, 몸의 수분을 수증기로 만들어 밖으로 내보내기도 한다. 이렇게 숨구멍을 통해 수증기를 내보내는 것을 '김내기 작용'이라고 한다. 잎 표면은 숨구멍을 제외하고 큐티클 세포로 덮여 있어서 수분이 증발되는 것을 막는다.

잎의 단면과 내부 구조

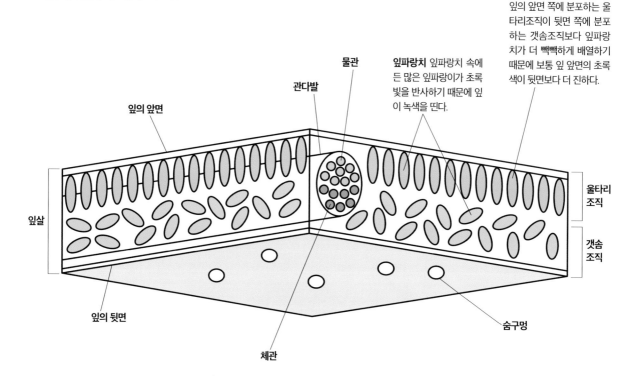

잎파랑치 잎파랑치 속에 든 많은 잎파랑이가 초록빛을 반사하기 때문에 잎이 녹색을 띤다.

잎의 앞면 쪽에 분포하는 울타리조직이 뒷면 쪽에 분포하는 갯솜조직보다 잎파랑치가 더 빽빽하게 배열하기 때문에 보통 잎 앞면의 초록색이 뒷면보다 더 진하다.

숨구멍의 역할
1. 물이 나무 위로 올라가는 힘의 원동력이 된다.
2. 물이 증발하면서 열을 빼앗아 체온 조절을 해 준다.
3. 식물체 안의 물의 양을 조절해 준다.
4. 남는 물을 배출해 식물체 안의 무기 양분을 농축한다.

＊울타리조직[책상조직(柵狀組織), palisade parenchyma] / 갯솜조직[해면조직(海綿組織), spongy parenchyma] / 잎살[엽육(葉肉), mesophyll] / 잎파랑치[엽록체(葉綠體), chloroplast]

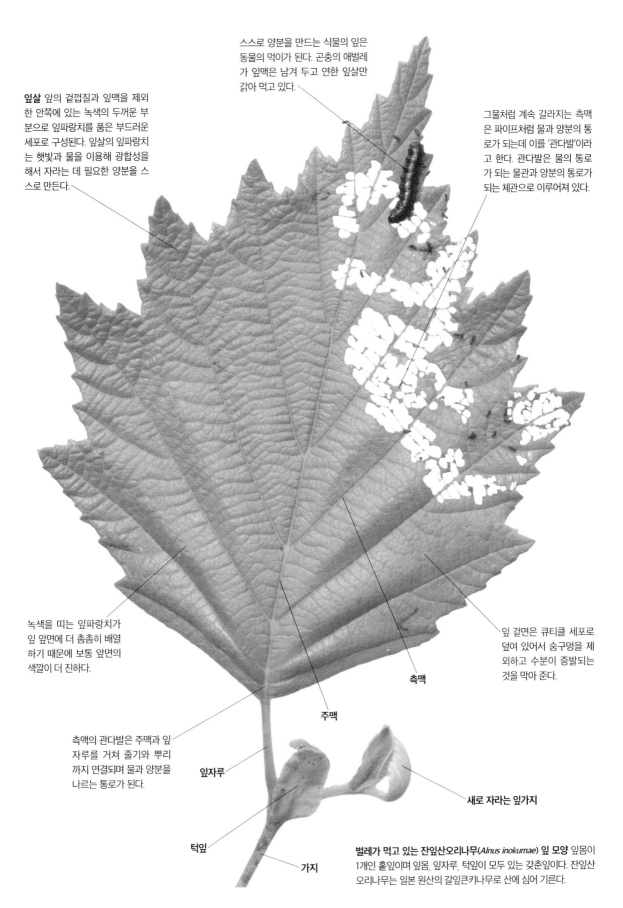

스스로 양분을 만드는 식물의 잎은 동물의 먹이가 된다. 곤충의 애벌레가 잎맥은 남겨 두고 연한 잎살만 갉아 먹고 있다.

잎살 잎의 겉껍질과 잎맥을 제외한 안쪽에 있는 녹색의 두꺼운 부분으로 잎파랑치를 품은 부드러운 세포로 구성된다. 잎살의 잎파랑치는 햇빛과 물을 이용해 광합성을 해서 자라는 데 필요한 양분을 스스로 만든다.

그물처럼 계속 갈라지는 측맥은 파이프처럼 물과 양분의 통로가 되는데 이를 '관다발'이라고 한다. 관다발은 물의 통로가 되는 물관과 양분의 통로가 되는 체관으로 이루어져 있다.

녹색을 띠는 잎파랑치가 잎 앞면에 더 촘촘히 배열하기 때문에 보통 앞면의 색깔이 더 진하다.

잎 겉면은 큐티클 세포로 덮여 있어서 숨구멍을 제외하고 수분이 증발되는 것을 막아 준다.

측맥

주맥

측맥의 관다발은 주맥과 잎자루를 거쳐 줄기와 뿌리까지 연결되며 물과 양분을 나르는 통로가 된다.

잎자루

새로 자라는 잎가지

턱잎

가지

벌레가 먹고 있는 잔잎산오리나무(*Alnus inokumae*) 잎 모양 잎몸이 1개인 홑잎이며 잎몸, 잎자루, 턱잎이 모두 있는 갖춘잎이다. 잔잎산오리나무는 일본 원산의 갈잎큰키나무로 산에 심어 기른다.

* 잎파랑이[엽록소(葉綠素), chlorophyll] / 관다발[관속(管束), vascular bundle, tube bundle] / 물관[도관(導管), vessel, conduit tube] / 체관[사관(篩管), phloem, sieve tube]

가지에 잎이 배열하는 방법

잎은 햇빛을 잘 받을 수 있도록 줄기나 가지에 여러 잎끼리 서로 그늘이 지지 않도록 디자인해서 배열한다. 줄기나 가지에 잎이 붙어 있는 모양을 '잎차례'라고 한다. 잎차례는 나무가 햇빛을 고루 받기 위해서 효율적으로 잎을 배치하는 중요한 특징이다. 잎이 붙는 방법은 나무마다 대개 일정하지만 드물게 그렇지 않은 식물도 있다.

먼저 나온 중국단풍의 잎은 잎몸이 크다. 전체적인 잎의 모양이 오리발을 닮았다.

중국단풍은 잎몸의 윗부분이 셋으로 갈라져서 바깥쪽으로 넓게 벌어지며 공간을 효율적으로 채워 나간다.

잎몸의 밑부분은 좁아져서 옆의 잎과 잎몸이 겹쳐지지 않게 한다.

잎몸의 갈래조각 끝은 뾰족해서 빗물이 잘 흘러내린다.

먼저 나온 잎은 잎자루가 길다.

잎자루는 잎몸이 햇빛을 잘 받을 수 있도록 각도를 조절해 준다.

잎은 잎몸이 서로 겹치지 않도록 잎자루가 일정한 각도로 빙 둘러난다.

나중에 나온 잎은 잎자루도 짧고 잎몸도 작아서 먼저 나온 잎과 가능한 겹치지 않게 한다.

중국단풍 잎가지 중국단풍의 잎이 달린 가지를 위에서 보면 잎이 서로 겹쳐지지 않도록, 잎이 서로 일정한 각도를 유지하면서 벌어져 있는 것을 볼 수 있다. 잎자루의 길이도 처음에 나온 것은 길고 나중에 나온 것은 짧아서 공간을 최대한 활용하고 있다. 식물마다 여러 가지 방법으로 잎을 고루 배치하고 있는데 이는 햇빛을 골고루 받아 광합성을 많이 하기 위해서이다. 중국단풍은 중국과 대만 원산의 갈잎큰키나무로 관상수로 심는다.

*잎차례[엽서(葉序), phylotaxis, phyllotaxy, leaf arrangement]

층층나무 잎가지 가지와 잎이 가능한 서로 겹쳐지지 않도록 서로 일정한 각도를 유지하면서 벌어져서 햇빛을 골고루 받는다. 잎 표면에는 잎파랑이가 있어서 물과 햇빛을 이용해 양분을 만든다. 층층나무는 산에서 자라는 갈잎큰키나무이다.

층층나무 잎가지 트인 곳에서 자란 층층나무는 가지가 사방팔방으로 벋으며 전체적으로 나무갓이 둥근 모양을 만들어 최대한 햇빛을 많이 받도록 잎을 골고루 배치한다.

여러 가지 잎차례

어긋나기

1개의 마디에 1장의 잎이 붙어서 잎이 서로 어긋나게 달리는 잎차례는 '어긋나기'라고 한다. 나무는 잎이 어긋나기로 달리는 것이 많으며 특히 자작나무과나 느릅나무과는 모두가 어긋나기이다.

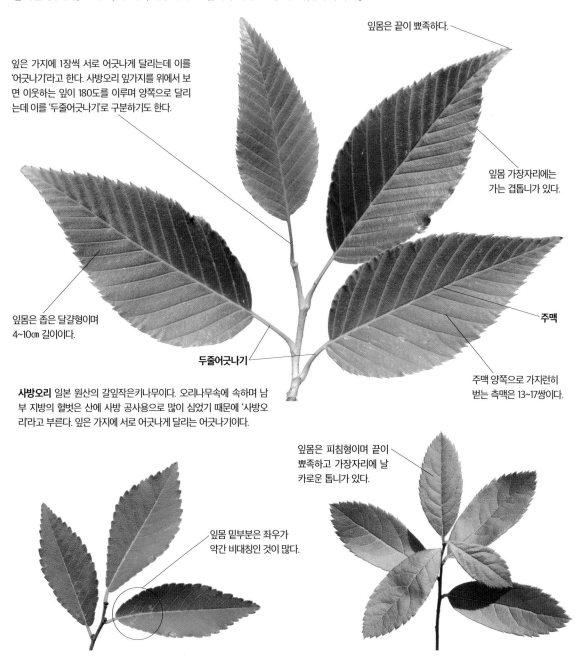

잎은 가지에 1장씩 서로 어긋나게 달리는데 이를 '어긋나기'라고 한다. 사방오리 잎가지를 위에서 보면 이웃하는 잎이 180도를 이루며 양쪽으로 달리는데 이를 '두줄어긋나기'로 구분하기도 한다.

잎몸은 끝이 뾰족하다.

잎몸 가장자리에는 가는 겹톱니가 있다.

잎몸은 좁은 달걀형이며 4~10㎝ 길이이다.

두줄어긋나기

주맥

주맥 양쪽으로 가지런히 벋는 측맥은 13~17쌍이다.

사방오리 일본 원산의 갈잎작은키나무이다. 오리나무속에 속하며 남부 지방의 헐벗은 산에 사방 공사용으로 많이 심었기 때문에 '사방오리'라고 부른다. 잎은 가지에 서로 어긋나게 달리는 어긋나기이다.

잎몸 밑부분은 좌우가 약간 비대칭인 것이 많다.

잎몸은 피침형이며 끝이 뾰족하고 가장자리에 날카로운 톱니가 있다.

참느릅나무 냇가나 산에서 자라는 갈잎큰키나무로 잎은 가지에 서로 어긋나게 달린다. 잎몸은 긴타원형이고 끝은 뾰족하며 가장자리에 뚜렷한 톱니가 있다. 잎 밑부분은 좌우가 비대칭이다.

꼬리조팝나무 산골짜기에서 자라는 갈잎떨기나무이다. 잎은 햇빛을 골고루 받을 수 있도록 가지에 조금씩 각도를 달리하며 나선 모양으로 서로 어긋나게 달리는데 이를 '나선모양어긋나기'로 구분하기도 한다.

*어긋나기[호생(互生), alternate] / 두줄어긋나기[이열호생(二列互生), distichous alternate] / 나선모양어긋나기 [나선상호생(螺旋狀互生), spiral alternate]

마주나기

1개의 마디에 2장의 잎이 사이좋게 마주 붙는 잎차례는 '마주나기'라고 한다. 마주나기는 어긋나기보다 흔하지 않으며 단풍나무과, 노박덩굴과, 물푸레나무과, 인동과 등에서 볼 수 있다.

잎몸 끝은 뾰족하거나 약간 둔하다.

잎은 가지에 2장씩 마주 보고 달리는데 이를 '마주나기'라고 한다.

잎몸은 긴타원형~달걀형이며 가장자리는 밋밋하다.

잎몸은 두꺼운 가죽질이고 앞면은 광택이 있다.

잎자루는 5mm 정도 길이이다.

주맥 양쪽으로 가지런히 벋는 측맥은 앞면에서는 희미하게 보이지만 뒷면에서는 뚜렷하게 보인다.

마삭줄 남부 지방의 산과 들에서 자라는 늘푸른덩굴나무이다. 잎은 가지에 2장씩 마주 보고 달리는 마주나기이다.

마주나는 2장의 잎은 180도로 벌어진다.

다음 마디에 마주나는 2장의 잎도 180도로 벌어지며 잎의 위치가 직각으로 어긋난다.

마삭줄 잎가지를 위에서 보면 2장씩 마주 달리는 잎의 위치가 90도씩 직각으로 어긋나서 햇빛을 잘 받도록 하는데 이를 '십자마주나기'라고 한다.

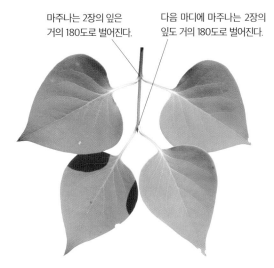

마주나는 2장의 잎은 거의 180도로 벌어진다.

다음 마디에 마주나는 2장의 잎도 거의 180도로 벌어진다.

라일락 유럽 원산의 갈잎떨기나무로 관상수로 심는다. 2장의 잎은 180도를 이루며 벌어져 마주 달리며, 다음 마디에 마주나는 잎도 같은 위치에서 같은 방향을 보고 달리는 것을 '두줄마주나기'라고 한다.

＊마주나기[대생(對生), opposite] / 두줄마주나기[이열대생(二列對生), distichous opposite] / 십자마주나기[십자대생(十字對生), decussate opposite]

돌려나기

1개의 마디에 3장 이상의 잎이 달리는 것은 '돌려나기'라고 한다. 넓은 의미로는 마주나기도 돌려나기에 포함시킬 수 있다. 잎차례는 기본적으로 어긋나기, 마주나기, 돌려나기의 3가지로 구분한다.

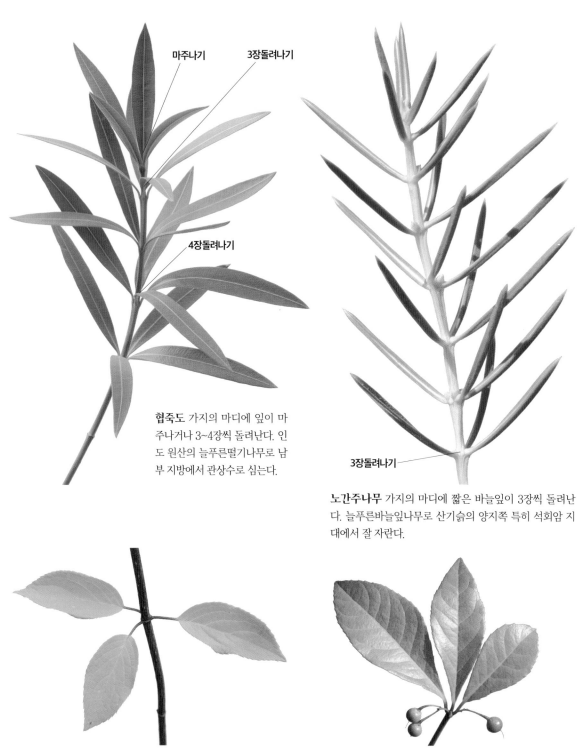

협죽도 가지의 마디에 잎이 마주나거나 3~4장씩 돌려난다. 인도 원산의 늘푸른떨기나무로 남부 지방에서 관상수로 심는다.

노간주나무 가지의 마디에 짧은 바늘잎이 3장씩 돌려난다. 늘푸른바늘잎나무로 산기슭의 양지쪽 특히 석회암 지대에서 잘 자란다.

나무수국 가지의 마디에 잎이 마주나거나 3장씩 돌려난다. 일본 원산의 갈잎떨기나무로 관상수로 심는다.

자금우 잎은 어긋나지만 가지 위쪽의 1~2층은 3~4장씩 돌려난다. 남부 지방의 숲속에서 자라는 늘푸른떨기나무이다.

*돌려나기[윤생(輪生), verticillate, whorled] / 모여나기[총생(叢生), fascicled]

모여나기

잎이 달리는 마디사이가 아주 짧아 마치 한자리에 여러 장의 잎이 달리는 것처럼 보이는 잎의 배열을 '모여나기'로
구분하기도 한다.

꽃봉오리

새로 돋는 잎 가지 끝에서
는 묵은잎도 새잎도 모두
모여난다.

처진 묵은잎

줄기 끝에 큼직한 잎이 촘촘히
어긋나는 것이 모여난 것처럼 보인다.

굴거리나무 잎가지 잎은 어긋나며 가지 끝에서는 나선형으로
촘촘히 모여난 것처럼 보인다. 남부 지방의 산에서 자라는 늘
푸른나무이지만 어린잎에게 자리를 양보하듯 묵은잎이 처지
며 떨어져 나가서 새잎과 교체된다.

다라수(*Borassus flabellifer*) 외떡잎식물인 야자나무는 줄기
꼭대기에 여러 장의 커다란 잎이 촘촘히 어긋난 것이 모여난
것처럼 보인다. 다라수는 인도 원산으로 단단하게 마른 잎을
종이처럼 불경을 적는 데 사용하였다.

묶어나기

바늘잎나무는 잎집에 여러 개의 잎이 묶여 있어서 '묶어나기'로 구분하기도 하는데 묶어나기도 넓은 의미로
모여나기에 포함된다.

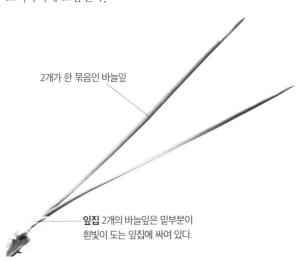

2개가 한 묶음인 바늘잎

잎집 2개의 바늘잎은 밑부분이
흰빛이 도는 잎집에 싸여 있다.

곰솔 잎 기다란 바늘잎은 2개가 한 묶음으로 잎집에 묶여 있어
서 묶어나기라고도 한다. 곰솔은 바닷가에서 자라는 소나무 종
류로 '해송(海松)'이라고도 한다.

일본잎갈나무 짧은가지의 잎 짧은가지 끝에 부드러운 바늘잎
이 다발로 묶여 있는 것처럼 모여 달려서 묶어나기라고도 한
다. 일본잎갈나무는 일본 원산의 갈잎바늘잎나무로 산에 조림
수로 심는다.

*묶어나기[속생(束生), fasciculate]

올해 자란 긴가지에는
잎이 어긋난다.

올해 자란 긴가지에는
잎이 어긋난다.

지난해에 자란 가지에 모
여 달리는 잎은 잎 사이의
간격이 좁아 잎이 돌려난
것처럼 보이는데 이를 '거
짓돌려나기'라고 한다.

짧은가지 끝에는
잎이 2장씩 모여난다.

단풍철쭉 잎가지 관상수로 심는 갈잎떨기
나무로 2년지 끝에는 잎이 돌려난 것처럼 달
리고 새로 자란 긴가지에는 잎이 어긋난다.

가지 끝부분에는 잎이
돌려난 것처럼 보인다.

짧은가지 끝에는
잎이 2장씩 모여난다.

가지 밑부분에는
잎이 어긋난다.

자작나무 잎가지 주로 북부 지방에서 자라는 갈잎큰키나
무로 남부 지방에서는 관상수로 기르거나 산에 조림을 한
다. 순백의 나무껍질이 기품이 있어 보인다. 길게 자란 긴가
지는 잎이 차례대로 어긋나지만 가지 밑부분에 어긋나는
짧은가지에는 잎이 2장씩 모여 달린다.

다정큼나무 잎가지 남쪽 섬에서 자라는 늘
푸른떨기나무로 가지가 많이 갈라진다. 가
죽질 잎은 가지 끝에서는 돌려난 것처럼 보
이는 거짓돌려나기이고 가지 밑부분에서는
어긋난다.

158

*거짓돌려나기[위윤생(僞輪生), false verticillate]

그 밖의 잎이 달리는 방법

나무는 햇빛을 골고루 받기 위해 가지를 사방으로 벋고 잎을 효율적으로 배열하는데 방법은 나무마다 조금씩 다르다. 대부분의 나무는 일정한 잎차례를 가지고 있지만 어떤 나무들은 가지의 종류에 따라 달리는 잎차례가 다른 것도 있고 상산처럼 독특한 형태의 잎차례를 가지고 있는 나무도 있다.

가지 끝에서 나오는 새잎은 적갈색이 돌기도 한다.

어린잎은 점차 적갈색이 옅어지고 녹색으로 변한다.

2장의 잎 중에 위쪽 잎이 더 크다.

잎은 2장씩 교대로 어긋난다. 잎이 2장씩 마주나는 가지도 있다.

2장의 잎 중에 아래쪽 잎이 작은데 잎이 벌어지는 각도에 따라 햇빛을 효율적으로 받기 위한 것으로 추정된다.

붉은색이 돌던 어린 가지도 점차 녹색으로 변한다.

잎은 2장씩 교대로 어긋난다.

상산 잎가지 상산은 잎이 2장씩 교대로 어긋나는 독특한 잎차례를 하고 있는데 이를 '상산모양잎차례'라고 한다. 이런 잎차례는 각각 마주 보던 두 잎의 위아래가 어긋나면서 만들어진 것으로 본다. 상산은 갈잎떨기나무로 남부 지방과 경기도 이남의 바닷가에서 자란다.

배롱나무 어린 잎가지 배롱나무는 잎이 2장씩 마주나지만 상산처럼 2장씩 교대로 어긋나기도 한다. 배롱나무는 중국 원산의 갈잎작은키나무로 중부 이남 지방에서 관상수로 심는다.

＊상산모양잎차례[상산형엽서(常山型葉序), orixate phyllotaxis]

159

홑잎

가지에 붙는 잎은 크기와 모양이 다양하다. 잎 중에서 잎자루에 붙는 잎몸이 1개인 것을 '홑잎'이라고 한다. 홑잎 중에서 잎몸의 가장자리가 갈라지는 잎은 '갈래잎'이라고 한다. 넓은잎나무의 잎 중에서 갈래잎이 아닌 모든 홑잎은 '안갈래잎' 또는 '둥근잎'이라고 한다.

바늘형(개잎갈나무) 잎몸이 바늘같이 매우 길고 좁은 잎.

비늘형(나한백) 작고 평평한 잎이 비늘처럼 포개지는 잎.

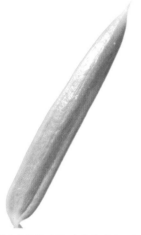

선형(비자나무) 보통 길이가 너비보다 4배 이상 길고 양쪽 가장자리가 평행한 잎.

피침형(댕강나무) 화살촉처럼 생긴 잎으로 길이가 너비의 3~4배 이하이다.

거꿀피침형(자두나무) 피침형과 반대로 잎끝이 넓고 밑부분이 좁은 잎.

타원형(먼나무) 잎몸의 가운데 부분이 가장 넓고 양쪽으로 같은 비율로 좁아지는 잎.

긴타원형(굴거리) 길이와 폭의 비가 3:1에서 2:1 사이인 기다란 타원 모양의 잎.

달걀형(인가목조팝나무) 잎몸이 달걀 모양으로 아래쪽이 가름하게 넓은 모양의 잎.

160 ＊바늘형[침형(針形), aciculate] / 비늘형[인형(鱗形), scalelike] / 선형(線形), linear / 피침형(披針形), lanceolate / 거꿀피침형[도피침형(倒披針形), oblanceolate] / 타원형(楕圓形), elliptical / 긴타원형[장타원형(長楕圓形), oblong] / 달걀형[난형(卵形), ovate]

거꾸로달걀형(일본매자나무) 달걀형과 반대로 위쪽이 갸름하게 넓은 모양의 잎.

삼각형(양버들) 잎몸이 삼각형 모양인 잎.

마름모형(오구나무) 넓은 달걀형으로 가운데 부분이 약간 모가 진 잎.

원형(청미래덩굴) 잎몸이 동그란 원 모양인 잎.

하트형(이나무) 잎 모양이 하트처럼 생긴 잎으로 '심장형'이라고도 한다.

콩팥형(계수나무) 콩팥 모양으로 생긴 잎으로 보통 세로가 가로보다 길다.

갈래잎(단풍나무) 잎몸은 손바닥 모양으로 절반 정도 갈라진 갈래잎이다.

갈래잎(당종려) 잎몸은 부채꼴로 잘게 갈라진 갈래잎이다.

갈래잎(핀참나무) 잎몸은 깃 모양으로 절반 정도 갈라진 갈래잎이다.

*거꾸로달걀형[도란형(倒卵形), obovate] / 삼각형(三角形), deltoid / 마름모형[능형(菱形), rhomboid] / 원형(圓形), orbicular / 하트형[심장형(心臟形), cordate] / 콩팥형[신장형(腎臟形), reniform] / 갈래잎[결각엽(缺刻葉), 분열엽(分裂葉), lobed leaf] / 안갈래잎[둥근잎, 불분열엽(不分裂葉), unlobed leaf]

겹잎

하나의 큰잎자루에 2개 이상의 작은잎이 달리는 잎을 '겹잎'이라고 한다. 겹잎은 작은잎이 달리는 방법이나 잎자루가 갈라지는 모양에 따라서 홑겹잎, 두겹잎, 세겹잎, 손꼴겹잎, 깃꼴겹잎 등으로 나눈다.

홑겹잎

홑겹잎은 홑잎처럼 보이지만 잎자루에 마디가 있어 잎몸이 둘로 되어 있는 겹잎이다.

잎자루에 마디가 있으며 마디를 중심으로 잎몸이 둘로 되어 있다.

아래쪽의 작은 잎몸을 잎자루에 날개가 있는 것으로 보기도 한다.

유자나무 잎자루 마디를 따라 잎몸이 둘로 되어 있는 '홑겹잎'이다. 유자나무는 중국 원산의 늘푸른떨기나무로 남쪽 섬에서 재배한다.

두겹잎

두겹잎은 하나의 큰잎자루 끝에 2장의 작은잎이 1쌍으로 달리는 겹잎을 말한다. 두겹잎은 2장의 작은잎으로 이루어진 짝수깃꼴겹잎으로 볼 수도 있다.

발가락나무(*Hymenaea courbaril*) 하나의 큰잎자루에 2장의 작은잎이 1쌍으로 달리는 겹잎을 '두겹잎'이라고 한다. 발가락나무는 열대 아메리카 원산의 늘푸른큰키나무이다.

마닐라타마린드(*Pithecellobium dulce*) 하나의 큰잎자루에 두겹잎이 쌍으로 달리는 '2회두겹잎'이다. 마닐라타마린드는 중앙아메리카 원산의 늘푸른큰키나무이다.

*홑겹잎[한몸겹잎, 홑잎새겹잎, 단신복엽(單身複葉), unifoliate compound leaf] / 두겹잎[이출복엽(二出複葉), bifoliate compound leaf] / 세겹잎[삼출엽(三出葉), 삼출복엽(三出複葉), ternate compound leaf]

세겹잎

세겹잎은 하나의 큰잎자루 끝에 3장의 작은잎이 모여 달리는 겹잎이다. 세겹잎은 다시 작은잎자루를 가지고 있느냐에 따라 '손꼴세겹잎'과 '깃꼴세겹잎'으로 구분하기도 한다.

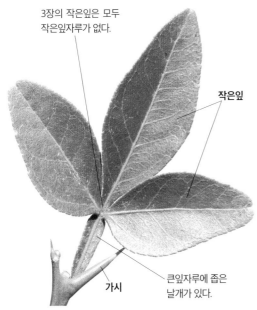

3장의 작은잎은 모두 작은잎자루가 없다.

작은잎

가시

큰잎자루에 좁은 날개가 있다.

탱자나무 잎은 작은잎이 3장인 세겹잎이다. 큰잎자루 끝에 작은 잎자루가 없는 3장의 작은잎이 직접 붙는데, 이런 세겹잎을 '손 꼴세겹잎'으로 구분하기도 한다. 탱자나무는 중국 원산의 갈잎 떨기나무로 생울타리로 심는다.

작은잎

작은잎자루

큰잎자루 겹잎에서 작은잎이 모여 달린 잎자루를 '큰잎자루' 또는 '겹잎자루'라고 한다.

싸리 잎은 작은잎이 3장인 세겹잎이다. 큰잎자루 끝에서 이어 자란 기다란 작은잎자루 끝에 작은잎이 달리고 그 밑 양쪽으로 1쌍의 작은잎이 붙는데, 이런 세겹잎을 '깃꼴세겹잎'으로 구분 하기도 한다. 싸리는 산과 들에서 자라는 갈잎떨기나무이다.

끝의 작은잎은 비행 기 날개 모양처럼 독 특하게 생겼고 작은 잎자루가 있다.

잎은 줄무늬가 있는 자줏빛이며 잎의 색 깔이 초록색에 잎맥 이 붉은색 무늬인 품 종도 흔하다.

세겹잎

큰잎자루

편복초(Christia vespertilionis) 잎은 작은잎이 3장인 세겹잎이다. 큰잎 자루 끝에서 이어 자란 기다란 작은잎자루 끝에 비행기 날개 모양의 큼직 한 작은잎이 달리고, 그 밑 양쪽으로 1쌍의 작은잎이 붙는다. 편복초는 중 국 남부와 동남아시아에서 자라는 여러해살이풀로 관엽식물로 기른다.

모란 어린잎 큰잎자루가 셋으로 갈라져서 각각의 잎자루 에 세겹잎이 달리는 겹잎을 '2회세겹잎'이라고 한다. 모란 은 중국 원산의 갈잎떨기나무로 관상수로 널리 심는다.

＊손꼴세겹잎[장상삼출엽(掌狀三出葉), palmately trifoliate leaf] / 깃꼴세겹잎[우상삼출엽(羽狀三出葉), pinnately trifoliate leaf] / 큰잎자루[겹잎자루, 엽축(葉軸), 총엽병(總葉柄), rachis]

손꼴겹잎

손꼴겹잎은 하나의 잎자루에 여러 개의 작은잎이 손바닥 모양으로 붙는 겹잎이다. 세겹잎에서 작은잎의 수가 늘어난 모양이다.

5장의 작은잎은 상반부 가장자리에 굵은 톱니가 있다.

5장의 작은잎을 가진 손꼴겹잎을 '5출손꼴겹잎'으로 구분하기도 한다.

5장의 작은잎은 끝의 작은 잎이 가장 크고 밑으로 갈 수록 조금씩 작아진다.

큰잎자루는 길고 붉은빛이 돌기도 한다.

5장의 작은잎은 작은잎자루가 짧다.

미국담쟁이덩굴 큰잎자루 끝에 5장의 작은잎이 손바닥처럼 모여 붙는 손꼴겹잎이다. 미국담쟁이덩굴은 북미 원산의 갈잎덩굴나무로 담장을 가리는 용도로 심는다.

작은잎은 가장자리가 밋밋하며 끝이 오목하게 들어간다.

5장의 작은잎은 끝의 작은잎이 가장 크고 밑으로 갈수록 작아진다.

큰잎자루

작은잎자루가 짧다.

큰잎자루

작은잎자루가 뚜렷하다.

오갈피나무 큰잎자루 끝에 5장의 작은잎이 손바닥처럼 모여 붙는 손꼴겹잎이다. 오갈피나무는 산에서 자라는 갈잎떨기나무로 잎이 5장으로 갈라지고 뿌리껍질을 한약재로 써서 '오갈피나무'란 이름을 얻었다.

으름덩굴 큰잎자루 끝에 5~7장의 작은잎이 손바닥처럼 모여 붙는 손꼴겹잎이다. 으름덩굴은 산에서 자라는 덩굴나무로 소시지 모양의 열매인 으름을 따 먹는데 바나나 맛이 난다.

*손꼴겹잎[장상복엽(掌狀複葉), palmately compound leaf] / 5출손꼴겹잎[5출장상복엽(五出掌狀複葉), 오출엽(五出葉), pentafoliate leaf]

손꼴겹잎은 작은잎이 보통 7장이라서
'칠엽수(七葉樹)'라고 한다.

5~9장의 작은잎은 끝의 작은잎이 가장 크고
밑으로 갈수록 조금씩 작아진다.

작은잎은
작은잎자루가 없다.

큰잎자루

가지

작은잎은 기다란 거꿀달걀
형이며 끝이 뾰족하고 가장
자리에 얕은 톱니가 있다.

칠엽수 큰잎자루 끝에 5~9장의 작은잎이 손바닥처럼 모여 붙는 손꼴겹잎이다. 6장 이상의 잎이 손바닥처럼 붙는 겹잎을 '다출손꼴겹잎'이라고도 한다. 작은잎은 잎자루가 없으며 끝의 작은잎이 가장 크고 밑에 붙는 작은잎이 가장 작다. 칠엽수는 일본 원산의 갈잎큰키나무로 관상수로 심는다.

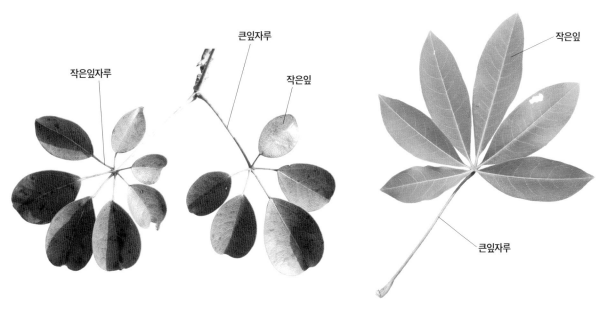

작은잎자루

큰잎자루

작은잎

작은잎

큰잎자루

멀꿀 큰잎자루 끝에 5~7장의 작은잎이 손바닥처럼 모여 붙는 손꼴겹잎이다. 멀꿀은 남쪽 섬에서 자라는 덩굴나무로 붉은색으로 익는 소시지 모양의 열매를 따 먹는데 으름처럼 바나나 맛이 난다.

케이폭나무(*Ceiba pentandra*) 큰잎자루 끝에 5~8장의 작은잎이 손바닥처럼 모여 붙는 손꼴겹잎이다. 케이폭나무는 열대 아메리카 원산의 늘푸른큰키나무로 판뿌리가 발달한다.

＊다출손꼴겹잎[다출장상복엽(多出掌狀複葉), multifoliate leaf, multiple palmate leaf]

165

깃꼴겹잎

하나의 큰잎자루 양쪽으로 여러 개의 작은잎이 새의 깃털 모양으로 붙는 겹잎을 '깃꼴겹잎'이라고 한다. 세겹잎에서 끝의 작은잎이 계속 겹잎으로 늘어난 모양이다.

새의 깃털

끝의 작은잎은 작은잎자루가 있다.

2장씩 마주 달리는 작은잎은 작은잎자루가 없다.

큰잎자루

턱잎

작은잎은 잎몸이 불규칙하게 갈라지며 작은잎자루가 있거나 없다.

큰잎자루

모감주나무 홀수깃꼴겹잎으로 7~15장이 마주 달리는 작은잎은 잎몸이 불규칙하게 갈라지는 갈래잎이다. 모감주나무는 바닷가에서 자라는 갈잎작은키나무이다.

해당화 작은잎은 2장씩 마주 달리고 끝에 1장의 작은잎이 달리기 때문에 작은잎을 합한 수가 홀수라서 '홀수깃꼴겹잎'이라고 한다. 해당화는 바닷가에서 자라는 갈잎떨기나무이다.

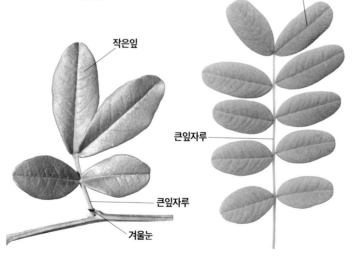

작은잎

큰잎자루

겨울눈

작은잎은 작은잎자루가 없다.

큰잎자루

겨울눈

홑잎

잔가지

골담초 끝의 작은잎이 없어 작은잎의 개수가 짝수인 겹잎으로 '짝수깃꼴겹잎'이라고 하며 작은잎이 2쌍 밖에 되지 않는다. 골담초는 중국 원산의 갈잎떨기나무이다.

참골담초 작은잎의 개수가 짝수인 짝수깃꼴겹잎으로 작은잎이 4~6쌍이라서 골담초와 구분이 된다. 참골담초는 강원도 이북에서 자라는 갈잎떨기나무이다.

회양목 잎가지 회양목처럼 녹색의 잔가지를 가진 나무에 홑잎이 좌우로 달리면 깃꼴겹잎과 모양이 비슷해서 구분이 어렵다. 하지만 회양목은 잎겨드랑이마다 겨울눈이 만들어져 홑잎임을 알 수 있고, 왼쪽의 골담초는 큰잎자루의 겨드랑이에만 겨울눈이 만들어져 겹잎임을 알 수 있다.

166

＊깃꼴겹잎[우상복엽(羽狀複葉), pinnately compound leaf] / 홀수깃꼴겹잎[기수우상복엽(奇數羽狀複葉), odd-pinnately compound leaf, imparipinnately compound leaf]

2회짝수깃꼴겹잎

큰잎자루에 좁은
날개가 있다.

붉나무 홀수깃꼴겹잎으로 큰잎자루에 좁은 날개가 있다.
붉나무는 산에서 자라는 갈잎작은키나무이다.

왕자귀나무 깃꼴겹잎이 다
시 깃꼴로 모여 붙는 겹잎으
로 '2회깃꼴겹잎'이라고 한
다. 특히 짝수깃꼴겹잎이 2회
반복되어서 '2회짝수깃꼴겹
잎'이라고도 한다. 왕자귀나
무는 목포 부근에서 자라는
갈잎큰키나무이다.

특이한 겹잎

짝수깃꼴겹잎

붉은분첩나무(*Calliandra haematocephala*) 1쌍의 깃꼴겹잎
이 모여 붙는 겹잎으로 2회깃꼴겹잎에 해당한다. 붉은분첩나
무는 볼리비아 원산의 늘푸른떨기나무이다.

1쌍의 작은잎   1쌍의 작은잎

하와이자귀나무(*Calliandra tergemina* v. *emarginata*) 잎자루
가 둘로 갈라지는 부분에 1쌍의 작은잎이 달리고 갈라진 작은
잎자루마다 또다시 1쌍의 작은잎이 달리는 겹잎이다. 좌우로
각각 작은잎이 3장씩인 것처럼 보인다. 하와이자귀나무는 중남
미 원산의 늘푸른떨기나무이다.

＊짝수깃꼴겹잎[우수우상복엽(偶數羽狀複葉), even-pinnately compound leaf, paripinnately compound leaf] /
2회깃꼴겹잎[2회우상복엽(二回羽狀複葉), bipinnately compound leaf]

167

잎끝과 잎밑

잎끝

잎끝은 잎자루에서 가장 먼 잎몸의 윗부분으로 대개는 뾰족하거나 둥글지만 나무에 따라서 모양이 조금씩 다르다.

오목끝(양다래) 잎몸의 윗부분이 안쪽으로 오목하게 파인 잎.

뭉뚝끝(주걱잎고무나무: *Ficus natalensis* ssp. *leprieurii*) 잎몸의 윗부분이 칼로 자른 것처럼 수평을 이루는 잎.

둥근끝(돈나무) 잎몸의 윗부분이 둥근 모양인 잎.

둔한끝(차나무) 잎몸의 윗부분이 날카롭지 않고 무딘 모양의 잎.

뾰족끝(미선나무) 잎몸의 윗부분이 뾰족한 잎.

침끝(땅비싸리) 잎몸의 끝부분이 가시나 털이 달린 것처럼 급격히 뾰족해지는 잎.

긴뾰족끝(수국) 잎몸의 윗부분이 점차적으로 길게 뾰족한 잎.

꼬리모양잎끝(폭나무) 잎몸의 윗부분이 꼬리처럼 길어지는 잎

*잎끝[엽선(葉先), 엽두(葉頭), leaf apex] / 오목끝[요두(凹頭), emarginate] / 뭉뚝끝[절두(截頭), truncate] / 둥근끝[원두(圓頭), rounded] / 둔한끝[둔두(鈍頭), obtuse] / 뾰족끝[예두(銳頭), acute] / 침끝[미철두(微凸頭), mucronate] / 긴뾰족끝[점첨두(漸尖頭), acuminate] / 꼬리모양잎끝[미상두(尾狀頭), caudate]

잎밑

잎밑은 잎몸 중에서 잎자루나 줄기에 직접 붙는 부분으로 나무에 따라서 모양이 조금씩 다르다.

심장밑(댕댕이덩굴) 잎 밑부분이 심장처럼 V자 모양으로 들어간 잎.

뭉뚝밑(새머루) 잎 밑부분이 칼로 자른 것처럼 평평한 모양의 잎.

둥근밑(안개나무) 잎 밑부분이 둥그스름한 모양의 잎.

뾰족밑(감탕나무) 잎 밑부분이 잎자루로 갈수록 점차 좁아지면서 뾰족해지는 잎.

흐름밑(구기자나무) 잎자루를 따라 잎몸이 이어져서 날개처럼 된 모양의 잎.

어긋밑(느릅나무) 잎 밑부분의 양쪽이 좌우 대칭이 아닌 일그러진 모양의 잎.

방패밑(새모래덩굴) 잎자루가 잎몸 안쪽에 붙어서 방패처럼 보이는 잎.

*심장밑[심장저(心臟底), cordate] / 뭉뚝밑[절저(截底), 평저(平底), truncate] / 둥근밑[원저(圓底), rounded] / 뾰족밑[예저(銳底), acute] / 흐름밑[유저(流底), decurrent, attenuate] / 어긋밑[왜저(歪底), oblique] / 방패밑[순저(盾底), peltate]

잎 가장자리

잎 가장자리는 잎몸의 발달이나 잎맥의 분포에 따라 여러 가지 모양으로 나타나며 나무의 종류를 구분하는 중요한 특징 중 하나이다. 잎 가장자리에 톱니가 있는 잎은 톱니의 크기와 깊이, 날카로운 정도가 제각기 다르며 가장자리가 매끈한 잎도 있는 등 여러 가지이다.

톱니(시무나무) 잎 가장자리가 톱날처럼 들쑥날쑥한 모양.

밋밋한(회양목) 잎 가장자리가 갈라지지 않고 톱니나 가시가 없이 매끄러운 모양.

뒤로 말린(만병초) 잎 가장자리가 뒤로 말리는 모양.

둔한 톱니(계수나무) 잎 가장자리의 톱니가 둔하고 뭉툭하여 예리하지 않은 모양.

잔톱니(앵두나무) 잎 가장자리의 톱니가 자잘한 모양.

*밋밋한[전연(全緣), entire] / 뒤로 말린[반전(反轉), revolute] / 둔한 톱니[둔거치(鈍鋸齒), crenate] / 잔톱니[세거치(細鋸齒), serrate]

큰물결모양(떡갈나무) 잎 가장자리의 톱니 끝이 날카롭지 않으며 전체가 크고 깊은 물결처럼 보이는 모양.

침톱니(밤나무) 잎 가장자리의 톱니 끝이 바늘처럼 뾰족한 모양.

물결모양(백량금) 잎 가장자리의 톱니 끝이 날카롭지 않고 전체가 물결처럼 보이는 모양.

손꼴갈래잎(단풍나무) 잎 가장자리가 손바닥 모양으로 갈라지는 잎

불규칙한 톱니(은사시나무) 잎 가장자리의 톱니가 불규칙하게 들쭉날쭉한 모양.

겹톱니(인가목조팝나무) 잎 가장자리의 톱니가 다시 갈라져서 이중으로 된 톱니 모양.

깃꼴갈래잎(핀참나무) 잎 가장자리가 깃꼴로 갈라지는 잎.

＊침톱니[침거치(針鋸齒), aculeate] / 물결모양[파상(波狀), repand, undulate] / 큰물결모양[심파상(深波狀), sinuate] / 불규칙한 톱니[불규칙거치(不規則鋸齒), erose] / 손꼴갈래잎[장상열(掌狀裂), palmatifid] / 깃꼴갈래잎[우상열(羽狀裂), pinnatifid]

171

잎맥

잎맥은 물과 양분의 통로가 되는 관다발로 잎몸에 힘줄처럼 보이며 다양한 모양으로 그물처럼 퍼져 있다. 잎맥은 잎몸의 뼈대 역할을 해서 비와 바람으로부터 잎의 모양을 온전하게 유지해 주는 역할도 한다. 보통 잎맥의 배열에 따라 식물을 분류하기도 하는데 외떡잎식물은 나란히맥을 가지며 쌍떡잎식물은 그물맥을 가진다. 겉씨식물인 은행나무는 잎맥이 계속 둘로 갈라지는 두갈래맥을 가진다.

그물맥

잎맥이 가지를 쳐서 그물코처럼 촘촘히 갈라지는 것을 '그물맥'이라고 한다. 대부분의 쌍떡잎식물은 그물맥을 가지고 있다.

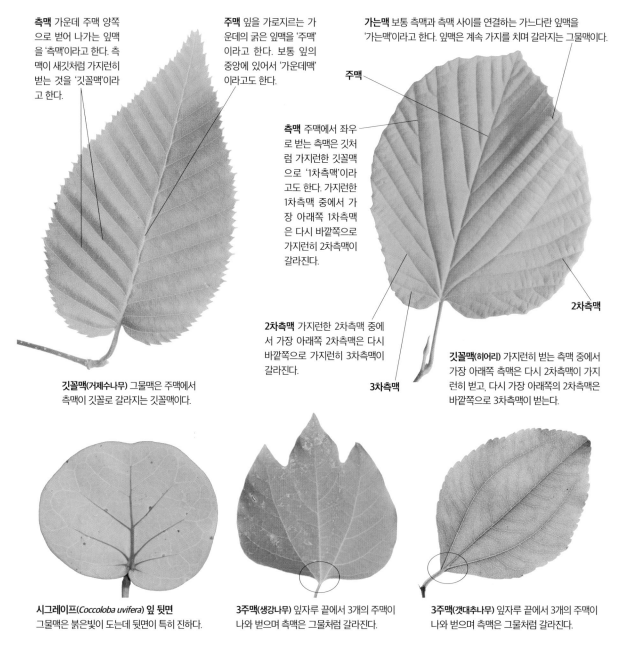

측맥 가운데 주맥 양쪽으로 벋어 나가는 잎맥을 '측맥'이라고 한다. 측맥이 새깃처럼 가지런히 벋는 것을 '깃꼴맥'이라고 한다.

주맥 잎을 가로지르는 가운데의 굵은 잎맥을 '주맥'이라고 한다. 보통 잎의 중앙에 있어서 '가운데맥'이라고도 한다.

가는맥 보통 측맥과 측맥 사이를 연결하는 가느다란 잎맥을 '가는맥'이라고 한다. 잎맥은 계속 가지를 치며 갈라지는 그물이다.

주맥

측맥 주맥에서 좌우로 벋는 측맥은 깃처럼 가지런한 깃꼴맥으로 '1차측맥'이라고도 한다. 가지런한 1차측맥 중에서 가장 아래쪽 1차측맥은 다시 바깥쪽으로 가지런히 2차측맥이 갈라진다.

2차측맥 가지런한 2차측맥 중에서 가장 아래쪽 2차측맥은 다시 바깥쪽으로 가지런히 3차측맥이 갈라진다.

2차측맥

3차측맥

깃꼴맥(히어리) 가지런히 벋는 측맥 중에서 가장 아래쪽 측맥은 다시 2차측맥이 가지런히 벋고, 다시 가장 아래쪽의 2차측맥은 바깥쪽으로 3차측맥이 벋는다.

깃꼴맥(거제수나무) 그물맥은 주맥에서 측맥이 깃꼴로 갈라지는 깃꼴맥이다.

시그레이프(*Coccoloba uvifera*) 잎 뒷면 그물맥은 붉은빛이 도는데 뒷면이 특히 진하다.

3주맥(생강나무) 잎자루 끝에서 3개의 주맥이 나와 벋으며 측맥은 그물처럼 갈라진다.

3주맥(갯대추나무) 잎자루 끝에서 3개의 주맥이 나와 벋으며 측맥은 그물처럼 갈라진다.

＊그물맥[망상맥(網狀脈), netted venation] / 깃꼴맥[우상맥(羽狀脈), pinnate venation] / 3주맥(三主脈)[삼행맥(三行脈), triplinerved] / 가는맥[세맥(細脈), veinlet]

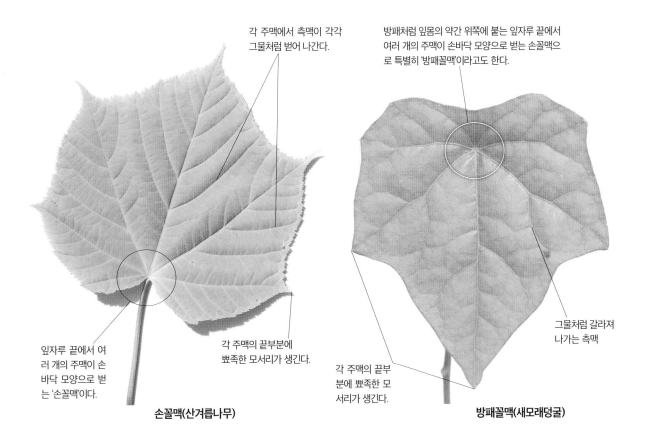

각 주맥에서 측맥이 각각 그물처럼 벋어 나간다.

방패처럼 잎몸의 약간 위쪽에 붙는 잎자루 끝에서 여러 개의 주맥이 손바닥 모양으로 벋는 손꼴맥으로 특별히 '방패꼴맥'이라고도 한다.

잎자루 끝에서 여러 개의 주맥이 손바닥 모양으로 벋는 '손꼴맥'이다.

각 주맥의 끝부분에 뾰족한 모서리가 생긴다.

그물처럼 갈라져 나가는 측맥

각 주맥의 끝부분에 뾰족한 모서리가 생긴다.

손꼴맥(산겨릅나무)

방패꼴맥(새모래덩굴)

나란히맥

잎자루부터 잎의 끝부분까지 줄줄이 나란하게 이어진 잎맥을 '나란히맥'이라고 한다. 대부분의 외떡잎식물은 나란히맥을 가지고 있다.

두갈래맥

한줄로 벋는 잎맥이 Y자 모양으로 계속 둘로 갈라지는 잎맥을 '두갈래맥'이라고한다. 겉씨식물인 은행나무와 고사리식물의 잎에서 볼 수 있다.

모든 측맥이 주맥과 나란히 벋는다.

잎맥은 잎자루 끝에서 부챗살처럼 퍼진다.

주맥이 뚜렷하지 않다.

가운데 주맥은 잎자루 끝부터 잎몸 끝까지 나란히 벋는다. 벼과 식물 중에는 가운데 주맥이 드러나지 않는 것도 있다.

두갈래맥

은행나무 잎 겉씨식물 이지만 잎은 바늘잎이 아니다.

이대 잎 모든 잎맥이 잎자루부터 잎끝까지 나란히 벋는 나란히맥이다. 이대는 중부 이남에서 자라는 대나무 종류이다.

은행나무 잎 뒷면 확대 모양

보리수 잎

인도보리수(*Ficus religiosa*)는 인도를 비롯한 열대 지방에서 자라는 늘푸른큰키나무로 하트 모양의 잎은 끝이 길게 뾰족해진다. 비가 많이 오는 열대 우림에서 자라는 식물은 인도보리수처럼 잎끝이 꼬리 모양으로 길게 뾰족해지는 것이 많은데 뾰족한 잎끝은 물이 빠르게 흘러 나가도록 만든다. 불교를 창시한 석가모니가 이 나무 밑에서 깨달음을 얻었다고 하여 신성하게 여기고 절에 심어 기른다. 하지만 중국의 온대 지방에서는 자랄 수가 없어서 잎의 모양이 비슷한 피나무 종류를 절에 심고 '보리수(菩提樹)'라고 불렀다. 우리나라도 이 나무를 들여와 절에 심었는데 우리나라에는 이미 보리수로 부르는 나무가 널리 자라고 있어서 저명한 학자가 보리수를 '보리자나무'로 이름을 바꾸었다. 절에 따라서는 보리자나무 대신에 산에서 흔히 자라는 찰피나무를 대신 심어 기르기도 한다. 그래서 보리수라는 이름은 잘 알고 나무를 관찰하지 않으면 엉뚱한 나무로 오해할 수 있다.

인도보리수 잎은 잎맥을 따라 골이 져서 물이 잘 흘러내린다.

잎 표면은 매끈해서 물방울이 잘 미끄러진다.

잎 가장자리는 밋밋해서 물이 잘 흘러내린다. 열대 지방에서 자라는 식물은 밋밋한 잎을 가진 것이 많다.

인도보리수 잎 인도보리수는 잎끝이 길게 뾰족해서 잎맥과 밋밋한 잎 가장자리를 따라 흘러 내려온 빗물이 빠르게 빠져나간다.

태국의 절에 있는 불탑에 인도보리수 씨앗이 떨어져 어린나무가 자라고 있다. 인도보리수는 열대 지방의 절에서 흔히 기른다.

햇가지 끝에서 계속 새로 눈이 나와 자라면서 가지와 잎이 만들어진다.

어린잎은 붉은빛이 돌지만 자라면서 점차 녹색으로 변한다.

인도보리수 새로 돋는 잎 인도보리수는 건기에 낙엽이 졌다가 우기가 시작되면 여름눈이 벌어지면서 붉은색 새잎이 달린 가지가 나와 자란다.

보리수나무 씨앗 씨앗의 모양이 보리를 닮아서 '보리수나무'라고 했을 것으로 추측한다.

보리수나무 산과 들에서 흔하게 자라는 갈잎떨기나무로 5월에 잎겨드랑이에 피는 흰색 꽃은 점차 누런색으로 변한다. 잎몸은 긴타원형이다.

꽃턱잎조각

꽃

찰피나무 꽃 산에서 자라는 갈잎큰키나무로 보리자나무 대신에 절에 심기도 한다. 초여름에 잎겨드랑이에 달리는 꽃차례는 중간에 긴 타원형의 꽃턱잎조각이 달린다.

가지런히 벋는 측맥 중에서 아래쪽 측맥은 다시 2차측맥이 가지런히 벋는다.

잎 가장자리에는 치아 모양의 톱니가 있다.

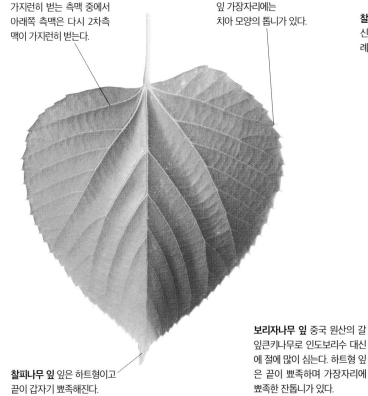

찰피나무 잎 잎은 하트형이고 끝이 갑자기 뾰족해진다.

보리자나무 잎 중국 원산의 갈잎큰키나무로 인도보리수 대신에 절에 많이 심는다. 하트형 잎은 끝이 뾰족하며 가장자리에 뾰족한 잔톱니가 있다.

여러 모양의 잎이 달리는 나무

한 나무에 여러 모양의 잎을 달고 있는 나무도 있다. 하나의 가지에도 잎이 붙는 자리나 햇빛을 받는 정도에 따라 잎의 모양이나 크기가 제각각이어서 구분하는 데 애를 먹기도 한다. 또 어린나무의 잎과 크게 자란 나무의 잎이 서로 다른 모양인 나무도 여럿 있다.

5갈래로 깊게 갈라진 갈래잎

잎몸이 약간 갈라진 잎

잎몸이 갈라지지 않는 안갈래잎

산뽕나무 잎가지 산에서 흔히 만나는 산뽕나무는 개체마다 잎이 갈라지는 정도가 달라서 다른 나무로 오인할 때가 많다. 특히 잎몸이 깊게 갈라지는 나무는 '가새뽕나무'라고도 부른다.

산뽕나무 잎가지 산뽕나무는 한 가지에서도 위치에 따라 잎몸이 갈라지지 않거나 갈라지는 정도가 제각각인 잎이 섞여 달린다. 잎은 뽕나무 잎과 같이 누에의 먹이로 이용한다.

잎몸의 윗부분이 갈라진 갈래잎

잎몸이 갈라지지 않는 안갈래잎

잎몸이 갈라진 갈래잎은 박쥐가 날개를 편 모양이다.

잎몸이 갈라지지 않는 안갈래잎

난티나무 잎가지 중북부의 산에서 자라는 갈잎큰키나무로 가지 위쪽에 달리는 잎은 윗부분이 3~5갈래로 갈라지는 특징이 있어 쉽게 구분할 수 있다. 하지만 가지 아래쪽에 달리는 잎은 잎몸이 갈라지지 않는 안갈래잎도 많다.

박쥐나무 잎가지 산에서 자라는 갈잎떨기나무로 3~5갈래로 갈라진 잎의 모양이 박쥐가 날개를 편 모양이라서 '박쥐나무'라고 한다. 가지 밑부분에는 잎몸이 갈라지지 않는 안갈래잎도 있다.

잎몸이 갈라지지
않는 안갈래잎

세겹잎

잎몸이 3갈래진
갈래잎

담쟁이덩굴 어린 줄기의 잎 다른 물체를 타고 오르는 어린 줄기 밑부분에는 세겹잎이 달리며 점차 자라면서 줄기 윗부분에는 잎몸이 갈라지지 않는 둥그스름한 잎이 달린다.

담쟁이덩굴 줄기의 잎 크게 자란 줄기에 달리는 잎은 긴 잎자루 끝에 잎몸이 3갈래로 얕게 갈라지는 갈래잎이 달려서 어린나무와 다른 나무로 오인하기도 한다.

안갈래잎

황칠나무의 자람과 잎의 변화 남쪽 섬에서 자라는 늘푸른작은키나무로 아주 어릴 때는 잎몸이 5갈래로 갈라진 갈래잎이 달리다가 점차 자라면서 잎몸이 3갈래로 갈라진 잎이 달린다. 그 후에도 계속 자라면서 둘로 갈라진 잎이 달리다가 크게 자라면 잎몸이 갈라지지 않는 안갈래잎이 달린다.

황칠나무 잎가지 크게 자란 황칠나무 가지에는 잎몸이 갈라지지 않는 잎만 달려서 어린나무와 다른 나무로 오인하기도 한다.

밋밋한 잎

잎 가장자리에
날카로운 가시가 많다.

가시가 잎몸
윗부분에만 남은 잎

구골나무 어린나무의 잎 남쪽 섬에서 기르는 갈잎떨기나무로 어릴 때는 잎 가장자리에 날카로운 가시가 많이 있어서 초식 동물이 뜯어 먹기가 쉽지 않다.

구골나무 잎가지 구골나무는 점차 자라면서 잎 가장자리의 가시가 점차 줄어들다가 가시가 없는 밋밋한 잎이 차츰 많아진다.

잎자루

잎자루는 잎몸을 가지나 줄기에 연결해 주는 자루로 잎몸을 지탱해 주며 잎몸이 해가 비치는 쪽으로 향하도록 방향을 조절해서 햇빛을 잘 받을 수 있도록 도와주는 역할을 한다. 또 강한 비바람이 몰아치면 잎자루가 흔들리면서 충격을 줄여 주어서 잎몸이 상하지 않도록 도와준다. 잎자루의 길이와 굵기는 식물마다 다른데 보통 큰잎이나 겹잎을 달고 있는 잎은 잎자루가 길고 굵은 편이며 잎자루가 없이 잎몸이 직접 줄기나 가지에 붙는 잎도 있다. 또 외떡잎식물 중에는 잎자루가 없이 잎집으로 줄기와 연결되는 것이 많이 있다.

사위질빵 긴 잎자루는 다른 물체에 닿으면 덩굴손처럼 감기면서 줄기가 타고 오르도록 해 준다. 사위질빵 잎자루는 덩굴손 역할을 한다.

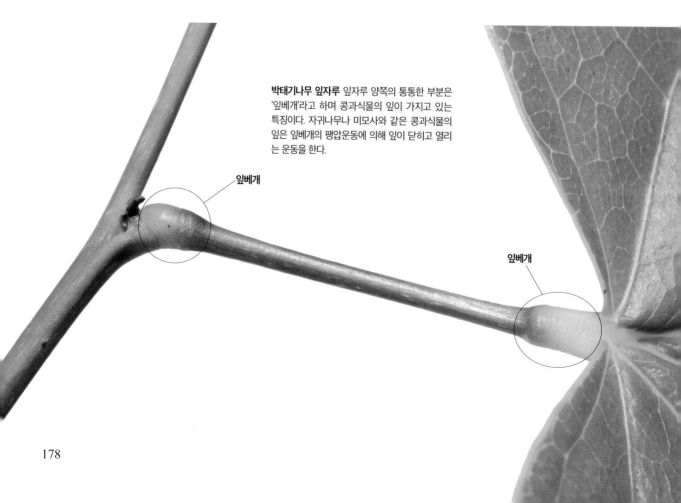

박태기나무 잎자루 잎자루 양쪽의 통통한 부분은 '잎베개'라고 하며 콩과식물의 잎이 가지고 있는 특징이다. 자귀나무나 미모사와 같은 콩과식물의 잎은 잎베개의 팽압운동에 의해 잎이 닫히고 열리는 운동을 한다.

잎베개

잎베개

붉나무 잎자루 큰잎자루에 넓은 날개가 있는 것이 특징이다.

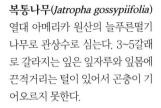

복통나무(*Jatropha gossypiifolia*) 열대 아메리카 원산의 늘푸른떨기나무로 관상수로 심는다. 3~5갈래로 갈라지는 잎은 잎자루와 잎몸에 끈적거리는 털이 있어서 곤충이 기어오르지 못한다.

사시나무 잎자루(위)

사시나무 잎자루(옆)

사시나무 잎가지

사시나무 깊은 산에서 자라는 갈잎큰키나무이다. 둥그스름한 잎을 달고 있는 기다란 잎자루는 세로로 납작해서 약한 바람에도 심하게 흔들리기 때문에 '사시나무 떨듯 한다'라는 속담이 생겼다.

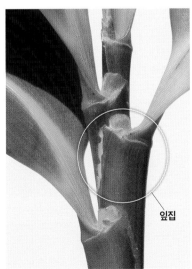

잎집

이대 외떡잎식물로 잎몸은 잎자루가 없이 잎집으로 되어 줄기를 둘러싼다.

부채파초(*Ravenala madagascariensis*) 열대 관상수이다. 잎자루를 자르면 단면 구멍에서 나무즙이 나와 지나가던 나그네가 목을 축이고 부채처럼 퍼진 나무 모양으로 방향을 알 수가 있어 '나그네나무'라고도 한다.

잠을 자는 자귀나무

중부 이남의 산과 들에서 자라는 자귀나무는 큼직한 2회깃꼴 겹잎을 달고 있는데, 저녁이 되면 마주 보는 작은잎이 2장씩 포개졌다가 아침이면 다시 펼쳐지는 모습이 마치 잠을 자는 것처럼 보인다. 잎이 열리고 닫히는 것은 작은잎 밑부분에 있는 잎베개의 팽압운동에 의해서이다.

잎베개 작은잎 밑부분에도 있는 잎베개는 약간 부풀어 있다.

잎베개 밤에는 큰잎자루가 약간 밑으로 처진다.

자귀나무 잎 모양 가지에 서로 어긋나는 잎은 여러 개의 깃꼴겹잎이 다시 깃꼴 형태로 붙는 2회깃꼴겹잎으로 1장의 잎에 작은잎이 많게는 360장까지 달리기도 한다. 큰잎자루 밑부분에 있는 잎베개의 팽압운동에 의해 밤에는 큰잎자루가 밑으로 처진다.

잎베개 잎베개의 팽압운동에 의해 밤에는 마주 보는 작은잎끼리 포개져서 잠을 잔다.

주맥

잎 뒷면 작은잎 뒷면은 분백색이 돈다. 작은잎은 주맥을 중심으로 아래쪽으로만 잎몸이 발달한 것이 식칼과 비슷하다.

자귀나무 잎 앞면 작은잎은 끝까지 2장씩 짝을 이루는 짝수깃꼴겹잎이다. 작은잎이 잎자루에 붙는 부분은 부풀어 있는 잎베개로 팽압운동에 의해 밤에는 마주 보는 2장씩 포개진다.

자귀나무 꽃 모양 초여름에 가지 끝에 커다란 꽃차례가 달리며 작은 꽃자루 끝에 10~20개의 꽃이 모여서 분홍색 술처럼 보인다.

자귀나무 잎의 수면운동(낮) 아침이 되면 포개져 있던 작은잎을 다시 펼치고 광합성을 한다.

미모사(*Mimosa pudica*) 잎의 수면운동 수면운동을 하는 대표적인 식물로 열대 지방에서 자라는 한해살이풀이다. 4장의 깃꼴겹잎은 손바닥 모양으로 배열한다.

깃꼴겹잎은 밤이 되면 마주 보는 2장의 작은잎끼리 포개져서 잠을 잔다.

깃꼴겹잎도 약간 밑으로 처진다.

자귀나무 잎의 수면운동(밤) 저녁이 되면 마주 보는 2장의 작은 잎이 포개져 잠을 자는 것처럼 보인다.

꽃송이는 모양을 그대로 유지하고 있어서 항상 벌과 같은 곤충이 찾아올 수 있다.

순식간에 포개지는 깃꼴겹잎

미모사 잎의 수면운동 잎을 건드리면 잎베개의 팽압운동에 의해 작은잎이 순식간에 포개지면서 잎자루가 처지며 시든 것처럼 보여서 초식 동물로부터 몸을 보호한다. 밤에는 저절로 잎을 포개고 잠을 잔다.

유동은 봄에 새로 돋는 어린잎이 단풍잎처럼 붉은빛이 돈다.

하트 모양의 잎은 잎몸의 윗부분이 3갈래로 갈라지는 갈래잎도 있다.

잎은 가지 끝에 촘촘히 어긋난다.

하트 모양의 잎은 끝이 뾰족하며 잎몸이 갈라지지 않는 안갈래잎도 있다.

꿀샘 잎몸과 잎자루가 만나는 부분에 꿀샘이 있어서 꿀을 분비하기 때문에 개미가 모여든다. 대부분의 꿀샘은 꽃 안에 있어서 '꽃안꿀샘'이라고 하는 데 비해 잎자루에 달리는 이 꿀샘은 꽃 밖에 있어서 '꽃밖꿀샘'이라고 한다.

유동 새로 돋는 잎 중국 원산의 갈잎큰키나무로 남부 지방에서 심어 기른다.

잎자루의 꿀샘

광합성으로 양분을 만드는 잎은 곤충의 대표적인 먹잇감이다. 잎은 여러 가지 방법으로 곤충이 먹지 못하게 하는데, 그 방법 중 하나가 잎자루에 사마귀와 같은 꿀샘을 만들어서 개미에게 꿀을 제공하는 방법이다. 꿀을 먹으러 온 개미는 잎을 먹으러 온 다른 곤충을 쫓아 주거나 곤충이 낳아 놓은 알이나 애벌레 등을 먹이로 가지고 돌아간다. 이처럼 꿀샘을 가진 잎은 개미를 보디가드로 고용하는 셈이다. 잎이 자라서 단단해지면 곤충이 잘 먹지 않으므로 꿀샘에서 분비하는 꿀의 양도 점차 적어진다.

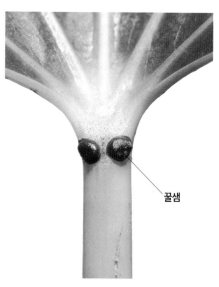

꿀샘

유동 잎자루 꿀샘 잎몸과 잎자루가 만나는 부분에 2~3개의 꿀샘이 있어 개미가 모여들어 꿀을 빨아 먹고 대신에 벌레로부터 잎을 지켜 준다.

*꿀샘[밀선(蜜腺), nectary] / 꽃안꿀샘[화내밀선(花內蜜腺), intrafloral nectary]

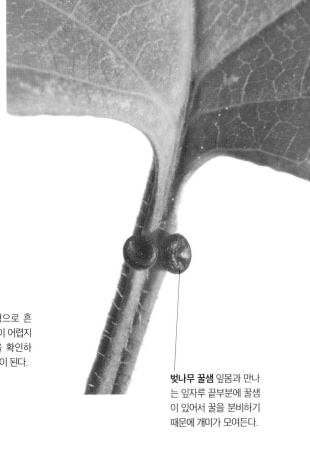

벚나무 잎은 타원형으로 흔한 모양이라서 구분이 어렵지만 잎자루의 꿀샘을 확인하면 구분하는 데 도움이 된다.

벚나무 꿀샘 잎몸과 만나는 잎자루 끝부분에 꿀샘이 있어서 꿀을 분비하기 때문에 개미가 모여든다.

벚나무 잎자루 꿀샘 산에서 자라는 갈잎큰키나무로 잎몸에 가까운 잎자루 부분에 1~3개의 꿀샘이 있다.

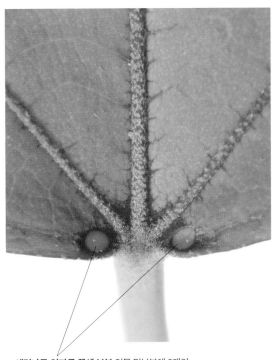

예덕나무 잎자루 꿀샘 충청도 이남에서 자라는 갈잎작은키나무로 봄에 돋는 어린잎은 붉은색으로 아름답다. 잎자루와 만나는 잎몸 밑부분에 2개의 꿀샘이 있다.

예덕나무 잎자루 꿀샘 부분 잎몸 밑부분에 2개의 꿀샘이 있어서 꿀을 분비하기 때문에 개미가 모여든다.

턱잎

턱잎(p.49)은 잎자루의 밑부분에 있는 한 쌍의 작은 잎조각을 말한다. 턱잎은 보통 어린눈이나 어린잎을 보호하는 역할을 하다가 잎이 자라면서 떨어져 나가는 것이 많기 때문에 다 자란 잎에서는 볼 수 없는 경우가 많다. 턱잎은 고사리식물이나 겉씨식물에서는 볼 수 없으며 속씨식물 중에서도 특히 쌍떡잎식물 무리에서 많이 볼 수 있다.

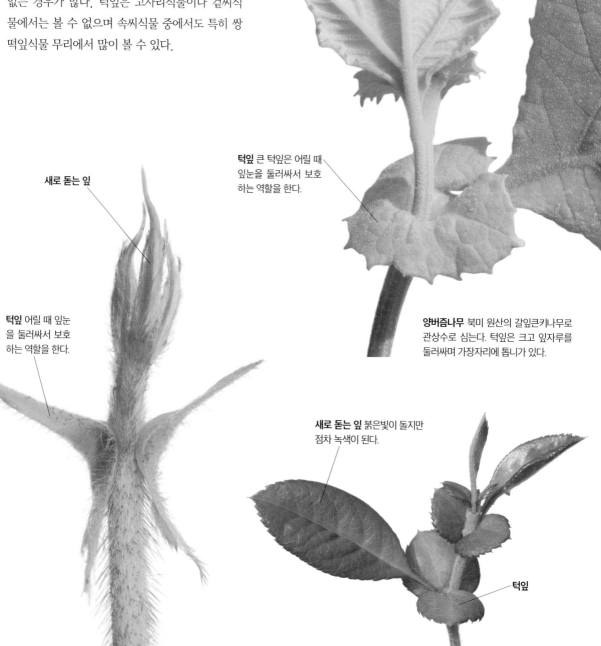

새로 돋는 잎 어린잎은 양면에 털이 많다.

턱잎 큰 턱잎은 어릴 때 잎눈을 둘러싸서 보호하는 역할을 한다.

양버즘나무 북미 원산의 갈잎큰키나무로 관상수로 심는다. 턱잎은 크고 잎자루를 둘러싸며 가장자리에 톱니가 있다.

새로 돋는 잎

턱잎 어릴 때 잎눈을 둘러싸서 보호하는 역할을 한다.

칡 산에서 자라는 갈잎덩굴나무이다. 1쌍의 턱잎은 좁고 긴 삼각형이며 가장자리가 밋밋하고 가지, 잎자루와 함께 거센 털로 덮여 있다.

새로 돋는 잎 붉은빛이 돌지만 점차 녹색이 된다.

턱잎

명자나무 중국 원산의 갈잎떨기나무로 관상수로 심는다. 1쌍의 턱잎은 콩팥 모양이며 바깥쪽에 얕은 톱니가 있고 오래도록 달려 있다.

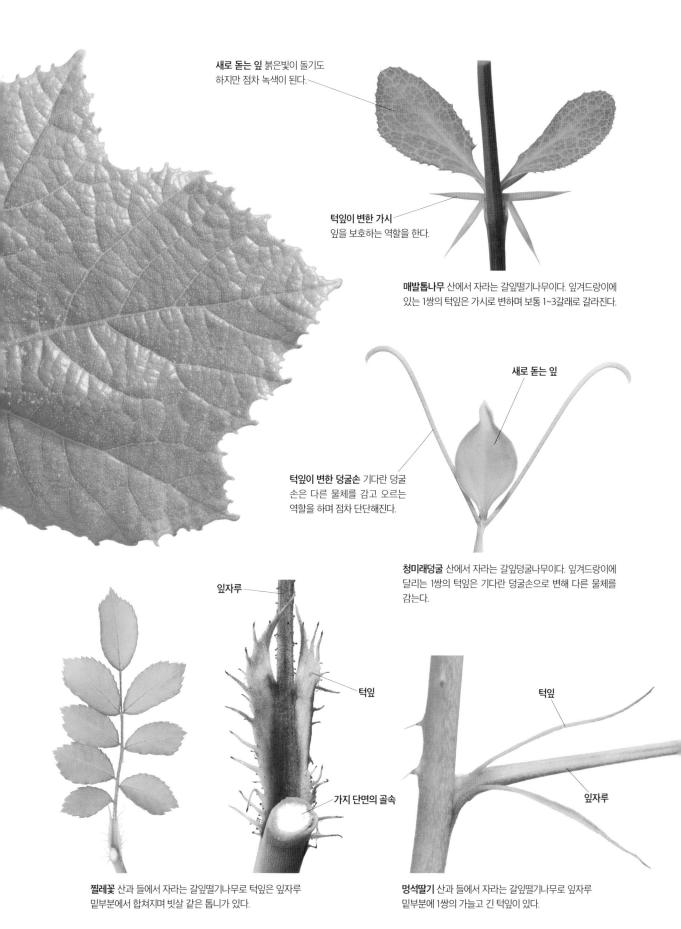

새로 돋는 잎 붉은빛이 돌기도 하지만 점차 녹색이 된다.

턱잎이 변한 가시
잎을 보호하는 역할을 한다.

매발톱나무 산에서 자라는 갈잎떨기나무이다. 잎겨드랑이에 있는 1쌍의 턱잎은 가시로 변하며 보통 1~3갈래로 갈라진다.

새로 돋는 잎

턱잎이 변한 덩굴손 기다란 덩굴손은 다른 물체를 감고 오르는 역할을 하며 점차 단단해진다.

청미래덩굴 산에서 자라는 갈잎덩굴나무이다. 잎겨드랑이에 달리는 1쌍의 턱잎은 기다란 덩굴손으로 변해 다른 물체를 감는다.

잎자루

턱잎

가지 단면의 골속

찔레꽃 산과 들에서 자라는 갈잎떨기나무로 턱잎은 잎자루 밑부분에서 합쳐지며 빗살 같은 톱니가 있다.

턱잎

잎자루

멍석딸기 산과 들에서 자라는 갈잎떨기나무로 잎자루 밑부분에 1쌍의 가늘고 긴 턱잎이 있다.

바늘잎

잎끝은 바늘처럼 뾰족하다.

잎 표면은 나무질화되고 두꺼운 각질층이 있어서 수분이 잘 빠져나가지 않는다.

녹색 잎은 광합성을 통해 살아가는 데 필요한 양분을 만든다.

겉씨식물인 바늘잎나무의 잎은 속씨식물인 넓은잎나무의 잎과 생김새가 확연히 달라서 쉽게 구분이 된다. 바늘처럼 생긴 잎은 딱딱하고 가죽처럼 질기며 잎맥은 나란히 번는다. 그리고 대부분의 나무는 1년 내내 잎이 푸른 늘푸른나무이다. 바늘잎나무는 잎의 표면적이 작아서 겨울을 나는 데 유리하기 때문에 푸른 잎을 매단 채로 추운 지방이나 높은 산, 암석 지대 등에서도 잘 살아간다.

비자나무의 잎끝은 바늘처럼 뾰족해서 찔리면 아프다.

잎 뒷면 뒷면은 연녹색 주맥이 뚜렷하게 나타난다.

잎 앞면 잎은 선형으로 짧고 납작한 바늘잎 모양이다. 잎 앞면은 진녹색이며 가죽질이고 광택이 있으며 약간 볼록해지고 주맥은 잘 나타나지 않는다.

잎 표면에 성기게 있는 숨구멍은 함몰되고 왁스로 덮여 있어서 김내기 작용이 활발하지 못하기 때문에 수분이 잘 빠져나가지 않는다. 이처럼 바늘잎나무는 수분 손실을 줄여 추위에 강하기 때문에 한대 지방에서 더 잘 자란다.

잎집 가늘고 긴 바늘잎은 2개가 한 묶음이며 밑부분이 흰빛이 도는 잎집에 싸여 있다.

잎 뒷면 주맥 양쪽으로 나란하게 번은 황백색 줄은 숨구멍이 모여 만들어진 줄로 '숨구멍줄'이라고 한다.

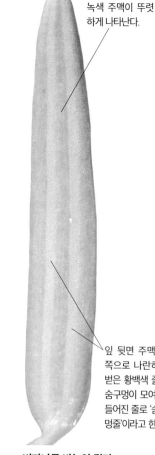

곰솔 바늘잎

비자나무 바늘잎 앞면　　**비자나무 바늘잎 뒷면**

＊겉씨식물[나자식물(裸子植物), gymnosperm]

숨구멍줄

독일가문비 가지에 나선형으로 촘촘히 배열하는 짧은 바늘잎은 단단하고 끝이 뾰족해서 찔리면 아프다. 잎은 위로 약간 굽고 가로 단면은 마름모 모양이며 각 면마다 숨구멍줄이 있다.

삼나무 녹색 가지에 나사 모양으로 돌려가며 단단히 붙는 짧은 바늘잎은 3~4개의 모가 지며 각 면마다 흰색 숨구멍줄이 있고 찔리면 아프다.

소철 줄기 끝에 커다란 잎이 돌려난 모양이 특이하다. 잎은 깃꼴겹잎이고 작은잎은 바늘 모양의 선형이며 뒤로 약간 말리고 단단해서 찔리면 아프다.

구상나무 가지에 촘촘히 달리는 짧은 바늘잎은 납작하며 주맥이 뚜렷하고 끝이 오목하게 들어간다. 잎 뒷면은 숨구멍줄이 발달하여 흰색을 띤다.

잎몸은 보통 윗부분이 2갈래로 갈라진다.

암본소나무(*Agathis dammara*) 잎 뒷면 열대아시아에서 자라는 늘푸른큰키나무로 아라우카리아과에 속하는 겉씨식물이다. 가지에 마주나는 잎은 피침형~긴타원형으로 바늘잎나무이지만 넓은잎나무처럼 폭이 넓은 잎을 가지고 있다. 잎몸 끝은 뾰족하고 가장자리는 밋밋하며 뒷면은 연녹색이다.

은행나무 은행나무는 겉씨식물이지만 넓은잎을 가졌다. 그래서 바늘잎나무라고 하기도 어렵고 넓은잎나무라고 하기도 애매하다. 독특한 부채 모양의 잎은 봉작고사리 잎과 모양이 비슷하다.

소나무의 겨울눈은 적갈색이 돈다.

바늘잎은 2개가 한 묶음인 2엽송이다. 각각의 바늘잎은 가로 단면이 반원형이며 잎집에 묶여 있는 부분은 함께 묶여서 원형을 이룬다.

잎집 2개의 바늘잎은 밑부분이 얇은 막 같은 갈색 잎집에 계속 싸여 있다.

긴가지

짧은가지 소나무속의 잎은 긴가지에 빙 둘러나는 짧은 가지 끝에서 나오는 잎집에 2개의 바늘잎이 묶여 있는 것으로 보기도 한다.

소나무 잎집

소나무 산에서 자라며 기다란 바늘잎은 8~9㎝ 길이이고 2개가 한 묶음인 2엽송이다. 바늘잎은 곰솔보다 가늘며 겨울눈의 비늘조각이 붉어서 구분이 된다. 바늘잎의 단면을 현미경으로 관찰하면 2엽송이나 3엽송은 보통 관다발이 2개이고, 5엽송은 관다발이 1개인 경우가 대부분이다.

솔방울열매는 잘 굽으며 오랫동안 벌어지지 않는다.

방크스소나무 북미 원산으로 산에 조림수로 심는다. 바늘잎은 2개가 한 묶음인 2엽송이며 2~4㎝ 길이로 짧은 편이고 약간 뒤틀리며 거칠다.

곰솔의 겨울눈은 흰색이 돈다.

3엽송

2엽송

곰솔 바닷가에서 자라며 기다란 바늘잎은 6~12㎝ 길이이고 2개가 한 묶음인 2엽송이다. 바늘잎은 소나무보다 굵고 거칠며 겨울눈의 비늘조각이 흰색이라서 구분이 된다.

리기다소나무 북미 원산으로 산에 조림수로 심는다. 바늘잎은 3개가 한 묶음인 3엽송으로 7~14㎝ 길이이고 약간 뒤틀리며 거칠다.

소나무속 나무들

소나무속(*Pinus*)은 바늘잎나무로 구성된 소나무과의 한 속으로 북반구에 가장 넓게 분포한다. 대부분이 기다란 바늘잎을 가지고 있으며 1~여러 개가 잎집에 싸여 있는데, 우리나라에는 2개가 한 묶음인 2엽송과 5개가 한 묶음인 5엽송이 자생하고 3개가 한 묶음인 백송과 리기다소나무 등이 외국에서 들어와 심어지고 있다. 잎집에 여러 개가 모여 있는 바늘잎의 묶음은 가로 단면이 원형이다. 2엽송은 바늘잎의 중심각이 각각 180도의 반원형이고, 3엽송은 각각 120도의 부채꼴, 5엽송은 각각 72도의 부채꼴이 된다. 잎이 모인 단면이 원형인 것은 잎이 줄기에서 분화한 흔적으로 추측할 수 있다.

3엽송

백송 중국 원산의 관상수. 3엽송으로 바늘잎은 5~10㎝ 길이이며 뒤틀리지 않고 뻣뻣하다.

5엽송이며 잎집은 일찍 떨어져 나간다.

스트로브잣나무 북미 원산으로 관상수로 심는다. 5개가 한 묶음인 바늘잎은 6~14㎝ 길이이며 촉감이 부드럽다.

잣나무 잎 5엽송이며 잎집은 일찍 떨어져 나간다.

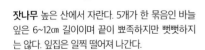

잣나무 높은 산에서 자란다. 5개가 한 묶음인 바늘잎은 6~12㎝ 길이이며 끝이 뾰족하지만 뻣뻣하지는 않다. 잎집은 일찍 떨어져 나간다.

섬잣나무 울릉도에서 자란다. 5개가 한 묶음인 바늘잎은 4~8㎝ 길이로 짧은 편이며 뒷면에 흰색 숨구멍줄이 있다. 잎집은 일찍 떨어져 나간다.

왕솔나무(*Pinus palustris*) 북미 원산으로 3개가 한 묶음인 바늘잎은 20~46㎝ 길이로 매우 길며 비스듬히 휘어진다.

일엽소나무(*Pinus monophylla*) 북미 원산으로 단단한 청록색 바늘잎은 4~6㎝ 길이이며 바늘잎이 1개씩 달린다.

금송

금송은 일본 원산의 늘푸른바늘잎나무로 원뿔 모양의 나무 모양이 보기 좋아 관상수로 널리 심는다. 나무 모양이 아름다운 금송은 개잎갈나무, 아라우카리아와 함께 세계 3대 미송(美松)으로 꼽힌다. 금송의 잎은 길고 굵은 하나의 바늘잎처럼 보이는데 실제로는 2개의 잎이 합쳐진 것이라고 한다. 솔방울열매 끝에서 바늘잎이 모여나 자라기도 한다.

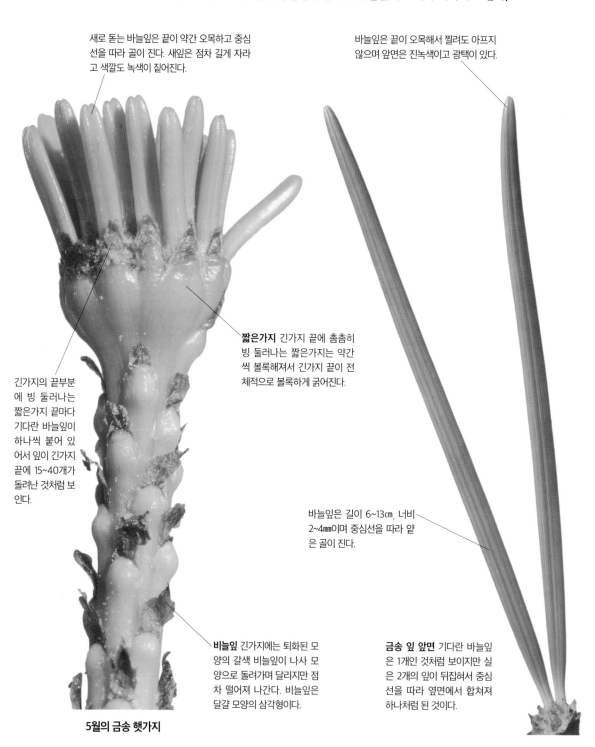

새로 돋는 바늘잎은 끝이 약간 오목하고 중심선을 따라 골이 진다. 새잎은 점차 길게 자라고 색깔도 녹색이 짙어진다.

바늘잎은 끝이 오목해서 찔려도 아프지 않으며 앞면은 진녹색이고 광택이 있다.

짧은가지 긴가지 끝에 촘촘히 빙 둘러나는 짧은가지는 약간씩 볼록해져서 긴가지 끝이 전체적으로 볼록하게 굵어진다.

긴가지의 끝부분에 빙 둘러나는 짧은가지 끝마다 기다란 바늘잎이 하나씩 붙어 있어서 잎이 긴가지 끝에 15~40개가 돌려난 것처럼 보인다.

바늘잎은 길이 6~13㎝, 너비 2~4㎜이며 중심선을 따라 얕은 골이 진다.

비늘잎 긴가지에는 퇴화된 모양의 갈색 비늘잎이 나사 모양으로 돌려가며 달리지만 점차 떨어져 나간다. 비늘잎은 달걀 모양의 삼각형이다.

금송 잎 앞면 기다란 바늘잎은 1개인 것처럼 보이지만 실은 2개의 잎이 뒤집혀서 중심선을 따라 옆면에서 합쳐져 하나처럼 된 것이다.

5월의 금송 햇가지

190

솔방울열매 끝에서
잎이 모여나기도 한다.

약간 패인 중심선의 홈
을 따라 흰색의 숨구멍
줄이 뚜렷하다.

솔방울열매는 타원형~달
걀형이고 꽃이 핀 다음 해
가을에 익으면 조각조각
벌어지며 씨앗이 나온다.

금송 잎가지 뒷면 잎 뒷면은
연녹색이며 바늘잎 가운데의
기다란 줄 모양의 홈을 따라
흰색의 숨구멍줄이 있다.

금송 솔방울열매의 잎
금송은 솔방울열매 끝
에서 잎이 모여나와 자
라기도 한다.

새순 가지 끝의 잎이 돌
려난 마디에서 다시 새
순이 나와 햇가지가 자
라며 그 끝에 잎이 돌려
나기를 반복한다.

금송 잎가지 가지의 마디마다 기다란 바늘잎이 바깥쪽으로 비스듬
히 빙 둘러난다. 가지 끝에 바늘잎이 돌려난 모습이 뒤집어진 우산
살과 비슷해서 영어 이름은 '우산소나무(Umbrella pine)'라고 한다.

금송 나무 모양 늘푸른큰키나무로
원뿔 모양을 이루며 30m 정도 높
이로 곧게 자란다.

191

편백 비늘잎

편백은 일본 원산의 늘푸른바늘잎나무로 조림수나 공원수로 널리 심고 바람을 막는 방풍림으로도 사용되며, 추위에 약하기 때문에 주로 남부 지방에서 많이 심지만 경기도에서도 조림수로 심고 있다. 편백은 겉씨식물인 바늘잎나무에 속하지만 실제로는 바늘 모양의 잎이 달리지 않는다. 대신에 작고 납작한 잎이 비늘처럼 포개져 달리는데, 이런 비늘잎을 가진 나무도 바늘잎나무에 포함된다. 비늘잎은 바늘잎이 점차 평평하게 넓어진 것으로 보며 잎 면적을 넓게 하여 광합성의 효율을 높이기 위해 진화한 것으로 볼 수 있다. 나무는 해충이나 미생물의 공격으로부터 자신을 지키기 위해 '피톤치드'라는 항균 물질을 내뿜는다. 근래에 피톤치드의 살균 작용에 의해 맑아진 공기를 마시고 스트레스를 푸는 삼림욕을 즐기는 사람이 늘어나고 있는데, 피톤치드는 바늘잎나무에서 많이 나오며 그중에서도 편백에서 가장 많이 나온다고 한다.

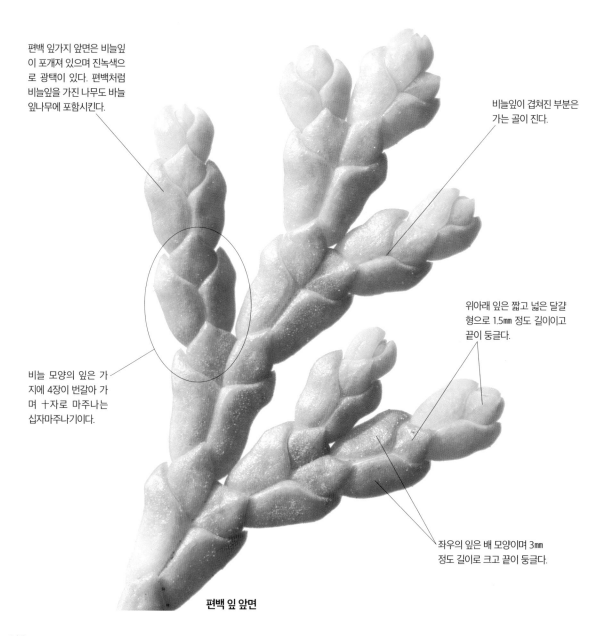

편백 잎가지 앞면은 비늘잎이 포개져 있으며 진녹색으로 광택이 있다. 편백처럼 비늘잎을 가진 나무도 바늘잎나무에 포함시킨다.

비늘잎이 겹쳐진 부분은 가는 골이 진다.

비늘 모양의 잎은 가지에 4장이 번갈아 가며 十자로 마주나는 십자마주나기이다.

위아래 잎은 짧고 넓은 달걀형으로 1.5㎜ 정도 길이이고 끝이 둥글다.

좌우의 잎은 배 모양이며 3㎜ 정도 길이로 크고 끝이 둥글다.

편백 잎 앞면

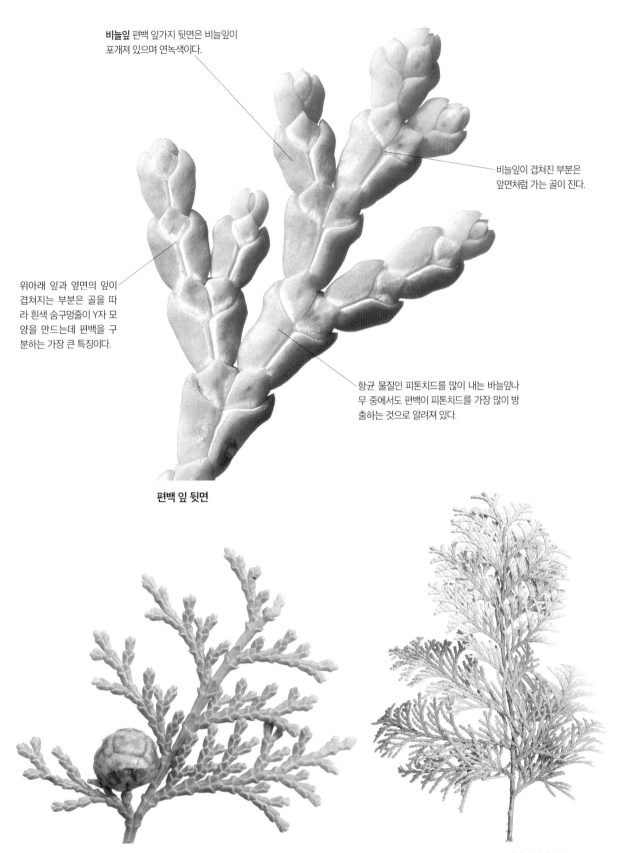

비늘잎 편백 잎가지 뒷면은 비늘잎이 포개져 있으며 연녹색이다.

비늘잎이 겹쳐진 부분은 앞면처럼 가는 골이 진다.

위아래 잎과 옆면의 잎이 겹쳐지는 부분은 골을 따라 흰색 숨구멍줄이 Y자 모양을 만드는데 편백을 구분하는 가장 큰 특징이다.

항균 물질인 피톤치드를 많이 내는 바늘잎나무 중에서도 편백이 피톤치드를 가장 많이 방출하는 것으로 알려져 있다.

편백 잎 뒷면

9월의 편백 열매 동그스름한 솔방울열매는 지름 1㎝ 정도이다. 항균 물질인 피톤치드는 숲에서는 주로 잎에서 방출된다.

황금편백('Aurea') 원예 품종으로 개발된 편백 품종으로 잎이 노란색으로 물든다.

비늘잎 구분하기

작은 비늘조각 모양의 잎이 十자로 촘촘히 마주나는 잎을 '비늘잎'이라고 한다. 비늘잎을 가진 나무도 바늘잎나무처럼 겉씨식물에 속하므로 함께 바늘잎나무로 본다. 향나무처럼 한 나무에 바늘잎과 비늘잎이 같이 달리는 바늘잎나무도 있다.

측백나무 잎 산에서 드물게 자라며 관상수로 심는다. 작은 비늘잎은 끝이 약간 뾰족하며 十자로 촘촘히 마주 달린다.

서양측백 잎 북아메리카 원산으로 관상수로 심는다. 작은 비늘잎은 측백나무 잎보다 납작하고 끝이 약간 뾰족하며 十자로 촘촘히 마주 달린다.

편백 잎 일본 원산으로 주로 남부 지방의 산과 들에 심는다. 작은 비늘잎은 끝이 그리 날카롭지 않으며 十자로 촘촘히 마주 달린다.

Y자 흰색 숨구멍줄

측백나무 잎 뒷면 뒷면은 앞면과 모양뿐만 아니라 색깔까지 비슷해서 앞면과 뒷면의 구분이 어려운 것이 측백나무의 특징이다.

서양측백 잎 뒷면 뒷면은 앞면과 모양이 비슷하지만 색깔이 연해서 비슷한 측백나무와 구분이 가능하다.

편백 잎 뒷면 잎 뒷면은 비늘잎이 포개진 자리를 따라 흰색 숨구멍줄이 Y자 모양을 만드는데 이 특징으로 편백을 구분할 수 있다.

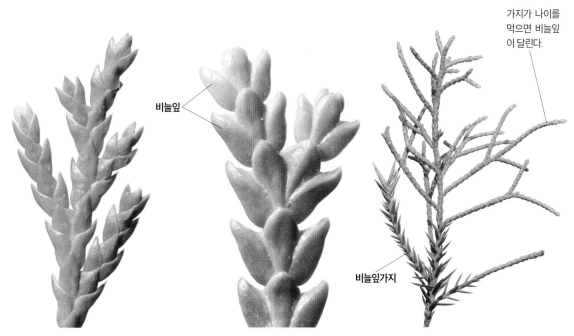

가지가 나이를
먹으면 비늘잎
이 달린다.

비늘잎

비늘잎가지

화백 잎 일본 원산으로 주로 남부 지방의 산과 들에 심는다. 작은 비늘잎은 끝이 뾰족하며 十자로 촘촘히 마주 달린다.

나한백 잎 일본 원산으로 남부 지방에서 관상수로 심는다. 비늘잎은 5~7㎜ 길이로 큰 편이고 두꺼우며 끝이 날카롭지 않고 十자로 마주 달린다.

향나무 잎 바닷가에서 자라며 관상수로 심는다. 향나무는 한 가지에 바늘잎과 비늘잎을 모두 달고 있는 것이 특징이다.

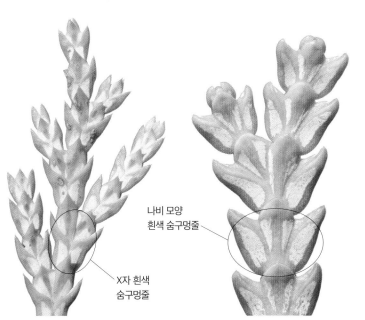

나비 모양
흰색 숨구멍줄

X자 흰색
숨구멍줄

화백 잎 뒷면 잎 뒷면은 흰빛이 강하다. 흰색 숨구멍줄을 자세히 보면 X자 모양을 만드는 것으로 구분할 수 있다.

나한백 잎 뒷면 잎 앞면은 광택이 있고 뒷면은 연녹색이며 흰색 숨구멍줄이 넓고 뚜렷해서 나비처럼 보인다.

향나무 비늘잎 비늘잎은 끝이 둥글고 잎가지의 가로 단면도 둥근 것이 특징이며 앞뒤의 구분이 없다.

낙엽성 참나무속 나무들

참나무란 이름은 널리 쓰이지만 도감에는 참나무가 없다. 참나무는 참나무과 참나무속(*Quercus*)에 속한 나무를 아울러서 부르는 말로 쓰이지만, 특히 낙엽성 참나무만을 뜻하기도 한다. 북한에서는 상수리나무를 참나무로 부르기도 한다. 참나무는 쓰임새가 요긴한 나무란 뜻의 이름이며, 이 속에 속하는 나무는 모두 도토리열매가 열리므로 '도토리나무'라고도 부른다. 낙엽성 참나무는 도토리열매가 꽃이 핀 다음 해에 익는 참나무와 꽃이 핀 그해에 익는 참나무로 구분하기도 한다. 도토리열매가 꽃이 핀 다음 해에 익는 참나무는 상수리나무와 굴참나무가 있고, 도토리열매가 꽃이 핀 그해에 익는 참나무에는 졸참나무, 갈참나무, 신갈나무, 떡갈나무가 대표적이다. 낙엽성 참나무는 잎의 모양이 조금씩 달라서 구분이 가능하고 열매를 담고 있는 깍정이의 모양도 조금씩 달라서 구분하는 데 도움을 준다.

꽃이 핀 다음 해 6월의 상수리나무 어린 열매 상수리나무는 1년도 더 지나서야 열매가 자라기 시작하는 참나무이다.

상수리나무 마을 주변의 산기슭에서 자라는 갈잎큰키나무이다. 도토리열매는 꽃이 핀 다음 해에 익으며 열매를 담고 있는 깍정이 표면은 비늘조각이 수북한 것이 특징이다. 잎몸은 긴타원형이며 가장자리에 바늘모양의 톱니가 있고 뒷면은 연녹색이며 잎자루가 긴 편이다. 나무껍질은 굴참나무처럼 코르크질이 두껍게 발달하지 않는다.

굴참나무 주로 산 중턱 이하에서 자라는 갈잎큰키나무이다. 도토리열매는 꽃이 핀 다음 해에 익으며 깍정이 표면은 비늘조각이 수북한 것이 특징이다. 잎몸은 긴타원형이며 가장자리에 바늘 모양의 톱니가 있고 뒷면은 회백색이며 잎자루가 긴 편이다. 비슷한 상수리나무와는 잎 뒷면이 회백색인 점으로 구분할 수 있고 나무껍질이 두꺼운 코르크질인 점도 특징이다.

잎 앞면   **잎 뒷면** 연녹색   **열매** 수북한 비늘조각

잎 앞면   **잎 뒷면** 회백색   **열매** 수북한 비늘조각

졸참나무 산에서 자라는 갈잎큰키나무이다. 도토리열매는 꽃이 핀 그해에 익으며 열매를 담고 있는 깍정이 표면은 비늘조각이 기와처럼 포개져서 납작해지는 것이 특징이다. 잎몸은 거꿀달걀형이며 가장자리의 톱니는 끝이 약간 안으로 굽고 뒷면은 회녹색이며 잎자루가 긴 편이다. 잎 모양이 비슷한 갈참나무와는 잎과 열매의 크기가 작아서 구분이 가능하다.

갈참나무 산기슭에서 자라는 갈잎큰키나무이다. 도토리열매는 꽃이 핀 그해에 익으며 열매를 담고 있는 깍정이 표면은 비늘조각이 기와처럼 포개져서 납작해지는 것이 특징이다. 잎몸은 거꿀달걀형이며 가장자리에 물결 모양의 톱니가 있고 뒷면은 회백색이며 잎자루가 긴 편이다. 잎 모양이 비슷한 신갈나무, 떡갈나무와는 잎자루가 있어서 구분이 가능하다.

신갈나무 산 중턱 이상에서 자라는 갈잎큰키나무이다. 도토리열매는 꽃이 핀 그해에 익으며 열매를 담고 있는 깍정이 표면은 비늘조각이 기와처럼 포개져서 납작해지는 것이 특징이다. 잎몸은 거꿀달걀형이며 가장자리에 물결 모양의 톱니가 있고 뒷면은 백록색이며 잎자루가 거의 없다. 잎 모양이 비슷한 떡갈나무와는 잎 뒷면과 열매의 깍정이로 구분이 가능하다.

떡갈나무 산기슭이나 산 중턱에서 자라는 갈잎큰키나무이다. 도토리열매는 꽃이 핀 그해에 익는 참나무에 속하며 열매를 담고 있는 깍정이 표면은 비늘조각이 수북한 것이 특징이다. 잎몸은 거꿀달걀형이며 가장자리에 물결 모양의 톱니가 있고 뒷면은 황갈색 털이 많으며 잎자루가 거의 없다. 잎 모양이 비슷한 신갈나무와는 잎 뒷면과 열매의 깍정이로 구분이 가능하다.

잎 앞면 **잎 뒷면** 회녹색 **열매** 납작해진 비늘조각

잎 앞면 **잎 뒷면** 회백색 **열매** 납작해진 비늘조각

잎 앞면 **잎 뒷면** 백록색 **열매** 납작해진 비늘조각

잎 앞면 **잎 뒷면** 황갈색 털 **열매** 수북한 비늘조각

상록성 참나무속 나무들

참나무과 참나무속(*Quercus*)에 속한 나무 중에서 1년 내내 잎이 푸른 늘푸른나무를 가시나무아속으로 구분하기도 한다. 가시나무의 '가시'는 가시나무 종류에 열리는 도토리열매를 제주도에서 부르는 사투리이다. 즉, 가시나무는 가시(도토리)가 열리는 나무란 뜻의 이름으로 추측된다. 우리나라에서 자라는 가시나무아속에는 가시나무, 종가시나무, 참가시나무, 붉가시나무, 개가시나무가 있고 졸가시나무는 관상수로 심고 있다. 가시나무 종류는 모두 도토리를 싸고 있는 깍정이 표면이 둥글게 층을 이루어 동심원 테를 만드는 공통점을 갖고 있다. 가시나무 중에 붉가시나무와 참가시나무는 도토리열매가 꽃이 핀 다음 해에 익는 상록성 참나무에 속하고, 가시나무, 종가시나무, 개가시나무, 졸가시나무는 꽃이 핀 그해에 익는 상록성 참나무에 속한다.

다닥다닥 달린 어린 도토리열매

꽃이 핀 다음 해 6월의 붉가시나무 어린 열매 붉가시나무는 1년도 더 지나서야 열매가 자라기 시작한다.

붉가시나무 남해안과 남쪽 섬에서 흔히 자라는 늘푸른큰키나무로 가시나무아속 중에서 가장 북쪽까지 올라와 자란다. 긴타원형 잎은 두툼한 가죽질이며 가장자리에 톱니가 없이 거의 밋밋한 것이 특징이고 뒷면은 황록색이다. 도토리열매는 꽃이 핀 다음 해에 익으며 둥근 달걀형이고 깍정이 표면에 6~10개의 동심원 테가 있다.

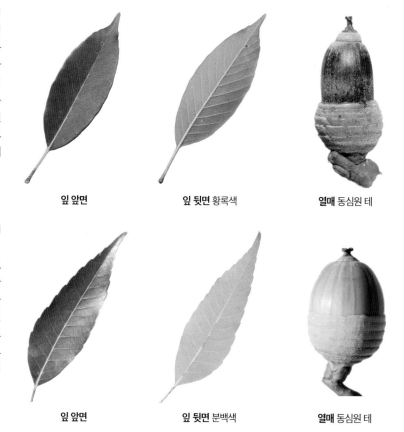

잎 앞면 **잎 뒷면** 황록색 **열매** 동심원 테

참가시나무 전남의 섬과 울릉도, 제주도에서 자라는 늘푸른큰키나무이다. 좁은 타원형 잎은 끝이 길게 뾰족하며 가장자리의 2/3 이상에 날카롭고 얕은 톱니가 있다. 잎몸은 가죽질이고 앞면은 광택이 있으며 뒷면은 분백색이 도는 것이 특징이다. 도토리열매는 꽃이 핀 다음 해에 익으며 넓은 달걀형이고 깍정이 표면에 6~7개의 동심원 테가 있다.

잎 앞면 **잎 뒷면** 분백색 **열매** 동심원 테

가시나무 진도를 비롯한 서남해안의 섬에서 드물게 자라는 갈잎큰키나무이다. 좁은 타원형 잎은 끝이 길게 뾰족하며 가장자리의 2/3 이상에 얕은 톱니가 있다. 잎몸은 가죽질이며 앞면은 광택이 있고 뒷면은 회녹색이며 양면 모두 털이 없어지는 것이 특징이다. 도토리열매는 꽃이 핀 그해에 익으며 달걀형이고 깍정이 표면에 6~8개의 동심원 테가 있다.

잎 앞면　　　　**잎 뒷면** 양면에 털이 없다.　　　　**열매** 동심원 테

종가시나무 제주도와 서남해안에서 널리 자라는 갈잎큰키나무이다. 긴 타원형 잎은 끝이 길게 뾰족하며 가장자리의 상반부에 안으로 굽은 둔한 톱니가 있는 것이 특징이다. 잎몸은 가죽질이며 앞면은 광택이 있고 뒷면은 회백색 비단털로 덮여 있는 것도 특징이다. 도토리열매는 꽃이 핀 그해에 익으며 둥근 달걀형이고 깍정이 표면에 6~7개의 동심원 테가 있다.

잎 앞면　　　　**잎 뒷면** 회백색 비단털　　　　**열매** 동심원 테

개가시나무 제주도의 낮은 산에서 자라는 갈잎큰키나무이다. 거꿀피침형 잎은 끝이 길게 뾰족하며 가장자리의 상반부에 날카로운 톱니가 있다. 잎몸은 가죽질이며 앞면은 광택이 있고 뒷면은 황갈색 별모양털로 덮여 있는 것이 특징이다. 도토리열매는 꽃이 핀 그해에 익으며 둥근 달걀형이고 깍정이 표면에 6~7개의 동심원 테가 있다.

잎 앞면　　　　**잎 뒷면** 황갈색 별모양털　　　　**열매** 동심원 테

졸가시나무 남부 지방에서 관상수로 심는 늘푸른작은키나무이다. 타원형 잎은 3~6㎝ 길이로 작고 끝이 둔하며 가장자리의 상반부에 얕은 톱니가 있다. 잎몸은 가죽질이며 앞면은 광택이 있고 뒷면은 연녹색이다. 도토리열매는 꽃이 핀 그해에 익으며 타원형이다. 깍정이 표면은 비늘조각이 기와를 인 것처럼 포개지는 것으로 보아 가시나무아속에 속하는 것이 아니라 상록성 참나무 종류로 본다.

잎 앞면　　　　**잎 뒷면** 연녹색　　　　**열매** 납작해진 비늘조각

단풍이 드는 원리

가을에 기온이 내려가면 나무는 몸을 보호하기 위해 잎으로 가는 물과 양분을 차단하고 잎을 떨구기 위해 잎자루에 떨켜를 만든다. 떨켜가 만들어지면 나뭇잎에 들어 있던 잎파랑이가 파괴되면서 녹색은 점차 사라지고 잎파랑이 아래 숨어 있던 다른 색소의 색상이 드러나면서 울긋불긋해지는데 이를 '단풍'이라고 한다. 노란색과 주황색 단풍은 주로 카로티노이드 색소가 드러나면서 나타나고, 붉은색 계열의 단풍은 붉은색 색소인 안토시아닌이 만들어지면서 나타난다. 일반적으로 일교차가 큰 날일수록 단풍이 훨씬 아름답게 물든다. 가을 단풍은 중부 지방의 설악산이 10월 초에 물들기 시작해 점차 남쪽으로 내려가면서 내장산은 10월 말이나 11월 초에 절정을 이룬다.

첫 단풍 예상도

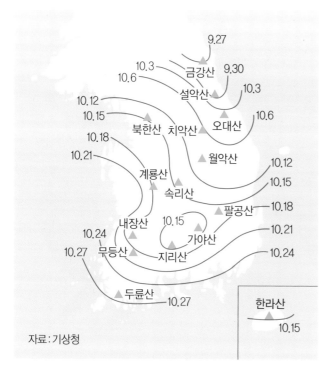

9.27
10.3 금강산
10.6 9.30
설악산 10.3
10.12 10.6
10.15 오대산
북한산 치악산
10.18
10.21 월악산
계룡산 10.12
속리산 10.15
10.15 팔공산 10.18
내장산 10.21
10.24 가야산
10.27 무등산 10.24
지리산

10.27 두륜산

한라산
10.15

자료 : 기상청

잎에 붉은색 색소인 안토시아닌이 만들어지기도 하는데 안토시아닌이 점차 늘어남에 따라 잎은 점차 붉은색이 진해진다.

잎에 '프로바펜'이라는 타닌 성분이 축적되면 황갈색 단풍이 든다.

기온이 내려가면 잎자루 끝과 가지 사이에 떨켜가 만들어지면서 물과 양분의 이동이 차단된다.

기온이 떨어지면 녹색 잎파랑이가 파괴되고 숨겨져 있던 카로티노이드계의 베타카로틴이 드러나는데, 베타카로틴은 초록색을 흡수하고 빨간색과 노란색을 반사시키기 때문에 단풍 색깔이 주황색으로 보인다.

기온이 떨어지면 녹색 잎파랑이가 파괴되고 숨겨져 있던 카로티노이드계의 크산토필이 드러나면서 노란색 단풍이 드는데 색소 함유량의 차이 때문에 색깔의 진하기가 조금씩 다르다.

잎에 파괴되지 않은 잎파랑이가 일부 남아 있다. 잎파랑이가 모두 파괴되면 노란색 단풍잎으로 변한다.

여러 색깔로 물든 서나무 단풍잎 가지 단풍의 색깔은 대개 유전적으로 정해져 있지만 같은 종이라도 나무에 따라 조금씩 달라지고 기후 조건이나 잎이 달린 위치 등에 따라서도 단풍의 색깔이 조금씩 달라진다. 서나무는 중부 이남의 산에서 자라는 갈잎큰키나무이다.

단풍나무속 단풍

낙엽이 지는 나무는 가을이 되면 모두 단풍이 든다. 단풍(丹楓)은 붉을 단(丹), 단풍나무 풍(楓)이 합쳐진 낱말이다. 붉은 단풍이 으뜸인 나무는 붉은색으로 가장 곱게 단풍이 드는 단풍나무로 모든 단풍을 대표하는 이름을 가지고 있다. 단풍나무는 주로 남부 지방의 얕은 산에서 자라며 관상수로도 많이 심고 있다. 단풍나무가 속한 단풍나무속(Acer) 나무들은 단풍이 곱게 드는 나무가 대부분이다.

가을의 단풍나무

단풍나무 잎몸은 작고 5~7갈래로 갈라지며 겹톱니가 있고 보통 붉게 단풍이 든다.

설탕단풍 잎몸은 3~5갈래로 갈라지며 보통 황적색으로 단풍이 든다. 봄에 나무즙을 채취해 메이플시럽을 만든다.

가지 바깥쪽의 햇빛이 잘 드는 곳일수록 붉게 단풍이 든다.

당단풍 잎몸은 9~11갈래로 갈라지며 겹톱니가 있고 보통 붉게 단풍이 들지만 노랗게 물들기도 한다.

홍단풍 잎몸은 7~9갈래로 갈라지며 봄부터 가을까지 붉은 것이 특징이지만 품종에 따라 봄에만 잎이 붉은 것도 있다. 관상수로 많이 심는다.

복장나무 세겹잎이며 가장자리에 잔톱니가 있고 보통 붉게 단풍이 든다.

복자기 세겹잎이며 가장자리에 2~4개의 큰 톱니가 있고 붉은색으로 아름답게 단풍이 든다.

신나무 잎몸은 3갈래로 갈라지며 겹톱니가 있고 보통 붉게 단풍이 든다.

중국단풍 잎몸은 3갈래로 갈라지며 톱니가 있거나 없고 보통 붉게 단풍이 든다. 단풍나무속은 모두 잎이 마주나는 것이 특징이다.

시닥나무 잎몸은 5갈래로 갈라지며 치아 모양의 톱니가 있고 보통 붉게 단풍이 든다.

가지 안쪽의 그늘진 곳의 잎은 노랗게 단풍이 들기도 한다.

가지 안쪽의 그늘진 곳일수록 단풍이 늦게 든다.

청시닥나무 잎몸은 5갈래로 갈라지며 겹톱니가 있고 보통 붉은색으로 아름답게 단풍이 든다.

고로쇠나무 잎몸은 5~7갈래로 갈라지며 톱니가 없고 보통 노랗게 단풍이 든다. 봄에 나무즙을 받아 마신다.

산겨릅나무 잎몸은 3~5갈래로 얕게 갈라지고 겹톱니가 있으며 노랗게 단풍이 든다.

네군도단풍 잎은 홀수깃꼴겹잎이며 작은잎은 3~7장이다. 잎은 가을에 노란색이나 붉은색으로 단풍이 든다.

붉은색으로 물드는 단풍

잎의 노화 과정에서 만들어지는 안토시아닌 때문에 나타나는 붉은색 단풍은 햇빛이 풍부할수록 붉은색이 더욱 선명해진다. 단풍잎의 붉은색 색소는 독을 분비해 주변에서 다른 종의 나무가 자라지 못하도록 방해하기도 한다.

양지쪽의 감나무 잎은 붉은색 색소인 안토시아닌이 충분히 만들어지면서 붉은색으로 아름답게 단풍이 든다.

잎의 일부만 붉게 단풍이 들고 그늘진 곳에 있었던 부분은 녹색이 남아 있다.

감나무 잎은 햇빛에 수분이 증발하지 않도록 왁스로 덮여 있어서 광택이 난다.

벌레가 흠집을 낸 자국은 단풍이 들지 못하고 거뭇거뭇하다.

그늘진 곳에 있어서 광합성을 충분히 하지 못한 잎은 안토시아닌이 만들어지지 못하고 카로티노이드 색소가 드러나면서 노란색으로 단풍이 든다.

감나무 중부 이남에서 심어 기르는 갈잎큰키나무로 보통 붉게 단풍이 든다.

감나무 열매가 가을에 붉게 익는 것도 잎이 단풍이 드는 것과 같은 원리이다.

10월 말의 감나무 열매

붉나무 산에서 자라는 갈잎작은키나무로 깃꼴겹잎은 붉은색으로 단풍이 든다. 단풍이 불타는 듯 붉어서 '붉나무'라고 한다.

담쟁이덩굴 산과 들에서 자라는 갈잎덩굴나무로 넓은 달걀형 잎은 3갈래로 갈라지기도 하며 붉은색으로 단풍이 든다.

산딸나무 중부 이남의 산에서 자라는 갈잎작은키나무로 달걀형~타원형 잎은 붉은색~노란색으로 다양하게 단풍이 든다.

떡갈나무 산에서 자라는 갈잎큰키나무로 거꿀달걀형 잎은 주로 홍갈색으로 단풍이 들며 낙엽은 겨우내 매달려 있다.

배롱나무 관상수로 심는 갈잎작은키나무로 둥근 타원형 잎은 붉은색이나 노란색으로 단풍이 든다.

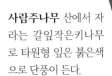

사람주나무 산에서 자라는 갈잎작은키나무로 타원형 잎은 붉은색으로 단풍이 든다.

감태나무 중부 이남의 산기슭에서 자라는 갈잎떨기나무~작은키나무로 타원형~긴타원형 잎은 진한 주황색으로 단풍이 들며 낙엽은 겨우내 매달려 있다.

층층나무 산에서 자라는 갈잎큰키나무로 타원형 잎은 붉은색이나 노란색으로 단풍이 든다.

왕벚나무 관상수로 심는 갈잎큰키나무로 넓은 타원형~거꿀달걀형 잎은 주홍색이나 붉은색으로 단풍이 든다.

노란색으로 물드는 단풍

기온이 내려가면서 녹색 잎파랑이가 분해되기 시작하면 드러나는 카로티노이드 색소는 잎을 노란색이나 주황색으로 단풍이 들게 한다. 우리나라는 가을에 단풍이 드는 갈잎나무가 많아서 가을이면 온 산하가 울긋불긋 화려한 강산으로 변한다.

산사나무 산에서 자라는 갈잎작은키나무로 넓은 달걀형 잎은 3~5쌍으로 갈라지며 주로 노란색으로 단풍이 든다. 이 잎은 특이하게 가장자리는 단풍이 들지 않고 중심부만 노랗게 단풍이 들었다.

칡 산과 들에서 자라는 갈잎덩굴나무로 세겹잎은 노란색으로 단풍이 든다.

쪽동백나무 산에서 자라는 갈잎작은키나무~큰키나무로 잎은 노랗게 단풍이 들고 점차 갈색으로 변한다.

생강나무 산에서 자라는 갈잎떨기나무로 둥근 달걀형 잎은 3갈래로 갈라지기도 하며 주로 노란색으로 단풍이 든다.

자작나무 산에 심는 갈잎큰키나무로 세모진 달걀형 잎은
노란색으로 단풍이 든다.

밤나무 산과 들에서 자라는 갈잎큰키나무로 긴타원형
잎은 노란색~갈색으로 단풍이 든다.

황매화 관상수로 심는 갈잎떨기나무로 긴 달걀형 잎은
노란색으로 단풍이 든다.

팽나무 바닷가에서 자라는 갈잎큰키나무로 달걀형~넓은
타원형 잎은 노란색으로 단풍이 든다.

개나리 심어 기르는 갈잎떨기나무로 피침형~긴 달걀형
잎은 주로 노란색으로 단풍이 든다.

바늘잎나무 단풍

겉씨식물은 대부분이 바늘잎나무이며 바늘잎나무는 대부분이 겨울에 낙엽이 지지 않는 늘푸른 나무이다. 바늘잎나무 중에서 드물게 낙엽이 지는 갈잎바늘잎나무가 있는데 주변에서 흔히 볼 수 있는 것은 일본잎갈나무와 메타세쿼이아이다. 일본잎갈나무는 짧은 바늘잎이 가을에 노란색으로 단풍이 들고 하나씩 낙엽이 진다. 반면에 메타세쿼이아는 짧은 바늘잎이 적갈색으로 단풍이 들고 잎이 달린 잔가지째 낙엽이 지는 점이 일본잎갈나무와 다르다.

짧은가지 끝에 촘촘히
모여나는 잎

긴가지에 나사 모양으로
돌려나는 잎

일본잎갈나무 단풍잎 일본 원산의 갈잎바늘잎나무로 부드러운 바늘 모양의 선형 잎은 긴가지에서는 촘촘히 나사 모양으로 돌려가며 달리고 짧은가지 끝에는 20~30개가 모여난다. 바늘잎은 노란색이나 누런색으로 단풍이 든다. 중부 지방에서 가을에 만나는 노란색 바늘잎나무 군락은 일본잎갈나무 군락이다.

일본잎갈나무 낙엽 바늘 모양의 선형 잎은 점차 누런색으로 변하고 비스듬히 휘어지기도 하며 1개씩 낙엽이 진다.

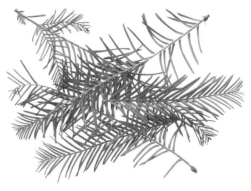

단풍이 들기 시작
하면 가운데 잔
가지 주변에는 녹
색이 남아 있다가
점차 모두 황갈색
으로 단풍이 든다.

메타세쿼이아 낙엽 바늘 모양의 선형 잎은 점차 누런색으로 변하고
잔가지째 낙엽이 진다.

메타세쿼이아 단풍잎 중국 원산의 갈잎바늘잎나무로 잔가지는 2개씩 마주
나고 선형 잎도 잔가지에 새깃처럼 마주난다. 바늘 모양의 선형 잎은 가을에
연한 적갈색이나 연한 황갈색으로 단풍이 들며 점차 색깔이 짙어진다.

잔가지 주변에는
녹색이 남아 있다.

낙우송 낙엽 바늘 모양의 선형 잎은 점차 누런색으로 변하고
잔가지째 낙엽이 진다.

이제 단풍이 들기
시작한 잎

낙우송 단풍잎 북미 원산의 갈잎바늘잎나무로 물가에 심는다. 잔가
지는 어긋나고 바늘 모양의 선형 잎도 잔가지에 새깃처럼 어긋난다.
잎은 연한 적갈색이나 연한 황갈색으로 단풍이 든다.

은행나무 단풍잎 중국 원산의 갈잎큰키나무로 잎은 긴가지에서는 어긋나고
짧은가지 끝에는 3~5장이 모여난다. 겉씨식물이지만 바늘잎이 아닌 부채
모양의 잎을 가졌으며 가을에 노란색 단풍으로 유명하다.

은행나무 낙엽 땅에 떨어진 단풍잎은 점차 누런색으로 변한다.

늘푸른나무 단풍

늘푸른나무의 잎도 수명이 있다. 우리나라에서 자라는 늘푸른나무 잎의 수명은 대부분이 3년 이내이다. 가지가 자라면서 새잎이 계속 나오면 가지 밑부분의 묵은잎은 단풍이 들고 낙엽이 지지만 사람들은 눈치를 채지 못하고 지나치는 경우가 대부분이다.

뿔남천 추운 겨울이 되면 양지에서 자란 나무의 잎은 붉은색, 오렌지색, 노란색으로 물들었다가 봄이 되면 다시 초록빛을 되찾는다.

봄에 가지 끝에서 꽃
봉오리가 촘촘히 달린
꽃차례가 나온다.

가지 윗부분에서는
계속 새잎이 나와 자란다.

가지 밑부분에 달
린 묵은잎은 붉은
색으로 단풍이 든
후에 낙엽이 진다.

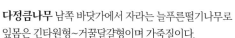

다정큼나무 남쪽 바닷가에서 자라는 늘푸른떨기나무로
잎몸은 긴타원형~거꿀달걀형이며 가죽질이다.

사철나무 중부 이남의 바닷가 산기슭에서 자라는 늘푸른떨기나무이다. 중부 지방에 심어 기르는 나무는 겨울 추위에 잎이 얼기도 한다.

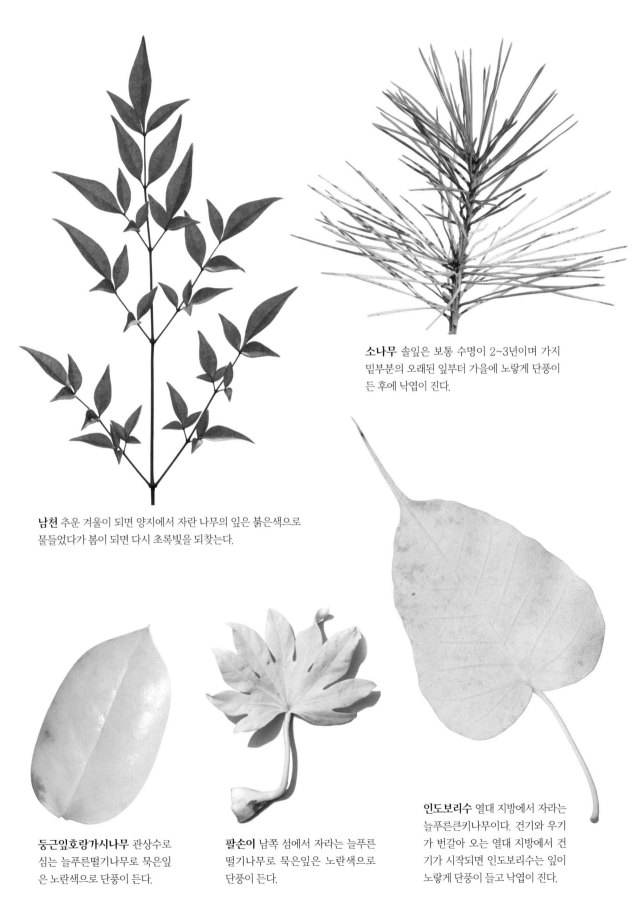

소나무 솔잎은 보통 수명이 2~3년이며 가지 밑부분의 오래된 잎부터 가을에 노랗게 단풍이 든 후에 낙엽이 진다.

남천 추운 겨울이 되면 양지에서 자란 나무의 잎은 붉은색으로 물들었다가 봄이 되면 다시 초록빛을 되찾는다.

둥근잎호랑가시나무 관상수로 심는 늘푸른떨기나무로 묵은잎은 노란색으로 단풍이 든다.

팔손이 남쪽 섬에서 자라는 늘푸른 떨기나무로 묵은잎은 노란색으로 단풍이 든다.

인도보리수 열대 지방에서 자라는 늘푸른큰키나무이다. 건기와 우기가 번갈아 오는 열대 지방에서 건기가 시작되면 인도보리수는 잎이 노랗게 단풍이 들고 낙엽이 진다.

가지에 단풍이 드는 순서

일본 홋카이도 대학교 산림자원학과 타카요시 고이케 교수에 의하면 고정생장을 하는 나무는 일반적으로 가지의 바깥쪽부터 단풍이 들기 시작한다고 한다. 고정생장을 하는 나무는 올해 자랄 모든 가지의 원기가 지난해에 만들어진 겨울눈 속에 만들어져 있다가, 봄에 새순이 터서 자라고 여름이면 일찍 성장을 멈춘다.

복자기나무 고정생장을 하는 나무로 잎은 가을에 붉은색으로 단풍이 든다.

당단풍 고정생장을 하는 당단풍은 줄기의 바깥쪽에 있는 잎부터 단풍이 들기 시작한다. 당단풍은 지난해에 형성된 겨울눈 속에 들어 있는 잎의 수만큼만 나와 자라고 더 이상의 잎은 새로 만들어지지 않는다.

신갈나무 고정생장을 하는 나무로 잎은 가을에 적갈색으로 단풍이 든다.

층층나무 고정생장을 하는 나무로 잎은 가을에 붉은색으로 단풍이 든다.

까치박달 고정생장을 하는 나무로 잎은 가을에 노란색으로 단풍이 든다.

*고정생장(固定生長)[고정성장(固定成長), fixed growth]

이와 달리 자유생장을 하는 나무는 일반적으로 줄기의 안쪽부터 단풍이 들기 시작한다고 한다. 자유생장을 하는 나무는 봄에 겨울눈에서 새순이 터서 햇가지가 자라고, 곧이어 햇가지 끝에서 새로운 눈이 계속 나와 여름내 가지가 이어 자라고 새잎을 계속 만들면서 가을까지 성장한다.

서나무 자유생장을 하는 서나무는 줄기의 안쪽에 있는 잎부터 단풍이 들기 시작한다. 자유생장을 하는 나무는 일반적으로 고정생장을 하는 나무보다 빨리 자란다.

느티나무 자유생장을 하는 나무로 잎은 가을에 노란색~적갈색으로 단풍이 든다.

팽나무 자유생장을 하는 나무로 잎은 가을에 노란색으로 단풍이 든다.

갯버들 자유생장을 하는 나무로 잎은 가을에 노란색으로 단풍이 든다.

느릅나무 자유생장을 하는 나무로 잎은 가을에 주홍색~노란색으로 단풍이 든다.

*자유생장(自由生長)[자유성장(自由成長), free growth]

새로 돋는 잎의 색깔

추운 겨울이 물러가고 따뜻한 봄이 오면 나뭇가지에는 삐죽삐죽 새순이 돋는다. 푸른 잎을 달고 있는 늘푸른나무 가지에 돋는 새순은 여러 가지 색깔로 아름다운데, 특히 붉은색을 띠는 것이 많다. 갈잎나무의 겨울눈에서 돋는 새순은 연녹색이 많지만 그 밖의 다른 색깔을 띠는 것도 있다. 여름에 돋는 잎 중에도 알록달록 치장을 한 잎도 볼 수 있다. 여러 색깔의 새순은 점차 잎이 자라면서 녹색으로 바뀐다.

사스레피나무 남쪽 바닷가 주변의 산에서 자라는 늘푸른떨기나무~작은키나무이다. 새로 돋는 잎은 적갈색이 돈다.

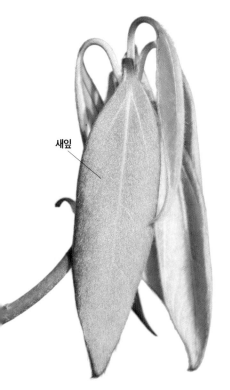

참식나무 울릉도와 남쪽 바닷가에서 자라는 늘푸른큰키나무로 밑으로 처지는 새 잎은 보드라운 연황갈색 털로 덮여 있다.

붓순나무 남쪽 섬에서 자라는 늘푸른큰 키나무로 봄에 돋는 붓 모양의 새순은 붉은빛이 돈다.

우묵사스레피 남쪽섬에서 자라는 늘푸른떨기나무로 새잎은 붉은빛이 돈다.

새잎

벽오동 중국 원산의 갈잎큰키나무로 관상수로 심는다.
봄에 가지 끝에 모여나는 새잎은 붉은색으로 아름답다.

새로 돋은 잎가지

묵은잎

꽝꽝나무 남부 지방에서 자라는 늘푸른떨기나무~작은키
나무로 봄에 돋는 새잎은 연황갈색이 돈다.

새잎

참죽나무 중국 원산의 갈잎큰키나무로 관상수로 심는다.
봄에 가지 끝에 모여나는 새잎은 적갈색이 돈다.

새잎

예덕나무 충남 이남에서 자라는 갈잎작은키나무로 봄에
새로 돋는 잎은 붉은빛이 돈다.

새잎

자금우 남쪽 섬에서 자라는 늘푸른떨기나무로 새로 돋는
잎은 붉은빛이 돌지만 점차 녹색으로 변한다.

무늬잎

단풍잎이 아름다운 것처럼 잎에 무늬가 있는 잎은 아름다워서 사람들이 좋아하지만 자연에서는 매우 드물다. 식물 입장에서 보면 흰색이나 노란색 등의 반점이 많으면 광합성을 잘할 수 없기 때문에 잘 자랄 수가 없고 살아가기가 어려울 수도 있다. 사람들은 인공적으로 잎에 아름다운 무늬와 색깔을 만들어서 관상용으로 많이 재배하고 있다.

메타세쿼이아 '골드러쉬' 메타세쿼이아의
원예 품종으로 잎 전체가 노란색이다.

구실잣밤나무 '안교 옐로' 구실잣밤나무의 원예 품종으로 녹색
잎 가장자리에 연노란색 얼룩무늬가 들어 있다.

무늬잎튤립나무 튤립나무의 원예 품종으로 잎몸 둘레에
노란색 얼룩무늬가 있다.

금사철 품종 사철나무의 원예 품종으로 잎몸에 노란색 얼룩무늬가 있다.

서양산딸나무 '선셋' 서양산딸나무의 원예 품종으로 잎몸 둘레에 있는 얼룩무늬가 봄에는 분홍색이다가 점차 노란색으로 변한다.

금식나무 식나무의 원예 품종으로 잎몸에 불규칙한 노란색 얼룩무늬와 점이 있다.

무늬잎아이비 아이비의 원예 품종으로 잎몸 둘레에 불규칙한 흰색 얼룩무늬가 있다.

무늬잎흰말채 흰말채나무의 원예 품종으로 잎몸 둘레에 불규칙한 흰색 얼룩무늬가 있다.

무늬자금우 자금우의 원예 품종으로 잎몸 둘레에 불규칙한 흰색 얼룩무늬가 있다.

수리딸기 남부 지방의 산에서 자라는 갈잎떨기나무이다. 드물게 자연적으로 잎에 연노란색 얼룩무늬가 생기는 개체도 있다.

크로톤 꽃송이 윗부분의 잎겨드랑이에서 나오는 기다란 꽃송이에 자잘한 흰색 꽃이 촘촘히 달리는데 많은 수술이 촘촘하다.

크로톤 품종 잎 색깔이 여러 가지인 것은 서로 다른 여러 색소가 들어 있기 때문이다.

뒤틀리는 잎을 가진 크로톤 품종

얕게 3갈래진 잎에 노란색 점무늬를 가진 크로톤 품종

좁은 피침형 잎을 가진 크로톤 품종

크로톤

크로톤(*Codiaeum variegatum*)은 열대 아시아 원산의 늘푸른떨기나무이다. 크로톤의 줄기와 가지 윗부분에 촘촘히 어긋나는 잎은 달걀형부터 선형까지 여러 품종이 있고, 잎의 색깔과 무늬도 다양하기 때문에 '변엽목(變葉木)'이라는 한자 이름으로 부르기도 하며 관상수로 널리 심고 있다.

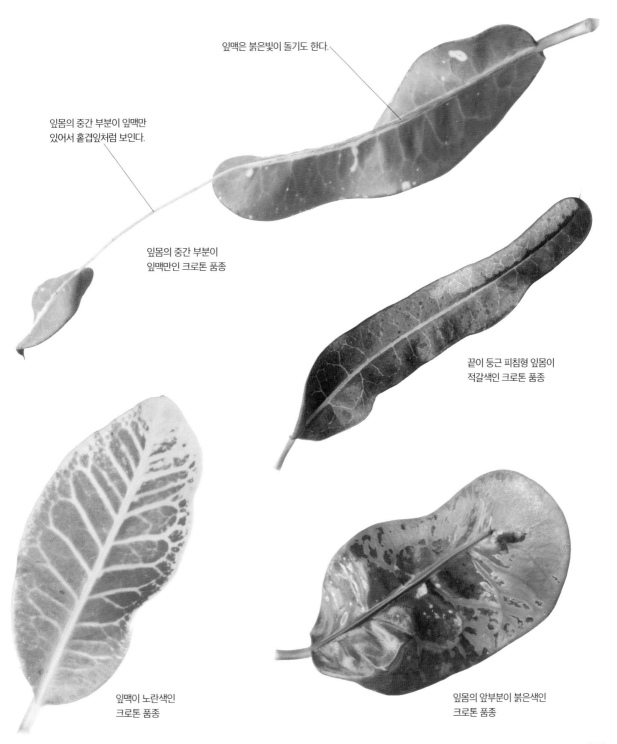

잎맥은 붉은빛이 돌기도 한다.

잎몸의 중간 부분이 잎맥만 있어서 홑겹잎처럼 보인다.

잎몸의 중간 부분이 잎맥만인 크로톤 품종

끝이 둥근 피침형 잎몸이 적갈색인 크로톤 품종

잎맥이 노란색인 크로톤 품종

잎몸의 앞부분이 붉은색인 크로톤 품종

잎으로 곤충을 부르는 개다래

개다래는 산에서 자라는 갈잎덩굴나무로 꽃이 필 때가 가까워지면 잎 표면이 하얗게 변해서 분칠을 한 듯 보이기 때문에 쉽게 눈에 띈다. 자세히 보면 어떤 잎은 모두 하얗게 변하고 어떤 잎은 일부만 하얗게 변한다. 하얗게 변한 잎은 잎사귀 밑에 숨어서 피는 꽃 대신에 곤충을 불러 모으는 역할을 한다. 잎에는 잎파랑이가 있으며 잎 표면에 공기가 들어가서 하얗게 보인다고 한다. 꽃이 지고 열매가 열리면 잎의 흰색 무늬는 다시 원래의 녹색이 드러난다.

대부분의 초록색 잎은 햇빛을 받아 양분을 만든다.

잎이 자라는 5월이면 일부분의 잎은 앞면의 일부나 전부가 하얗게 변한다.

초록색 잎

5월 말의 잎가지 어린잎의 앞면에 흰색 무늬가 생긴다. 이 무늬는 잎 표면에 공기가 들어가서 하얗게 보이게 만든다고 한다.

6월 말의 개다래 꽃이 한창 피는 6월이면 일부분의 잎이 분칠을 한 듯 하얗게 변한 잎을 달고 있어서 곤충이 이 나무를 쉽게 찾는다.

초록색 잎의 극히 일부만이 하얗게 변한 잎도 있다.

하얗게 변한 잎은 뒤에 숨어서 피는 꽃 대신에 곤충을 불러 모으는 역할을 한다.

6월경에 피는 흰색 꽃은 잎 뒤에 숨어서 밑을 보고 피기 때문에 사람이든 곤충이든 꽃을 발견하기가 쉽지 않다.

잎의 일부가 하얗게 변했던 잎은 열매가 자라기 시작하면 점차 다시 녹색을 되찾는다.

열매가 자라기 시작하면 잎 앞면의 흰색 무늬는 점차 희미해지면서 녹색이 드러나 광합성을 할 수 있게 된다. 이처럼 개다래의 잎은 본래의 역할인 광합성을 하는 일과 부수적으로 곤충을 불러들이는 두 가지 역할을 한다.

6월에 핀 꽃 개다래는 암수딴그루로 6월부터 잎겨드랑이에 흰색 꽃이 핀다.

쥐다래 산에서 자라는 갈잎덩굴나무로 개다래와 비슷하지만 잎 앞면에 흰색이나 분홍색 무늬가 생겨서 곤충을 불러 모은다. 또 가지 단면의 골속이 개다래는 흰색이고 꽉 차 있지만 쥐다래는 갈색이고 계단 모양이라서 구분이 된다.

광택이 나는 잎을 가진 조엽수

늘푸른넓은잎나무 중에서 잎 표면에 큐티클층이 발달해서 광택이 나는 가죽질의 진녹색 잎을 가진 나무를 특별히 '조엽수(照葉樹)'라고 한다. 여름철에 비가 많이 오고 겨울에는 날씨가 건조한 중국 남서부에서 우리나라 남쪽 섬과 일본에 걸쳐 조엽수가 많이 자라는 조엽수림이 널리 분포한다. 조엽수는 겨울 추위에 대비하여 열대 우림의 잎보다 작고 두꺼운 경향이 있다.

이 잎은 갈라진 갈래조각이 다시 갈라져 8갈래로 갈라진 것처럼 보인다.

가죽질 잎은 광택이 있으며 보통 7. 9. 11갈래로 손바닥처럼 깊게 갈라진다.

가죽질 잎은 광택이 있는 것이 조엽수에 해당한다.

녹나무 제주도에서 자라는 늘푸른큰키나무이다. 조엽수로 어긋나는 잎은 달걀형~타원형이며 가죽질이고 광택이 있으며 가장자리는 물결 모양으로 주름이 진다. 잎맥겨드랑이에 작은 기름점이 있으며 나무에서 뽑아낸 장뇌유는 향료나 약재로 쓴다.

팔손이 남쪽 섬에서 자라는 늘푸른떨기나무이다. 조엽수로 어긋나는 잎은 둥그스름하며 가죽질이고 광택이 있으며 가장자리는 7~11갈래로 깊게 갈라진다. 잎이 갈라진 모양을 보고 '팔손이'라고 하지만 실제로는 7, 9, 11갈래 등 홀수로 갈라지는 것이 많다.

겨울눈은 1cm 이상으로 길고 낫처럼 비쭉하게 굽어서 '비쭈기나무'라고 한다.

동백나무 남부 지방에서 자라는 늘푸른작은키나무이다. 조엽수로 어긋나는 잎은 타원형이며 두꺼운 가죽질이고 광택이 있으며 가장자리에 잔톱니가 있고 양면에 털이 없다.

비쭈기나무 남쪽 섬에서 자라는 늘푸른큰키나무이다. 조엽수로 어긋나는 잎은 타원형~넓은 피침형이며 가죽질이고 광택이 있으며 가장자리는 밋밋하고 양면에 털이 없다.

*조엽수림(照葉樹林), laurel forest

팔손이는 겨울에 꽃이 피는데 파리와 같은 곤충이 모여들어 꽃가루받이를 도와준다. 곤충은 광택이 있는 팔손이 잎에서 몸을 데우고 꽃으로 날아가 꿀을 빨아 먹는다.

잎이나 가지를 자르면 흰색 즙이 나온다.

모람 남쪽 섬에서 자라는 늘푸른덩굴나무이다. 조엽수로 어긋나는 잎은 피침형~긴타원형이며 두꺼운 가죽질이고 광택이 있으며 그물 모양의 잎맥이 뚜렷하다.

잎을 떨구고 겨울을 나는 갈잎나무와 달리 잎을 매단 채로 겨울을 나는 늘푸른나무는 잎 속에 있는 나무즙의 농도를 높여 추위에 얼지 않도록 하고 큐티클층을 발달시켜 잎의 조직을 보호한다.

마삭줄 남부 지방에서 자라는 늘푸른덩굴나무이다. 조엽수로 어긋나는 잎은 타원형~달걀형이며 가죽질이고 광택이 있으며 가장자리가 밋밋하다.

가지 끝의 큼직한 겨울눈이 벌어지며 꽃봉오리와 잎이 자라기 시작하고 있다.

어린 열매이삭

후박나무 울릉도와 남쪽 섬에서 자라는 늘푸른큰키나무이다. 조엽수로 어긋나는 잎은 거꿀달걀형~긴타원형이며 두꺼운 가죽질이고 광택이 있으며 가장자리는 밋밋하다.

구실잣밤나무 서남해 섬에서 자라는 늘푸른큰키나무이다. 조엽수로 어긋나는 잎은 거꿀피침형~긴타원형이며 두꺼운 가죽질이고 광택이 있으며 가장자리 윗부분에 물결 모양의 톱니가 있거나 밋밋하다.

참오동 낙엽

참오동은 중국 원산의 갈잎큰키나무로 오랜 옛날에 우리나라에 들어 왔으며 저절로 퍼져 자라고 심어 기르기도 한다. 어린나무에 달린 잎은 지름이 1m가 훨씬 넘을 정도로 큼직하다. 고요한 가을밤에 이 큰 잎이 낙엽 지면서 잎자루가 끊어지는 툭 소리는 노인들의 가슴을 덜컹 내려앉게 한다. 또 큰 오동 잎에 비 떨어지는 소리도 옛날 문인들의 심금을 울렸다. 이처럼 오동나무는 우리나라에서 저절로 자라는 나무 중에 잎이 가장 커서 예로부터 큰 잎을 가진 나무의 대명사로 알려져 왔다. 우리나라에서 볼 수 있는 가장 큰 잎은 남쪽 섬에서 정원수로 심는 카나리야자 잎이고 세계적으로는 라피아야자 잎이 가장 크다.

참오동 꽃송이 봄에 잎보다 약간 먼저 피는 깔때기 모양의 연보라색 꽃은 옆을 보고 피며 향기가 있다.

어린 참오동 참오동은 대표적인 양지나무(p.369)로 어릴 때부터 햇볕이 잘 드는 양지에서 생장이 왕성하며 어린나무에 달린 잎이 노목보다 훨씬 크다.

참오동 잎의 크기 잎은 보통 15~30㎝ 길이이지만 어린나무에 달린 잎은 1m가 넘기도 하며 SUV 자동차의 앞 유리창을 가릴 정도이다.

참오동 단풍잎 가지에 2장씩 마주나는 잎은 넓은 달걀형~길쭉한 하트형이며 3~5개의 모서리가 지기도 한다. 잎은 가을에 노랗게 단풍이 든다.

참오동 낙엽 고요한 가을밤 이 큰 잎이 낙엽 지면서 잎자루가 끊어지는 툭 소리는 노인들의 가슴을 덜컹 내려앉게 한다. 노란색 단풍잎은 점차 흑갈색으로 변한다.

카나리야자(*Phoenix canariensis*) 대서양의 카나리아 제도 원산으로 남쪽 섬에서 정원수로 심는다. 깃 꼴겹잎은 길이가 5~6m로 우리나라의 노지에서 볼 수 있는 가장 큰 잎이다.

라피아야자(*Raphia regalis*) 아프리카의 습지에서 자라는 야자나무 종류로 깃꼴겹잎은 길이가 25m에 달한다. 사진은 아프리카와 중남미에서 자라는 같은 속의 요릴로야자 (*R. taedigera*)로 깃꼴겹잎은 길이가 18m에 달한다.

225

새순 봄에 가지 끝의 겨울눈에서
새가지가 돋아 자라고 있다.

새순이 돋을 때까지
가지에 낙엽이 붙어 있다.

신갈나무 우리나라에서 가장 흔하게 자라는 참나무속 나무의 하나로 도토리열매가 열린
다. 신갈나무를 포함한 참나무속 나무는 떨켜가 잘 발달하지 않아서 겨우내 낙엽을 매달고
있다가 봄에 새순이 돋을 때가 되어야 낙엽을 떨구기도 한다.

굴참나무 참나무속 나무의 하나로 떨켜가 잘 발달하지 않는다.
긴 타원 모양의 피침형 잎은 뒷면이 회백색 털로 덮여 있다.

당단풍 중부 지방의 산에서 가장 흔히 볼 수 있는 단풍나무 종
류로 둥그스름한 잎몸은 9~11갈래로 손바닥처럼 갈라진다. 잎
은 떨켜가 잘 발달하지 않아 가지에 낙엽을 겨우내 매달고 있다.

낙엽을 매단 채 겨울을 나는 나무

갈잎나무는 가을이 되어 기온이 내려가면 단풍이 들고 떨켜를 따라 잎자루가 분리되면서 낙엽이 진다. 하지만 갈잎나무 중에는 단풍은 들지만 떨켜가 발달하지 않아서 누렇게 바랜 잎을 겨우내 달고 있는 나무들도 있다. 이들 나무 중에는 봄이 와서 새순이 돋을 때쯤에야 낙엽을 떨구는 것도 있다.

감태나무 중부 이남의 산기슭에서 나지막하게 자라는 갈잎나무로 잎은 떨켜가 잘 발달하지 않는다. 누렇게 변한 낙엽을 겨우내 매달고 있기 때문에 겨울에 나무를 구분하기가 더 쉽다.

수꽃이삭

개암나무 산에서 자라는 갈잎떨기나무로 잎은 떨켜가 잘 발달하지 않는다. 누렇게 변한 낙엽을 이른 봄까지 달고 있다가 꽃이 피기도 한다.

떡갈나무 참나무속 나무의 하나로 떨켜가 잘 발달하지 않는다. 거꿀달걀형 잎은 뒷면에 갈색 털이 오래도록 남아 있으며 잎자루가 거의 없고 잎 가장자리의 톱니가 물결 모양인 것으로 구분한다. 큼직한 잎을 떡을 찔 때 사용해서 떡갈나무라는 이름을 얻었다.

벌레 먹은 잎

양분을 만드는 잎은 가장 중요한 생물의 에너지 공급원이다. 곤충을 비롯한 많은 생물이 잎을 먹고 살아간다. 한자리에서 사는 나무는 움직이거나 도망도 가지 못하고 해를 향해 잎을 펼친 채 다른 생물의 먹이가 된다. 식물은 잎에 타닌과 같이 소화 장애를 일으키는 물질을 분비해서 몸을 지키기도 한다.

잔잎산오리나무 오리나무잎벌레의 애벌레가 잎살만 갉아 먹어서 잎맥이 드러났다.

붉나무 오배자면충이 잎에 알을 낳아 만들어진 벌레혹을 '오배자(五倍子)'라고 하며 한약재로 쓴다.

동백나무 담자균에 의한 병으로 봄부터 초여름에 걸쳐 발생한다. 어린잎이나 줄기, 꽃눈 등에 발생하면 떡처럼 부풀어서 흔히 '떡병'이라고 한다.

구기자나무 구기자혹응애가 잎에 기생해서 지름 2㎜ 내외의 둥근 흑갈색의 벌레혹을 만든다.

보리수나무 잎굴파리의 애벌레가 나뭇잎 잎살 사이를 터널처럼 파고 들어가면서 잎몸의 속살을 갉아 먹는다.

개박달나무 대벌레가 잎 가장자리부터 갉아 먹고 있다. 대벌레는 위험을 느끼면 죽은 척하는데 대나무 가지처럼 보인다.

등칡 사향제비나비 애벌레가 잎을 갉아 먹고 있다. 수컷은 사향 냄새가 나며 애벌레는 등칡이나 쥐방울덩굴 잎을 먹고 산다.

때죽나무 때죽납작진딧물이 어린 가지 끝에 바나나 송이 모양의 벌레혹을 만든다.

외대으아리 담자균류 녹병균목에 속하는 곰팡이의 일종인 녹병균이 잎에 기생하면서 녹병을 일으킨다.

조록나무 조록나무혹진딧물이 잎에 기생해서 둥글게 튀어나온 벌레혹을 만든다.

느티나무 외줄면충의 애벌레가 만든 벌레혹이 잎에 혹처럼 모여 달린다.

벗나무 사사키잎혹진딧물은 벗나무 새눈에 기생하는 진딧물로 잎 표면의 잎맥을 따라서 주머니 모양의 벌레혹을 만든다.

229

나물로 먹는 잎

예전에는 봄소식이 전해져 오면 아이들은 나물노래를 부르면서 뒷산으로 나물을 캐러 가서, 다래나 으름덩굴을 만나면 새순을 보자기 가득 따서 집으로 돌아왔다. 예전에 먹을 것이 귀하던 춘궁기(春窮期)에는 산나물로 끼니를 때우기도 했다. 하지만 먹을 것이 풍족한 오늘날에는 산나물마다 지니고 있는 독특한 향기와 맛 때문에 봄철에 입맛을 돋우는 특별한 먹거리로 산나물을 찾는다.

으름덩굴 어린잎을 살짝 데쳐서 나물로 무쳐 먹거나 볶아서 차를 끓여 마신다.

다래 어린순을 살짝 데쳐서 말린 묵나물을 무쳐 먹는다.

두릅나무 어린순을 데쳐서 나물로 먹는데 흔히 초고추장에 찍어 먹는다.

고추나무 새순을 데쳐서 나물로 무치거나 볶아 먹고, 말려서 묵나물을 만들어 두고 두고 먹는다.

헛개나무 어린잎을 쌈장에 찍어 먹거나 연한 잎을 따서 쌈을 싸 먹는다.

뽕나무 어린잎을 데쳐서 나물로 무쳐 먹거나 말려서 밑반찬을 만들어 먹기도 한다.

화살나무 봄에 돋는 새순을 나물로 하는데 흔히 '홑잎나물'이라고 부른다.

죽순대 봄에 돋는 죽순을 잘라 삶아서
음식을 해 먹는다.

옻나무 어린순을 데쳐서 나물로 먹는
다. 옻을 타는 사람은 옻이 오르지 않
도록 주의해야 한다.

참죽나무 새순을 날로 무쳐 먹으며 많으
면 데쳐서 말려 두었다가 두고두고 꺼내
먹는다.

찔레꽃 어린잎을 데쳐서 나물로 먹는다.
굵은 새순은 잘라서 껍질을 벗겨 날로 먹는다.

음나무 어린순을 데쳐서 나물로 먹는데
흔히 초고추장에 찍어 먹는다.

231

V 꽃

꽃은 속씨식물의 번식 기관으로 보통 가지에서 벋은 자루 끝에 붙는
암술 주위를 수술이 둘러싸고, 그 밑을 꽃잎과 꽃받침이 받치고 있는
구조로 되어 있다. 대부분의 꽃은 아름다운 꽃잎 때문에 눈에 잘 띄는데
곤충이나 새를 불러들여서 꽃가루받이를 해야 하기 때문이다.
수술의 꽃가루가 암술머리에 묻는 꽃가루받이가 이루어지면 꽃가루관이
씨방까지 뻗어서 정받이가 이루어진다. 일반적으로 정받이가 끝나면
밑씨가 들어 있는 씨방은 열매로 자란다.

8월에 핀 무궁화 꽃

꽃의 구조

꽃은 잎이 변해서 만들어진 기관으로 열매와 씨앗을 만들어서 자손을 퍼뜨리는 역할을 한다. 꽃의 모양과 색깔은 나무마다 제각각 다르다. 보통 꽃은 꽃받침, 꽃잎, 암술, 수술의 4가지 기관으로 이루어져 있다. 꽃받침과 꽃잎은 꽃 가운데에 있는 암술과 수술을 보호하는 역할을 하는 보호 기관이다. 특히 꽃잎은 이런 기능 외에 아름다운 색깔과 무늬 등으로 꽃가루받이를 시켜 주는 곤충을 끌어들이는 역할도 한다. 암술과 수술은 꽃가루받이를 통해 열매와 씨앗을 만들어 자손을 퍼뜨리는 중요한 역할을 하는 긴요 기관이자 번식 기관이다.

꽃봉오리

꽃잎

수술

꽃받침

암술

탱자나무 꽃 중국 원산의 갈잎떨기나무로 관상수로 심는다.
4~5월에 잎이 돋기 전에 먼저 흰색 꽃이 핀다.

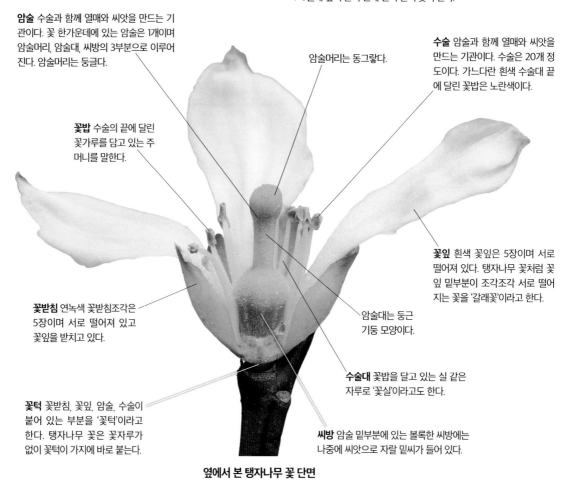

암술 수술과 함께 열매와 씨앗을 만드는 기관이다. 꽃 한가운데에 있는 암술은 1개이며 암술머리, 암술대, 씨방의 3부분으로 이루어진다. 암술머리는 둥글다.

암술머리는 동그랗다.

수술 암술과 함께 열매와 씨앗을 만드는 기관이다. 수술은 20개 정도이다. 가느다란 흰색 수술대 끝에 달린 꽃밥은 노란색이다.

꽃밥 수술의 끝에 달린 꽃가루를 담고 있는 주머니를 말한다.

꽃잎 흰색 꽃잎은 5장이며 서로 떨어져 있다. 탱자나무 꽃처럼 꽃잎 밑부분이 조각조각 서로 떨어지는 꽃을 '갈래꽃'이라고 한다.

꽃받침 연녹색 꽃받침조각은 5장이며 서로 떨어져 있고 꽃잎을 받치고 있다.

암술대는 둥근 기둥 모양이다.

수술대 꽃밥을 달고 있는 실 같은 자루로 '꽃실'이라고도 한다.

꽃턱 꽃받침, 꽃잎, 암술, 수술이 붙어 있는 부분을 '꽃턱'이라고 한다. 탱자나무 꽃은 꽃자루가 없이 꽃턱이 가지에 바로 붙는다.

씨방 암술 밑부분에 있는 볼록한 씨방에는 나중에 씨앗으로 자랄 밑씨가 들어 있다.

옆에서 본 탱자나무 꽃 단면

*꽃[화(花), flower] / 수술[웅예(雄蘂), stamen] / 꽃밥[약(藥), anther] / 수술대[꽃실, 화사(花絲), filament] / 암술[자예(雌蘂), pistil] / 씨방[자방(子房), ovary] / 꽃잎[화판(花瓣), petal] / 꽃받침[악(萼), calyx]

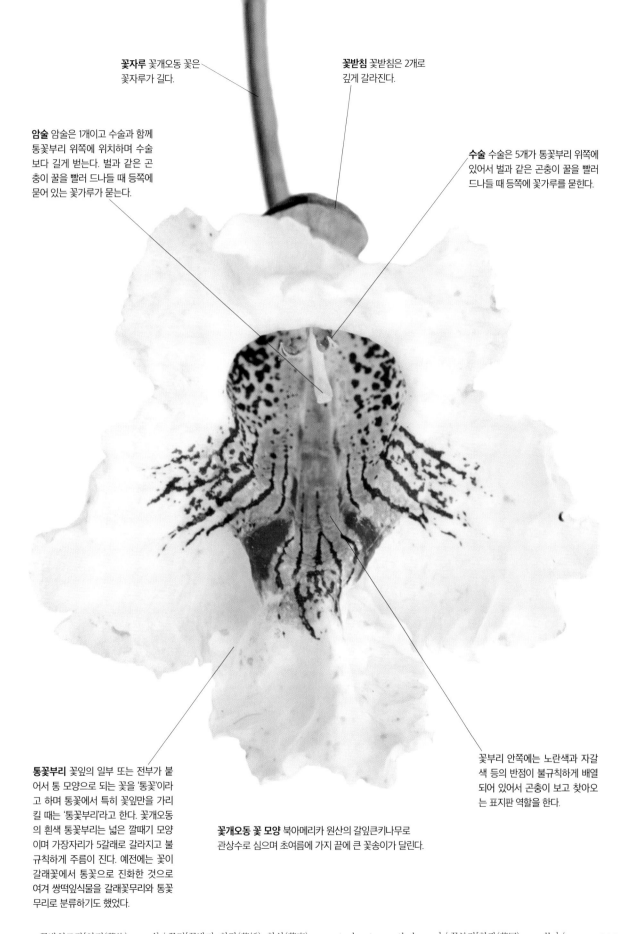

꽃자루 꽃개오동 꽃은 꽃자루가 길다.

꽃받침 꽃받침은 2개로 깊게 갈라진다.

암술 암술은 1개이고 수술과 함께 통꽃부리 위쪽에 위치하며 수술보다 길게 벋는다. 벌과 같은 곤충이 꿀을 빨러 드나들 때 등쪽에 묻어 있는 꽃가루가 묻는다.

수술 수술은 5개가 통꽃부리 위쪽에 있어서 벌과 같은 곤충이 꿀을 빨러 드나들 때 등쪽에 꽃가루를 묻힌다.

통꽃부리 꽃잎의 일부 또는 전부가 붙어서 통 모양으로 되는 꽃을 '통꽃'이라고 하며 통꽃에서 특히 꽃잎만을 가리킬 때는 '통꽃부리'라고 한다. 꽃개오동의 흰색 통꽃부리는 넓은 깔때기 모양이며 가장자리가 5갈래로 갈라지고 불규칙하게 주름이 진다. 예전에는 꽃이 갈래꽃에서 통꽃으로 진화한 것으로 여겨 쌍떡잎식물을 갈래꽃무리와 통꽃무리로 분류하기도 했었다.

꽃개오동 꽃 모양 북아메리카 원산의 갈잎큰키나무로 관상수로 심으며 초여름에 가지 끝에 큰 꽃송이가 달린다.

꽃부리 안쪽에는 노란색과 자갈색 등의 반점이 불규칙하게 배열되어 있어서 곤충이 보고 찾아오는 표지판 역할을 한다.

※꽃받침조각[악편(萼片), sepal] / 꽃턱[꽃받기, 화탁(花托), 화상(花床), receptacles, torus, thalamus] / 꽃부리[화관(花冠), corolla] / 갈래꽃[이판화(離瓣花), polypetalous] / 통꽃[합판화(合瓣花), gamopetalous]

방사대칭꽃과 좌우대칭꽃

방사대칭꽃

식물은 암술과 수술을 중심으로 꽃잎을 돌려가며 규칙적으로 가지런히 배열해 곤충의 눈에 잘 띄도록 했다. 꽃잎이 가지런히 배열된 꽃의 중심을 평면으로 잘랐을 때, 양쪽이 똑같은 모양으로 나누어지는 대칭축이 몇 개씩 있는 꽃을 '방사대칭꽃'이라고 하는데 대칭축이 방사상으로 배열되는 꽃이란 뜻이다. 방사대칭꽃은 대부분의 속씨식물에서 볼 수 있다. 방사대칭꽃은 꽃잎의 수에 따라 대칭축의 수가 다르다. 다음의 방사대칭꽃은 대칭축이 몇 개인지 그어 보자.

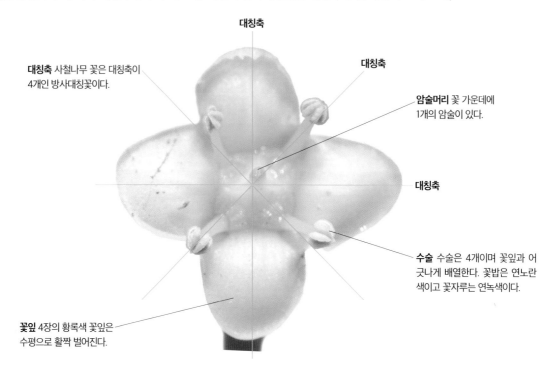

대칭축

대칭축 사철나무 꽃은 대칭축이 4개인 방사대칭꽃이다.

대칭축

암술머리 꽃 가운데에 1개의 암술이 있다.

대칭축

수술 수술은 4개이며 꽃잎과 어긋나게 배열한다. 꽃밥은 연노란색이고 꽃자루는 연녹색이다.

꽃잎 4장의 황록색 꽃잎은 수평으로 활짝 벌어진다.

사철나무 꽃 모양 바닷가에서 자라는 늘푸른떨기나무로 6월에 잎겨드랑이에 달리는 꽃송이에 자잘한 황록색 꽃이 모여 핀다.

청미래덩굴 수꽃 모양 산에서 자라는 갈잎덩굴나무로 봄에 피는 꽃은 대칭축이 3개이다.

장구밥나무 꽃 모양 바닷가 산기슭에서 자라는 갈잎떨기나무로 초여름에 피는 꽃은 대칭축이 5개이다.

후박나무 꽃 모양 남쪽 섬에서 자라는 늘푸른큰키나무로 5~6월에 피는 꽃은 대칭축이 6개이다.

*방사대칭꽃[방사대칭화(放射對稱花), 방사상칭화(放射相稱花), 정제화(整齊花), actinomorphic flower]

좌우대칭꽃

방사대칭꽃의 단점을 없애기 위해 꽃들은 또 다른 변신을 했다. 즉, 곤충이 일정한 방향에서만 꽃에 접근하게 만든 것이다. 이런 모양의 꽃은 꽃받침조각이나 꽃잎의 모양이 서로 다르며 보통 대칭축이 하나밖에 없기 때문에 '좌우대칭꽃'이라고 한다. 곤충이 좌우대칭꽃의 꿀을 먹기 위해서는 몸이 대칭축에 일치하도록 접근해야 하기 때문에 곤충의 등이나 배 같은 일정한 부위에 꽃가루를 정확히 묻히거나 받을 수가 있다.

대칭축 참오동 꽃은 대칭축이 1개인 좌우대칭꽃이다.

1개의 암술과 4개의 수술은 꽃부리 위쪽에 숨어 있어서 곤충이 드나들 때 곤충의 등에 꽃가루를 묻혀 주거나 받는다.

꽃부리 통꽃부리는 종 모양이며 5갈래로 갈라져 벌어지고 안쪽에 자줏빛 점선이 있어서 곤충에게 꿀이 있는 곳을 안내해 준다.

꽃부리 아래쪽은 곤충이 내려앉을 수 있도록 비스듬하다.

참오동 꽃 모양 중국 원산의 갈잎큰키나무로 봄에 잎이 돋을 때 가지 끝의 꽃송이에 큼직한 연보라색 꽃이 모여 핀다.

싸리 꽃 모양 산과 들에서 자라는 갈잎떨기나무로 여름에 피는 꽃은 대칭축이 1개인 좌우대칭꽃이다.

능소화 꽃 모양 중국 원산의 갈잎덩굴나무로 여름에 피는 꽃은 대칭축이 1개인 좌우대칭꽃이다.

모감주나무 꽃 모양 바닷가에서 자라는 갈잎작은키나무로 여름에 피는 꽃은 대칭축이 1개인 좌우대칭꽃이다.

*좌우대칭꽃[좌우대칭화(左右對稱花), 부정제꽃, 부정제화(不整齊花), zygomorphic flower]

꽃의 기하학

꽃의 모양과 대칭 조직은 꽃식물의 발달과 진화에 따른 중요한 특성으로 볼 수 있다. 특히 방사대칭꽃을 위에서 보면 펼쳐진 꽃잎의 수에 따라 삼각형, 사각형, 오각형, 육각형 등 제각기 독특한 기하학적 무늬와 패턴을 찾아볼 수 있으며 도안에도 많이 응용되고 있다.

으름덩굴 암꽃 모양 산에서 자라는 갈잎덩굴나무로 암수한그루이며 4~5월에 꽃이 핀다. 암꽃은 3장의 둥그스름한 꽃받침조각이 삼각형 모양으로 배열하고 있다. 3장의 꽃받침조각은 각각 120도 정도로 벌어진다.

라일락 꽃 모양 동유럽 원산의 갈잎떨기나무로 4~5월에 꽃이 핀다. 꽃부리는 4갈래로 갈라져 수평으로 벌어지고 둥그스름한 꽃덮이조각이 十자 모양으로 벌어진 것이 사각형 모양으로 배열한 것처럼 보인다. 4갈래진 각각의 꽃덮이조각은 각각 90도 정도로 벌어진다.

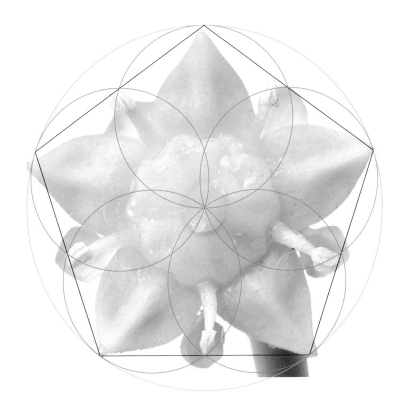

대추나무 꽃 모양 과일나무로 재배하는 갈잎작은키나무로 5~6월에 꽃이 핀다. 5갈래로 갈라져 수평으로 벌어진 꽃받침이 꽃잎처럼 보인다. 꽃받침조각은 둥근 삼각형 모양이며 오각형 모양으로 배열한다. 5갈래진 각각의 꽃받침조각은 각각 72도 정도로 벌어진다. 자그마한 5장의 꽃잎은 각각 수술 뒤를 받치고 있다.

치자나무 꽃 모양 중국 원산의 늘푸른떨기나무로 6~7월에 꽃이 핀다. 꽃부리는 보통 6갈래로 갈라지고 갈라진 둥근 타원형의 꽃덮이조각이 수평으로 벌어진 것이 육각형 모양으로 배열한 것처럼 보인다. 6갈래진 각각의 꽃덮이조각은 각각 60도 정도로 벌어진다.

꽃차례

작은 꽃이 피는 식물은 곤충의 눈에 잘 띄기 위해 많은 꽃이 모여 달린 커다란 꽃송이를 만드는데, 작은 꽃이 줄기나 가지에 붙는 모양을 '꽃차례'라고 한다. 꽃 차례에 달리는 많은 꽃은 한꺼번에 꽃이 피지 않고 일정한 방향으로 차례대로 피기 때문에 오랫동안 꽃가루받이를 할 수 있는 장점이 있다. 꽃차례는 여러 가지가 있는데 대체로 식물마다 일정한 꽃차례를 가진다. 꽃차례의 꽃이 위에서부터 밑으로 피어 내려가거나 안에서부터 밖으로 피어 가는 것을 '유한꽃차례'라고 한다. 유한꽃차례와 반대로 꽃차례의 꽃이 밑에서부터 위로 계속 피어 올라가거나 밖에서부터 안으로 계속 피어 들어가는 것은 '무한꽃차례'라고 한다.

족제비싸리

망종화

홀로꽃차례(단정화서:單頂花序) 하나의 꽃대 끝에 하나의 꽃이 피는 꽃차례로 '홑꽃차례'라고도 한다.

사철나무

갈래꽃차례(취산화서:聚繖花序) 꽃자루 끝에 피는 꽃 양쪽으로 가지가 갈라져 꽃이 피고 또 가지가 갈라져 꽃이 피기를 반복하는 꽃차례.

이삭꽃차례(수상화서:穗狀花序) 긴 꽃차례자루에 꽃자루가 없는 작은 꽃들이 촘촘히 붙는 꽃차례.

자잘한 꽃이 꽃주머니 안쪽 벽에 촘촘히 모여 달린 숨은꽃차례이다.

무화과

숨은꽃차례(은두화서:隱頭花序) 꽃대 끝의 꽃턱이 커져서 항아리 모양을 만들고, 그 안쪽 면에 많은 꽃이 달리기 때문에 겉에서는 꽃이 보이지 않는 꽃차례로 '무화과꽃차례'라고도 한다.

여러 가지 꽃차례

꽃차례는 보통 다음과 같이 유한꽃차례와 무한꽃차례로 구분하지만 유한꽃차례와 무한꽃차례의 구분에는 예외적인 경우도 있다.

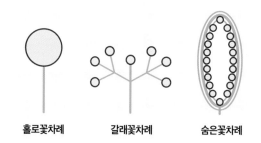

유한꽃차례

홀로꽃차례   갈래꽃차례   숨은꽃차례

*꽃차례[화서(花序), inflorescence] / 유한꽃차례[유한화서(有限花序), determinate inflorescence]

자작나무

꼬리꽃차례(미상화서:尾狀花序, 유이화서:葇荑花序) 이삭꽃차례가 꼬리처럼 길게 늘어지는 꽃차례.

굴거리

송이꽃차례(총상화서:總狀花序) 긴 꽃차례자루에 작은 꽃자루가 있는 꽃들이 어긋나게 붙어 피어 올라가는 꽃차례.

단풍나무

고른꽃차례(산방화서:繖房花序) 긴 꽃차례자루에 어긋나게 붙는 작은 꽃자루의 높이가 같아져 꽃들이 같은 높이에서 피는 꽃차례.

붉나무

원뿔꽃차례(원추화서:圓錐花序) 꽃차례자루에서 여러 개의 가지가 갈라져 전체가 원뿔 모양을 이루는 꽃차례.

비목나무

우산꽃차례(산형화서:繖形花序) 꽃자루 끝에서 같은 길이로 우산살처럼 갈라진 작은 꽃가지 끝마다 꽃이 달리는 꽃차례.

마가목

겹고른꽃차례(복산방화서:複繖房花序) 어긋나게 붙는 고른꽃차례가 다시 같은 높이로 자라는 꽃차례.

삼지닥나무

머리모양꽃차례(두상화서:頭狀花序) 줄기 끝에 많은 꽃들이 촘촘히 모여 달려 있어 전체가 한 송이 꽃처럼 보이는 꽃차례.

무한꽃차례

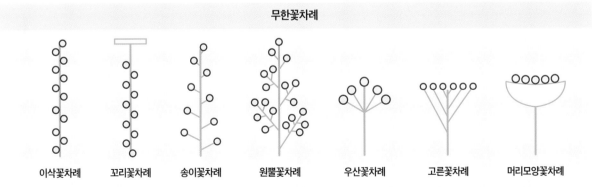

| 이삭꽃차례 | 꼬리꽃차례 | 송이꽃차례 | 원뿔꽃차례 | 우산꽃차례 | 고른꽃차례 | 머리모양꽃차례 |

암수한그루

식물 중에는 하나의 꽃에 암술만 있는 암꽃과 수술만 있는 수꽃이 같은 그루에 함께 피는 것이 있는데, 이런 식물을 '암수한그루'라고 한다. 오리나무와 자작나무 같은 자작나무과 식물에 암수한그루가 많은데, 수꽃이삭의 꽃가루가 바람을 이용해 꽃가루받이를 하는 바람나름꽃이다. 꽃식물 중에서 7% 정도가 암수한그루인 것으로 알려져 있다. 하나의 꽃에 암술과 수술이 모두 들어 있는 암수한꽃도 넓은 의미에서는 암수한그루라고 할 수 있다.

중국굴피나무 암꽃이삭 햇가지 끝에 곧게 선다. 붉은색 암술머리는 둘로 갈라지며 돌기가 많아서 꽃가루가 잘 묻는다.

수꽃이삭 연녹색 수꽃이삭은 점차 밑으로 처지면서 꽃가루가 바람에 날린다.

중국굴피나무 심어 기르는 갈잎큰키나무로 암꽃과 수꽃이 한 그루에 따로 피는 암수한그루이다.

사방오리 암꽃이삭 원통 모양의 암꽃이삭은 가지 끝에 곧게 선다.

수꽃이삭 굵은 원통 모양의 수꽃이삭은 가지에서 나와 점차 밑으로 처진다.

꽃가루가 바람에 날려서 꽃가루받이를 하는 바람나름꽃은 꽃가루가 암꽃을 만나기 위해서 넓게 퍼뜨려야 하기 때문에 암꽃보다 수꽃이 훨씬 많다.

사방오리 주로 남부 지방의 산에 심어 기르는 갈잎큰키나무로 암꽃과 수꽃이 한 그루에 따로 피는 암수한그루이다.

*암수한그루[자웅동주(雌雄同株), 일가화(一家花), monoecism, monoecious plant]

일본잎갈나무 암솔방울 위를 향하는 암솔방울 밑부분에는 잎이 촘촘히 돌려난다.

꽃이 필 때 잎도 함께 돋는다. 짧은가지 끝에는 바늘잎이 촘촘히 모여난다.

일본잎갈나무 일본 원산의 갈잎바늘잎나무로 산에 많이 심어 기른다. 암수한그루로 봄에 잎이 돋을 때 꽃도 함께 핀다.

수솔방울 노란색 수솔방울은 대부분이 밑을 향하며 노란 꽃가루가 바람에 날려 퍼진다.

박달나무 암꽃이삭 짧은 가지 끝에 곧게 서며 밑부분에 잎이 함께 돋는다.

잎이 돋는 짧은가지

닥나무 암꽃이삭 햇가지 윗부분의 잎겨드랑이에 달리는 둥근 암꽃이삭은 적자색 실 모양의 암술대로 덮여 있다.

수꽃이삭 긴가지 끝에서 꼬리처럼 늘어지는 수꽃이삭은 꽃가루가 바람에 날려 퍼진다.

수꽃이삭 봉오리 햇가지 밑부분에 달리는 수꽃이삭은 꽃가루가 바람에 날려 퍼진다.

닥나무 산기슭이나 마을 주변에서 자라는 갈잎떨기나무로 암수한그루이며 봄에 잎이 돋을 때 꽃도 함께 핀다.

박달나무 산에서 자라는 갈잎큰키나무로 암수한그루이며 봄에 잎이 돋을 때 꽃도 함께 핀다.

굴피나무

굴피나무는 산에서 자라는 갈잎작은키나무로 양지바른 바위틈처럼 메마르고 거친 땅에서도 잘 자란다. 암수한그루로 5~6월에 가지 끝에 10여 개의 기다란 꽃차례가 모여 달려 위를 향한다. 꽃차례 가운데에 암꽃차례가 달리고 암꽃차례 둘레에 수꽃차례가 빙 둘러난다. 굴피나무는 특이하게도 암꽃차례 끝부분에 수꽃차례가 달리는 경우가 많아서 구분하는 데 도움이 된다.

굴피나무 암꽃차례 위에 붙는 수꽃차례는 봉오리 때는 길이가 짧다.

이 꽃차례는 모든 꽃이 아직 피지 않은 꽃봉오리 상태이다.

수꽃차례 암꽃차례 둘레에 기다란 수꽃차례가 빙 둘러 있다.

암꽃차례 원통형 암꽃차례 위에도 수꽃차례가 붙는다.

굴피나무 어린 꽃차례 산에서 자라는 갈잎작은키나무로 암수한그루이며 5~6월에 꽃이 핀다.

*암술먼저피기[자예선숙(雌蘂先熟), protogynous, protogyny]

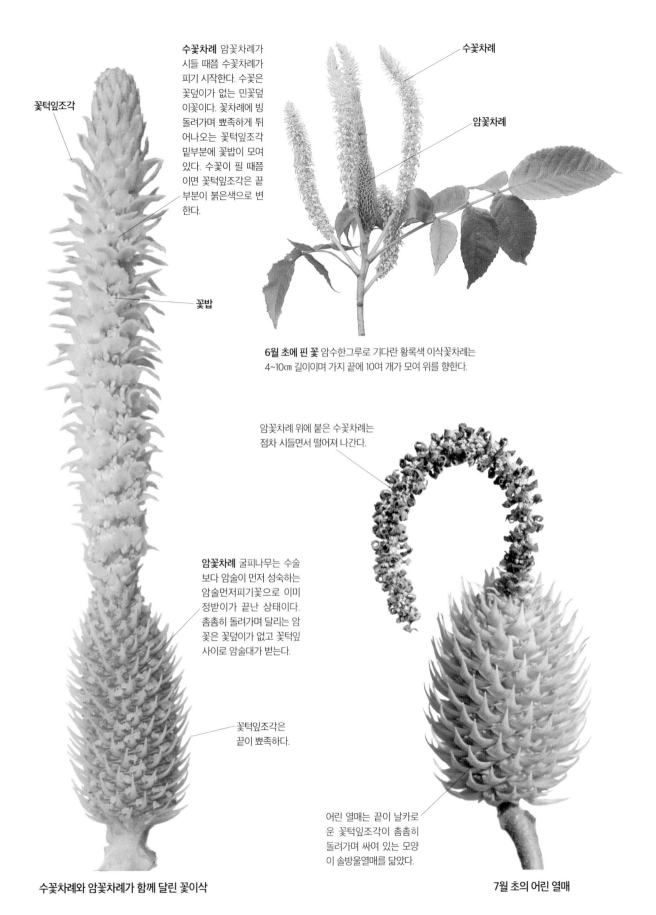

수꽃차례 암꽃차례가 시들 때쯤 수꽃차례가 피기 시작한다. 수꽃은 꽃덮이가 없는 민꽃덮이꽃이다. 꽃차례에 빙 돌려가며 뾰족하게 튀어나오는 꽃턱잎조각 밑부분에 꽃밥이 모여 있다. 수꽃이 필 때쯤이면 꽃턱잎조각은 끝부분이 붉은색으로 변한다.

꽃턱잎조각

꽃밥

수꽃차례

암꽃차례

6월 초에 핀 꽃 암수한그루로 기다란 황록색 이삭꽃차례는 4~10㎝ 길이이며 가지 끝에 10여 개가 모여 위를 향한다.

암꽃차례 위에 붙은 수꽃차례는 점차 시들면서 떨어져 나간다.

암꽃차례 굴피나무는 수술보다 암술이 먼저 성숙하는 암술먼저피기꽃으로 이미 정받이가 끝난 상태이다. 촘촘히 돌려가며 달리는 암꽃은 꽃덮이가 없고 꽃턱잎 사이로 암술대가 벋는다.

꽃턱잎조각은 끝이 뾰족하다.

어린 열매는 끝이 날카로운 꽃턱잎조각이 촘촘히 돌려가며 싸여 있는 모양이 솔방울열매를 닮았다.

수꽃차례와 암꽃차례가 함께 달린 꽃이삭

7월 초의 어린 열매

암수딴그루

어떤 나무는 암꽃이 피는 암그루와 수꽃이 피는 수그루가 각각 따로 있는데, 이런 나무를 '암수딴그루'라고 한다. 마치 사람에게 여자와 남자가 따로 있고 많은 동물이 암컷과 수컷이 따로 있는 것과 마찬가지이다. 암수딴그루 식물은 암그루에서는 열매를 볼 수 있지만 수그루에서는 열매를 볼 수가 없는 것이 특징이다. 꽃식물 중에서 5% 정도가 암수딴그루인 것으로 알려져 있다. 식물은 제꽃가루받이를 피하기 위해 암수한꽃에서 암수한그루, 암수딴그루의 순서로 진화한 것으로 보기도 한다.

겨울눈 끝눈은 긴 원뿔형이며 아직 벌어지지 않았다.

수꽃이삭

잎눈 꽃이 시들 때쯤 가지 끝의 겨울눈이 벌어지는데 앞으로 잎가지가 나와 자랄 잎눈이다.

암꽃이삭

이태리포플러 수그루의 수꽃이삭 암수딴그루로 봄에 잎이 돋기 전에 꽃이 먼저 핀다. 수그루의 수꽃이삭은 붉은색이고 밑으로 처지며 꽃잎이 없고 활짝 피면 꽃가루가 날리는 바람나름꽃이다.

이태리포플러 암그루의 암꽃이삭 암그루의 암꽃이삭은 연녹색이며 꽃잎이 없고 수꽃이삭처럼 밑으로 처진다. 꽃가루받이가 이루어지면 열매가 열린다.

246

＊암수딴그루[자웅이주(雌雄異株), 이가화(二家花), dioecism, dioecious plant]

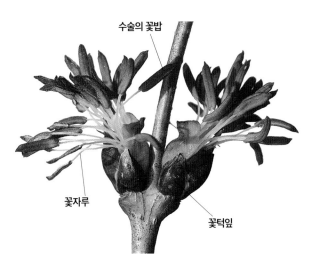

수술의 꽃밥

꽃자루

꽃턱잎

계수나무 수그루에 핀 수꽃 암수딴그루로 봄에 잎이 돋기 전에 꽃이 먼저 핀다. 수그루의 잎겨드랑이에 달리는 수꽃은 꽃잎도 꽃받침도 없으며 수술의 꽃밥은 붉은색이고 가는 꽃자루는 흰색이다.

암술

꽃턱잎

계수나무 암그루에 핀 암꽃 암수딴그루로 암그루의 암꽃도 꽃잎과 꽃받침이 없이 붉은색 암술만 있는 민꽃덮이꽃이다. 암꽃은 암술이 3~5개이다.

수술의 꽃밥

두충 수그루의 수꽃 암수딴그루로 봄에 잎이 돋기 전에 꽃이 먼저 핀다. 수그루의 수꽃은 꽃덮이가 없으며 기다란 수술이 모여 달린다. 꽃밥은 적갈색이 돌고 수술대는 짧다.

암술머리

씨방

두충 암그루의 암꽃 암그루에 모여 달리는 암꽃도 꽃덮이가 없는 민꽃덮이꽃이며 주걱 모양의 씨방 끝에 달리는 2개의 암술머리는 각각 좌우로 젖혀진다.

시든 꽃밥

수술대

수술

꽃자루

꽃밥

꽃잎

꽃봉오리

먼나무 수그루의 수꽃 암수딴그루로 5~6월에 햇가지의 잎겨드랑이에 모여 피는 수꽃은 꽃잎이 뒤로 젖혀지고 수술이 꽃잎 밖으로 길게 벋는다.

암술

퇴화된 수술

꽃잎

먼나무 암그루의 암꽃 암그루의 잎겨드랑이에 모여 피는 암꽃은 꽃잎이 약간 젖혀지고 연녹색 암술 둘레에 퇴화된 수술이 있다.

*수그루[웅주(雄株), male plant] / 암그루[자주(雌株), female plant]

눈비늘조각은 1장이며 점차 고깔모자처럼 벗겨져 나간다.

수꽃은 꽃차례에 촘촘히 돌려가며 달린다.

겨울눈 수꽃이삭은 활짝 피었지만 잎눈은 아직 겨울잠을 자고 있다.

갯버들 수꽃이삭 수그루에 달리는 수꽃이삭은 긴 타원형이며 3~6㎝ 길이이다. 갯버들은 이른 봄에 일찍 꽃을 피워서 꽃가루받이를 끝내고 나서야 잎눈이 벌어지면서 잎가지가 나온다.

갯버들 수꽃봉오리 눈비늘조각이 벗겨져 나간 꽃봉오리는 폭신한 털로 덮여 있어서 흔히 '버들강아지'라고 부르며 꽃꽂이 재료로 쓰인다.

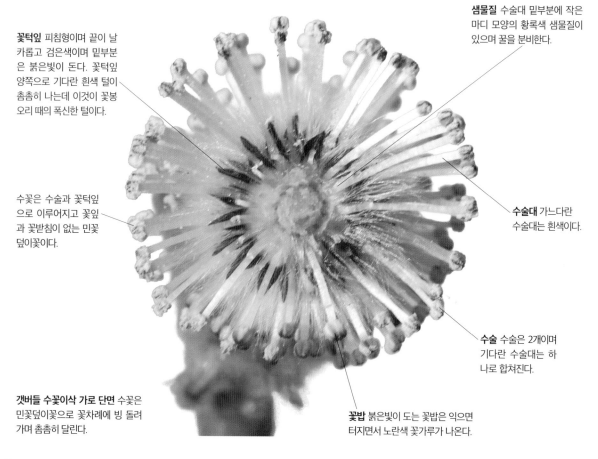

꽃턱잎 피침형이며 끝이 날카롭고 검은색이며 밑부분은 붉은빛이 돈다. 꽃턱잎 양쪽으로 기다란 흰색 털이 촘촘히 나는데 이것이 꽃봉오리 때의 폭신한 털이다.

샘물질 수술대 밑부분에 작은 마디 모양의 황록색 샘물질이 있으며 꿀을 분비한다.

수꽃은 수술과 꽃턱잎으로 이루어지고 꽃잎과 꽃받침이 없는 민꽃덮이꽃이다.

수술대 가느다란 수술대는 흰색이다.

수술 수술은 2개이며 기다란 수술대는 하나로 합쳐진다.

갯버들 수꽃이삭 가로 단면 수꽃은 민꽃덮이꽃으로 꽃차례에 빙 돌려가며 촘촘히 달린다.

꽃밥 붉은빛이 도는 꽃밥은 익으면 터지면서 노란색 꽃가루가 나온다.

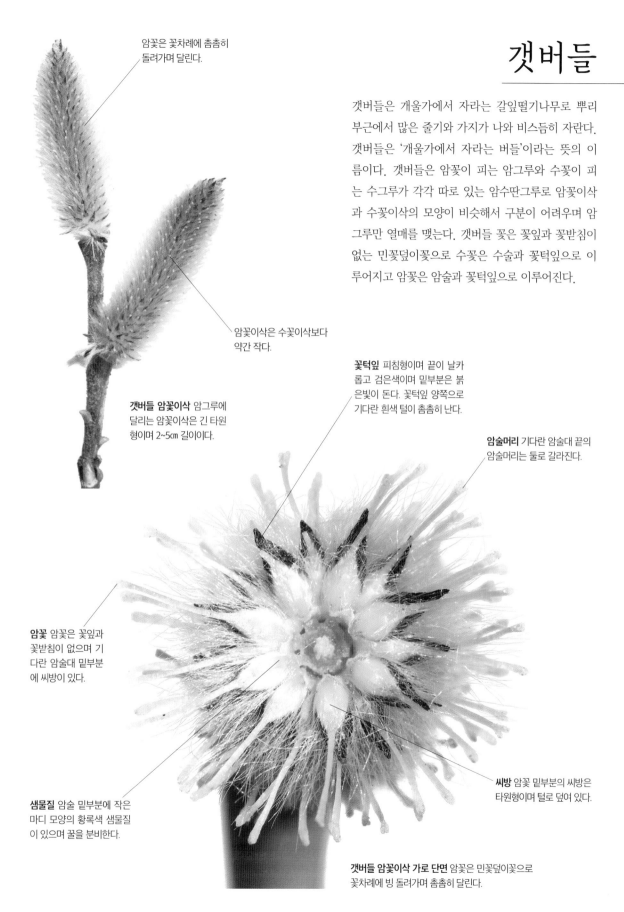

암꽃은 꽃차례에 촘촘히
돌려가며 달린다.

갯버들

갯버들은 개울가에서 자라는 갈잎떨기나무로 뿌리
부근에서 많은 줄기와 가지가 나와 비스듬히 자란다.
갯버들은 '개울가에서 자라는 버들'이라는 뜻의 이
름이다. 갯버들은 암꽃이 피는 암그루와 수꽃이 피
는 수그루가 각각 따로 있는 암수딴그루로 암꽃이삭
과 수꽃이삭의 모양이 비슷해서 구분이 어려우며 암
그루만 열매를 맺는다. 갯버들 꽃은 꽃잎과 꽃받침이
없는 민꽃덮이꽃으로 수꽃은 수술과 꽃턱잎으로 이
루어지고 암꽃은 암술과 꽃턱잎으로 이루어진다.

암꽃이삭은 수꽃이삭보다
약간 작다.

갯버들 암꽃이삭 암그루에
달리는 암꽃이삭은 긴 타원
형이며 2~5㎝ 길이이다.

꽃턱잎 피침형이며 끝이 날카
롭고 검은색이며 밑부분은 붉
은빛이 돈다. 꽃턱잎 양쪽으로
기다란 흰색 털이 촘촘히 난다.

암술머리 기다란 암술대 끝의
암술머리는 둘로 갈라진다.

암꽃 암꽃은 꽃잎과
꽃받침이 없으며 기
다란 암술대 밑부분
에 씨방이 있다.

씨방 암꽃 밑부분의 씨방은
타원형이며 털로 덮여 있다.

샘물질 암술 밑부분에 작은
마디 모양의 황록색 샘물질
이 있으며 꿀을 분비한다.

갯버들 암꽃이삭 가로 단면 암꽃은 민꽃덮이꽃으로
꽃차례에 빙 돌려가며 촘촘히 달린다.

잡성그루

일부 식물은 암수한꽃과 암수딴꽃이 같은 그루에 함께 피는 것이 있는데, 이런 식물을 '잡성그루'라고 한다. 잡성그루 중에는 암꽃과 암수한꽃이 함께 피는 식물도 있고, 수꽃과 암수한꽃이 함께 피는 식물도 있으며 암꽃과 수꽃, 암수한꽃이 모두 한 그루에 함께 피는 식물도 있다.

칠엽수의 꽃송이는 15~25㎝ 길이로 큼직하며 자잘한 흰색~연노란색 꽃이 촘촘히 돌려가며 달린다. 꽃송이는 수꽃과 암수한꽃이 함께 섞여서 피는 잡성그루이다.

마주나는 잎은 보통 7장의 작은잎이 손바닥 모양으로 모여 붙어서 '칠엽수(七葉樹)'라고 한다.

칠엽수 꽃가지 칠엽수는 일본 원산의 갈잎큰키나무로 관상수로 심으며 5월에 가지 끝에 커다란 연노란색 원뿔꽃차례가 달린다.

조록나무 남쪽 섬에서 자라며 봄에 암수한꽃과 수꽃이 함께 피는 수꽃암수한꽃그루이다.

까마귀머루 남부 지방에서 자라며 암수한꽃과 수꽃이 함께 피는 수꽃암수한꽃그루이다.

풀명자 관상수로 심으며 봄에 암수한꽃과 수꽃이 함께 피는 수꽃암수한꽃그루이다.

팽나무 봄에 윗부분의 잎겨드랑이에 암수한꽃이, 아래쪽에 수꽃이 피는 수꽃암수한꽃한그루이다.

*잡성그루[잡성주(雜性株), 양성동주(兩性同株), 자웅잡가(雌雄雜家), polygamy]

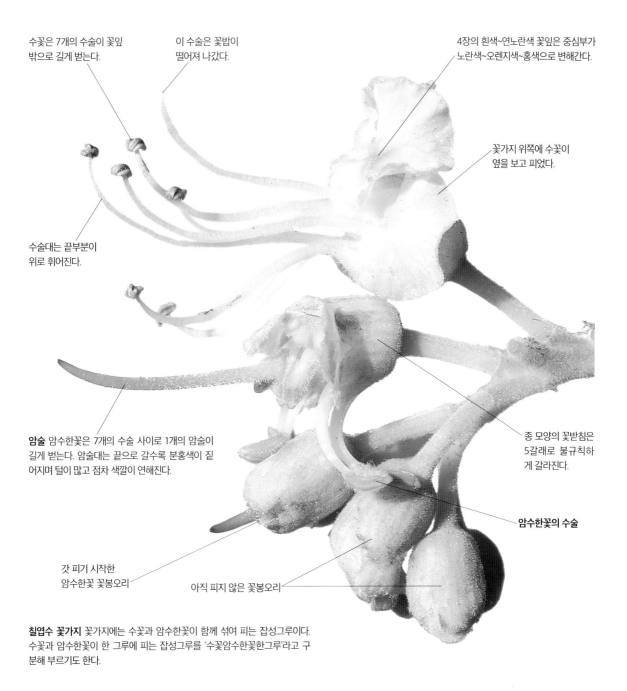

수꽃은 7개의 수술이 꽃잎 밖으로 길게 벋는다.

이 수술은 꽃밥이 떨어져 나갔다.

4장의 흰색~연노란색 꽃잎은 중심부가 노란색~오렌지색~홍색으로 변해간다.

꽃가지 위쪽에 수꽃이 옆을 보고 피었다.

수술대는 끝부분이 위로 휘어진다.

암술 암수한꽃은 7개의 수술 사이로 1개의 암술이 길게 벋는다. 암술대는 끝으로 갈수록 분홍색이 짙어지며 털이 많고 점차 색깔이 연해진다.

종 모양의 꽃받침은 5갈래로 불규칙하게 갈라진다.

암수한꽃의 수술

갓 피기 시작한 암수한꽃 꽃봉오리

아직 피지 않은 꽃봉오리

칠엽수 꽃가지 꽃가지에는 수꽃과 암수한꽃이 함께 섞여 피는 잡성그루이다. 수꽃과 암수한꽃이 한 그루에 피는 잡성그루를 '수꽃암수한꽃한그루'라고 구분해 부르기도 한다.

허꽃

대롱꽃

부게꽃나무 높은 산에서 자라는 갈잎작은키나무로 암수한꽃과 수꽃이 함께 피는 수꽃암수한꽃한그루이다.

털머위 남쪽 바닷가 근처에서 자라는 늘푸른여러해살이풀로 대롱꽃은 암수한꽃이고 허꽃은 암꽃인 암꽃암수한꽃한그루이다.

망고 열대 원산의 과일나무로 암수한꽃과 수꽃, 암꽃이 함께 피는 수꽃암꽃암수한꽃한그루인데 암꽃은 드물다.

＊수꽃암수한꽃한그루[웅성양성동주(雄性兩性同株), andromonoecism] / 암꽃암수한꽃한그루[자성양성동주(雌性兩性同株), gynomonoecism] / 수꽃암꽃암수한꽃한그루[삼성동주(三性同株), trimonoecism]

장구밥나무

장구밥나무는 중부 이남의 산이나 바닷가에서 자라는 갈잎떨기나무로 6월경에 꽃이 핀다. 도감에 흔히 암수딴그루로 표현하는데, 수그루에 피는 꽃은 노란색 꽃밥을 단 많은 수술이 모여 있어서 수꽃으로 보이지만 꽃이 지고 나면 열매가 열리므로 암수한꽃으로 보는 것이 맞다. 그러므로 장구밥나무는 암꽃과 암수한꽃이 서로 다른 그루에 피는 암꽃암수한꽃딴그루로 보아야 한다고 주장하는 사람도 여럿 있다.

꽃받침조각 빙 둘러 있는 5장의 꽃받침조각이 꽃잎처럼 보인다.

꽃봉오리는 5장의 꽃받침조각에 싸여 있다.

수술은 많으며 노란색 꽃밥에서 꽃가루가 나온다.

암술 많은 수술 가운데에 들어 있는 1개의 암술은 눈에 잘 띄지 않는다.

꽃잎은 아주 작으며 5장이 돌려난다.

꽃받침조각 뒷면에는 털이 많다.

장구밥나무 암수한꽃 5장의 꽃받침 안에 노란색 꽃밥을 단 많은 수술이 촘촘히 모여 있어서 수꽃처럼 보이지만 가운데를 자세히 보면 암술이 보인다. 암술의 길이가 짧은 개체도 있어서 더욱 수꽃으로 오해할 수 있지만 모두 열매를 맺으므로 암수한꽃으로 보는 것이 옳다.

암꽃의 암술은 길게 튀어 나오며 암술머리는 4갈래 로 갈라진다.

꽃받침조각

암꽃의 수술은 퇴화되어 작아지고 꽃가루를 내지 않는다.

꽃잎 암꽃의 꽃잎도 꽃받침보다 아주 작다.

꽃자루 꽃받침과 더불어 흰색 털이 있다.

장구밥나무 암꽃 암그루에 피는 암꽃은 수술이 퇴화되어 꽃가루를 내지 않는다.

장구통 모양의 열매

9월의 장구밥나무 열매 2개의 작은 열매가 모여 달린 열매는 장구통 모양이며 가을에 노란색으로 변했다가 적갈색으로 익는다.

10월의 장구밥나무 열매 적갈색으로 익는 열매는 달콤새콤하며 먹을 수 있 고 새들도 즐겨 따 먹는다.

씨방

암술의 씨방은 암술 맨 아래쪽의 부푼 부분으로 속에는 앞으로 씨앗으로 자랄 밑씨가 들어 있다. 이처럼 씨방 속에 밑씨가 들어 있는 식물을 '속씨식물'이라고 한다. 식물의 꽃에 따라 씨방의 모양이 제각기 다르며 씨방의 위치도 조금씩 다르다. 보통 정받이가 되면 밑씨는 씨앗으로 자라고 씨방은 열매로 자라는 경우가 많다. 원시적인 꽃은 한 씨방 안에 많은 밑씨가 들어 있었지만 점차 밑씨의 수가 줄어들면서 종마다 밑씨의 수가 다양하게 변화하였다.

꽃잎　암술　수술

꽃받침

5월에 핀 모란 꽃 관상수로 심는 갈잎떨기나무이다. 모란은 줄기와 가지 끝에 큼직한 붉은색 꽃이 피는데 꽃잎은 5~11장이다.

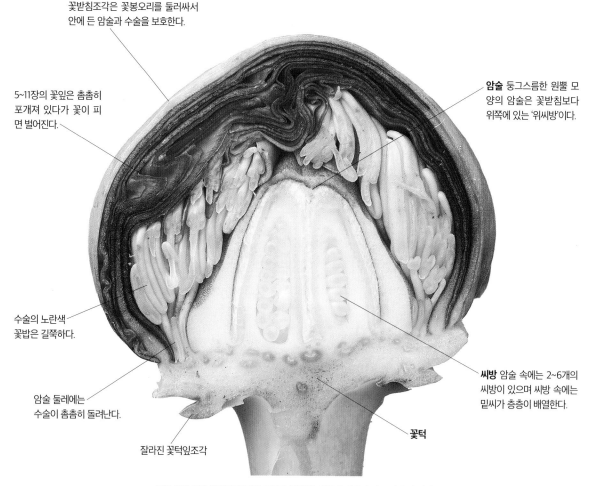

꽃받침조각은 꽃봉오리를 둘러싸서 안에 든 암술과 수술을 보호한다.

5~11장의 꽃잎은 촘촘히 포개져 있다가 꽃이 피면 벌어진다.

암술 둥그스름한 원뿔 모양의 암술은 꽃받침보다 위쪽에 있는 '위씨방'이다.

수술의 노란색 꽃밥은 길쭉하다.

암술 둘레에는 수술이 촘촘히 돌려난다.

잘라진 꽃턱잎조각

씨방 암술 속에는 2~6개의 씨방이 있으며 씨방 속에는 밑씨가 층층이 배열한다.

꽃턱

5월 초의 모란 꽃봉오리 단면 모란은 꽃받침 위쪽에 씨방이 있는 암술이 있다. 모란처럼 꽃잎이나 꽃받침보다 위쪽에 씨방이 붙어 있는 것을 '위씨방'이라고 한다.

＊꽃받침통[악통(萼筒), calyx tube] / 위씨방[상위자방(上位子房), superior ovary, hypogynous]

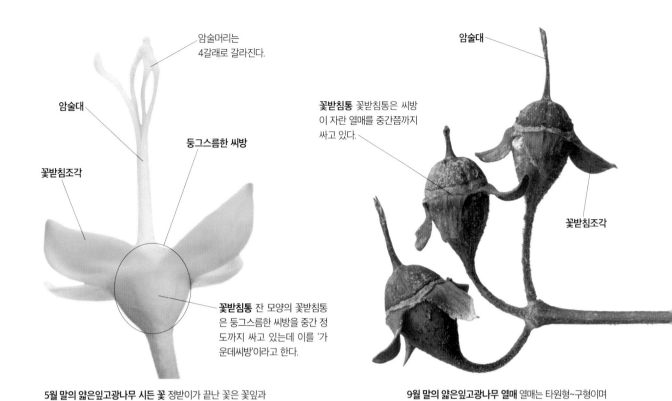

암술머리는
4갈래로 갈라진다.

암술대

둥그스름한 씨방

꽃받침조각

꽃받침통 잔 모양의 꽃받침통
은 둥그스름한 씨방을 중간 정
도까지 싸고 있는데 이를 '가
운데씨방'이라고 한다.

암술대

꽃받침통 꽃받침통은 씨방
이 자란 열매를 중간쯤까지
싸고 있다.

꽃받침조각

5월 말의 얇은잎고광나무 시든 꽃 정받이가 끝난 꽃은 꽃잎과
수술이 떨어져 나가고 암술과 꽃받침만 남는다.

9월 말의 얇은잎고광나무 열매 열매는 타원형~구형이며
꽃받침조각과 긴 암술대가 남아 있다.

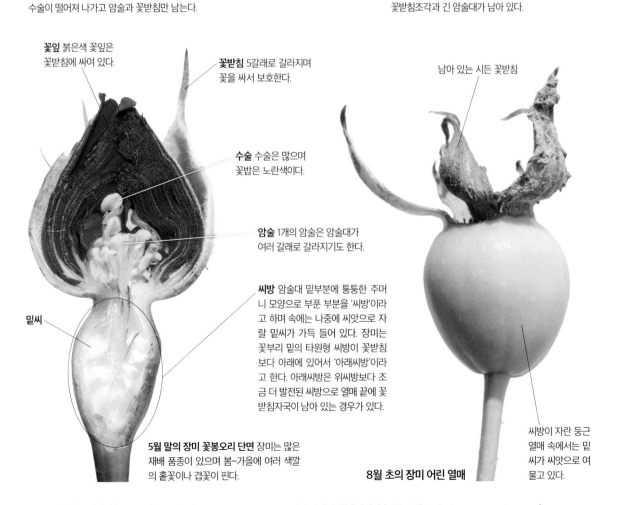

꽃잎 붉은색 꽃잎은
꽃받침에 싸여 있다.

꽃받침 5갈래로 갈라지며
꽃을 싸서 보호한다.

남아 있는 시든 꽃받침

수술 수술은 많으며
꽃밥은 노란색이다.

암술 1개의 암술은 암술대가
여러 갈래로 갈라지기도 한다.

씨방 암술대 밑부분에 퉁퉁한 주머
니 모양으로 부푼 부분을 '씨방'이라
고 하며 속에는 나중에 씨앗으로 자
랄 밑씨가 가득 들어 있다. 장미는
꽃부리 밑의 타원형 씨방이 꽃받침
보다 아래에 있어서 '아래씨방'이라
고 한다. 아래씨방은 위씨방보다 조
금 더 발전된 씨방으로 열매 끝에 꽃
받침자국이 남아 있는 경우가 있다.

밑씨

5월 말의 장미 꽃봉오리 단면 장미는 많은
재배 품종이 있으며 봄~가을에 여러 색깔
의 홑꽃이나 겹꽃이 핀다.

8월 초의 장미 어린 열매

씨방이 자란 둥근
열매 속에서는 밑
씨가 씨앗으로 여
물고 있다.

*가운데씨방[중위자방(中位子房), half inferior ovary, perigynous] / 아래씨방[하위자방(下位子房), inferior ovary, epigynous]

울타리씨방

올벚나무나 복숭아나무는 항아리 모양의 꽃받침통이 떨어져서 씨방을 빙 둘러싸고 있는데, 이를 '울타리씨방'이라고 하며 대부분의 벚나무속 나무가 가지고 있는 특징이다. 울타리씨방의 구조를 자세히 살펴보면 씨방의 위치가 꽃받침보다 위쪽에 붙어 있으므로 울타리씨방은 위씨방에 속하는 것으로 볼 수 있다.

꽃잎은 5장이다.

통꽃받침

꽃자루

올벚나무 꽃받침 꽃받침의 밑부분은 서로 붙어서 통 모양을 이루는 통꽃받침으로 아래쪽이 항아리 모양으로 부풀고 윗부분만 5갈래로 갈라진다.

열매자루 열매를 매달고 있는 자루를 '열매자루'라고 하며 꽃자루가 변한 것이다.

올벚나무 열매 둥그스름한 열매는 지름 1㎝ 정도이며 열매자루가 길고 5~6월에 붉은색으로 변했다가 흑자색으로 익으며 약간 단맛이 나고 먹을 수 있다.

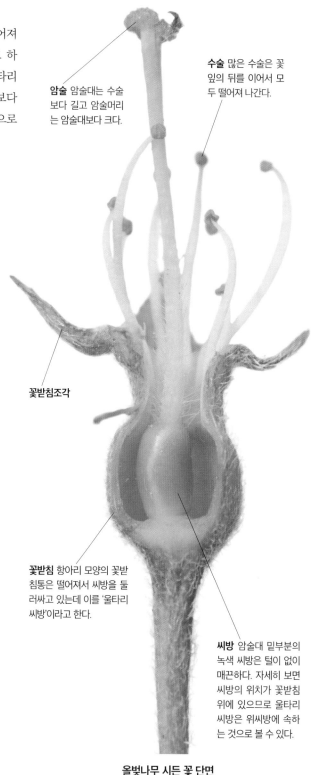

암술 암술대는 수술보다 길고 암술머리는 암술대보다 크다.

수술 많은 수술은 꽃잎의 뒤를 이어서 모두 떨어져 나간다.

꽃받침조각

꽃받침 항아리 모양의 꽃받침통은 떨어져서 씨방을 둘러싸고 있는데 이를 '울타리씨방'이라고 한다.

씨방 암술대 밑부분의 녹색 씨방은 털이 없이 매끈하다. 자세히 보면 씨방의 위치가 꽃받침 위에 있으므로 울타리씨방은 위씨방에 속하는 것으로 볼 수 있다.

올벚나무 시든 꽃 단면

256 　＊통꽃받침[합판악(合瓣萼), 합악(合萼), synsepalous calyx] / 열매자루[과병(果柄), 과경(果梗), peduncle, fruit stalk]

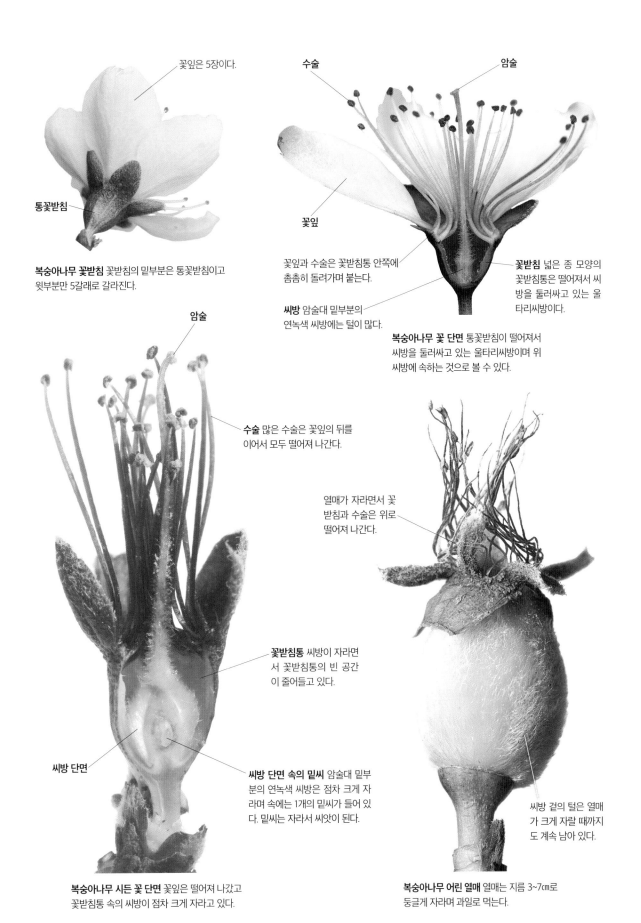

꽃잎은 5장이다.

통꽃받침

복숭아나무 꽃받침 꽃받침의 밑부분은 통꽃받침이고
윗부분만 5갈래로 갈라진다.

수술

암술

꽃잎

꽃잎과 수술은 꽃받침통 안쪽에
촘촘히 돌려가며 붙는다.

씨방 암술대 밑부분의
연녹색 씨방에는 털이 많다.

꽃받침 넓은 종 모양의
꽃받침통은 떨어져서 씨
방을 둘러싸고 있는 울
타리씨방이다.

복숭아나무 꽃 단면 통꽃받침이 떨어져서
씨방을 둘러싸고 있는 울타리씨방이며 위
씨방에 속하는 것으로 볼 수 있다.

암술

수술 많은 수술은 꽃잎의 뒤를
이어서 모두 떨어져 나간다.

열매가 자라면서 꽃
받침과 수술은 위로
떨어져 나간다.

꽃받침통 씨방이 자라면
서 꽃받침통의 빈 공간
이 줄어들고 있다.

씨방 단면

씨방 단면 속의 밑씨 암술대 밑부
분의 연녹색 씨방은 점차 크게 자
라며 속에는 1개의 밑씨가 들어 있
다. 밑씨는 자라서 씨앗이 된다.

씨방 겉의 털은 열매
가 크게 자랄 때까지
도 계속 남아 있다.

복숭아나무 시든 꽃 단면 꽃잎은 떨어져 나갔고
꽃받침통 속의 씨방이 점차 크게 자라고 있다.

복숭아나무 어린 열매 열매는 지름 3~7㎝로
둥글게 자라며 과일로 먹는다.

＊울타리씨방[주위자방(周位子房), perigyny] / 밑씨[배주(胚珠), ovule]

257

소나무의 성전환

겉씨식물에 속하는 소나무는 암수한 그루로 4~5월에 꽃이 핀다. 보통 암솔방울과 수솔방울이 다른 가지에 달리는데, 암솔방울은 새가지 끝부분에 1~3개가 달리고 수솔방울은 새가지 밑부분에 촘촘히 돌려가며 달린다. 드물게 새가지 밑부분의 수솔방울이 암솔방울로 바뀌는 성전환을 하기도 하는데, 이런 소나무를 '다닥다닥소나무' 또는 '남복송'이라고 한다. 또 새가지 끝부분에 암솔방울이 촘촘히 모여 달리는 나무가 있는데, 이런 품종을 '도깨비방망이소나무' 또는 '여복송'이라고 한다.

암솔방울 암솔방울은 새가지 끝에 1~3개가 달리는 것이 정상이다.

바늘잎 새순 새로 돋는 바늘잎 밑부분의 비늘조각은 붉은빛이 돈다.

암솔방울 수솔방울이 암솔방울로 변해서 촘촘히 돌려가며 달리기 때문에 '다닥다닥소나무'라고 부르며 '남복송'이라고도 한다.

다닥다닥소나무는 수솔방울이 암솔방울로 변하는 진정한 성전환을 한다.

암솔방울로 변하지 않은 수솔방울도 있다.

다닥다닥소나무 열매 다닥다닥소나무의 암솔방울도 1년이 지나면 솔방울열매를 맺는다. 하지만 정상적으로 암솔방울이 1~3개가 달린 솔방울열매보다 크기가 훨씬 작다. 꽃이 핀 다음 해 가을이 되면 솔방울열매가 익어서 벌어진다. 다닥다닥소나무의 씨앗은 땅에 떨어져도 싹이 트지 못하는 것이 많다. 생김새가 특색이 있어 관상수로 심는다.

다닥다닥소나무 새가지 새가지 밑부분에 수솔방울이 변한 암솔방울이 촘촘히 달리는 나무를 '다닥다닥소나무'라고 한다.

＊수솔방울[수구화수, 웅구화수(雄毬花穗), 웅성구화수(雄性毬花穗), male cone]

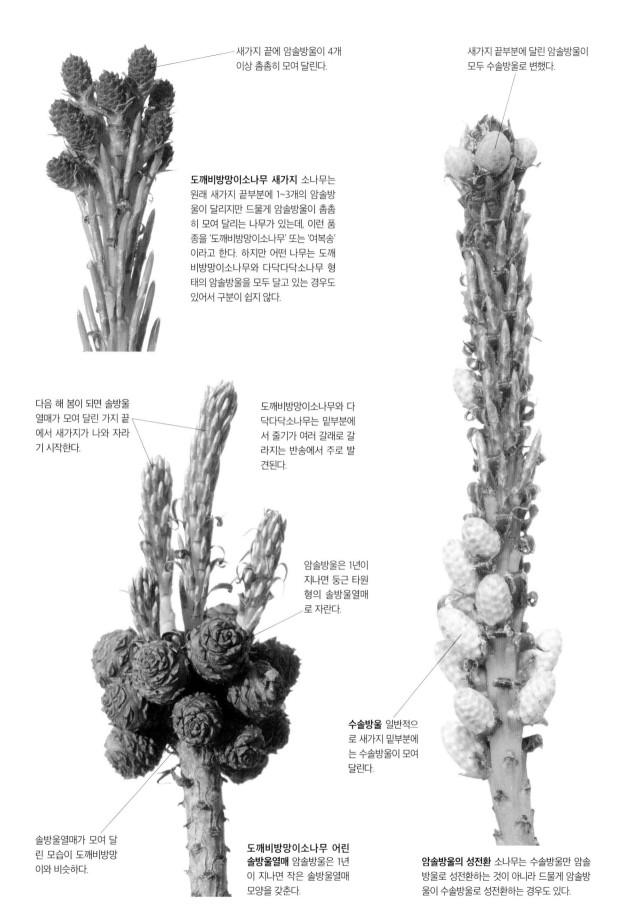

새가지 끝에 암솔방울이 4개 이상 촘촘히 모여 달린다.

새가지 끝부분에 달린 암솔방울이 모두 수솔방울로 변했다.

도깨비방망이소나무 새가지 소나무는 원래 새가지 끝부분에 1~3개의 암솔방울이 달리지만 드물게 암솔방울이 촘촘히 모여 달리는 나무가 있는데, 이런 품종을 '도깨비방망이소나무' 또는 '여복송'이라고 한다. 하지만 어떤 나무는 도깨비방망이소나무와 다닥다닥소나무 형태의 암솔방울을 모두 달고 있는 경우도 있어서 구분이 쉽지 않다.

다음 해 봄이 되면 솔방울 열매가 모여 달린 가지 끝에서 새가지가 나와 자라기 시작한다.

도깨비방망이소나무와 다닥다닥소나무는 밑부분에서 줄기가 여러 갈래로 갈라지는 반송에서 주로 발견된다.

암솔방울은 1년이 지나면 둥근 타원형의 솔방울열매로 자란다.

수솔방울 일반적으로 새가지 밑부분에는 수솔방울이 모여 달린다.

솔방울열매가 모여 달린 모습이 도깨비방망이와 비슷하다.

도깨비방망이소나무 어린 솔방울열매 암솔방울은 1년이 지나면 작은 솔방울열매 모양을 갖춘다.

암솔방울의 성전환 소나무는 수솔방울만 암솔방울로 성전환하는 것이 아니라 드물게 암솔방울이 수솔방울로 성전환하는 경우도 있다.

*암솔방울[암구화수, 자구화수(雌毬花穗), 자성구화수(雌性毬花穗), female cone]

259

원시적인 꽃 - 붓순나무

붓순나무는 남쪽 섬에서 자란다. 봄에 피는 연노란색 꽃이 지면 납작한 만두 모양의 열매가 열리며, 열매는 익으면 칸칸이 벌어지면서 씨앗이 나온다. 붓순나무는 꽃덮이조각과 암술, 수술이 나선형으로 배열하는데 이는 목련처럼 원시적인 식물의 꽃이 가지고 있는 특징이다. 예전에는 미나리아재비목 붓순나무과로 분류했지만 DNA 검사 결과 더 원시적인 식물로 밝혀져 오미자와 함께 아우스트로바일레야목 오미자과로 분류한다.

암술

갓 핀 꽃 한가운데에 있는 기다란 암술은 6~12개이며 먼저 성숙해서 바깥쪽으로 벌어진다.

꽃은 지름 2.5~3㎝이며 꽃잎과 꽃받침의 구별이 확실하지 않아 꽃덮이조각으로 부르며, 모두 10~20장이고 2~3줄로 나선형으로 배열하며 길이가 조금씩 다르다.

안쪽의 길쭉한 꽃덮이조각은 꽃잎처럼 보인다.

바깥쪽의 꽃덮이조각은 작으며 꽃받침이나 포조각처럼 보인다.

수술 수술은 15~28개이며 꽃밥은 꽃덮이처럼 연노란색이다. 암술이 오므라들 때쯤이면 수술의 꽃밥이 벌어지면서 꽃가루가 나온다.

암술 수술의 꽃밥이 벌어질 때쯤에는 암술이 오므라든다.

붓순나무 꽃 모양

기다란 연두색 암술은 6~12개이며
수술의 꽃밥이 벌어지면 가운데를
향해 둥글게 모인다.

수술은 암술 둘레에
촘촘히 돌려난다.

꽃덮이조각

꽃덮이조각과 암술, 수술은 모
두 나선형으로 돌려가며 달리
는데 배열한 모습이 목련과와
비슷한 원시적인 형태이다.

붓순나무 꽃 단면

씨앗 열매는 마르면 세로
로 갈라진 방의 폭이 좁아
지면서 씨앗을 튕겨 낸다.

새로 돋는 잎 꽃이 시들 때쯤
돋아나는 새잎은 붉은빛이
돌며 광택이 있다.

붓순나무 열매 꽃만두 모양의 열매는 정받이가 이루
어진 씨방의 개수에 따라 모양이 조금씩 다르다. 잘 익
은 방은 세로로 갈라지면서 황갈색 씨앗이 드러난다.

꽃자루는 길다.

시든 꽃덮이조각은
점차 떨어져 나간다.

어린 열매 정받이가 된 암술
은 밑부분이 붙어 있으며 조
금씩 커지며 열매로 자란다.

5월의 어린 열매

팔각회향 열매 중국요리에 널리 사용되는 향
신료로 붓순나무과에 속하기 때문에 붓순나무
열매와 비슷하게 생겼다. 그래서 붓순나무 열
매를 팔각회향 열매로 오인하기도 하는데, 붓
순나무 열매는 맹독성이라서 절대 먹지 않도
록 해야 한다. 팔각회향 열매가 붓순나무 열매
보다 조금 더 크다.

원시적인 꽃-죽절초

죽절초는 제주도에서 자라는 늘푸른떨기나무로 50~100㎝ 높이로 자라며 홀아비꽃대과에 속한다. 죽절초는 같은 과의 홀아비꽃대와 함께 꽃덮이(꽃잎과 꽃받침)가 없는 민꽃덮이꽃이다. 죽절초가 속한 홀아비꽃대과는 원시적인 속씨식물로 전 세계적으로 수십 종에 불과하며, 어떤 다른 과와도 밀접한 관계가 없고 암수한그루이거나 암수딴그루이다. 죽절초과의 꽃은 모두 꽃잎이 없으며 꽃받침은 있거나 없는 원시적인 모양이다. 죽절초는 둥근 씨방 옆구리에 1개의 타원형 수술이 붙는 특이한 모양이다. 죽절초(竹節草)는 대나무처럼 마디가 있지만 풀처럼 키가 작아서 붙여진 이름이다.

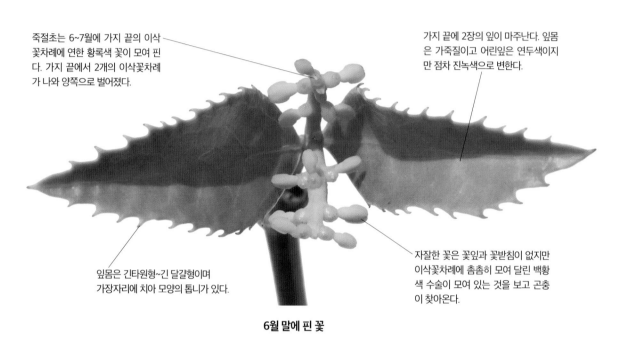

죽절초는 6~7월에 가지 끝의 이삭꽃차례에 연한 황록색 꽃이 모여 핀다. 가지 끝에서 2개의 이삭꽃차례가 나와 양쪽으로 벌어졌다.

가지 끝에 2장의 잎이 마주난다. 잎몸은 가죽질이고 어린잎은 연두색이지만 점차 진녹색으로 변한다.

잎몸은 긴타원형~긴 달걀형이며 가장자리에 치아 모양의 톱니가 있다.

자잘한 꽃은 꽃잎과 꽃받침이 없지만 이삭꽃차례에 촘촘히 모여 달린 백황색 수술이 모여 있는 것을 보고 곤충이 찾아온다.

6월 말에 핀 꽃

꽃차례 가지 끝의 잎겨드랑이에서 새로 자란 꽃가지는 2~4회 갈라지며 각 가지는 이삭꽃차례로 자란다.

11월의 열매 꽃송이 모양대로 열리는 열매송이는 11~12월에 붉게 익고 다음 해 봄까지 매달려 있다.

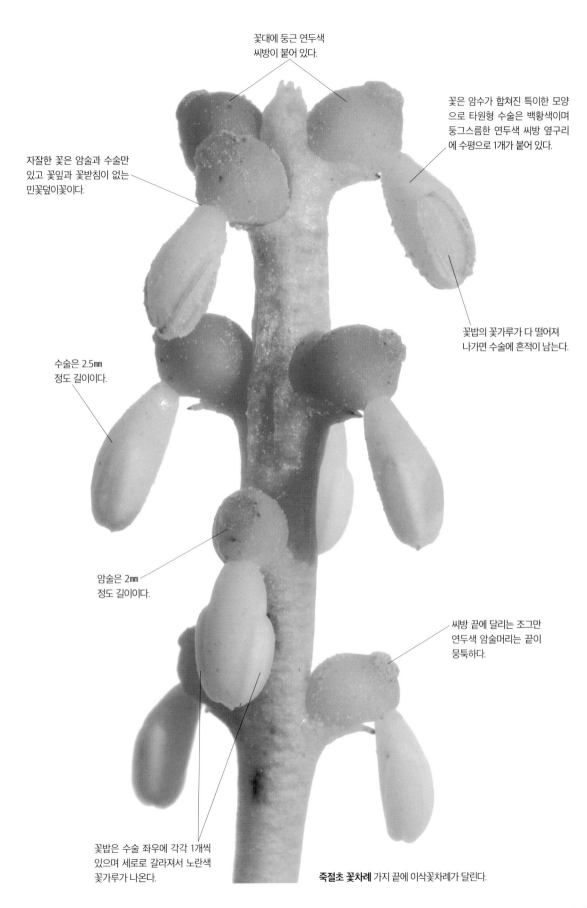

꽃대에 둥근 연두색
씨방이 붙어 있다.

꽃은 암수가 합쳐진 특이한 모양
으로 타원형 수술은 백황색이며
둥그스름한 연두색 씨방 옆구리
에 수평으로 1개가 붙어 있다.

자잘한 꽃은 암술과 수술만
있고 꽃잎과 꽃받침이 없는
민꽃덮이꽃이다.

꽃밥의 꽃가루가 다 떨어져
나가면 수술에 흔적이 남는다.

수술은 2.5㎜
정도 길이이다.

암술은 2㎜
정도 길이이다.

씨방 끝에 달리는 조그만
연두색 암술머리는 끝이
뭉툭하다.

꽃밥은 수술 좌우에 각각 1개씩
있으며 세로로 갈라져서 노란색
꽃가루가 나온다.

죽절초 꽃차례 가지 끝에 이삭꽃차례가 달린다.

원시적인 꽃 - 태산목

태산목은 북아메리카 원산의 늘푸른큰키나무로 남부 지방에서 관상수로 심는다. 태산목은 5~7월에 큼직한 흰색 꽃이 피는데 향기가 진하다. 태산목은 암술과 수술이 나선 모양으로 배열하는데, 이는 원시적인 식물이 가지고 있는 특징이다. 태산목이 속한 목련과 나무들은 예전에는 쌍떡잎식물로 분류했지만 지금은 원시적인 기초속씨식물군과 함께 목련군으로 따로 분류한다.

잎 태산목의 긴타원형 잎은 가죽질이고 앞면은 광택이 있다.

태산목 태산목은 목련군 목련과에 속하며 원시적인 꽃이 핀다. 늘푸른큰키나무로 사계절 푸른 잎을 달고 있다.

꽃덮이조각 태산목과 같은 목련속 나무들은 꽃잎과 꽃받침이 구별되지 않아서 '꽃덮이'라고 부른다. 흰색 꽃덮이조각은 9~12장이 나선형으로 빙 둘러난다.

꽃덮이조각은 넓은 거꿀달걀형이며 가장자리가 약간 안으로 굽는다.

흰색 꽃은 지름 12~25㎝로 큼직하다.

꽃턱 꽃 중심부에 곧게 선 타원형의 꽃턱에 많은 암술과 수술이 붙는다.

태산목 꽃 모양 태산목은 가지 끝에 흰색 꽃이 달리는데 5월부터 피기 시작해서 7월까지 계속 피며 향기가 진하다.

꽃 뒷면 밑부분에 있는 꽃덮이조각에는 연한 홍갈색 줄이 있다.

암술은 꽃턱 윗부분에 나선형으로 돌려가며 붙는다.

암술머리는 끝부분이 용수철처럼 밖으로 돌돌 말려 있다.

모든 수술이 아직 꽃턱 밑부분에 촘촘히 포개져 있다. 태산목은 수술보다 암술이 먼저 성숙하는 암술먼저피기꽃이다.

갓 핀 꽃의 암술과 수술 꽃턱 윗부분에는 암술이 촘촘히 붙고 꽃턱 밑부분에는 많은 수술이 촘촘히 포개져 있다.

암술 정받이가 끝난 시든 암술은 암술머리가 약간 펴진다. 암술은 암술머리와 암술대의 구분이 되지 않는 원시적인 형태이다.

정받이가 된 암술 밑부분의 씨방은 점차 크게 자라기 시작한다.

꽃턱 큼직한 꽃턱은 타원형이다. 태산목처럼 꽃턱이 긴 꽃은 원시적인 형태의 꽃으로 본다.

정받이가 안된 암술 밑부분의 씨방은 씨앗을 맺지 못한다.

시든 수술은 점차 떨어져 나간다.

시드는 꽃의 암술과 수술 점 하나하나가 수술이 떨어져 나간 자리이며 나선형으로 배열하는 것을 볼 수 있다. 나선형 배열은 원시적인 형태로 본다.

어린 열매송이 열매 표면은 짧은털로 덮여 있다.

천선과나무와 천선과좀벌의 공생

천선과나무는 남해안 이남에서 자라는 갈잎떨기나무로 꽃이 둥근 꽃주머니 속에 숨어서 피는 숨은꽃차례이다. 암수딴그루로 암꽃주머니와 수꽃주머니 속에 숨어서 피는 암꽃과 수꽃은 조그만 천선과좀벌이 꽃가루받이를 도와준다. 천선과좀벌은 천선과나무 수꽃주머니에 알을 낳는다. 다음 해에 수꽃이 필 때쯤에 천선과좀벌이 낳아 놓은 알이 부화하면서 몸에 꽃가루를 묻히고 밖으로 나온다. 이 천선과좀벌은 암꽃주머니의 구멍을 뚫고 들어가 꽃가루를 옮겨 준다. 하지만 암꽃주머니는 구멍이 작아져서 밖으로 나오지 못하기 때문에 안에 갇혀서 죽고 만다. 이처럼 천선과좀벌은 목숨을 건 공생을 한다.

수꽃주머니는 밑부분이
자루처럼 길어진다.

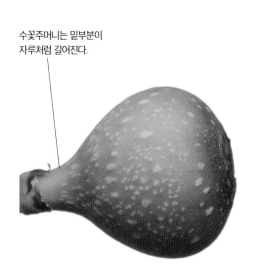

안쪽 벽에 자잘한
수꽃이 촘촘히 핀다.

넓어진 구멍

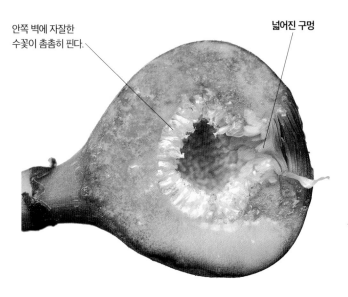

1. 수꽃주머니 월동한 2년 차 수꽃주머니에서 지난해에 낳아 놓았던 천선과좀벌의 알이 부화한다.

2. 수꽃주머니 단면 부화한 천선과좀벌은 이때에 맞추어 핀 수꽃의 꽃가루를 몸에 묻히고 넓어진 구멍을 통해 밖으로 나온다.

암꽃주머니는 밑부분이
자루처럼 길어지지 않는다.

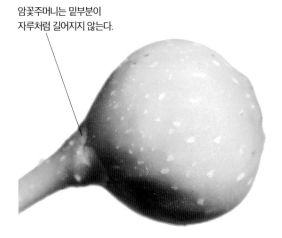

안쪽 벽에 자잘한 암꽃이
촘촘히 핀다.

구멍

3. 암꽃주머니 천선과좀벌들은 그해 새로 성숙한 암꽃주머니 속으로 넓어진 구멍을 통해 들어간다.

4. 암꽃주머니 단면 천선과좀벌이 들어오면 구멍이 좁아지며 암꽃주머니 속에 갇힌 천선과좀벌은 암꽃에 꽃가루를 옮겨 주고 그 안에 갇혀서 죽는다.

*공생(共生), symbiosis

5. 수꽃주머니가 자란 열매 수꽃주머니도 그대로 열매처럼 자란다. 자루가 길어서 암꽃주머니가 자란 열매와 구분이 된다.

6. 수꽃주머니 열매 단면 수꽃주머니 열매 속에는 씨앗이 없으므로 진짜 열매가 아님을 알 수 있다.

씨앗

7. 암꽃주머니가 자란 열매 꽃가루받이가 끝난 암꽃주머니는 점차 열매로 자라며 가을에 흑자색으로 익는다. '천선과(天仙果)'는 '하늘의 신선이 먹는 과일'이란 뜻의 이름이지만 먹어 보면 그렇게 뛰어난 맛은 아니다.

8. 암꽃주머니 열매 단면 잘 익은 열매 속에는 자잘한 씨앗이 가득 들어 있고 열매살 부분이 적다.

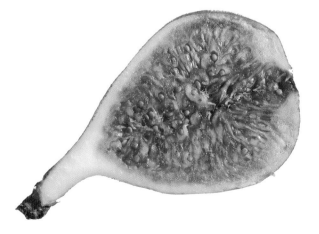

무화과 열매 서남아시아 원산의 과일나무로 천선과나무처럼 둥근 꽃주머니는 무화과좀벌이 꽃가루받이를 도와주고 그대로 자라서 열매가 된다.

무화과 열매 단면 열매 속에는 붉은색 열매살과 자잘한 씨앗이 함께 들어 있으며 단맛이 나서 씨앗째 씹어 먹는다.

꽃 모양 꽃턱잎 사이로 기다란 대롱 모양의 연노란색 꽃이 핀다. 한 꽃송이에 3개의 꽃이 달리는데, 보통 2개가 먼저 피고 1개는 나중에 핀다. 꽃부리는 윗부분이 수평으로 벌어지며 5~6갈래로 갈라진다.

한 꽃송이에 연노란색 꽃은 3개가 달리지만 1개는 아직 꽃봉오리 상태이다.

꽃턱잎 부겐빌레아의 붉은색 꽃턱잎은 3장으로 꽃잎처럼 보이며 꽃가루받이를 도와줄 벌새를 유혹한다.

부겐빌레아 꽃송이 붉은색 꽃턱잎은 꽃이 시들어도 그대로 오래 남아서 꽃이 계속 피어 있는 것처럼 아름다운 상태를 유지하기 때문에 열대 지방에서 관상수로 인기가 높다.

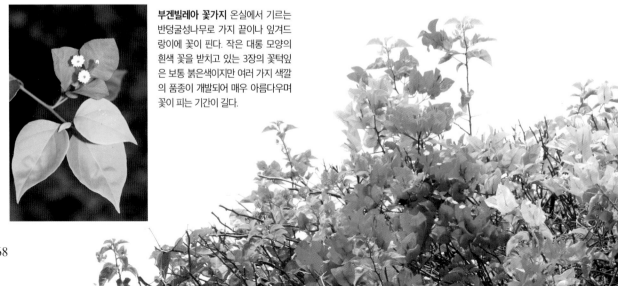

부겐빌레아 꽃가지 온실에서 기르는 반덩굴성나무로 가지 끝이나 잎겨드랑이에 꽃이 핀다. 작은 대롱 모양의 흰색 꽃을 받치고 있는 3장의 꽃턱잎은 보통 붉은색이지만 여러 가지 색깔의 품종이 개발되어 매우 아름다우며 꽃이 피는 기간이 길다.

꽃턱잎이 만든 가짜 꽃잎

잎이 변한 꽃턱잎은 원래 꽃이나 어린눈을 보호하는 역할을 하지만 꽃턱잎조각이 꽃잎처럼 변한 식물도 많다. 언뜻 보기에는 꽃잎처럼 보이지만 꽃의 구조를 자세히 살펴보면 꽃잎처럼 보이는 가짜 꽃잎인 것을 알 수 있다. 이런 꽃턱잎이 변한 가짜 꽃잎은 꽃잎과 똑같이 곤충을 불러들이는 역할을 하고 가운데에 있는 진짜 꽃은 매우 작고 볼품이 없는 경우가 많다. 중남미 원산의 부겐빌레아(*Bougainvillea glabra*)도 3장의 꽃턱잎이 꽃잎처럼 화려하다.

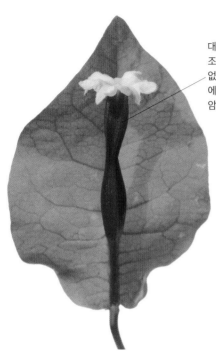

대롱 모양의 꽃부리는 꽃받침 조각이 합쳐진 것이며 꽃잎은 없다. 대롱 모양의 꽃부리 속에는 5~8개의 수술과 1개의 암술이 숨어 있다.

붉은색 꽃턱잎은 달걀 모양이며 그물처럼 갈라지는 맥이 뚜렷하다. 꽃턱잎은 품종에 따라 색깔이 여러 가지이다.

부겐빌레아 꽃 모양 1장의 붉은색 꽃턱잎에 1개의 연노란색 꽃이 달린다.

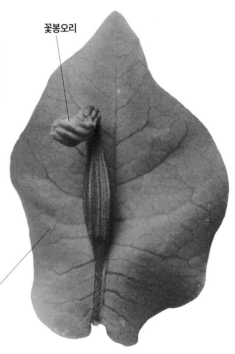

꽃봉오리

부겐빌레아 꽃 모양 3개의 꽃 중에서 1개는 나중에 핀다. 부겐빌레아는 4~6월, 9~10월에 꽃이 핀다.

화려한 부겐빌레아 한 나무에 여러 색깔의 꽃가지를 접목시켜서 여러 색깔의 꽃이 피는 나무처럼 길렀다.

꽃향기가 진한 나무

꽃들이 뿜어내는 향기는 공기를 타고 퍼져 나가기 때문에 꽃의 크기나 색깔을 보고 곤충이 찾아오게 만드는 것보다 더 먼 거리에 있는 곤충을 불러 모을 수 있다. 향기는 꽃이 활짝 피었을 때 대개 꽃잎의 특정 부분에서 만들어지지만 꿀샘에서 만들어지기도 한다. 같은 종류의 꽃에서는 낮은 곳에서 자란 꽃보다는 높은 산에서 자란 꽃의 색깔과 향기가 더욱 진한데, 높은 곳에는 곤충의 수가 더 적기 때문에 진한 향기로 꽃이 핀 것을 더 널리 알려야 하기 때문이다. 향기가 좋은 꽃은 꽃꽂이 등의 장식을 하거나 향수를 뽑아 쓰기도 한다.

일랑일랑(*Cananga odorata*) 인도네시아 원산의 늘푸른떨기나무로 말레이시아 말로 '꽃 중의 꽃'이란 뜻의 이름이다. 감미로운 꽃향기는 최고로 치며 원산지에서는 여인들이 꽃으로 머리에 장식을 하며 향수 원료로도 널리 쓰인다.

라일락 유럽 원산의 갈잎떨기나무로 봄에 잎과 함께 피는 연자주색 꽃은 향기가 은은하면서도 오래 간다.

겹치자나무 남부 지방에서 기르는 늘푸른떨기나무로 초여름에 피는 꽃은 달콤한 향기가 나며 꽃잎을 먹기도 한다.

백리향 높은 산에서 자라는 갈잎떨기나무로 여름에 가지 끝에 모여 피는 홍자색 꽃은 진한 향기가 백리를 간다고 해서 '백리향(百里香)'이라고 한다.

금목서 남부 지방에서 관상수로 기르는 늘푸른떨기나무로 가을에 피는 주황색 꽃은 향기가 진하며 향수의 원료로 쓴다.

서향 남부 지방에서 기르는 늘푸른떨기나무로 이른 봄에 피는 꽃은 향기가 진해서 '천리향(千里香)'이라고도 한다.

황소형(*Jasminum humile*) 중국 원산의 늘푸른떨기나무로 4~7월에 피는 노란색 꽃은 은은한 향기가 난다. 황소형이 속한 *Jasminum*속은 향기가 진한 꽃이 피는 나무가 많다.

구골나무 남부 지방에서 관상수로 기르는 늘푸른떨기나무~작은키나무로 단단한 잎은 모서리에 2~5개의 가시가 생기기도 한다. 11월에 잎겨드랑이에 모여 피는 흰색 꽃은 향기가 진하다.

271

수꽃이삭 암수한그루로
타원형 수꽃이삭은 암꽃
이삭보다 작으며 꽃가루
를 내고 나면 시든다.

암꽃이삭 암꽃이삭도 타원형
이며 벌이나 바람에 의해 꽃가
루받이를 한다. 암꽃이삭은 줄
기에 직접 달리기도 한다.

가지 줄기에서 새로 나온
가지는 짧고 굵어서 무거
운 열매를 지탱할 수 있다.

굵은 열매자루

시든 수꽃이삭

크게 자란 나무의 잎은
긴타원형이며 가장자
리가 밋밋하다.

어린 열매 꽃가루받이가 끝난
암꽃이삭은 점차 크게 열매로
자라기 시작한다. 바라밀은 꽃
이 짧고 굵은 가지에 피는 간
생화이다.

꽃이 핀 바라밀 줄기

바라밀

바라밀(*Artocarpus heterophyllus*)은 인도와 말레이시아 원산의 늘푸른큰키나무로 뽕나무과에 속한다. 암수한그루로 암꽃이삭과 수꽃이삭은 타원형으로 모양이 비슷하다. 암꽃이삭은 줄기나 줄기에서 짧게 자란 굵은 가지에 피고 열매를 맺는다. 바라밀처럼 줄기에 직접 달리는 꽃을 '간생화(幹生花)'라고 한다. 어떤 나무가 간생화를 다는지 정확히

밝혀지지는 않았지만, 바라밀은 열매가 보통 10kg에서 무거운 것은 40kg까지 나가는 것도 있으므로 줄기나 굵은 가지에 달려야만 가지가 부러지지 않고 열매가 안전하게 자랄 수 있다. 바라밀은 지구상에서 가장 큰 열매를 맺는 나무로, 영어 이름은 '큰 열매'라는 뜻의 '잭후르트(Jackfruit)'이며 과일로 먹거나 음식으로 조리해 먹는다.

씨앗을 싸고 있는 열매살은 파인애플이나 멜론처럼 단맛이 나서 과일로 먹으며 익혀서 요리해 먹기도 한다.

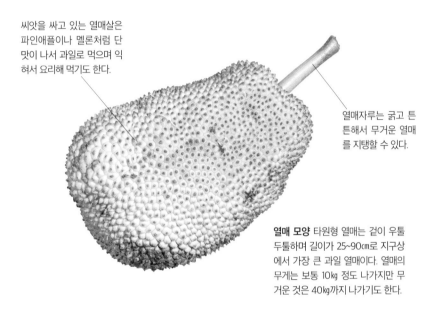

열매자루는 굵고 튼튼해서 무거운 열매를 지탱할 수 있다.

열매 모양 타원형 열매는 겉이 우툴두툴하며 길이가 25~90㎝로 지구상에서 가장 큰 과일 열매이다. 열매의 무게는 보통 10㎏ 정도 나가지만 무거운 것은 40㎏까지 나가기도 한다.

꽃과 열매가 달린 줄기 줄기 밑동에서 새로 자란 가지에 달린 열매가 점차 크게 자라고 있다.

여러 가지 간생화

카카오(*Theobroma cacao*) 중앙아메리카 원산으로 줄기나 굵은 가지에 흰색 꽃이 직접 달린다. 씨앗으로 초콜릿을 만든다.

남남나무(*Cynometra cauli-flora*) 동남아시아 원산으로 자잘한 흰색 꽃은 줄기에 다닥다닥 붙어 핀다. 열매는 과일로 먹는다.

호리병박나무(*Crescentia cu-jete*) 열대 아메리카 원산으로 줄기나 가지에 연노란색 꽃이 핀다. 박 모양의 열매가 열린다.

호주팔레리아(*Phaleria clero-dendron*) 호주 원산으로 줄기나 가지에 흰색 꽃이 모여 피며 둥근 열매는 암적색으로 익는다.

*간생화(幹生花), cauliflory

10월의 서나무 열매

VI 열매와 씨앗

꽃은 수술의 꽃가루가 암술머리에 묻는 꽃가루받이가 이루어지면 꽃가루관이
씨방까지 뻗어서 정받이가 이루어진다. 일반적으로 정받이가 끝나면 밑씨가
들어 있는 씨방은 열매로 자란다. 꽃의 생김새가 여러 가지인 것처럼 꽃에서
열매가 만들어지는 과정도 여러 가지이며 열매의 모양도 제각각이다. 식물은
열매 속에 들어 있는 씨앗을 널리 퍼뜨려야만 종족을 보존할 수 있는데,
동물처럼 자유롭게 움직일 수 없으므로 제자리에서 씨앗을 멀리 보낼 수 있는
여러 가지 방법을 궁리해 냈다. 그 결과 씨앗의 모양이나 씨앗을 퍼뜨리는
방법도 다양하게 진화했다.

꽃에서 열매까지

무궁화는 7월부터 맺히기 시작한 꽃봉오리가 점차 자라 꽃이 활짝 핀다. 꽃은 꽃가루받이가 끝나면 꽃잎을 다시 말아 닫고는 통째로 떨어뜨린다. 시든 꽃잎을 떨어뜨린 후에는 꽃받침이 다시 오므라들면서 씨방을 싸서 보호하는데, 그 모습이 어린 꽃봉오리 때와 비슷하다. 꽃받침이 싸서 보호하는 씨방은 점차 열매로 자라며 씨앗이 만들어지기 시작한다. 식물이 꽃을 피우는 목적은 이처럼 열매와 씨앗을 만들어 자손을 퍼뜨리는 데 있다.

무궁화 꽃 5장의 홍자색 꽃잎 안쪽에는 진한 붉은색 단심 무늬가 있다.

단심 무늬는 곤충이 길을 찾는 넥타 가이드 역할을 한다.

꽃받침

부꽃받침

1. 어린 꽃봉오리 연녹색 꽃받침에 싸여서 자라며 그 둘레를 기다란 녹색 부꽃받침이 에워 싸고 있다.

꽃받침

부꽃받침

2. 다 자란 꽃봉오리 연녹색 꽃받침조각이 부꽃받침보다 크게 자라면 끝부분이 벌어지기 시작한다.

태엽처럼 말린 꽃잎

부꽃받침

꽃받침은 종 모양으로 벌어진다.

3. 꽃잎이 나온 꽃봉오리 꽃받침 사이로 내민 꽃잎은 태엽처럼 돌돌 말려 있다가 점차 펴진다.

꽃잎

4. 활짝 핀 꽃 태엽처럼 말려 있던 5장의 꽃잎이 활짝 벌어지면 곤충이 날아와 꽃가루받이를 도와준다.

276

*씨앗[씨, 종자(種子), seed] / 씨털[종발(種髮), coma]

암술 암술머리는 5갈래로 갈라진다. 암술머리에 수술의 꽃가루가 묻으면 정받이가 이루어진다.

수술 수술통 둘레를 흰색 수술이 촘촘히 둘러싼다.

씨앗

씨털

9. 벌어진 열매 열매가 벌어지면 둘레에 털이 달린 씨앗이 나와 바람에 날려 퍼진다. 씨앗 가장자리에 달린 털은 '씨털'이라고 한다.

열매껍질조각

8. 갈라진 열매 가을에 갈색으로 익은 열매는 열매껍질의 윗부분이 5갈래로 갈라져 벌어지기 시작한다. 열매껍질이 갈라진 각각의 조각을 '열매껍질조각'이라고 한다.

8월 초에 핀 무궁화 꽃

꽃받침 다시 오므린 꽃받침 속에 묻혀서 열매가 자라기 시작한다.

시든 꽃잎

어린 열매

꽃받침

부꽃받침

부꽃받침

5. 시든 꽃 무궁화는 대부분이 하루살이꽃으로 저녁이 되면 꽃잎을 돌돌 만 채 땅으로 떨어진다.

6. 어린 열매 씨방을 꽃받침이 다시 둘러싸서 보호하는 모습은 어린 꽃봉오리와 비슷하다.

7. 자라는 열매 열매가 타원형으로 자라면서 꽃받침 밖으로 나온다.

※열매껍질[과피(果皮), pericarp] / 열매껍질조각[과피편(果皮片), pericarp pieces, valve]

어린 열매

나무는 화려한 꽃을 피워 곤충 등을 불러 모아 정받이를 끝내고 열매를 맺는다. 대부분의 나무가 맺은 어린 열매는 잎처럼 잎파랑이가 들어 있어서 녹색을 띠고 있기 때문에 동물의 눈에 잘 띄지 않는다. 그리고 양분을 잎에게만 의존하지 않고 스스로도 광합성을 통해 필요한 양분의 일부를 만든다.

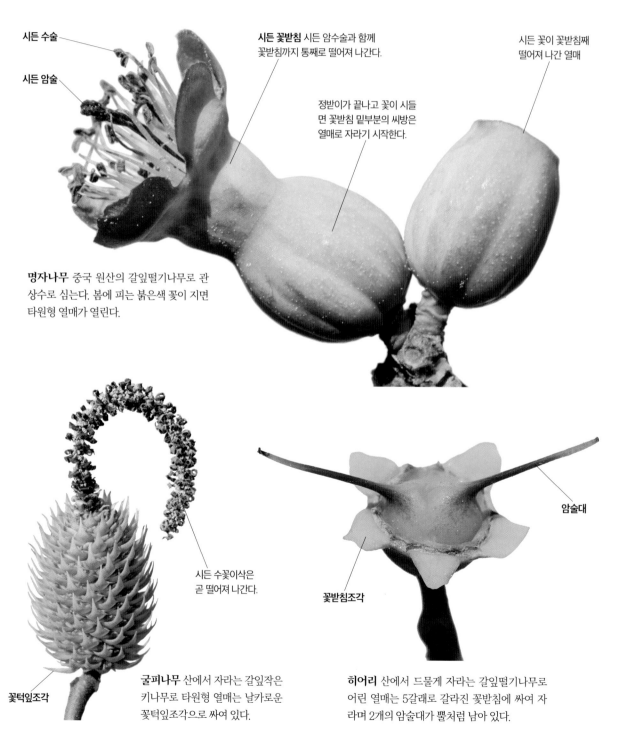

시든 수술

시든 암술

시든 꽃받침 시든 암수술과 함께 꽃받침까지 통째로 떨어져 나간다.

정받이가 끝나고 꽃이 시들면 꽃받침 밑부분의 씨방은 열매로 자라기 시작한다.

시든 꽃이 꽃받침째 떨어져 나간 열매

명자나무 중국 원산의 갈잎떨기나무로 관상수로 심는다. 봄에 피는 붉은색 꽃이 지면 타원형 열매가 열린다.

시든 수꽃이삭은 곧 떨어져 나간다.

꽃턱잎조각

굴피나무 산에서 자라는 갈잎작은키나무로 타원형 열매는 날카로운 꽃턱잎조각으로 싸여 있다.

꽃받침조각

암술대

히어리 산에서 드물게 자라는 갈잎떨기나무로 어린 열매는 5갈래로 갈라진 꽃받침에 싸여 자라며 2개의 암술대가 뿔처럼 남아 있다.

278

비늘조각

상수리나무 산에서 자라는 갈잎큰키나무로 어린 열매는 얇은 비늘조각이 깍정이 겉면을 수북이 덮고 있다.

열매

날개

미역줄나무 산에서 자라는 갈잎덩굴나무로 어린 열매는 3장의 날개가 에워싸며 날개는 끝이 오목하게 들어간다.

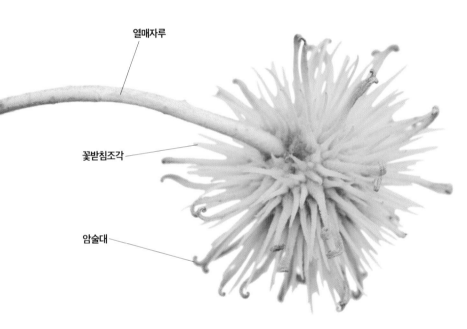

열매자루

꽃받침조각

암술대

대만풍나무 중국 원산의 갈잎큰키나무로 관상수로 심는다. 어린 열매송이는 많은 암술대와 가시 모양의 꽃받침조각으로 덮여 있는 것이 철퇴처럼 보인다.

어린 열매

시든 꽃

뜰보리수 일본 원산의 갈잎떨기나무로 관상수로 심는다. 봄에 피는 연노란색 꽃이 시들면 꽃받침째 떨어져 나가고 타원형 열매가 자라기 시작한다.

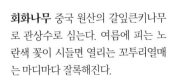

회화나무 중국 원산의 갈잎큰키나무로 관상수로 심는다. 여름에 피는 노란색 꽃이 시들면 열리는 꼬투리열매는 마디마다 잘록해진다.

열매가지의 흔적

튤립나무는 북아메리카 원산의 갈잎큰키나무로 관
상수나 조림수로 심는다. 어린 열매가 달린 가지 끝
부분을 자세히 보면 여러 가지 흔적이 남아 있는 것
을 볼 수 있다. 이 흔적은 차례대로 수술대, 꽃잎, 꽃
받침, 턱잎이 떨어져 나간 자국으로 가지에 선명하게
남아 있다. 튤립나무가 속한 목련과 나무들은 이처럼
꽃이 시들면서 떨어져 나간 수술대, 꽃덮이조각, 턱
잎자국이 잘 드러나는 것이 많다.

시든 암술머리 암술머
리는 점차 시들면서 검
은색 점처럼 변한다.

어린 열매송이 긴 원뿔 모
양의 꽃턱에 촘촘히 포개진
길쭉한 암술은 점차 녹색으
로 변하며 밑부분의 씨방이
씨앗으로 자란다.

꽃턱 꽃받침보다 위쪽에
있는 긴 원뿔 모양의 꽃턱
에는 씨방을 가진 암술이
촘촘히 포개져 있다.

수술의 기다란 꽃밥은
길이가 2㎝ 이상이다.

꽃받침조각은 3장
이며 점차 밑으로
처진다.

6장의 꽃잎 안쪽에
오렌지색 무늬가 있다.

수술대가
떨어져 나간 흔적

6장의 꽃잎이
떨어져 나간 흔적

3장의 꽃받침이
떨어져 나간 흔적

턱잎이 떨어져 나간
흔적인 턱잎자국

5월 말의 튤립나무 꽃 단면 튤립나무는 꽃받침 위쪽에 있는 긴
원뿔 모양의 꽃턱에 암술이 모여 있다. 튤립나무처럼 암술의 씨
방이 꽃받침보다 위쪽에 붙어 있는 것은 '위씨방'이라고 한다.

6월 초의 튤립나무 어린 열매

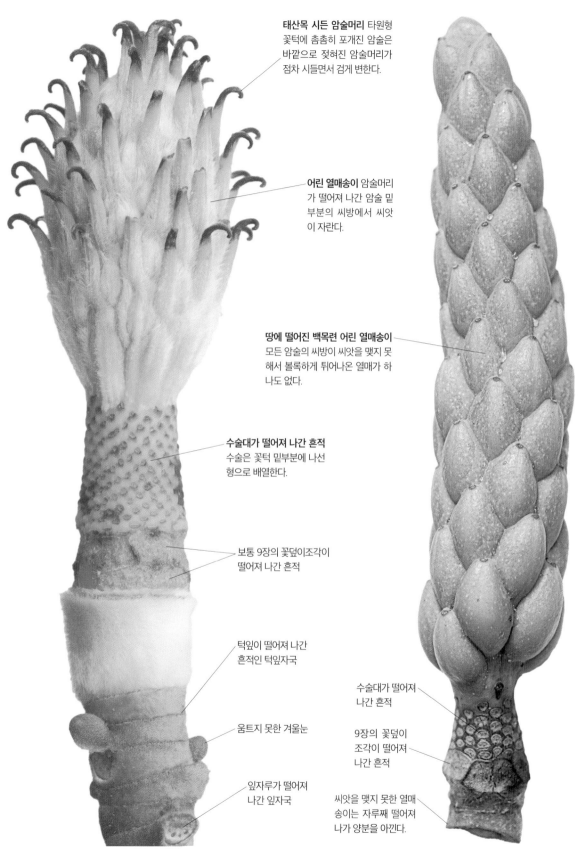

태산목 시든 암술머리 타원형 꽃턱에 촘촘히 포개진 암술은 바깥으로 젖혀진 암술머리가 점차 시들면서 검게 변한다.

어린 열매송이 암술머리가 떨어져 나간 암술 밑부분의 씨방에서 씨앗이 자란다.

땅에 떨어진 백목련 어린 열매송이 모든 암술의 씨방이 씨앗을 맺지 못해서 볼록하게 튀어나온 열매가 하나도 없다.

수술대가 떨어져 나간 흔적 수술은 꽃턱 밑부분에 나선형으로 배열한다.

보통 9장의 꽃덮이조각이 떨어져 나간 흔적

턱잎이 떨어져 나간 흔적인 턱잎자국

움트지 못한 겨울눈

잎자루가 떨어져 나간 잎자국

수술대가 떨어져 나간 흔적

9장의 꽃덮이조각이 떨어져 나간 흔적

씨앗을 맺지 못한 열매송이는 자루째 떨어져 나가 양분을 아낀다.

6월 초의 태산목 어린 열매

6월 말의 백목련 땅에 떨어진 어린 열매

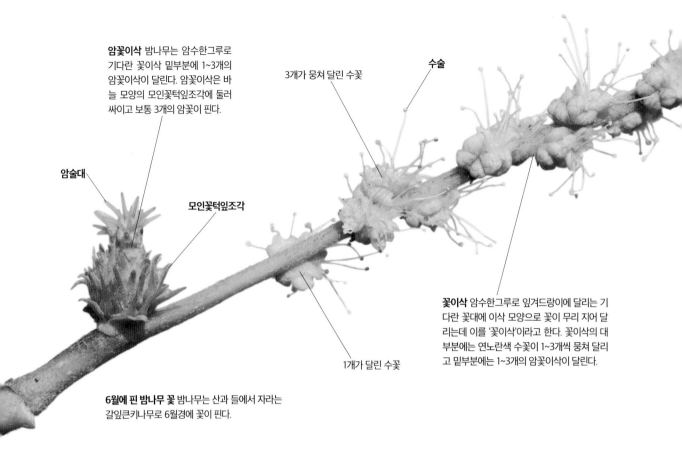

암꽃이삭 밤나무는 암수한그루로 기다란 꽃이삭 밑부분에 1~3개의 암꽃이삭이 달린다. 암꽃이삭은 바늘 모양의 모인꽃턱잎조각에 둘러싸이고 보통 3개의 암꽃이 핀다.

3개가 뭉쳐 달린 수꽃

수술

암술대

모인꽃턱잎조각

1개가 달린 수꽃

꽃이삭 암수한그루로 잎겨드랑이에 달리는 기다란 꽃대에 이삭 모양으로 꽃이 무리 지어 달리는데 이를 '꽃이삭'이라고 한다. 꽃이삭의 대부분에는 연노란색 수꽃이 1~3개씩 뭉쳐 달리고 밑부분에는 1~3개의 암꽃이삭이 달린다.

6월에 핀 밤나무 꽃 밤나무는 산과 들에서 자라는 갈잎큰키나무로 6월경에 꽃이 핀다.

어린 초록색 열매는 잎과 섞여서 눈에 잘 띄지 않고 광합성으로 양분을 만든다.

아직 암술머리가 남아 있다.

밤나무의 기다란 수꽃이삭은 시든 후에 점차 떨어져 나간다.

바늘처럼 자라기 시작한 모인꽃턱잎조각은 점차 단단해져서 속에 든 굳은껍질열매를 보호하는 역할을 한다.

7월의 갓 맺힌 열매 정받이가 끝나면 암꽃송이를 싸고 있던 모인꽃턱잎조각은 바늘 모양으로 단단하게 자라기 시작한다.

＊꽃이삭[화수(花穗), spike]

밤나무 열매 지키기

열매 속의 씨앗이 온전하게 자라서 여물려면 많은 시간이 필요하다. 하지만 새와 같은 동물들은 지난해에 따 먹던 맛있는 열매 맛을 기억하고 열매가 익기도 전에 나무를 찾아온다. 식물은 어린 열매를 보통 잎과 같은 초록색으로 만들어 동물의 눈에 띄지 않게 한다. 어떤 열매는 단단하게 만들어서 먹기가 곤란하게 만들고, 솜털이나 가시로 덮어서 보호하는 열매도 있다. 또 열매가 익기 전까지는 단맛 대신에 쓰거나 시거나 떫은 맛 등으로 동물이 먹기 힘들게 한다. 어떤 식물은 독이 들어 있어서 먹으면 배탈이 나거나 심지어는 동물이 죽게 만드는 경우도 있다.

갓 맺힌 밤나무 열매 단면 어린 열매 겉을 둘러싸고 있는 가시로 덮인 껍질 같은 주머니 모양의 부분을 '깍정이(p.336)'라고 한다. 깍정이 속에는 1~3개의 굳은껍질열매가 만들어지고 있다.

깍정이 단면 — 모인꽃턱잎조각 — 굳은껍질열매

7월 말의 어린 열매 깍정이를 촘촘히 덮고 있는 모인 꽃턱잎조각은 점차 긴 바늘 모양으로 단단하게 자라서 속에 든 굳은껍질열매인 밤을 보호한다.

암술머리 흔적 — 모인꽃턱잎조각

벌레가 먹은 밤 밤나무 열매를 가시로 싸서 보호해도 밤바구미는 긴 주둥이로 열매에 구멍을 뚫고 산란관을 꽂아 알을 낳는다. 알에서 깨어난 애벌레는 열매 속살을 파먹고 자라면 구멍을 뚫고 나와 땅속으로 들어가 번데기가 된다.

벌레가 뚫고 나온 구멍

벽오동 심피

심피는 암술을 만드는 구성 요소로 보통 잎이 변해서 만들어지며, 내부에 밑씨를 싸고 있고 씨앗이 성숙하면서 열매껍질이 된다. 벽오동은 암수한그루로 암꽃은 5개의 심피로 이루어져 있는데, 어린 열매가 맺히면 5개의 심피가 갈라져 벌어진다. 각각의 심피는 자라면서 세로로 배가 갈라져서 벌어지는데, 벌어진 모습을 보면 심피가 잎이 변한 것임을 알 수 있다. 심피가 자란 열매껍질은 갈라진 껍질 가장자리에 붙어 있는 작은 콩알 모양의 씨앗이 겉으로 드러난 채 여물어 가는 독특한 구조이다. 벽오동은 중국 원산의 갈잎큰키나무로 커다란 잎이 오동 잎과 비슷하고, 줄기가 푸르기 때문에 푸를 벽(碧)자를 써서 '벽오동(碧梧桐)'이라고 한다. 씨앗은 구워 먹기도 하는데 맛이 고소하며 볶아서 커피 대신 사용하기도 한다.

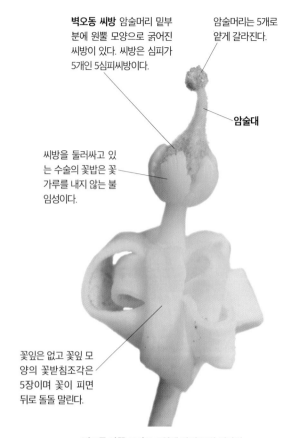

벽오동 씨방 암술머리 밑부분에 원뿔 모양으로 굵어진 씨방이 있다. 씨방은 심피가 5개인 5심피씨방이다.

암술머리는 5개로 얕게 갈라진다.

암술대

씨방을 둘러싸고 있는 수술의 꽃밥은 꽃가루를 내지 않는 불임성이다.

꽃잎은 없고 꽃잎 모양의 꽃받침조각은 5장이며 꽃이 피면 뒤로 돌돌 말린다.

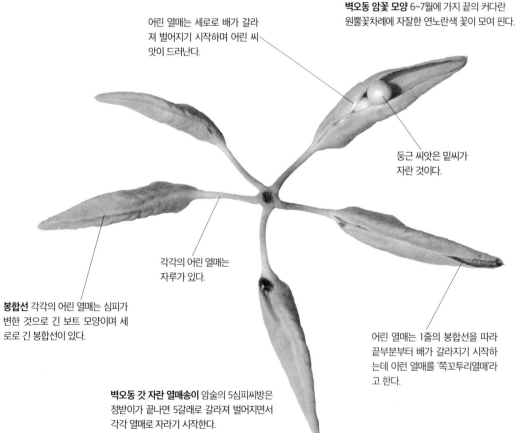

벽오동 암꽃 모양 6~7월에 가지 끝의 커다란 원뿔꽃차례에 자잘한 연노란색 꽃이 모여 핀다.

어린 열매는 세로로 배가 갈라져 벌어지기 시작하며 어린 씨앗이 드러난다.

둥근 씨앗은 밑씨가 자란 것이다.

각각의 어린 열매는 자루가 있다.

봉합선 각각의 어린 열매는 심피가 변한 것으로 긴 보트 모양이며 세로로 긴 봉합선이 있다.

어린 열매는 1줄의 봉합선을 따라 끝부분부터 배가 갈라지기 시작하는데 이런 열매를 '쪽꼬투리열매'라고 한다.

벽오동 갓 자란 열매송이 암술의 5심피씨방은 정받이가 끝나면 5갈래로 갈라져 벌어지면서 각각 열매로 자라기 시작한다.

*심피(心皮), carpel

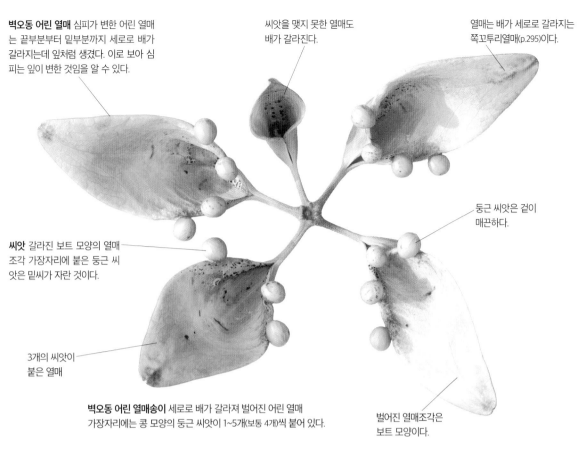

벽오동 어린 열매 심피가 변한 어린 열매는 끝부분부터 밑부분까지 세로로 배가 갈라지는데 잎처럼 생겼다. 이로 보아 심피는 잎이 변한 것임을 알 수 있다.

씨앗을 맺지 못한 열매도 배가 갈라진다.

열매는 배가 세로로 갈라지는 쪽꼬투리열매(p.295)이다.

둥근 씨앗은 겉이 매끈하다.

씨앗 갈라진 보트 모양의 열매조각 가장자리에 붙은 둥근 씨앗은 밑씨가 자란 것이다.

3개의 씨앗이 붙은 열매

벌어진 열매조각은 보트 모양이다.

벽오동 어린 열매송이 세로로 배가 갈라져 벌어진 어린 열매 가장자리에는 콩 모양의 둥근 씨앗이 1~5개(보통 4개)씩 붙어 있다.

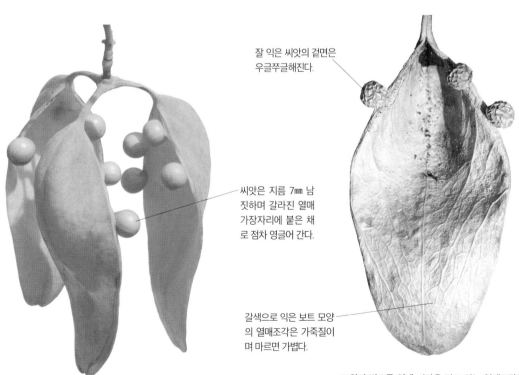

잘 익은 씨앗의 겉면은 우글쭈글해진다.

씨앗은 지름 7㎜ 남짓하며 갈라진 열매 가장자리에 붙은 채로 점차 영글어 간다.

갈색으로 익은 보트 모양의 열매조각은 가죽질이며 마르면 가볍다.

8월의 벽오동 어린 열매송이 열매송이는 자라면서 밑으로 처지는 모습이 매의 발톱을 닮았다.

10월의 벽오동 열매 씨앗을 달고 있는 열매조각은 바람에 헬리콥터 날개처럼 회전하면서 씨앗을 멀리 배달한다.

모감주나무 씨자리

속씨식물의 씨방 안에서 밑씨가 붙는 부위를 '씨자리'라고 한다. 씨자리에 붙어 있던 밑씨는 정받이가 이루어지면 점차 씨앗으로 자란다. 씨자리는 밑씨가 붙는 위치에 따라 여러 가지로 나뉜다. 모감주나무는 바닷가에서 자라는 갈잎작은키나무로 7월에 가지 끝에 자잘한 노란색 꽃이 모여 피는데, 밑씨가 가운데기둥에 붙는 속씨자리이다. 꽃이 지면 열리는 삼각뿔 모양의 열매는 꽈리를 닮았는데, 속에 든 3개의 씨앗이 달린 위치를 보면 속씨자리임을 확실히 알 수 있다.

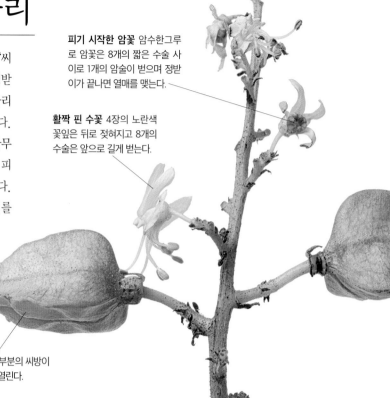

피기 시작한 암꽃 암수한그루로 암꽃은 8개의 짧은 수술 사이로 1개의 암술이 벋으며 정받이가 끝나면 열매를 맺는다.

활짝 핀 수꽃 4장의 노란색 꽃잎은 뒤로 젖혀지고 8개의 수술은 앞으로 길게 벋는다.

어린 열매 꽃이 지면 암술 밑부분의 씨방이 자라 삼각뿔 모양의 열매가 열린다.

7월의 모감주나무 꽃차례 부분

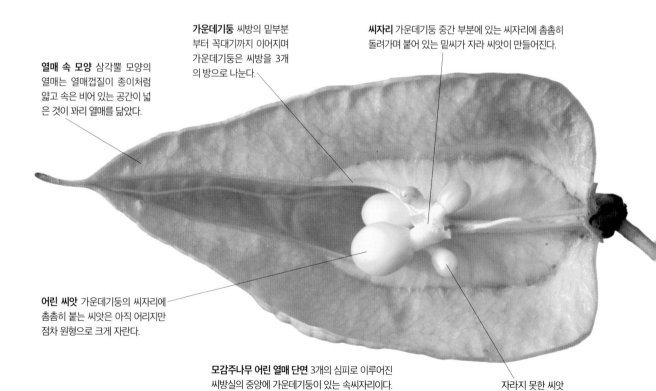

가운데기둥 씨방의 밑부분부터 꼭대기까지 이어지며 가운데기둥은 씨방을 3개의 방으로 나눈다.

씨자리 가운데기둥 중간 부분에 있는 씨자리에 촘촘히 돌려가며 붙어 있는 밑씨가 자라 씨앗이 만들어진다.

열매 속 모양 삼각뿔 모양의 열매는 열매껍질이 종이처럼 얇고 속은 비어 있는 공간이 넓은 것이 꽈리 열매를 닮았다.

어린 씨앗 가운데기둥의 씨자리에 촘촘히 붙는 씨앗은 아직 어리지만 점차 원형으로 크게 자란다.

모감주나무 어린 열매 단면 3개의 심피로 이루어진 씨방실의 중앙에 가운데기둥이 있는 속씨자리이다.

자라지 못한 씨앗

＊씨자리[태좌(胎座), placenta] / 가름막[격막(隔膜), 격벽[(隔壁), septum]

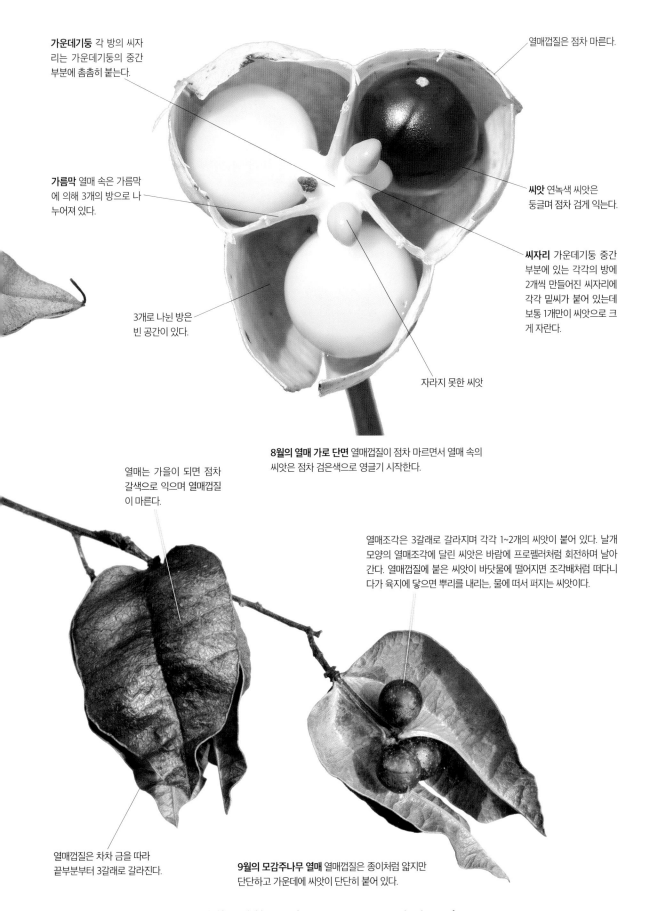

가운데기둥 각 방의 씨자리는 가운데기둥의 중간 부분에 촘촘히 붙는다.

열매껍질은 점차 마른다.

가름막 열매 속은 가름막에 의해 3개의 방으로 나누어져 있다.

씨앗 연녹색 씨앗은 둥글며 점차 검게 익는다.

씨자리 가운데기둥 중간 부분에 있는 각각의 방에 2개씩 만들어진 씨자리에 각각 밑씨가 붙어 있는데 보통 1개만이 씨앗으로 크게 자란다.

3개로 나뉜 방은 빈 공간이 있다.

자라지 못한 씨앗

8월의 열매 가로 단면 열매껍질이 점차 마르면서 열매 속의 씨앗은 점차 검은색으로 영글기 시작한다.

열매는 가을이 되면 점차 갈색으로 익으며 열매껍질이 마른다.

열매조각은 3갈래로 갈라지며 각각 1~2개의 씨앗이 붙어 있다. 날개 모양의 열매조각에 달린 씨앗은 바람에 프로펠러처럼 회전하며 날아간다. 열매껍질에 붙은 씨앗이 바닷물에 떨어지면 조각배처럼 떠다니다가 육지에 닿으면 뿌리를 내리는, 물에 떠서 퍼지는 씨앗이다.

열매껍질은 차차 금을 따라 끝부분부터 3갈래로 갈라진다.

9월의 모감주나무 열매 열매껍질은 종이처럼 얇지만 단단하고 가운데에 씨앗이 단단히 붙어 있다.

*가운데기둥[중축(中軸), axile] / 속씨자리[중축태좌(中軸胎座), axile placentation, axile placenta]

287

등 씨자리

등은 흔히 관상수로 기르는 갈잎덩굴나무로 다른 물체를 감고 오른다. 봄에 잎이 돋을 때 함께 피는 자주색 꽃송이는 주렁주렁 매달린 채로 봄바람에 한들거린다. 등꽃의 암술은 1개의 심피로 이루어지고 씨방은 1개이며 심피 가장자리를 결합한 봉합선을 따라 밑씨가 달리는 '테씨자리'이다. 테씨자리를 가지고 있는 식물은 콩과가 대표적으로 꼬투리열매를 쪼개 보면 관찰할 수 있다.

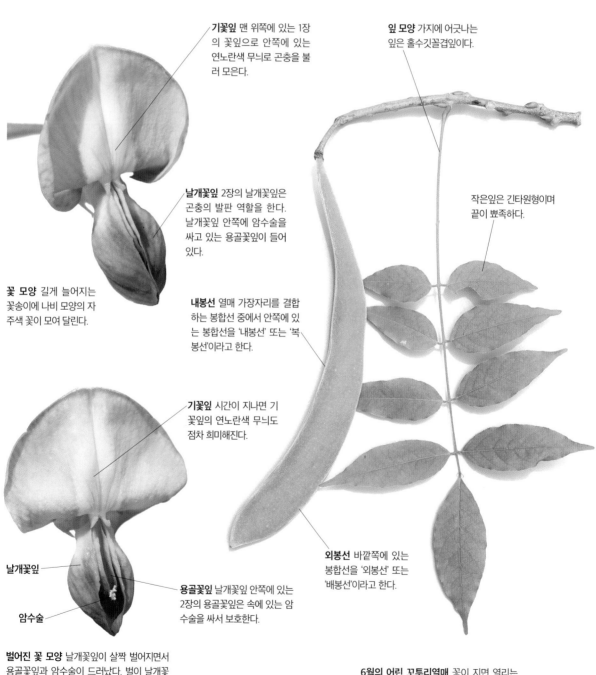

기꽃잎 맨 위쪽에 있는 1장의 꽃잎으로 안쪽에 있는 연노란색 무늬로 곤충을 불러 모은다.

잎 모양 가지에 어긋나는 잎은 홀수깃꼴겹잎이다.

날개꽃잎 2장의 날개꽃잎은 곤충의 발판 역할을 한다. 날개꽃잎 안쪽에 암수술을 싸고 있는 용골꽃잎이 들어 있다.

작은잎은 긴타원형이며 끝이 뾰족하다.

꽃 모양 길게 늘어지는 꽃송이에 나비 모양의 자주색 꽃이 모여 달린다.

내봉선 열매 가장자리를 결합하는 봉합선 중에서 안쪽에 있는 봉합선을 '내봉선' 또는 '복봉선'이라고 한다.

기꽃잎 시간이 지나면 기꽃잎의 연노란색 무늬도 점차 희미해진다.

날개꽃잎

암수술

용골꽃잎 날개꽃잎 안쪽에 있는 2장의 용골꽃잎은 속에 있는 암수술을 싸서 보호한다.

외봉선 바깥쪽에 있는 봉합선을 '외봉선' 또는 '배봉선'이라고 한다.

벌어진 꽃 모양 날개꽃잎이 살짝 벌어지면서 용골꽃잎과 암수술이 드러났다. 벌이 날개꽃잎에 내려앉으면 이처럼 용골꽃잎이 벌어지면서 벌 엉덩이에 꽃가루를 묻히거나 받는다.

6월의 어린 꼬투리열매 꽃이 지면 열리는 기다란 꼬투리열매는 낫처럼 휘어지며 융단 같은 털로 덮여 있다.

＊테씨자리[변연태좌(邊緣胎座), marginal placentation] / 봉합선(縫合線)[봉선(縫線), suture]

내봉선 심피 가장자리가 결합한 봉합선으로 씨앗이 나란히 달린다.

외봉선 꼬투리열매가 익으면 외봉선과 내봉선이 갈라진다.

열매살 어린 꼬투리열매는 열매살이 두툼하다.

어린 씨앗 단면 꼬투리열매 속에는 5~16개의 씨앗이 들어 있다.

등 어린 꼬투리열매 가로 단면

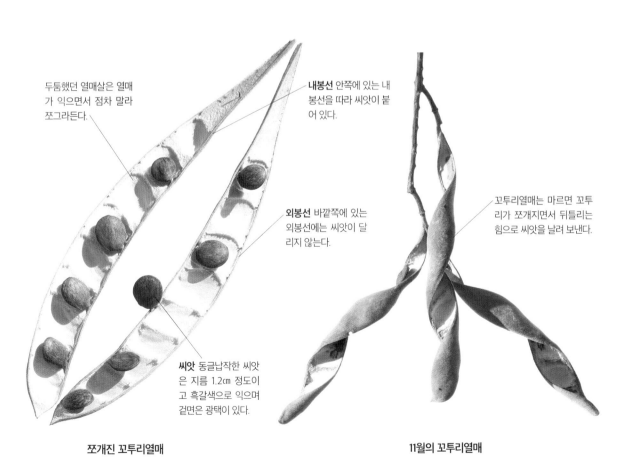

두툼했던 열매살은 열매가 익으면서 점차 말라 쪼그라든다.

내봉선 안쪽에 있는 내봉선을 따라 씨앗이 붙어 있다.

외봉선 바깥쪽에 있는 외봉선에는 씨앗이 달리지 않는다.

꼬투리열매는 마르면 꼬투리가 쪼개지면서 뒤틀리는 힘으로 씨앗을 날려 보낸다.

씨앗 동글납작한 씨앗은 지름 1.2㎝ 정도이고 흑갈색으로 익으며 겉면은 광택이 있다.

쪼개진 꼬투리열매

11월의 꼬투리열매

※ 내봉선(內縫線)[복봉선(腹縫線), ventral suture] / 외봉선(外縫線)[배봉선(背縫線), dorsal suture]

파파야 씨자리

파파야(*Carica papaya*)는 열대 아메리카 원산의 늘푸른작은키나무로 열대 지방에서 과일나무로 심어 기른다. 잎겨드랑이에 1~3개가 모여 달리는 열매는 타원형~달걀형이며 18~40㎝ 길이로 큼직하고 황적색으로 익는다. 열매 속은 한 칸으로 이루어진 씨방의 안쪽 옆 벽을 따라 씨앗이 붙어 있는 벽씨자리이다. 열매는 날로 먹거나 과일 주스와 잼, 과자 등을 만드는 재료로 쓰며 말려서 먹기도 한다. 열매에는 단백질을 분해하는 파파인이라는 효소가 있어 연육제로 사용한다. 씨앗은 독특한 맛이 있어서 향신료로 쓴다.

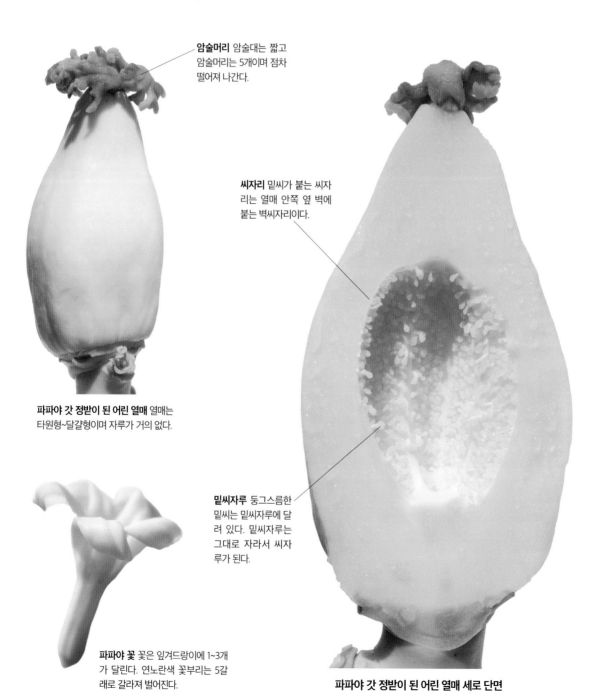

암술머리 암술대는 짧고 암술머리는 5개이며 점차 떨어져 나간다.

씨자리 밑씨가 붙는 씨자리는 열매 안쪽 옆 벽에 붙는 벽씨자리이다.

파파야 갓 정받이 된 어린 열매 열매는 타원형~달걀형이며 자루가 거의 없다.

밑씨자루 둥그스름한 밑씨는 밑씨자루에 달려 있다. 밑씨자루는 그대로 자라서 씨자루가 된다.

파파야 꽃 꽃은 잎겨드랑이에 1~3개가 달린다. 연노란색 꽃부리는 5갈래로 갈라져 벌어진다.

파파야 갓 정받이 된 어린 열매 세로 단면

＊벽씨자리[측막태좌(側膜胎座), 측벽태좌(側壁胎座), parietal placentation]

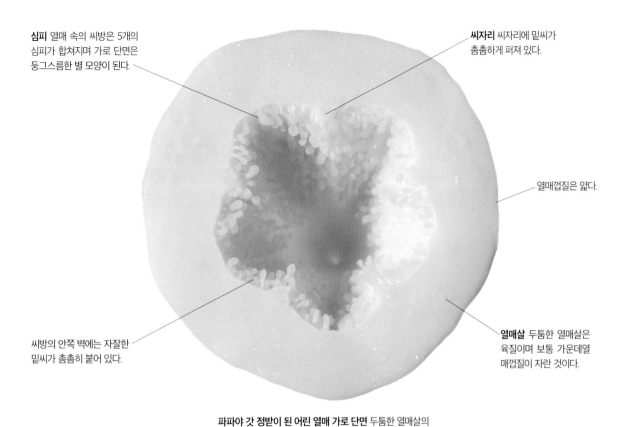

심피 열매 속의 씨방은 5개의 심피가 합쳐지며 가로 단면은 둥그스름한 별 모양이 된다.

씨자리 씨자리에 밑씨가 촘촘하게 퍼져 있다.

열매껍질은 얇다.

씨방의 안쪽 벽에는 자잘한 밑씨가 촘촘히 붙어 있다.

열매살 두툼한 열매살은 육질이며 보통 가운데열 매껍질이 자란 것이다.

파파야 갓 정받이 된 어린 열매 가로 단면 두툼한 열매살의 안쪽 벽의 씨자리에 많은 밑씨가 촘촘히 배열하는 벽씨자리이다.

열매살 씨앗을 둘러싸고 있는 두툼한 황적색 열매살은 부드럽고 향기가 좋으며 과일로 먹는다.

열매살의 안쪽 벽에 붙는 씨자리에 많은 씨앗이 촘촘히 붙는다.

씨자루 씨앗은 안쪽 벽의 씨자리와 이어지는 씨자루를 통해 양분을 얻어 자란다.

열매는 보통 황적색으로 익는다.

씨앗 달걀 모양의 씨앗은 검은색으로 익는다.

파파야 익은 열매

파파야 익은 열매 세로 단면

*밑씨자루[주병(珠柄), funicle, funiculus] / 씨자루[종자병(種子柄), podosperm] / 열매살[과육(果肉), flesh, fruit pulp, sarcocarp]

열매의 기하학

꽃과 마찬가지로 열매도 제각기 독특한 모양을 하고 있다. 열매의 모양이나 단면을 보면 제각기 독특한 기하학적 구조를 찾아볼 수 있다.

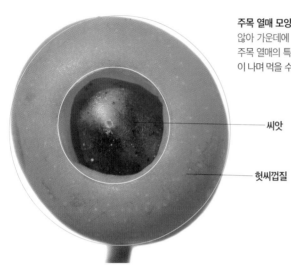

주목 열매 모양 둘레의 헛씨껍질은 씨앗을 완전히 둘러싸지 않아 가운데에 구멍이 남고 속에 든 씨앗이 들여다보이는데 주목 열매의 특징이다. 육질의 헛씨껍질은 붉게 익으면 단맛이 나며 먹을 수 있지만 많이 먹으면 설사를 할 수도 있다.

씨앗

헛씨껍질

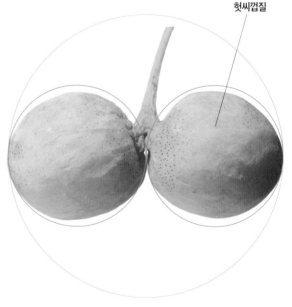

헛씨껍질

은행나무 열매 모양 둥근 열매처럼 보이는 것은 실제로는 씨앗이다. 씨앗은 긴 자루 끝에 2개가 쌍으로 달리기도 한다. 속에 든 씨앗의 겉을 싸고 있는 겉씨껍질은 육질이며 가을에 살구처럼 노란색~주황색으로 익는데 잘 익으면 고약한 냄새가 나고 만지면 피부병이 생기기도 한다.

열매조각

암술대

회양목 벌어진 열매 모양 둥근 열매는 끝에 3개의 암술대가 뿔처럼 남아 있는데 여름에 갈색으로 익으면 3갈래로 갈라져 벌어지면서 까만 씨앗이 튕겨져 나간다. 열매가 3갈래로 갈라질 때 각각의 암술대는 둘로 갈라지기 때문에 갈라진 열매조각은 끝에 2개의 뿔이 난 것처럼 보인다.

좀참빗살나무 열매 모양 열매는 가운데기둥을 중심으로 4개로 나뉘어진 방마다 씨앗이 들어 있다. 열매에 따라서 2~3개의 방으로 나뉘는 것도 있다. 열매는 가을에 황갈색~적갈색으로 익으면 각 방 중앙의 봉합선을 따라 갈라지면서 주홍색 헛씨껍질에 싸인 씨앗이 드러난 채로 매달려 있다.

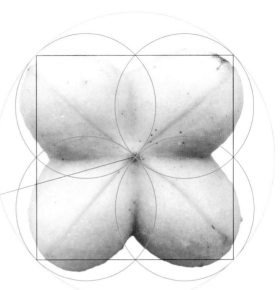

가운데기둥을 중심으로
4개의 방으로 나뉘어져 있다.

누리장나무 열매 모양 둥근 열매는 가을이면 둘레의 꽃받침조각이 붉은색으로 물들면서 5갈래로 갈라져 벌어지면 속에 든 둥근 열매는 남흑색으로 익으며 보석처럼 박혀 있다. 꽃보다 아름다운 열매는 가을 내내 가지에 매달려 있다.

가침박달 열매 모양 동그스름한 열매는 세로로 5갈래의 골이 져서 위에서 보면 별처럼 보인다. 드물게 열매가 6갈래로 갈라지는 그루도 있다. 열매는 5~6갈래로 나뉘어진 방마다 1~2개의 납작한 씨앗이 만들어지며 가을에 노란색으로 변했다가 적갈색으로 익으면 칸칸이 갈라진다.

살열매와 마른열매

살열매

보통 하나의 꽃에 들어 있는 1개의 씨방이 자란 열매를 '홑열매'라고 한다. 홑열매는 열매가 다 익었을 때 열매 속에 포함되어 있는 수분의 양에 따라 살열매와 마른 열매로 구분한다. 열매살이 두껍고 열매즙이 있는 열매를 '살열매'라고 한다. 살열매에는 물열매, 굳은씨열매, 귤꿀열매, 석류꿀열매, 배꼴열매 등이 있다.

열매살   씨앗 단면

귤꿀열매(산귤) 속열매껍질이 나뉘어진 작은 방마다 즙이 많은 열매살이 들어 있는 열매를 말한다.

물열매(다래) 살열매의 하나로 열매살과 열매즙이 있는 씨방벽이 두껍게 발달해서 만들어진다.

굳은씨열매(앵두나무) 열매살과 열매즙이 있는 살열매로 씨방벽이 두껍게 발달해서 만들어진다.

석류꿀열매(석류나무) 속열매껍질로 나뉜 방마다 즙이 많은 헛씨껍질에 싸인 씨앗이 가득 들어 있는 열매를 말한다.

배꼴열매(콩배나무) 꽃턱이나 꽃받침의 밑부분이 두껍게 발달해서 씨방을 싸고 있는 헛열매를 말한다.

*살열매[육질과(肉質果), 다육과(多肉果), fleshy fruit] / 물열매[장과(漿果), 액과(液果), berry] / 굳은씨열매[핵과(核果), 석과(石果), drupe, stone fruit] / 귤꿀열매[감과(柑果), hesperdium] / 석류꿀열매[석류과(石榴果), pomegranate, balausta] / 배꼴열매 [이과(梨果), pome] / 마른열매[건과(乾果), dry fruit]

마른열매

홑열매 중에서 어린 열매는 수분이 있지만 열매가 익으면 열매껍질이 마르면서 건조해지는 열매를 '마른열매'라고 한다. 마른열매는 다시 마른 열매껍질이 자연스럽게 갈라져서 씨앗이 드러나는 '열리는열매'와 마른 열매껍질이 벌어지지 않는 '닫힌열매'로 구분한다. 열리는열매에는 꼬투리열매, 터짐열매, 쪽꼬투리열매 등이 있다. 닫힌열매에는 날개열매, 여윈열매, 굳은껍질열매, 마디꼬투리열매 등이 있다.

꼬투리열매(자귀나무) 콩과 식물의 열매로 꼬투리는 익으면 양쪽의 봉합선을 따라 갈라지는 열리는열매이다.

터짐열매(동백나무) 여러 칸으로 나뉜 열매는 열매껍질이 마르면 길게 쪼개지면서 씨앗이 나오는 열리는열매이다.

쪽꼬투리열매(붓순나무) 하나의 심피로 이루어진 씨방이 자란 주머니 모양의 열매는 1줄의 봉합선을 따라 벌어지는 열리는열매이다.

날개열매(단풍나무) 열매껍질의 일부가 날개 모양으로 발달한 열매로 닫힌열매이다.

여윈열매(외대으아리) 마른 열매껍질이 속에 들어 있는 1개의 씨앗과 단단히 붙어서 전체가 씨앗처럼 보이는 열매로 닫힌열매이다.

굳은껍질열매(졸참나무) 열매를 덮고 있는 단단한 열매껍질은 익어도 벌어지지 않는 닫힌열매이다.

마디꼬투리열매(된장풀) 꼬투리열매의 마디가 분리되어 떨어져 나가는 열매로 닫힌열매이다.

솔방울열매(소나무) 나무질의 비늘조각이 여러 겹으로 포개져 있으며 조각 사이마다 씨앗이 들어 있다. 근래에는 열매로 보지 않기도 한다.

*열리는열매[열개과(裂開果), dehiscent fruit] / 닫힌열매[폐과(閉果), indehiscent fruit] / 꼬투리열매[협과(莢果), 두과(豆果), legume] / 터짐열매[삭과(蒴果), capsule] / 쪽꼬투리열매[대과(袋果), 골돌과(骨葖果), follicle] / 날개열매[시과(翅果), 익과(翼果), samara, keyfruit] / 여윈열매[수과(瘦果), achene] / 굳은껍질열매[견과(堅果), nut] / 마디꼬투리열매[절과(節果), 절두과(節豆果), loment]

295

모인열매와 겹열매

모인열매

하나의 꽃에 여러 개의 암술(씨방)이 있는 여러 암술꽃이 자라서 된 열매를 '모인열매'라고 한다. 여러 개의 꽃이
모여 달린 꽃송이가 열매송이로 변한 겹열매와 비슷하지만 하나의 꽃에서 자란 열매송이란 점이 다르다.

암술 하나의 꽃 가운데에 많은 암술이 촘촘히 모여 달리는 여러암술꽃이며 암술대는 가늘고 길다.

꽃잎 보통 5장의 연한 홍색 꽃잎은 타원형이며 빙 둘러난다.

수술 많은 수술은 암술을 빙 둘러싸며 꽃잎보다 짧다.

꽃받침 꽃자루와 함께 샘털, 잔털, 작은 가시가 있다.

줄딸기 꽃 단면 줄딸기는 산과 들에서 흔히 자라는 갈잎덩굴나무로 봄에 새가지 끝에 연한 홍색 꽃이 핀다.

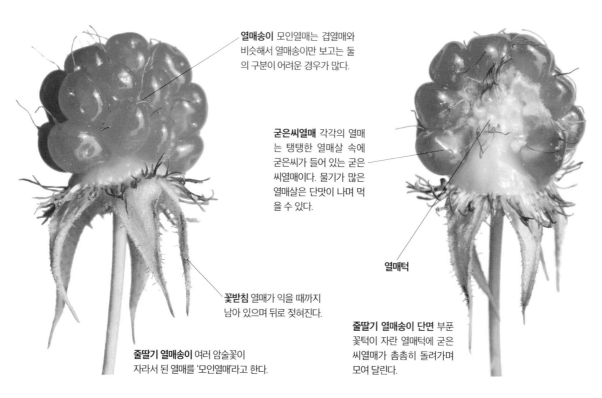

열매송이 모인열매는 겹열매와 비슷해서 열매송이만 보고는 둘의 구분이 어려운 경우가 많다.

굳은씨열매 각각의 열매는 탱탱한 열매살 속에 굳은씨가 들어 있는 굳은씨열매이다. 물기가 많은 열매살은 단맛이 나며 먹을 수 있다.

꽃받침 열매가 익을 때까지 남아 있으며 뒤로 젖혀진다.

열매턱

줄딸기 열매송이 여러 암술꽃이 자라서 된 열매를 '모인열매'라고 한다.

줄딸기 열매송이 단면 부푼 꽃턱이 자란 열매턱에 굳은씨열매가 촘촘히 돌려가며 모여 달린다.

296   *모인열매[취과(聚果), 집합과(集合果), aggregate fruit, etaerio]

겹열매

여러 개의 꽃이 촘촘히 모인 꽃차례가 자라서 된 열매송이가 하나의 열매처럼 된 것을 '겹열매'라고 한다.

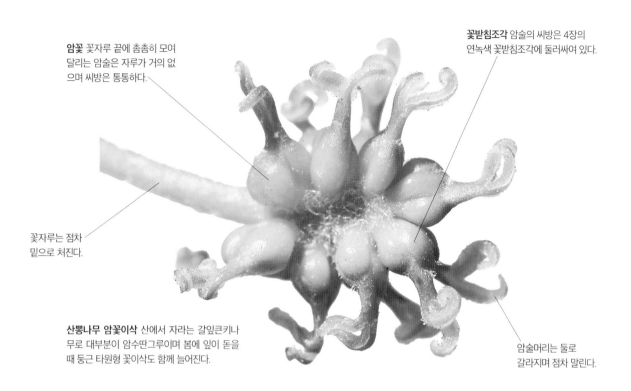

암꽃 꽃자루 끝에 촘촘히 모여 달리는 암술은 자루가 거의 없으며 씨방은 통통하다.

꽃받침조각 암술의 씨방은 4장의 연녹색 꽃받침조각에 둘러싸여 있다.

꽃자루는 점차 밑으로 처진다.

산뽕나무 암꽃이삭 산에서 자라는 갈잎큰키나무로 대부분이 암수딴그루이며 봄에 잎이 돋을 때 둥근 타원형 꽃이삭도 함께 늘어진다.

암술머리는 둘로 갈라지며 점차 말린다.

열매가 다 익을 때까지 암술머리가 남아 있다.

연녹색 열매는 붉은색으로 변했다가 흑자색으로 익는다.

열매살 각각의 열매를 싸고 있는 열매살은 수분이 많으며 씨방을 둘러싼 꽃받침이 비대해진 것이다.

열매 각각의 열매는 열매살 속에 여윈 열매가 하나씩 들어 있다.

산뽕나무 열매송이 암꽃이삭이 자라서 된 열매송이가 하나의 열매처럼 된 겹열매이며 오디꼴열매로 구분하기도 한다.

* 겹열매[다화과(多花果), 복과(複果), multiple fruit, composite fruit]

솔방울열매

바늘잎나무에 열리는 솔방울열매는 모양이 대부분 둥근 편이어서 한자어로 '구과(毬果)'라고도 한다. 겉씨식물은 씨방이 없기 때문에 솔방울열매는 속씨식물처럼 열매로 보지 않기도 한다. 일반적으로 바늘잎나무의 솔방울열매는 씨앗이 성숙할 때까지의 시간이 속씨식물의 열매보다 오래 걸린다.

섬잣나무는 암솔방울이 작은 타원형 솔방울열매로 자라는 데에 1년 남짓 걸린다.

솔방울조각은 나선상으로 배열하며 촘촘히 붙어 있다.

새로 돋는 햇가지

다음 해 4월 초의 섬잣나무 어린 솔방울열매

암솔방울 긴 타원형이며 위를 향해 곧게 선다.

새로 돋는 잎 새로 돋는 원기둥 모양의 바늘잎은 점차 5가닥으로 갈라진다.

섬잣나무 암솔방울 울릉도에서 자라는 늘푸른바늘잎나무이다. 5~6월에 햇가지 끝에 붉은색 암솔방울이 2~3개가 달린다.

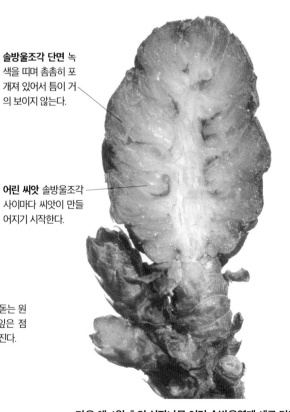

솔방울조각 단면 녹색을 띠며 촘촘히 포개져 있어서 틈이 거의 보이지 않는다.

어린 씨앗 솔방울조각 사이마다 씨앗이 만들어지기 시작한다.

다음 해 4월 초의 섬잣나무 어린 솔방울열매 세로 단면

씨앗 단면 빈틈이 없는 솔방울 조각 사이의 안쪽에서는 둥근 달걀형 씨앗이 자라고 있다.

솔방울조각은 나선상으로 배열하는데 나선형 배열은 원시적인 특징이다.

씨껍질 씨앗을 싸고 있는 씨껍질은 점차 단단해진다.

솔방울조각 단면 솔방울조각은 세로로 촘촘히 합쳐져 있어서 틈이 전혀 보이지 않는다.

섬잣나무 솔방울열매 솔방울열매는 25~40개의 솔방울조각이 촘촘히 포개져 있으며 익는 데에 2년이 걸린다.

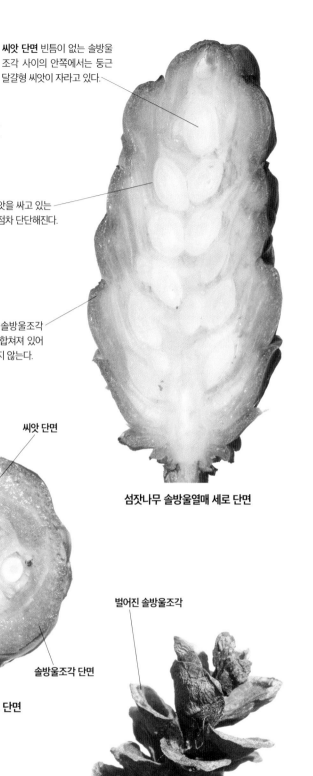

섬잣나무 솔방울열매 세로 단면

씨앗 단면

씨껍질

솔방울조각을 자른 단면에서는 끈적거리는 송진이 배어 나온다.

솔방울조각 단면

섬잣나무 솔방울열매 가로 단면

벌어진 솔방울조각

섬잣나무 묵은 솔방울열매 솔방울열매는 익으면 조각조각 벌어진 채로 오래도록 매달려 있다.

씨앗 달걀 모양의 씨앗은 윗부분에 짧은 날개가 있다.

부서지는 솔방울열매

소나무나 섬잣나무 등의 솔방울열매는 익어도 솔방울조각이 벌어지기만 할 뿐 솔방울열매는 솔방울조각이 붙은 채로 통째로 떨어진다. 하지만 전나무나 구상나무처럼 솔방울열매가 잘 익으면 솔방울열매의 윗부분부터 부서지면서 솔방울조각과 씨앗이 함께 떨어져 나가고 가운데기둥만 남는 솔방울열매도 여럿 있다. 솔방울을 부서뜨리는 것은 모든 씨앗을 바람에 날려 퍼뜨릴 수 있는 좋은 방법이다.

솔방울조각은 나선상으로 배열한다.

솔방울조각 끝의 뾰족한 돌기는 뒤로 젖혀지는 것이 구상나무의 특징이다.

구상나무 어린 솔방울열매 솔방울열매는 원통형이며 솔방울조각 끝마다 뾰족한 돌기가 있다.

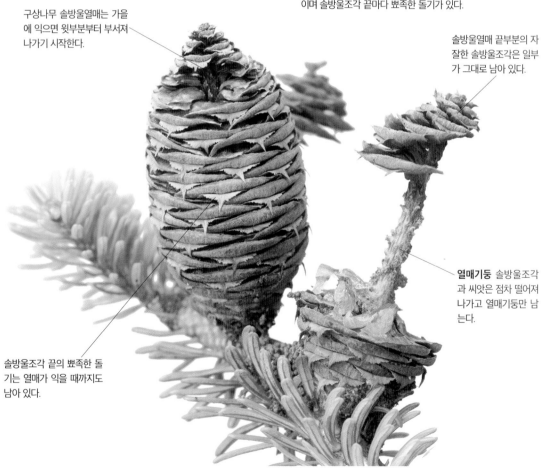

구상나무 솔방울열매는 가을에 익으면 윗부분부터 부서져 나가기 시작한다.

솔방울열매 끝부분의 자잘한 솔방울조각은 일부가 그대로 남아 있다.

열매기둥 솔방울조각과 씨앗은 점차 떨어져 나가고 열매기둥만 남는다.

솔방울조각 끝의 뾰족한 돌기는 열매가 익을 때까지도 남아 있다.

구상나무 부서지는 솔방울열매 구상나무는 한라산, 지리산, 덕유산 등 남부 지방의 높은 산에서 자라는 우리나라 특산식물이다.

*꽃턱잎조각[포조각, 포편(苞片), 포린(苞鱗), bract scale]

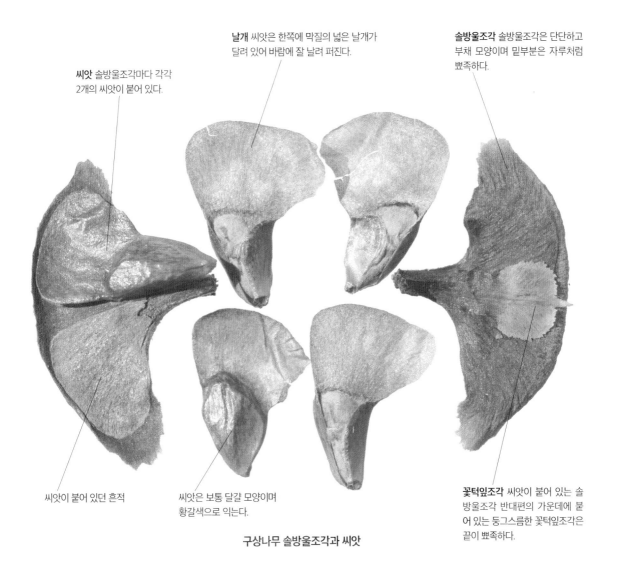

씨앗 솔방울조각마다 각각 2개의 씨앗이 붙어 있다.

날개 씨앗은 한쪽에 막질의 넓은 날개가 달려 있어 바람에 잘 날려 퍼진다.

솔방울조각 솔방울조각은 단단하고 부채 모양이며 밑부분은 자루처럼 뾰족하다.

씨앗이 붙어 있던 흔적

씨앗은 보통 달걀 모양이며 황갈색으로 익는다.

꽃턱잎조각 씨앗이 붙어 있는 솔 방울조각 반대편의 가운데에 붙 어 있는 둥그스름한 꽃턱잎조각은 끝이 뾰족하다.

구상나무 솔방울조각과 씨앗

분비나무 높은 산에서 자라며 원통형 솔방울열매는 위로 곧게 선다. 솔방울조각 끝의 돌기는 곧게 서서 구상나무와 구분된다. 솔방울열매는 가을에 익으면 조각조각 부서져 나간다.

전나무 높은 산에서 자라며 원통형 솔방울열매는 위로 곧게 선 다. 솔방울조각 끝의 돌기는 열매 표면으로 나오지 않는다. 솔방 울열매는 가을에 익으면 조각조각 부서져 나간다.

측백나무 솔방울열매

측백나무과에 속하는 측백나무는 비늘잎을 가지고 있으며 열매는 소나무의 솔방울열매와는 조금 다르게 생겼다. 마주나는 솔방울조각은 잘 익으면 十자로 갈라지면서 벌어지고 씨앗이 드러난다. 솔방울열매가 익으면 마르는 측백나무와 달리 향나무속(*Juniperus*)에 속하는 솔방울열매는 익어도 육질이어서 '살찐솔방울열매'로 구분한다.

작은잎이 비늘처럼 겹겹이 포개진 비늘잎은 앞면과 뒷면의 구별이 어렵다.

어린 솔방울열매 둥근 달걀형이며 회청색이 돌고 여러 개의 뿔이 나 있는 것이 솔방울처럼 보이지 않는다.

잎가지는 생선 뼈처럼 갈라지며 전체적으로 납작하게 배열한다.

측백나무 어린 솔방울열매 가지

서양측백 관상수로 심으며 솔방울열매는 긴 타원형이고 씨앗은 둘레에 좁은 날개가 있다.

편백 산에 심으며 솔방울열매는 둥글고 타원형 씨앗은 양쪽에 날개가 있다.

화백 산에 심으며 솔방울열매는 6각형 비슷하고 둥근 달걀형 씨앗은 양쪽에 날개가 있다.

노간주나무 산에서 자라며 둥근 솔방울열매는 살찐솔방울열매이고 흰색 가루로 덮여 있다.

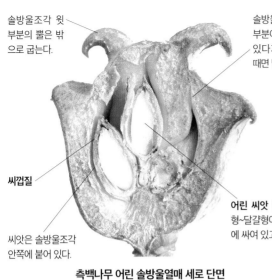

솔방울조각 윗부분의 뿔은 밖으로 굽는다.

솔방울조각끼리는 일부분이 단단히 합쳐져 있다가 열매가 익을 때면 벌어진다.

씨껍질

어린 씨앗 단면 씨앗은 타원형~달걀형이며 단단한 씨껍질에 싸여 있고 날개가 없다.

씨앗은 솔방울조각 안쪽에 붙어 있다.

측백나무 어린 솔방울열매 세로 단면

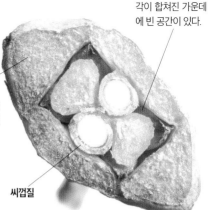

여러 개의 솔방울조각이 합쳐진 가운데에 빈 공간이 있다.

솔방울열매는 익기 전에는 육질이라서 '살찐솔방울열매'라고 한다.

씨껍질

측백나무 어린 솔방울 가로 단면

중간에 있는 2쌍의 솔방울조각이 가장 크며 씨앗이 붙어 있다.

맨 위에 있는 1쌍의 솔방울조각은 작으며 씨앗이 붙지 않는다.

갈라진 솔방울조각에는 보통 흑갈색 씨앗이 1~2개씩 들어 있다.

측백나무 벌어진 솔방울열매 솔방울열매는 점차 적갈색으로 변하며 十자 모양으로 활짝 벌어진다.

향나무 솔방울열매 둥근 솔방울열매는 살이 많은 육질의 비늘잎으로 이루어지며 열매가 검게 익어도 그대로 육질인 물열매라서 '살찐솔방울열매'라고 한다. 향나무속의 솔방울열매는 모두 살찐솔방울열매이다.

연필향나무 관상수로 심으며 둥근 솔방울열매는 살찐솔방울열매이고 흰색 가루로 덮여 있다.

메타세쿼이아 관상수로 심으며 둥근 솔방울열매는 자루가 길고 씨앗은 날개가 있다.

낙우송 관상수로 심으며 둥근 솔방울열매는 자루가 없고 씨앗은 세모꼴이며 날개가 있다.

삼나무 산에 심으며 둥근 솔방울열매는 뾰족한 돌기가 많고 씨앗은 길쭉하며 날개가 있다.

주목 열매

주목은 밑씨가 겉으로 드러나는 겉씨식물이지만 솔방울열매와 전혀 다른 모양의 열매를 맺는다. 주목 열매는 씨앗이 먼저 자라고 씨앗이 자란 다음에 씨앗 밑부분의 헛씨껍질이 자라기 시작하는데, 헛씨껍질은 밑씨를 씨자리에 부착시키는 씨눈자루가 자란 것이다. 이처럼 주목은 씨앗을 헛씨껍질이 싸고 있는 구조로 엄밀한 의미에서는 열매로 볼 수 없다. 헛씨껍질은 다 자라서 붉게 익어도 씨앗을 전부 덮지 못하고, 가운데에 구멍이 뚫려서 속에 있는 씨앗이 들여다보인다. 비자나무는 헛씨껍질이 씨앗을 전부 둘러싸고, 개비자나무와 은행나무는 밑씨의 껍질이 변한 육질의 씨껍질이 씨앗을 전부 둘러싼다.

주목 열매는 타원형 씨앗이 먼저 크게 자라기 시작한다.

씨앗이 자랄 때까지 헛씨껍질은 씨앗 밑부분을 싸고 있다. 헛씨껍질은 밑씨를 씨자리에 부착시키는 씨눈자루가 자란 것이다.

주목 어린 열매 높은 산에서 자라는 늘푸른바늘잎나무로 열매는 잎겨드랑이에 열린다.

씨앗이 다 자랄 때쯤이면 헛씨껍질이 자라기 시작하면서 불그스레하게 변하기 시작한다.

바늘잎 짧은 바늘잎은 끝이 뾰족하며 뒷면에는 2개의 연한 색 숨구멍줄이 있다.

씨앗은 독이 있으므로 절대 먹어서는 안된다.

8월 말에 익기 시작한 주목 열매 씨앗은 단단하여 싹이 잘 트지 않지만 새가 먹은 씨앗은 싹이 잘 튼다고 한다.

헛씨껍질은 두툼한 육질이며 붉게 익으면 단맛이 난다.

헛씨껍질은 다 자라도 구멍이 뚫려 있어 속에 든 씨앗이 보인다.

*헛씨껍질[가종피(假種皮), 종의(種衣), aril, arillus] / 씨눈자루[배병(胚柄), suspensor]

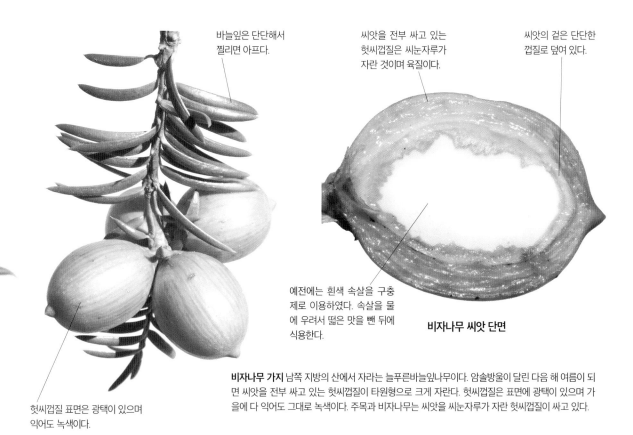

바늘잎은 단단해서 찔리면 아프다.

씨앗을 전부 싸고 있는 헛씨껍질은 씨눈자루가 자란 것이며 육질이다.

씨앗의 겉은 단단한 껍질로 덮여 있다.

예전에는 흰색 속살을 구충제로 이용하였다. 속살을 물에 우려서 떫은 맛을 뺀 뒤에 식용한다.

비자나무 씨앗 단면

헛씨껍질 표면은 광택이 있으며 익어도 녹색이다.

비자나무 가지 남쪽 지방의 산에서 자라는 늘푸른바늘잎나무이다. 암솔방울이 달린 다음 해 여름이 되면 씨앗을 전부 싸고 있는 헛씨껍질이 타원형으로 크게 자란다. 헛씨껍질은 표면에 광택이 있으며 가을에 다 익어도 그대로 녹색이다. 주목과 비자나무는 씨앗을 씨눈자루가 자란 헛씨껍질이 싸고 있다.

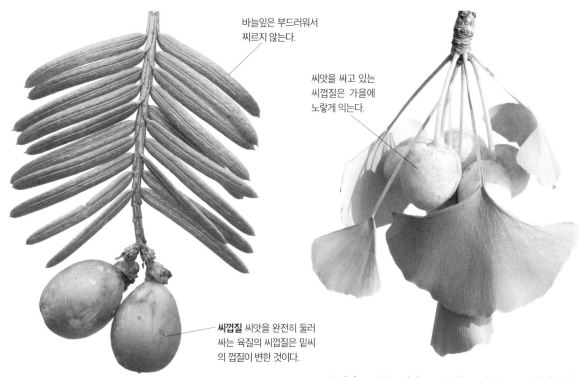

바늘잎은 부드러워서 찌르지 않는다.

씨앗을 싸고 있는 씨껍질은 가을에 노랗게 익는다.

씨껍질 씨앗을 완전히 둘러싸는 육질의 씨껍질은 밑씨의 껍질이 변한 것이다.

개비자나무 산에서 자라는 늘푸른바늘잎나무이다. 바늘잎은 부드러워서 찌르지 않고 씨앗을 완전히 싸고 있는 씨껍질은 다음해 가을에 홍자색으로 익고 맛이 새콤달콤하며 따 먹기도 한다.

은행나무 갈잎큰키나무로 속에 든 씨앗은 육질의 씨껍질에 완전히 싸여 있다. 가을에 노랗게 익은 육질의 씨껍질에서는 고약한 냄새가 난다. 개비자나무와 은행나무는 씨앗을 밑씨의 껍질이 변한 씨껍질이 싸고 있다.

＊씨껍질[씨앗껍질, 종피(種皮), seed coat, testa]

솔방울을 닮은 속씨식물 열매

속씨식물의 열매 중에는 산에서 자라는 굴피나무 열매처럼 겉씨식물의 솔방울열매와 비슷하게 생긴 열매를 볼 수 있다. 이들의 생김새는 솔방울열매를 닮았지만 엄연히 밑씨가 씨방 속에서 자란 속씨식물의 열매와 씨앗이다. 예전에는 생김새를 보고 겉씨식물에서 갓 진화한 원시적인 속씨식물로 분류하기도 했었다.

어린 열매 끝에 아직 마른 수꽃이삭이 남아 있지만 곧 떨어져 나간다.

굴피나무 어린 열매 경기도 이남의 산에서 자라는 갈잎작은키나무이다. 타원형 열매는 끝이 뾰족한 꽃턱잎조각으로 촘촘히 둘러싸인 모습이 솔방울열매와 비슷하다.

진갈색으로 익은 굴피나무 열매는 더욱 솔방울열매와 비슷하다.

익어서 벌어진 열매는 고슴도치 모양이며 오래 매달려 있다.

굴피나무 열매 밑씨가 씨방 안에 들어 있는 속씨식물이다.

사방오리 남부 지방의 산에 심는 갈잎작은키나무로 타원형~달걀형 열매는 솔방울열매와 비슷하다.

거제수나무 높은 산에서 자라는 갈잎큰키나무로 달걀형 열매는 솔방울열매와 비슷하다.

미국풍나무 관상수로 심는 갈잎큰키나무로 둥근 철퇴 모양의 열매는 솔방울열매와 비슷하다.

일본목련 관상수로 심는 갈잎큰키나무로 긴 타원형 열매는 솔방울열매와 비슷하다.

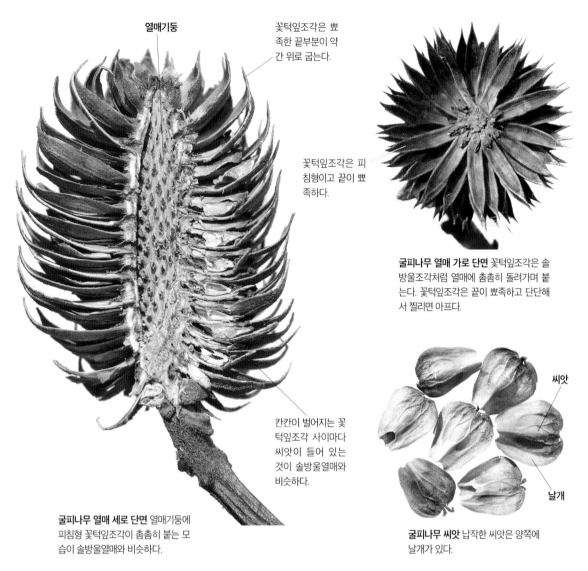

열매기둥

꽃턱잎조각은 뾰족한 끝부분이 약간 위로 굽는다.

꽃턱잎조각은 피침형이고 끝이 뾰족하다.

굴피나무 열매 가로 단면 꽃턱잎조각은 솔방울조각처럼 열매에 촘촘히 돌려가며 붙는다. 꽃턱잎조각은 끝이 뾰족하고 단단해서 찔리면 아프다.

칸칸이 벌어지는 꽃턱잎조각 사이마다 씨앗이 들어 있는 것이 솔방울열매와 비슷하다.

씨앗

날개

굴피나무 씨앗 납작한 씨앗은 양쪽에 날개가 있다.

굴피나무 열매 세로 단면 열매기둥에 피침형 꽃턱잎조각이 촘촘히 붙는 모습이 솔방울열매와 비슷하다.

수꽃이삭

열매

호주소나무(*Casuarina equisetifolia*) 호주 원산으로 얼핏 보기에 소나무를 닮아서 '호주소나무'라고 한다. 어린 가지가 기다란 바늘잎을 닮았고 쇠뜨기처럼 마디가 있으며 잘 부러진다. 울퉁불퉁한 원형~타원형 열매의 모양도 솔방울열매와 비슷하지만 밑씨가 씨방 안에 들어 있는 속씨식물이다.

암솔방울

열매

그네툼 그네몬(*Gnetum gnemon*) 열대 아시아 원산의 늘푸른큰키나무이다. 마주나는 잎은 긴타원형이고 적자색으로 익는 타원형 열매 때문에 속씨식물로 착각하지만, 실제로는 씨방이 없이 밑씨가 겉으로 드러나는 겉씨식물이다. 나방 등이 꽃가루받이를 도와주며 겉씨식물 가운데 가장 진화한 무리로 여겨진다.

멀구슬나무 굳은씨열매

멀구슬나무는 남부 지방의 산기슭에서 자라는 갈잎큰키나무로 5~6월에 가지 끝의 잎겨드랑이에 달리는 커다란 꽃송이에 자잘한 연보라색 꽃이 모여 핀다. 꽃이 지면 열리는 타원형 열매는 10~12월에 황색~황갈색으로 익으며 열매살이 적다. 열매는 사포닌이 많이 들어 있어서 먹으면 식중독을 일으키므로 조심해야 한다. 열매 속에 든 1개의 굳은씨는 위에서 보면 별 모양이며 5개의 길쭉한 씨앗이 들어 있다.

멀구슬나무 어린 열매 타원형 열매는 15~20mm 길이이고 밑으로 처지며 겉면은 매끈하고 광택이 있다.

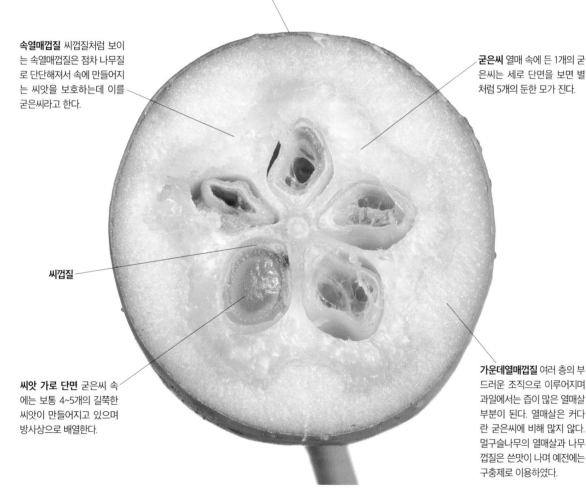

겉열매껍질 겉열매껍질은 열매의 겉을 싸고 있는 껍질로 숨구멍이나 털 등이 있다.

속열매껍질 씨껍질처럼 보이는 속열매껍질은 점차 나무질로 단단해져서 속에 만들어지는 씨앗을 보호하는데 이를 굳은씨라고 한다.

굳은씨 열매 속에 든 1개의 굳은씨는 세로 단면을 보면 별처럼 5개의 둔한 모가 진다.

씨껍질

씨앗 가로 단면 굳은씨 속에는 보통 4~5개의 길쭉한 씨앗이 만들어지고 있으며 방사상으로 배열한다.

가운데열매껍질 여러 층의 부드러운 조직으로 이루어지며 과일에서는 즙이 많은 열매살 부분이 된다. 열매살은 커다란 굳은씨에 비해 많지 않다. 멀구슬나무의 열매살과 나무껍질은 쓴맛이 나며 예전에는 구충제로 이용하였다.

멀구슬나무 어린 열매 가로 단면 열매 속에 1개의 커다란 굳은씨가 들어 있는 굳은씨열매이다.

*굳은씨[핵(核), 과핵(果核), putamen, pit] / 겉열매껍질[외과피(外果皮), epicarp, exocarp] / 가운데열매껍질[중과피(中果皮), mesocarp] / 속열매껍질[내과피(內果皮), endocarp]

굳은씨는 둥근 타원형이며 1㎝ 정도 길이이다.

굳은씨 속열매껍질이 단단하게 굳은 굳은씨는 연한 황백색이며 보통 세로로 5개의 얕은 골이 진다.

잘 익은 열매살은 점차 우글쭈글해진다.

굳은씨 양 끝에는 구멍이 생기기도 한다.

멀구슬나무 굳은씨 멀구슬나무는 열매마다 1개의 굳은씨가 들어 있는 굳은씨열매이다.

멀구슬나무 익은 열매 낙엽이 진 앙상한 가지에 매달린 열매송이는 겨우내 매달려 있으면서 새의 먹이가 된다.

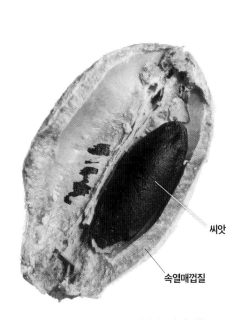

씨앗

속열매껍질

굳은씨 단면 단단한 속열매껍질을 깨면 길쭉한 타원형 씨앗이 돌려가며 들어 있으며 밤색으로 변했다가 검게 익는다.

멀구슬나무 새싹 땅에 떨어진 씨앗은 봄에 새싹이 돋아 자란다.

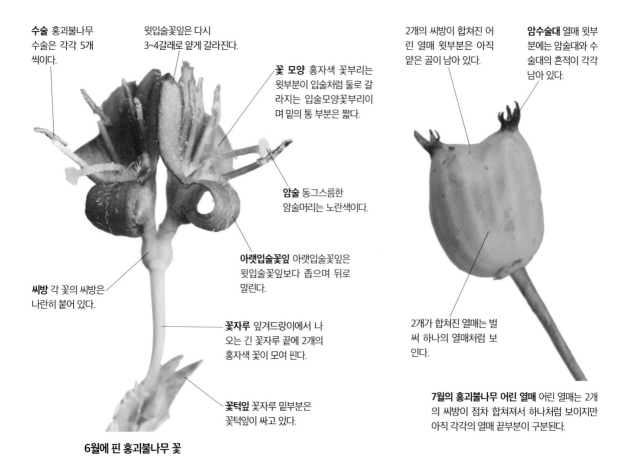

수술 홍괴불나무 수술은 각각 5개씩이다.

윗입술꽃잎은 다시 3~4갈래로 얕게 갈라진다.

꽃 모양 홍자색 꽃부리는 윗부분이 입술처럼 둘로 갈라지는 입술모양꽃부리이며 밑의 통 부분은 짧다.

암술 동그스름한 암술머리는 노란색이다.

씨방 각 꽃의 씨방은 나란히 붙어 있다.

아랫입술꽃잎 아랫입술꽃잎은 윗입술꽃잎보다 좁으며 뒤로 말린다.

꽃자루 잎겨드랑이에서 나오는 긴 꽃자루 끝에 2개의 홍자색 꽃이 모여 핀다.

꽃턱잎 꽃자루 밑부분은 꽃턱잎이 싸고 있다.

6월에 핀 홍괴불나무 꽃

2개의 씨방이 합쳐진 어린 열매 윗부분은 아직 얕은 골이 남아 있다.

암수술대 열매 윗부분에는 암술대와 수술대의 흔적이 각각 남아 있다.

2개가 합쳐진 열매는 벌써 하나의 열매처럼 보인다.

7월의 홍괴불나무 어린 열매 어린 열매는 2개의 씨방이 점차 합쳐져서 하나처럼 보이지만 아직 각각의 열매 끝부분이 구분된다.

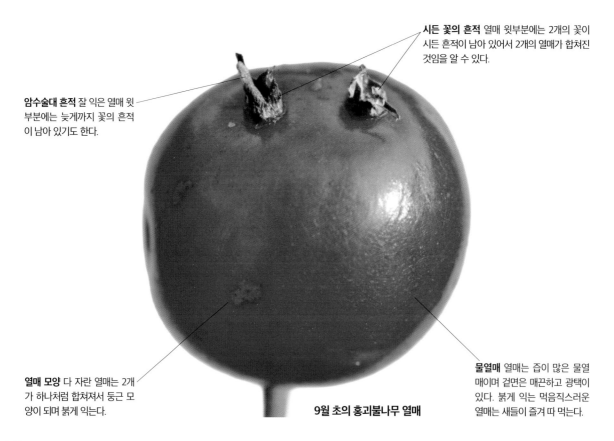

시든 꽃의 흔적 열매 윗부분에는 2개의 꽃이 시든 흔적이 남아 있어서 2개의 열매가 합쳐진 것임을 알 수 있다.

암수술대 흔적 잘 익은 열매 윗부분에는 늦게까지 꽃의 흔적이 남아 있기도 한다.

열매 모양 다 자란 열매는 2개가 하나처럼 합쳐져서 둥근 모양이 되며 붉게 익는다.

물열매 열매는 즙이 많은 물열매이며 겉면은 매끈하고 광택이 있다. 붉게 익는 먹음직스러운 열매는 새들이 즐겨 따 먹는다.

9월 초의 홍괴불나무 열매

홍괴불나무 열매

홍괴불나무는 한라산과 지리산 이북의 높은 산에서 자라는 갈잎떨기나무로 5~6월에 잎겨드랑이에서 나오는 긴 꽃자루 끝에 입술 모양의 홍자색 꽃이 2개씩 모여 핀다. 2개의 열매는 자라면서 점차 하나로 합쳐져서 열매가 붉게 익을 때쯤이면 완전히 하나의 둥근 열매가 된다. 홍괴불나무가 속한 인동속(Lonicera) 나무의 열매들은 인동처럼 2개가 붙어 있는 것부터 길마가지나무처럼 열매가 절반 정도 합쳐진 것, 홍괴불나무처럼 하나로 둥글게 합쳐진 것까지 있어서 열매로 나무를 구분하는 재미가 있다.

10월의 인동 열매 산과 들에서 자라는 갈잎덩굴나무로 2개의 둥근 열매는 합쳐지지 않고 검게 익는다.

10월 초의 괴불나무 열매 산에서 자라는 갈잎떨기나무로 2개의 둥근 열매는 합쳐지지 않고 나란히 붙어서 붉게 익는다.

6월 말의 섬괴불나무 열매 울릉도에서 자라는 갈잎떨기나무로 2개의 둥근 열매는 밑부분이 약간 합쳐지고 붉게 익는다.

5월의 길마가지나무 열매 산에서 자라는 갈잎떨기나무로 2개의 둥근 열매는 절반 정도 합쳐지고 5월에 붉게 익는다.

7월의 왕괴불나무 열매 산에서 자라는 갈잎떨기나무로 2개의 둥근 열매는 절반 정도 합쳐지고 7월에 붉게 익는다.

헛씨껍질

씨앗을 둘러싸고 있는 씨껍질은 보통 밑씨의 껍질이 변한 것이다. 열매 중에는 정받이가 끝난 뒤에 밑씨가 붙는 씨자리나 밑씨가 심피에 붙는 자루 부분이 발달해서 씨앗을 둘러싸는 껍질이 된 것도 있는데, 이를 '헛씨껍질'이라고 한다.

둥그스름한 열매는 광택이 있으며 늦가을에 붉은색으로 익기 시작한다.

열매는 열매자루에 매달린다.

열매 끝에는 암술대가 남아 있다.

11월의 사철나무 열매 중부 이남의 바닷가 산기슭에서 자라는 늘푸른떨기나무로 열매는 늦가을에 붉은색으로 익기 시작한다.

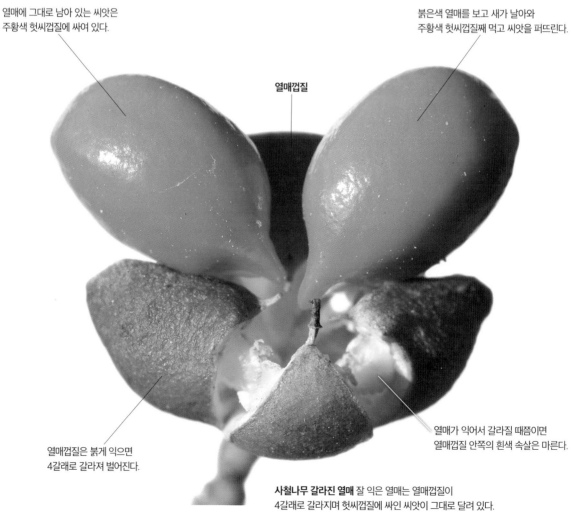

열매에 그대로 남아 있는 씨앗은 주황색 헛씨껍질에 싸여 있다.

열매껍질

붉은색 열매를 보고 새가 날아와 주황색 헛씨껍질째 먹고 씨앗을 퍼뜨린다.

열매껍질은 붉게 익으면 4갈래로 갈라져 벌어진다.

열매가 익어서 갈라질 때쯤이면 열매껍질 안쪽의 흰색 속살은 마른다.

사철나무 갈라진 열매 잘 익은 열매는 열매껍질이 4갈래로 갈라지며 헛씨껍질에 싸인 씨앗이 그대로 달려 있다.

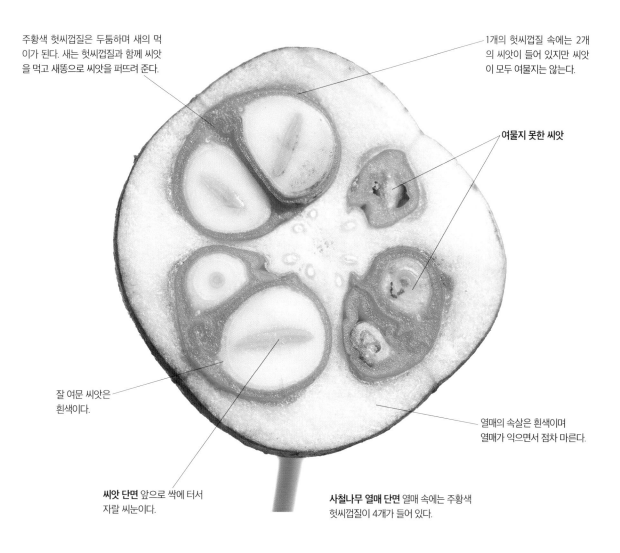

주황색 헛씨껍질은 두툼하며 새의 먹이가 된다. 새는 헛씨껍질과 함께 씨앗을 먹고 새똥으로 씨앗을 퍼뜨려 준다.

1개의 헛씨껍질 속에는 2개의 씨앗이 들어 있지만 씨앗이 모두 여물지는 않는다.

여물지 못한 씨앗

잘 여문 씨앗은 흰색이다.

열매의 속살은 흰색이며 열매가 익으면서 점차 마른다.

씨앗 단면 앞으로 싹에 터서 자랄 씨눈이다.

사철나무 열매 단면 열매 속에는 주황색 헛씨껍질이 4개가 들어 있다.

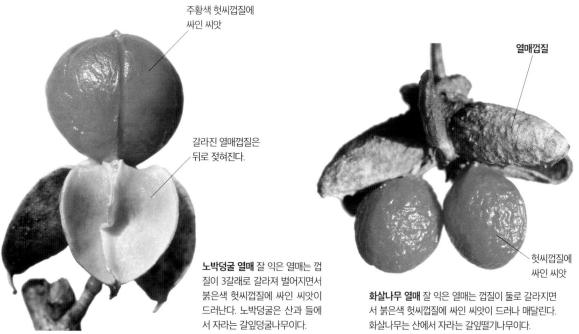

주황색 헛씨껍질에 싸인 씨앗

갈라진 열매껍질은 뒤로 젖혀진다.

노박덩굴 열매 잘 익은 열매는 껍질이 3갈래로 갈라져 벌어지면서 붉은색 헛씨껍질에 싸인 씨앗이 드러난다. 노박덩굴은 산과 들에서 자라는 갈잎덩굴나무이다.

열매껍질

헛씨껍질에 싸인 씨앗

화살나무 열매 잘 익은 열매는 껍질이 둘로 갈라지면서 붉은색 헛씨껍질에 싸인 씨앗이 드러나 매달린다. 화살나무는 산에서 자라는 갈잎떨기나무이다.

＊씨눈[배(胚), 배아(胚芽), embryo]

헛씨껍질을 먹는 열매

우리가 식용하는 과일은 씨방벽이 두껍게 발달한 열매살을 먹는 것이 대부분이다. 씨방벽이 발달하는 대신에 헛씨껍질이 발달한 열매살을 과일로 이용하는 것도 있다.

꽃받침

암술머리의 흔적

망고스틴(*Garcinia mangostana*) **열매**
열대 과일나무로 잎겨드랑이에 둥근 열매가 열린다. 열매 속에 든 씨앗을 둘러싼 마늘쪽 모양의 흰색 속살은 헛씨껍질이 발달한 것이며 맛이 새콤달콤하다. 맛과 향이 뛰어나서 '열대 과일의 여왕'으로 불린다.

씨앗을 싸고 있는 헛씨껍질

두툼한 열매껍질 가게에서 망고스틴을 살 때에는 열매껍질이 단단하지 않은 것을 골라야 맛이 있다.

크게 자란 헛씨껍질 속의 씨앗

작은 헛씨껍질 속의 씨앗은 여물지 않아서 오히려 먹기는 좋다.

크게 자란 헛씨껍질 속에는 씨앗이 들어 있다.

망고스틴 열매 가로 단면

망고스틴 열매 가로 단면

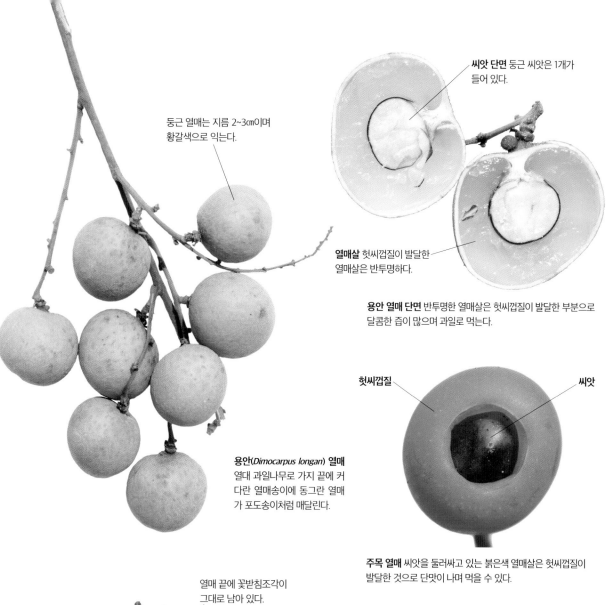

둥근 열매는 지름 2~3㎝이며 황갈색으로 익는다.

씨앗 단면 둥근 씨앗은 1개가 들어 있다.

열매살 헛씨껍질이 발달한 열매살은 반투명하다.

용안 열매 단면 반투명한 열매살은 헛씨껍질이 발달한 부분으로 달콤한 즙이 많으며 과일로 먹는다.

용안(Dimocarpus longan) 열매
열대 과일나무로 가지 끝에 커다란 열매송이에 동그란 열매가 포도송이처럼 매달린다.

헛씨껍질

씨앗

주목 열매 씨앗을 둘러싸고 있는 붉은색 열매살은 헛씨껍질이 발달한 것으로 단맛이 나며 먹을 수 있다.

열매 끝에 꽃받침조각이 그대로 남아 있다.

석류 열매 석류나무는 주로 남부 지방에서 심어 기르는 갈잎작은키나무로 정원수로 심어 기른다.

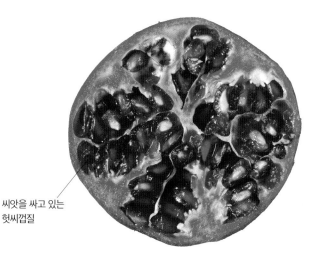

씨앗을 싸고 있는 헛씨껍질

석류 열매 가로 단면 석류는 과일로 먹는데 자잘한 씨앗을 싸고 있는 붉은색 헛씨껍질에 달콤한 즙이 많기 때문에 씨앗째 씹어 먹는다.

육두구

육두구(*Myristica fragrans*)는 인도네시아 몰루카 제도 원산의 늘푸른큰키나무로 살구 모양의 열매가 열린다. 잘 익은 열매는 열매살이 갈라지면서 속에 든 씨앗이 드러난다. 검은색 씨앗은 붉은색 씨껍질에 싸여 있는데, 모두 향신료로 이용하며 위를 튼튼하게 해 주는 건위제나 강장제로 이용한다. 씨앗의 영어 이름은 '넛멕(nutmeg)'인데 '사향 향기가 나는 호두'라는 뜻의 이름이다. 육두구(肉豆蔲)는 중국에서 사용하는 한자 이름이다.

갈라진 열매

육두구 열매 둥근 열매는 지름 4~6㎝이며 황갈색으로 익으면 살구처럼 보이며 보통 2갈래로 갈라진다.

씨앗 씨앗은 진갈색~검은색이며 1~2개가 들어 있다. 말린 씨앗을 갈아서 만든 것을 영어로 '넛멕(nutmeg)'이라고 하며 고급 향신료로 쓰인다.

씨껍질 씨앗은 붉은색 씨껍질에 싸여 있다. 씨껍질은 씨앗을 그물망처럼 일부만 덮는다. 씨껍질은 영어로 '메이스(mace)'라고 한다.

열매살 두툼한 흰색 열매살은 잼이나 젤리를 만든다.

육두구 열매 단면 열매 속살은 흰색이며 두껍고 속에는 붉은색 씨껍질에 싸인 검은색 씨앗이 1~2개가 들어 있다. 씨앗은 '넛멕', 씨껍질은 '메이스'라고 하며 모두 고급 향신료로 쓰인다.

씨껍질 붉은색 씨껍질은 씨앗을 그물망처럼 일부만 덮는다.

메이스 붉은색 씨껍질은 씨앗을 완전히 덮지 않는다. 씨앗이 마르면 씨껍질은 씨앗에서 떨어지며 이를 모아서 건조하면 점차 오렌지색으로 변하는데, 이를 잘게 부숴서 만든 향신료도 '메이스'라고 한다. 메이스는 특히 생선 요리, 소스, 피클, 케첩 등에 넣는다.

씨앗은 원형~반원형이다.

예전에 유럽에서는 육두구가 같은 분량의 금과 거래될 정도로 귀한 향신료로 쓰인 때도 있었다.

넛멕 씨앗을 갈아서 만든 향신료를 상점에서 판매하고 있다. 육두구는 인도네시아와 서인도 제도가 주 생산지이다.

육두구 꽃 암수딴그루로 잎겨드랑이에서 나오는 우산꽃차례에 연노란색 꽃이 핀다. 단지 모양의 꽃부리는 끝부분이 3갈래로 갈라진다.

육두구 어린 열매 둥근 열매는 보통 1개씩 달리며 자루가 있다. 잎은 어긋나고 긴타원형이며 끝이 뾰족하고 앞면은 광택이 있다.

영구꽃받침

미키마우스트리(*Ochna kirkii*)는 남아프리카 원산의 늘푸른떨기나무로 1.5~5m 높이로 자라며 가지에 노란색 꽃이 모여 핀다. 둥근 타원형 열매는 검게 익으면서 붉게 변한 꽃받침이 벌어지는데, 그 모습이 검은 귀를 가진 미키마우스의 모습과 닮아서 '미키마우스트리'라고 한다. 미키마우스트리처럼 열매가 다 익을 때까지 남아 있는 꽃받침을 '영구꽃받침'이라고 한다. 붉은색 꽃받침은 새를 불러들여서 열매를 따 먹고 씨앗을 퍼뜨리게 한다.

꽃잎

꽃받침

미키마우스트리 꽃받침 5장의 꽃잎은 노란색이고 보통 5장의 꽃받침은 황록색이다. 꽃이 시들면 꽃잎은 떨어져 나가고 꽃받침은 안으로 굽으면서 커지며 암술을 둘러싸서 열매로 잘 자라도록 보호한다.

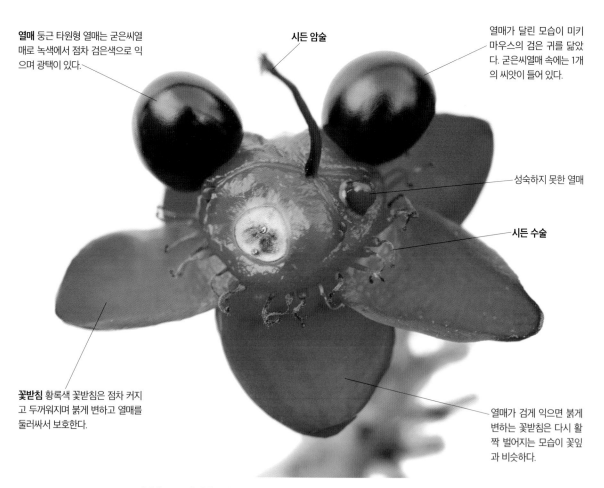

열매 둥근 타원형 열매는 굳은씨열매로 녹색에서 점차 검은색으로 익으며 광택이 있다.

시든 암술

열매가 달린 모습이 미키마우스의 검은 귀를 닮았다. 굳은씨열매 속에는 1개의 씨앗이 들어 있다.

성숙하지 못한 열매

시든 수술

꽃받침 황록색 꽃받침은 점차 커지고 두꺼워지며 붉게 변하고 열매를 둘러싸서 보호한다.

열매가 검게 익으면 붉게 변하는 꽃받침은 다시 활짝 벌어지는 모습이 꽃잎과 비슷하다.

미키마우스트리 열매 붉게 변한 꽃받침 안쪽에 1~6개의 검은색 굳은씨열매가 모여 달린다.

*영구꽃받침[숙악(宿萼), 숙존악(宿存萼), persistent calyx]

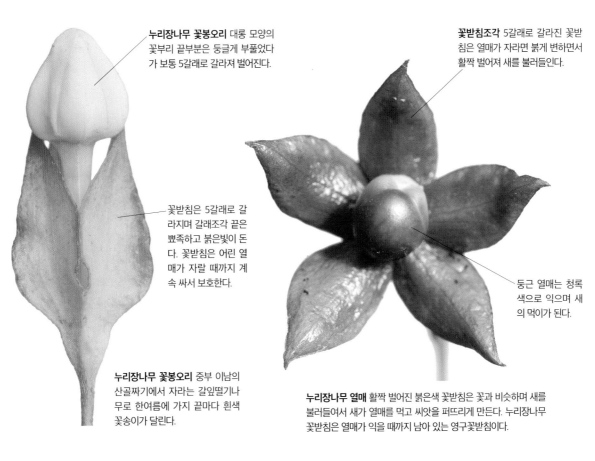

누리장나무 꽃봉오리 대롱 모양의 꽃부리 끝부분은 둥글게 부풀었다가 보통 5갈래로 갈라져 벌어진다.

꽃받침조각 5갈래로 갈라진 꽃받침은 열매가 자라면 붉게 변하면서 활짝 벌어져 새를 불러들인다.

꽃받침은 5갈래로 갈라지며 갈래조각 끝은 뾰족하고 붉은빛이 돈다. 꽃받침은 어린 열매가 자랄 때까지 계속 싸서 보호한다.

둥근 열매는 청록색으로 익으며 새의 먹이가 된다.

누리장나무 꽃봉오리 중부 이남의 산골짜기에서 자라는 갈잎떨기나무로 한여름에 가지 끝마다 흰색 꽃송이가 달린다.

누리장나무 열매 활짝 벌어진 붉은색 꽃받침은 꽃과 비슷하며 새를 불러들여서 새가 열매를 먹고 씨앗을 퍼뜨리게 만든다. 누리장나무 꽃받침은 열매가 익을 때까지 남아 있는 영구꽃받침이다.

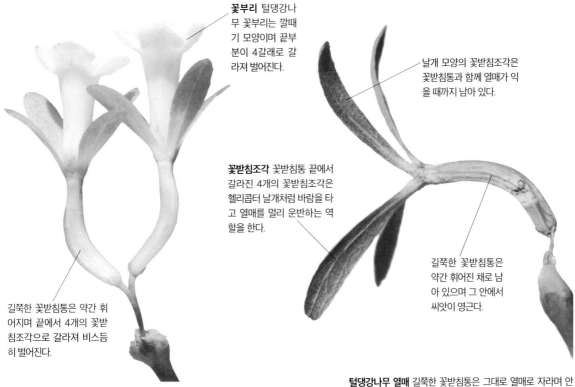

꽃부리 털댕강나무 꽃부리는 깔때기 모양이며 끝부분이 4갈래로 갈라져 벌어진다.

날개 모양의 꽃받침조각은 꽃받침통과 함께 열매가 익을 때까지 남아 있다.

꽃받침조각 꽃받침통 끝에서 갈라진 4개의 꽃받침조각은 헬리콥터 날개처럼 바람을 타고 열매를 멀리 운반하는 역할을 한다.

길쭉한 꽃받침통은 약간 휘어진 채로 남아 있으며 그 안에서 씨앗이 영근다.

길쭉한 꽃받침통은 약간 휘어지며 끝에서 4개의 꽃받침조각으로 갈라져 비스듬히 벌어진다.

털댕강나무 꽃봉오리 강원도의 산에서 자라는 갈잎떨기나무로 가지 끝에 흰색 꽃이 2개씩 짝을 지어 핀다.

털댕강나무 열매 길쭉한 꽃받침통은 그대로 열매로 자라며 안에서 씨앗이 영근다. 털댕강나무 꽃받침은 열매가 익을 때까지 남아 있는 영구꽃받침이다.

과일의 분류

과일은 일반적으로 나무에 열리는 열매 중에서 열매살과 열매즙이 많고, 달고 향기가 좋아 날로 먹을 수 있는 열매를 말하며 '과실(果實)'이라고도 한다. 넓은 의미로는 수박이나 참외처럼 풀에 열리는 열매를 포함하기도 한다. 과일은 일반적으로 인과류, 준인과류, 핵과류, 장과류, 견과류 등으로 구분하기도 한다.

사과 열매(인과류) 씨방이 아닌 꽃턱 등이 두껍게 발달한 헛열매로 열매살과 열매즙이 많은 배꼽열매가 이에 속한다. 사과와 배 등이 대표적인 인과류이다.

유자 열매(준인과류) 감귤류와 감 열매처럼 씨방 부분이 자라서 열매살이 된 과일을 합쳐서 준인과류로 구분하기도 한다.

자두 열매(핵과류) 씨방벽이 열매살로 두껍게 발달하며 속열매껍질이 단단한 나무질로 된 굳은씨열매를 핵과류로 구분한다. 복숭아, 자두, 매실, 대추 등이 대표적인 핵과류이다.

산딸기 열매(장과류) 씨방벽
이 두껍게 발달해서 만들어진
살열매로 가운데열매껍질과
속열매껍질이 두꺼운 육질로
열매즙이 많은 물열매이다. 블
루베리, 포도, 망고 등이 대표
적인 장과류이다.

밤나무 열매(견과류)
바늘 같은 가시로 촘
촘히 덮인 열매껍질
속에 1~3개의 굳은껍
질열매가 들어 있다.
굳은껍질열매에 가득
들어 있는 떡잎이 고
소한 맛이 나며 견과
류로 구분한다. 밤, 호
두, 피칸 등이 대표적
인 견과류이다.

인과류

꽃턱이나 꽃받침처럼 씨방이 아닌 부분이 발달해서 씨방을 싸고 있는 열매는 거짓열매란 뜻으로 '헛열매'라고 하는데, 헛열매 중에서 과일로 먹는 열매를 '인과류'라고 한다. 장미과에 속하는 사과, 배, 비파 등의 배꼽열매가 가장 대표적인 인과류이다.

배나무 열매 과일나무로 재배하는 갈잎작은키나무이며 대표적인 인과류이다. 여러 재배 품종이 있으며 둥근 열매는 지름 15㎝에 달하는 것도 있다.

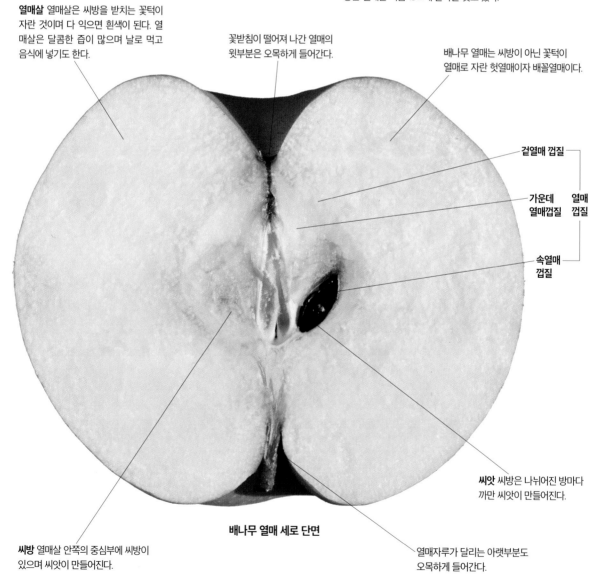

열매살 열매살은 씨방을 받치는 꽃턱이 자란 것이며 다 익으면 흰색이 된다. 열매살은 달콤한 즙이 많으며 날로 먹고 음식에 넣기도 한다.

꽃받침이 떨어져 나간 열매의 윗부분은 오목하게 들어간다.

배나무 열매는 씨방이 아닌 꽃턱이 열매로 자란 헛열매이자 배꼽열매이다.

겉열매 껍질

가운데 열매껍질 · 열매 껍질

속열매 껍질

씨앗 씨방은 나뉘어진 방마다 까만 씨앗이 만들어진다.

배나무 열매 세로 단면

씨방 열매살 안쪽의 중심부에 씨방이 있으며 씨앗이 만들어진다.

열매자루가 달리는 아랫부분도 오목하게 들어간다.

＊인과류(仁果類), pome fruits / 헛열매[위과(僞果), 가과(假果), false fruit, pseudocarp]

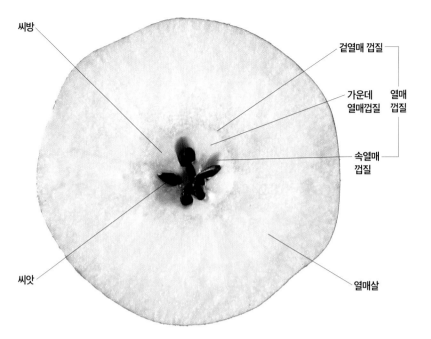

씨방

겉열매 껍질

가운데
열매껍질

열매
껍질

속열매
껍질

씨앗

열매살

배나무 열매 가로 단면 씨방은 5개의 방으로 나뉘어지며
방마다 씨앗이 들어 있다.

배나무 씨앗 각 방마다 만들어지는
씨앗은 달걀형이며 점차 흑갈색으로
익는다. 배나 사과의 씨앗에는 '아미
그달린'이라는 독성 물질이 들어 있
으므로 되도록 먹지 않는 것이 좋다.

사과나무 열매 과일나무로 재배하는 장미과의 갈잎작은키나무
로 열매는 꽃턱이 자란 헛열매이자 배꼽열매로 대표적인 인과류
의 하나이다.

비파나무 열매 중국 원산의 장미과에 속하는 갈잎작은키나무로
열매는 꽃턱이 자란 헛열매이자 배꼽열매로 인과류에 속한다.

모과나무 열매 중국 원산의 장미과에 속하는 갈잎작은키나무로
열매는 꽃턱이 자란 헛열매이자 배꼽열매로 인과류에 속한다.

털모과나무(마르멜로: *Cydonia oblonga*) **열매** 서아시아 원산의
장미과에 속하는 갈잎작은키나무로 열매는 꽃턱이 자란 헛열매
이자 배꼽열매로 인과류에 속한다.

준인과류

귤과 감 열매처럼 씨방 부분이 자라서 열매살이 된 과일을 합쳐서 준인과류로 구분하기도 한다. 귤은 씨방벽이 두껍게 발달하고 속열매껍질은 세로로 여러 개의 방으로 나뉘며, 그 속에 즙이 많은 열매살이 가득 차 있는 귤꼴열매는 감귤류로 따로 구분하기도 한다. 운향과에 속하는 감귤류는 열대 아시아에서부터 중국, 일본, 한국의 남부 지역에 자라며 열매살에 달콤한 즙이 많아서 오랜 옛날부터 과일나무로 재배되어 왔다.

11월의 산귤 열매 산귤은 제주도에서 오래전부터 심어 기르던 재래종 귤의 하나이다.

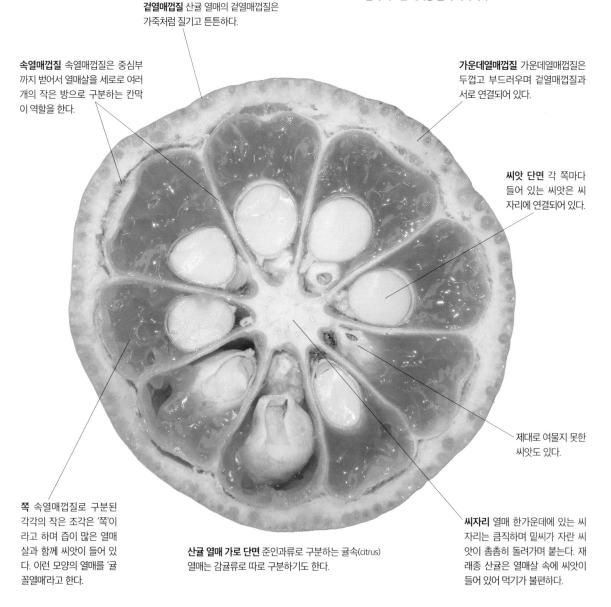

겉열매껍질 산귤 열매의 겉열매껍질은 가죽처럼 질기고 튼튼하다.

속열매껍질 속열매껍질은 중심부까지 벋어서 열매살을 세로로 여러 개의 작은 방으로 구분하는 칸막이 역할을 한다.

가운데열매껍질 가운데열매껍질은 두껍고 부드러우며 겉열매껍질과 서로 연결되어 있다.

씨앗 단면 각 쪽마다 들어 있는 씨앗은 씨자리에 연결되어 있다.

제대로 여물지 못한 씨앗도 있다.

쪽 속열매껍질로 구분된 각각의 작은 조각은 '쪽'이라고 하며 즙이 많은 열매살과 함께 씨앗이 들어 있다. 이런 모양의 열매를 '귤꼴열매'라고 한다.

산귤 열매 가로 단면 준인과류로 구분하는 귤속(citrus) 열매는 감귤류로 따로 구분하기도 한다.

씨자리 열매 한가운데에 있는 씨자리는 큼직하며 밑씨가 자란 씨앗이 촘촘히 돌려가며 붙는다. 재래종 산귤은 열매살 속에 씨앗이 들어 있어 먹기가 불편하다.

*감귤류[감과류(柑果類), hesperidium fruits] / 쪽[양낭(瓤囊), segment]

추워지는 날씨에 잎이 누렇
게 변하기도 하지만 봄이 되
면 다시 푸르름을 되찾는다.

산귤 씨앗 둥근 타원형 씨앗은 보통 끝이 뾰족하다.
씨앗은 한 열매에 20개 정도가 들어 있다. 귤 종류
의 씨앗은 맛은 없지만 먹어도 안전하다.

귤 열매와 가로 단면 재래종 귤 열매를 품종 개량해서 씨앗을
없애고 씨자리 등이 거의 없게 만들었기 때문에 먹기가 편하다.

왕귤나무(Citrus maxima) 열매와 가로 단면 동남아시아 원산의
늘푸른작은키나무로 열매는 지름이 15㎝ 정도이며, 30㎝에 달하
는 것도 있어서 왕귤나무라고 하며 '포멜로'라고도 한다. 과일로
먹는데 씹으면 알갱이가 톡톡 터지는 느낌이 상큼하다.

유자나무 열매와 가로 단면 중국 원산의 늘푸른떨기나무로 가
지에 가시가 띄엄띄엄 있다. 열매살은 신맛이 강해서 날로 먹지
는 못하지만 향기가 좋으므로 차를 끓여 마신다.

금감(금귤) 열매와 가로 단면 중국 원산의 늘푸른떨기나무로 거
꿀달걀형 열매는 길이가 2~3㎝로 작다. 단맛이 나는 열매는 껍
질째 날로 먹거나 잼, 설탕 조림 등을 만든다.

핵과류

씨앗을 싸고 있는 속열매껍질이 단단한 나무질로 되어 있는 굳은씨열매이고 그 겉에 씨방벽이 두껍게 발달한 열매살은 달콤하고 향기로운 즙이 많은 과일 열매를 핵과류로 구분한다. 복숭아, 자두, 매실, 대추 등이 대표적인 핵과류이며 단단한 속열매껍질은 속에 든 씨앗을 보호한다.

매실나무 열매 중국 원산의 갈잎작은키나무로 둥근 열매는 초여름에 황색으로 익으며 매실주, 매실차, 매실장아찌 등을 만들어 먹는다.

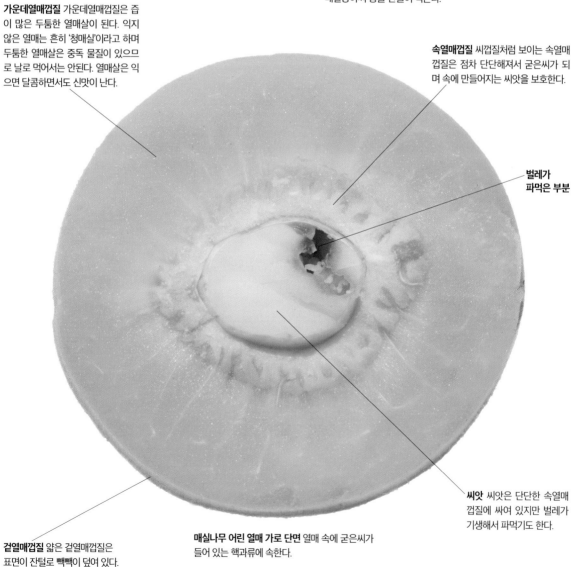

가운데열매껍질 가운데열매껍질은 즙이 많은 두툼한 열매살이 된다. 익지 않은 열매는 흔히 '청매실'이라고 하며 두툼한 열매살은 중독 물질이 있으므로 날로 먹어서는 안된다. 열매살은 익으면 달콤하면서도 신맛이 난다.

속열매껍질 씨껍질처럼 보이는 속열매껍질은 점차 단단해져서 굳은씨가 되며 속에 만들어지는 씨앗을 보호한다.

벌레가 파먹은 부분

씨앗 씨앗은 단단한 속열매껍질에 싸여 있지만 벌레가 기생해서 파먹기도 한다.

겉열매껍질 얇은 겉열매껍질은 표면이 잔털로 빽빽이 덮여 있다.

매실나무 어린 열매 가로 단면 열매 속에 굳은씨가 들어 있는 핵과류에 속한다.

*핵과류(核果類), stone fruits

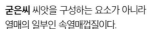

굳은씨 씨앗을 구성하는 요소가 아니라 열매의 일부인 속열매껍질이다.

씨앗

매실나무 굳은씨 단단한 굳은씨는 약간 납작한 타원형이고 겉은 작은 구멍이 많다.

매실나무 굳은씨 단면과 씨앗 단단한 굳은씨 속에 는 납작한 달걀형 씨앗이 들어 있다. 씨앗은 독 성분 이 있으므로 먹지 않도록 주의해야 한다.

복숭아나무 열매와 단면 중국 원산의 갈잎떨기나무~갈잎작은 키나무이다. 여름에 노란색~연분홍색으로 익는 열매는 굳은씨 를 가진 핵과류로 열매살에 달콤한 즙이 많아 과일로 먹고 통조 림을 만들거나 잼, 젤리 등의 원료로 이용한다.

자두나무 열매와 단면 중국 원산의 갈잎작은키나무이다. 초여 름에 붉게 익는 열매는 굳은씨를 가진 핵과류로 새콤달콤한 맛 이 나며 과일로 먹고 잼, 젤리 등의 원료로 이용하거나 건자두를 만든다.

살구나무 열매와 단면 중국 원산의 갈잎작은키나무~갈잎큰키 나무이다. 초여름에 노랗게 익는 열매는 굳은씨를 가진 핵과류로 새콤달콤한 맛이 나며 과일로 먹고 통조림, 잼, 젤리 등의 원료로 이용하거나 건살구를 만든다.

앵두나무 열매와 단면 중국 원산의 갈잎떨기나무이다. 초여름 에 붉게 익는 열매는 굳은씨를 가진 핵과류로 열매살에 새콤달 콤한 즙이 많아 과일로 먹고 차를 끓여 마시거나 잼을 만들기도 한다.

장과류

씨방벽이 두껍게 발달해서 만들어진 살열매로 겉열매껍질은 얇고 가운데열매껍질과 속열매껍질이 두꺼운 육질로 열매즙이 많은 물열매이다. 블루베리, 포도, 망고 등이 대표적인 장과류이다. 장과류는 열매살이 부패하기 쉽고 저장이나 수송이 어려운 것이 많다.

양다래 열매살 씨방벽이 두껍게 발달한 살열매로 연두색 열매살은 부드럽고 즙이 많으며 새콤달콤한 맛이 난다. 과일을 먹을 때에는 이처럼 가로로 반토막을 내서 숟가락으로 파먹거나 껍질을 칼로 벗겨 먹는다. 잼이나 아이스크림, 과실주를 만들기도 한다.

양다래 열매 중국 원산의 갈잎덩굴나무로 뉴질랜드에서 품종 개량을 하였다. 열매가 뉴질랜드 국조(國鳥)인 키위를 닮았다.

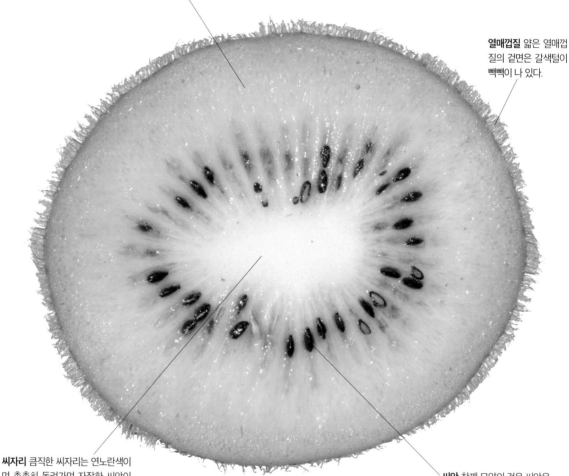

열매껍질 얇은 열매껍질의 겉면은 갈색털이 빽빽이 나 있다.

씨자리 큼직한 씨자리는 연노란색이며 촘촘히 돌려가며 자잘한 씨앗이 만들어진다. 일반적으로 씨자리는 열매살보다 맛이 없는데 양다래는 열매살보다 씨자리가 더 달콤하다.

양다래 열매 가로 단면 씨방벽이 두껍게 발달한 열매살이 많은 과일은 장과류에 속한다. 영어로 '키위베리(kiwiberry)'라고도 한다.

씨앗 참깨 모양의 검은 씨앗은 그대로 씹어 먹어도 불편하지 않다.

＊장과류(漿果類), berry fruits

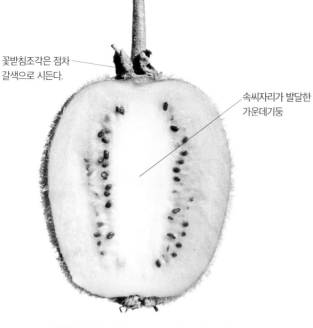

꽃받침조각은 점차
갈색으로 시든다.

속씨자리가 발달한
가운데기둥

양다래 열매 세로 단면 열매 중심부의 속씨자리가
발달한 커다란 가운데기둥에 깨알 모양의 씨앗이 촘
촘히 돌려가며 붙는다.

양다래 씨앗 둥근 타원형 씨앗은 1~2㎜ 길이로
아주 작으며 겉면이 곰보처럼 우툴두툴하다.

블루베리 열매와 단면 북미 원산의 갈잎떨기나무이다. 7~9월
에 검푸른색으로 익는 둥근 열매는 장과류로 새콤달콤한 맛이
나며 항산화 물질인 안토시아닌이 풍부하다. 날로 먹거나 잼, 주
스, 과실주 등을 만든다.

포도 열매송이와 단면 서아시아 원산의 갈잎덩굴나무이다.
8~10월에 흑자색으로 익는 포도송이는 장과류로 새콤달콤한 맛
이 난다. 날로 먹거나 잼, 주스, 포도주, 건포도 등을 만든다.

서양까치밥나무(구우즈베리) 열매 유럽과 북아프리카 원산의
갈잎떨기나무로 여름에 황록색으로 익는 열매는 장과류이며 단
맛이 나고 과일로 먹는다.

산딸기 열매와 단면 산과 들에서 자라는 갈잎떨기나무로 여름
에 붉은색으로 익는 열매송이는 장과류이며 새콤달콤한 맛이 나
고 과일로 따 먹는다.

견과류

열매가 익어도 열매껍질이 벌어지지 않는 닫힌열매로 단단한 열매껍질에 1개의 씨앗이 싸여 있는 굳은껍질열매를 '견과'라고 한다. 하지만 일반적으로는 '견과류(nuts)'라고 하면 굳은껍질열매를 포함해 단단한 껍질에 싸인 씨앗 등을 먹을 수 있는 과일을 통틀어 이르는 말로 사용한다. 열매 속살이나 씨앗은 보통 새싹이 자랄 양분인 떡잎이나 씨젖으로 영양가가 풍부하고 고소한 맛이 나기도 해서 식용으로 하는 열매가 많다.

가시로 덮인 깍정이는 보통 넷으로 갈라져 벌어진다.

가운데 굳은껍질열매는 잘 여물지 않는 것도 많다.

굳은껍질열매

밤나무 익어서 벌어진 열매 산에서 자라는 갈잎큰키나무로 둥근 밤송이는 날카로운 가시 모양의 꽃턱잎이 가득한 깍정이로 덮여 있고 익으면 넷으로 갈라져 벌어진다. 밤송이 속에는 굳은껍질열매가 1~3개 들어 있다.

열매껍질은 광택이 나며 가죽질이고 세로줄 무늬가 촘촘하다.

굳은껍질열매의 배꼽 부분은 1/3 정도를 차지한다. 배꼽은 밑씨가 씨자리에 붙어서 양분을 공급받던 흔적이다.

씨앗 연노란색 씨앗 속살은 떡잎으로 새싹이 자랄 양분인 녹말이며 맛이 고소하다.

씨껍질 열매껍질을 벗기면 씨앗을 싸고 있는 연갈색 씨껍질이 드러나는데 떫은 맛이 나며 씨앗에서 잘 벗겨지지 않는다.

배꼽 부분

열매껍질과 씨껍질은 잘 떨어진다.

암술대 흔적

열매껍질

밤 밤톨과 같은 굳은껍질열매는 대표적인 견과류로 구분한다.

굳은껍질열매 단면 단단한 열매껍질 속에 든 열매 속살은 떡잎으로 새싹이 자랄 양분인 녹말인데 맛이 고소하다. 고소한 속살을 정월 대보름에 부럼으로 깨문다. 굳은껍질열매는 날로 먹기도 하고 찌거나 구워 먹기도 한다.

*견과류(堅果類), nut fruits / 떡잎[자엽(子葉), cotyledon]

호두나무는 흔히 굳은껍질열매(견과)로 구분하지만, 엄밀히 따지면 굳은껍질열매의 특징을 가지고 있는 열매라고 할 수 있다. 열매를 감싸고 있는 두툼한 육질의 열매껍질은 꽃턱 등이 변한 것으로 겉열매껍질도 함께 포함하고, 가운데열매껍질과 속열매껍질은 단단해져서 씨앗을 보호하기 때문에 열매껍질이 모두 단단해지는 굳은껍질열매와 다른 모양이라서 '가짜굳은씨열매'라고도 한다.

호두나무 어린 열매 중국과 서남아시아 원산의 갈잎큰키나무로 1~3개가 모여 달리는 둥근 열매는 겉이 매끈하다.

겉껍질 열매의 겉껍질은 꽃턱 등이 변한 것이며 겉열매껍질도 함께 포함하고 있다. 가운데열매껍질과 속열매껍질은 단단한 나무질로 굳은씨와 비슷하며 씨앗을 싸서 보호하고 있기 때문에 '가짜굳은씨열매'라고도 한다.

속열매껍질

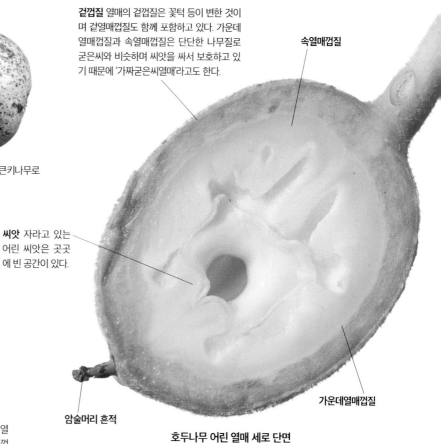

씨앗 자라고 있는 어린 씨앗은 곳곳에 빈 공간이 있다.

암술머리 흔적

가운데열매껍질

호두나무 어린 열매 세로 단면

호두나무 익은 열매 열매는 가을에 갈색으로 익으면 열매의 겉껍질이 마르면서 불규칙하게 갈라지며 굳은껍질열매가 드러난다.

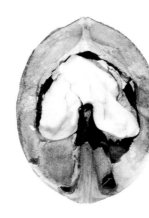

호두나무 굳은껍질열매 굳은껍질열매는 단단한 껍질 때문에 굳은씨열매와 비슷하며 견과류로 구분한다. 단단한 껍질은 불규칙한 주름이 진다.

호두나무 굳은껍질열매 세로 단면 굳은껍질열매 속에 들어 있는 씨앗은 껍질과 붙어 있지 않고 잘 떨어지며 흰색 속살은 떡잎으로 새싹이 자랄 양분인 녹말인데 맛이 고소하다.

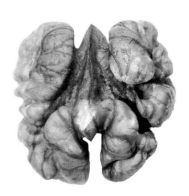

호두나무 씨앗 단단한 껍질을 깨면 나오는 씨앗은 주름이 진 모양이 뇌를 닮았다. 씨앗은 지방질이 많아 맛이 고소하며 날로 먹는데 많이 먹으면 머리가 좋아진다고 한다.

＊가짜굳은씨열매[위핵과(僞核果), pseudodrupe]

고소한 견과류

굳은껍질열매인 견과 중에는 고소하고 영양분이 많은 속살을 식용으로 하는 것이 여럿 있
다. 또 굳은껍질열매는 아니지만 고소한 씨앗을 식용으로 하는 종류를 모두 합쳐 흔히 '견
과류(堅果類)'라고 한다. 견과류는 다른 식품에 비해 지방이 많이 들어 있어 맛이 고소하고
무기질과 비타민 등도 많이 들어 있어서 건강에 도움을 준다. 조상들도 견과류의 중요성을
알아서 정월 대보름에 견과류를 '부럼'이라 하여 먹었는데, 부럼을 먹으면 부스럼이 생기지
않고 이가 튼튼해진다고 한다.

피칸(Carya illinoinensis) 가짜굳은씨열매와 씨앗 꽃턱이 자란
육질의 열매살에 싸인 가짜굳은씨열매는 달걀형이며 양쪽 끝이
약간 뾰족하고 갈색으로 익는다. 단단한 껍질을 벗겨 낸 씨앗은
황갈색이며 주름이 지고 맛이 고소하다.

브라질너트(Bertholletia excelsa) 큰 열매 속에 12~25개의 굳은
씨열매가 들어 있으며 속에 든 씨앗의 속살은 씨젖이며 고소한
맛이 나고 볶아 먹거나 갈아서 가루를 내어 먹는다.

아몬드(Prunus dulcis) 열매는 복숭아와
비슷하며 열매살 속에 든 굳은씨열매의
속살은 맛이 고소하다. 빵이나 사탕을 만
드는 데 넣고 여러 요리에 이용한다.

어린 열매

개암 굳은껍질열매는 견과류로 구분한
다. 단단한 열매껍질 속에 든 열매 속살은
떡잎으로 새싹이 자랄 양분인 녹말인데
맛이 고소하다.

피스타치오(Pistacia vera) 중서아시아 원
산의 굳은씨열매로 씨앗의 속살은 맛이
고소하며 구워 먹거나 과자나 아이스크
림 원료로 사용한다.

332

*씨젖[배젖, 눈젖, 배유(胚乳), endosperm]

은행 딱딱한 속씨껍질 속에 든 부드러운 씨젖을 구워 먹거나 음식에 넣어 먹는다. 은행은 정월 대보름에 부럼으로 깨문다.

캐슈너트(Anacardium occidentale**)** 중남미 원산의 굳은씨열매로 콩팥 모양의 씨앗은 고소한 맛이 나고 볶아서 견과류로 먹으며 음식에 넣어 먹기도 한다.

마카다미아너트(Macadamia integrifolia**)** 호주 원산으로 단단한 껍질 속에 든 동그스름한 속살은 고소한 맛과 향이 뛰어난 견과류이다.

잣 씨앗의 고소한 속살은 씨젖이며 날로 먹거나 음식에 고명으로 넣는다. 단단한 씨앗을 부럼으로 깨문다.

상수리나무 흔히 '도토리'라고 부르는 굳은껍질열매는 견과류로 구분한다. 단단한 열매껍질 속에 든 열매 속살은 떡잎으로 새싹이 자랄 양분인 녹말인데 가루를 내어 묵을 쑤어 먹는다.

카카오(Theobroma cacao**)** 중미 원산으로 럭비공 모양의 열매 속에 든 굳은씨열매는 흰색 펄프에 싸여 있으며 펄프를 벗겨 낸 적갈색 씨앗으로 초콜릿을 만든다.

연꽃 굳은껍질열매 물뿌리개 주둥이 모양의 꽃턱에 촘촘히 박혀 있는 굳은껍질열매 속의 고소한 씨앗을 견과류로 식용한다.

땅콩 꼬투리열매 땅속으로 들어가 자라는 꼬투리열매 속에 든 타원형 씨앗은 볶아서 견과류로 먹으며 버터나 과자 등을 만드는 재료로 쓴다.

해바라기 여윈열매 흔히 씨앗이라고 하지만 여윈열매이며 껍질을 까서 고소한 속살을 견과류로 먹거나 기름을 짜서 먹는다.

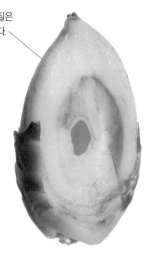

겉열매껍질은
연녹색이다.

어린 코코넛 암수한그루로 백황색 꽃송이가 지고 나면 자잘한 타원형 열매가 가지런히 달린다.

어린 코코넛 단면 어린 코코넛을 잘라 보면 속에 빈 공간이 있는 것을 볼 수 있다.

크게 자란 코코넛 단단한 열매는 지름이 10~30㎝로 큼직하며 보통 3개의 둔한 모가 진다. 겉열매껍질은 가죽질이며 표면은 매끈하다.

코코넛 워터(coconut water) 속열매껍질 안쪽에 들어 있는 액체는 '코코넛 워터' 또는 '코코넛 주스'라고도 하며 음료로 마시는데 열대의 더위와 갈증 해소에 좋다. 코코넛 워터는 액체로 된 씨젖이라고 할 수 있다.

속열매껍질은
단단한 각질로 되어 있다.

가운데 열매껍질은 두꺼운 섬유질층으로 공기를 품고 있어서 열매가 바닷물에 잘 뜨게 만든다.

코프라 열매가 익기 시작하면서 속열매껍질 안쪽 벽에는 코코넛 워터가 흰색 묵처럼 고체로 변해 달라붙기 시작하는데 '코프라(Copra)'라고 한다. 코프라는 고체로 변한 씨젖이라고 할 수 있다.

코코넛 자른 단면 열대 지방의 가게에서는 코코넛 워터를 마실 수 있도록 열매 윗부분을 잘라서 판매한다.

코코넛

코코스야자(*Cocos nucifera*)는 열대를 상징하는 대표적인 야자나무로 관상수나 작물로 널리 재배한다. 줄기 끝에서 4~6m 길이의 커다란 깃꼴겹잎이 사방으로 퍼진다. 원형~타원형 열매는 보통 3개의 둔한 모가 지며 흔히 '코코넛(coconut)'이라고 한다. 이름에 nut이 들어가는 견과류의 일종으로 널리 알려져 있지만 열매는 식물학적으로는 굳은씨열매이다. 단단한 열매껍질 속에는 코코넛 워터, 코코넛 주스라고 불리는 액체 상태의 씨젖이 들어 있는 점도 다른 열매들과 다른 점이다.

코코스야자 열매 열매는 주황색으로 익는다.

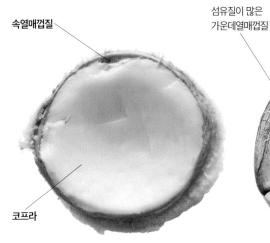

속열매껍질

코프라

섬유질이 많은
가운데열매껍질

코코넛 자른 단면 뚜껑 고체로 변한 코프라는 가루로 만들거나 기름을 짜서 아이스크림, 과자, 초콜릿, 비누, 양초 등을 만든다.

코코넛 어린 열매 단면 열매를 싸고 있는 겉열매껍질은 얇지만 가운데열매껍질은 두껍고 섬유질이 많아서 '코이어(Coir)'라고 하는 섬유를 만드는데 가벼우면서도 바닷물에 잘 썩지 않아 어망, 로프, 방석 등을 만든다.

코프라 채취 열매 잘 익은 코코넛 속에 든 코프라를 채취하고 남은 열매껍질은 코이어를 만드는 데 이용한다.

야자매트 우리나라 등산로에 널리 깔고 있는 야자매트가 바로 코코스야자의 코이어로 만든 천연 매트이다.

코코넛 어린 새싹 단단한 열매는 바닷물을 타고 떠다니다가 육지에 닿으면 뿌리를 내리고 싹이 터서 자란다.

코코넛 새싹의 자람 새싹은 점차 줄기에서 잎이 나와 자란다. 처음 나오는 잎들은 깃꼴겹잎이 아닌 홑잎이다.

깍정이열매

굳은껍질열매는 열매가 익어도 열매껍질이 벌어지지 않는 닫힌열매로 1개의 씨앗이 단단한 열매껍질에 싸여 있다. 굳은
껍질열매 중에서 깍정이에 싸여 있는 열매를 따로 구분해서 '깍정이열매'라고도 한다. 깍정이는 모인꽃턱잎조각이 발달하
여 생긴 주머니 모양의 겉껍질이다. 깍정이열매를 맺는 상수리나무는 마을 주변에서 자라는 갈잎큰키나무로 봄에 꽃이 피
면 다음 해 가을에 열매가 익는 참나무이다.

모인꽃턱잎조각

굳은껍질열매 단면

굳은껍질열매

다음 해 8월 초의 상수리나무 어린 열매 깍정이
표면을 촘촘히 덮고 있는 모인꽃턱잎조각은 점차
벌어지기 시작한다.

다음 해 8월 초의 상수리나무 어린 열매 단면 깍
정이 안에서는 굳은껍질열매가 점차 자라기 시작
한다.

다음 해 8월 말의 상수리나무 어린 열매 모인꽃
턱잎조각이 벌어지는 사이로 굳은껍질열매가 드
러나기 시작한다.

모인꽃턱잎조각 깍정이를 덮고 있는 비늘조각은
모인꽃턱잎조각이며 가늘고 뾰족하다.

굳은껍질열매 둥그스름한 굳은껍질열매는
밥공기 모양의 깍정이에 반쯤 싸여 있다.

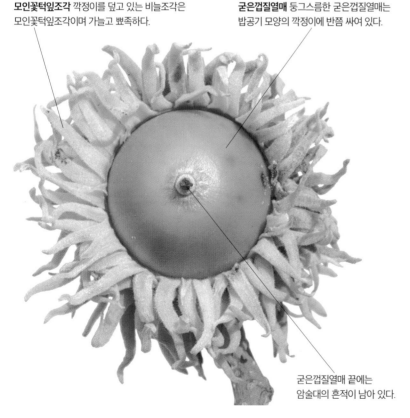

굳은껍질열매 둥그스름한 굳은껍질열매는
다른 참나무 열매와 함께 '도토리'라고 부른다.

굳은껍질열매 끝에는
암술대의 흔적이 남아 있다.

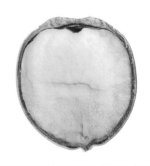

다음 해 9월의 상수리나무 열매 모인꽃턱잎조각 사이로 크게 자란
굳은껍질열매가 드러난다.

굳은껍질열매 단면 도토리 속에 든 녹말은
가루를 내어 묵을 쑤어 먹는다.

*깍정이열매[각두과(殼斗果), acorn] / 깍정이[각두(殼斗), cupule, acorn cup]

굳은껍질열매

모인꽃턱잎조각

7월의 신갈나무 어린 열매

10월의 신갈나무 익은 열매와 깍정이

신갈나무 주로 산 중턱 이상에서 자라는 갈잎큰키나무로 열매는 꽃이 핀 그해 가을에 익는 참나무이다. 깍정이를 덮고 있는 비늘조각은 기와처럼 포개진다. 밥그릇 모양의 깍정이가 도토리라고 부르는 동그스름한 굳은껍질열매 밑부분을 싸고 있다. 도토리는 갈색으로 익으면 깍정이에서 빠져나온다.

암술의 흔적

동심원테

굳은껍질열매

가시나무 남쪽 섬에서 드물게 자라는 갈잎큰키나무로 열매는 꽃이 핀 그해 가을에 익는다. 밥그릇 모양의 깍정이가 도토리라고 부르는 달걀 모양의 굳은껍질열매 밑부분을 싸고 있다. 깍정이를 덮고 있는 비늘조각은 촘촘히 포개지며 6~8개의 동심원테가 있다. 도토리는 갈색으로 익으면 깍정이에서 빠져나온다.

8월의 가시나무 어린 열매

9월 말의 가시나무 열매

암술의 흔적

모인꽃턱잎조각

8월의 구실잣밤나무 어린 열매

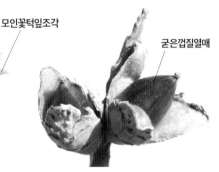

굳은껍질열매

9월의 구실잣밤나무 열매

구실잣밤나무 남쪽 섬에서 자라는 늘푸른큰키나무로 열매는 꽃이 핀 다음 해 가을에 익는다. 깍정이를 덮고 있는 비늘조각은 우툴두툴 튀어나오며 달걀 모양의 굳은껍질열매를 둘러싸고 있다. 열매가 익으면 깍정이는 3개로 갈라져 벌어지면서 굳은껍질열매가 나오는데 흔히 '잣밤'이라고 부르며 껍질을 까서 먹는데 밤처럼 맛이 고소하다.

밤나무 산과 들에서 자라는 갈잎큰키나무로 열매는 꽃이 핀 그해 가을에 익는다. 깍정이를 촘촘히 덮고 있는 모인꽃턱잎조각은 점차 가시처럼 뾰족해지고 단단해져서 속에 든 1~3개의 굳은껍질열매를 보호한다. 열매가 익으면 깍정이는 4개로 갈라져 벌어지면서 굳은껍질열매가 나오는데 '밤'이라고 부르며 껍질을 까서 먹는데 맛이 고소하다.

모인꽃턱잎조각

굳은껍질열매

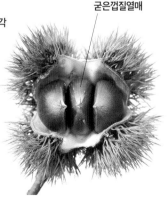

9월 초의 밤나무 어린 열매

9월 말의 밤나무 열매

열대 과일

동남아시아와 같은 열대 지방에서는 다양한 과일이 생산된다. 열대 과일 중에는 우리나라의 과일처럼 간식으로 먹는 것이 많지만, 빵나무나 바라밀처럼 주식으로 이용하는 과일도 있다. 지구 온난화가 계속 되면서 기온이 올라가는 제주도와 남쪽 섬에서는 온실에서 일부 열대 과일을 재배하고 있다. 우리나라에서도 싱싱한 열대 과일을 먹을 수 있어서 좋지만 아직은 가격이 비싼 편이다.

망고(*Mangifera indica*) 열대 아시아 원산의 과일로 달걀 모양의 열매는 황록색, 노란색, 황적색 등으로 익는다. 부드러운 열매살은 노란빛이고 즙이 많으며 향기롭고 달콤한 맛이 난다. 열매는 날로 먹고 과자, 음료, 아이스크림 등을 만드는 재료로 쓰며 샐러드 등의 음식에도 넣는다.

랑삿(*Lansium parasiticum*) 말레이시아 원산의 과일로 포도송이 모양의 열매가 매달린다. 둥근 열매는 지름 2.5~5cm이며 황갈색으로 익고 열매껍질을 벗기면 포도처럼 열매즙이 풍부한 속살이 나오는데 새콤달콤한 맛이 일품이다.

리치(*Litchi chinensis*) 중국 원산의 과일로 둥근 열매는 지름 3cm 정도이며 겉에 돌기가 많아서 거북이 등처럼 생겼으며 붉게 익는다. 흰색이 도는 열매살은 새콤달콤하며 독특한 향기가 있어서 날로 먹거나 통조림 등을 만든다.

람부딴(*Nephelium lappaceum*) 말레이시아 원산의 과일로 타원형 열매는 가시 모양의 털로 덮여 있으며 붉은색이나 노란색으로 익는다. 열매껍질을 벗기면 반투명한 열매살이 나오는데 열매즙이 많고 달콤하다.

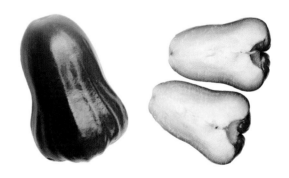

말레이애플(*Syzygium malaccense*) 열대 아시아와 호주 원산의 과일로 열매는 타원형 또는 주전자 모양이다. 열매는 과일로 먹는데 즙이 많고 사각거리며 술이나 샐러드를 만들기도 한다. 과일은 오래 보관하기 어려우므로 빠른 시간 내에 먹거나 가공해야 한다.

불두과(*Annona squamosa*) 중미 원산의 과일로 둥근 원뿔 모양의 열매는 울퉁불퉁하게 보이는 것이 부처님 머리 모양과 비슷해서 '불두과(佛頭果)'라고 하며 '슈가애플'이라고도 한다. 흰색 속살은 부드럽고 달콤해서 날로 먹으며 아이스크림, 젤리, 샐러드 등을 만든다.

아보카도(*Persea americana*) 중남미 원산의 과일로 악어의 등처럼 울퉁불퉁한 껍질 때문에 '악어배'라고도 한다. 원형~달걀형 열매는 열매살이 버터같이 부드럽고 노란색이 돌며 독특한 향기가 있다. 날로 먹거나 소스, 샐러드 등을 만든다.

어린 열매 단면의 즙

구아바(*Psidium guajava*) 열대 아메리카 원산의 과일로 원형~거꿀달걀형 열매는 끝에 꽃받침자국이 남아 있고 연한 붉은빛으로 익는다. 열매살은 즙이 많고 달콤한 맛이 나는데 비타민이나 철분 등의 영양소가 풍부하다. 열매는 날로 먹거나 통조림, 젤리, 잼, 치즈 등을 만든다.

사포딜라(*Manilkara zapota*) 중미 원산의 과일로 달걀형~타원형 열매는 갈색~적갈색으로 익는다. 열대 과일의 하나로 감이나 배처럼 달면서도 향기가 좋아 날로 먹거나 통조림 등을 만든다. 나무껍질에 상처를 내면 나오는 즙을 '치클(Chicle)'이라고 하여 껌을 만드는 재료로 썼다.

대추야자(*Phoenix dactylifera*) 서아시아와 북아프리카 원산의 과일로 적갈색으로 익을수록 열매살이 말랑거리며 곶감과 맛이 비슷하다. 날로 먹거나 말려 먹는다.

여러 가지 열대 과일

두리안

두리안(*Durio zibethinus*)은 열대 아시아 원산의 늘푸른큰키나무로 열대 지방에서 과일나무로 심는다. 굵은 가지에 매달리는 원형~타원형 열매는 지름이 15~30㎝로 보통 무게가 1~3㎏이지만 8㎏까지 나가는 것도 있다. 더군다나 열매 겉은 굵은 가시로 덮여 있어서 떨어지는 열매에 맞지 않도록 주의해야 한다. 두리안이라는 이름은 말레이어로 가시를 뜻하는 '두리(Duri)'에서 유래되었다. 두리안은 대표적인 열대 과일로 '과일의 왕'으로 불린다. 씨앗을 싸고 있는 연노란색 속살은 달고 고소한 맛과 함께 양파가 썩는 듯한 냄새도 함께 난다. 그래서 맛은 '천국의 맛'이지만 냄새는 '지옥의 향기'라고 표현하기도 한다. 두리안은 날로 먹거나 아이스크림, 캔디, 비스킷, 잼 등의 원료로 쓴다.

두리안 어린 열매 굵은 가지에 매달리는 커다란 열매는 열매자루가 튼튼하다.

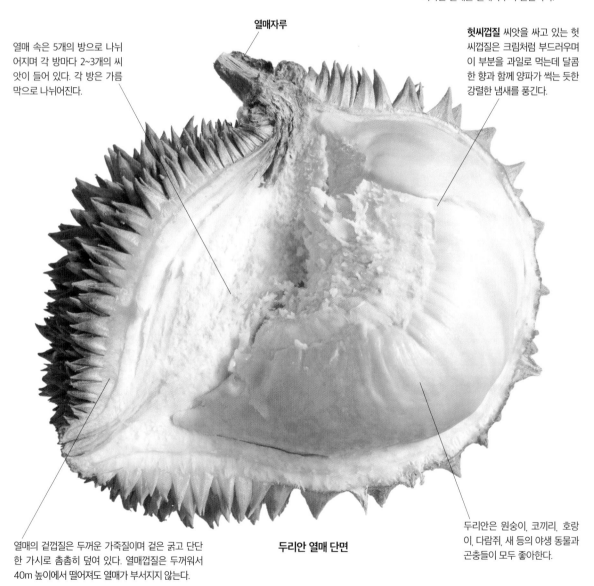

열매자루

헛씨껍질 씨앗을 싸고 있는 헛씨껍질은 크림처럼 부드러우며 이 부분을 과일로 먹는데 달콤한 향과 함께 양파가 썩는 듯한 강렬한 냄새를 풍긴다.

열매 속은 5개의 방으로 나뉘어지며 각 방마다 2~3개의 씨앗이 들어 있다. 각 방은 가름막으로 나뉘어진다.

열매의 겉껍질은 두꺼운 가죽질이며 겉은 굵고 단단한 가시로 촘촘히 덮여 있다. 열매껍질은 두꺼워서 40m 높이에서 떨어져도 열매가 부서지지 않는다.

두리안 열매 단면

두리안은 원숭이, 코끼리, 호랑이, 다람쥐, 새 등의 야생 동물과 곤충들이 모두 좋아한다.

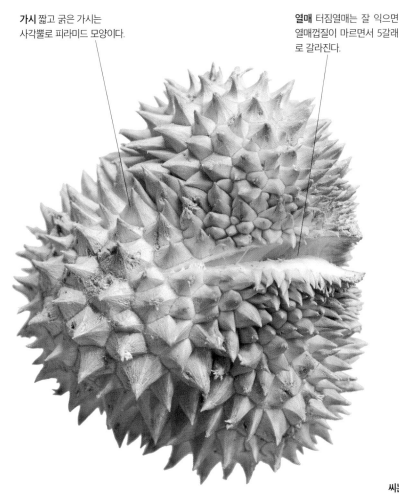

가시 짧고 굵은 가시는 사각뿔로 피라미드 모양이다.

열매 터짐열매는 잘 익으면 열매껍질이 마르면서 5갈래로 갈라진다.

배꼽

씨앗 원산지에서는 드물게 커다란 씨앗을 삶거나 구워 먹는다. 독성이 있어서 날로 먹으면 안 된다.

씨젖 씨앗의 씨껍질을 벗기면 속에는 씨눈이 싹이 터서 자랄 양분인 씨젖이 들어 있다.

씨젖

씨눈

씨눈 씨젖을 잘라 보면 앞으로 싹이 터서 식물체로 자랄 씨눈이 들어 있는 것을 볼 수 있다.

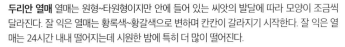

두리안 열매 열매는 원형~타원형이지만 안에 들어 있는 씨앗의 발달에 따라 모양이 조금씩 달라진다. 잘 익은 열매는 황록색~황갈색으로 변하며 칸칸이 갈라지기 시작한다. 잘 익은 열매는 24시간 내내 떨어지는데 시원한 밤에 특히 더 많이 떨어진다.

태국 대중교통 표지 잘 익은 두리안 열매는 양파가 썩는 것 같은 냄새가 지독하게 나기 때문에 열대 지방의 대중교통이나 호텔 등에 금연 표지와 함께 두리안 반입을 금지하는 표지가 붙어 있는 것을 볼 수 있다.

싱가포르 에스플러네이드 해변 극장 싱가포르의 대표적인 복합 문화 공간으로 오페라극장과 콘서트홀, 갤러리 등이 모여 있다. 2개의 유리 지붕에 삼각 알루미늄 햇빛 가리개를 덧씌운 모습이 두리안을 닮아서 현지인들은 '빅 두리안'이라고 부른다.

341

타마린드 열매

타마린드(*Tamarindus indica*)는 북아프리카 원산의 늘푸른큰키나무로 열대 지방에서 과일나무로 심는다. 원통 모양의 꼬투리열매는 염주처럼 마디가 있고 적갈색으로 익는다. 열매 속살을 과일로 먹는데 새콤달콤한 맛이 나며 씹는 느낌이 곶감과 비슷하다. 열매는 소스를 만들거나 카레 등의 요리에도 쓰이며 과자, 잼, 주스, 시럽 등을 만들어 먹고 약재로도 이용한다. 타마린드(Tamarind)는 아랍어 '타마르(Tamar:대추야자)'와 '힌디(Hindi:인도)'가 합쳐진 말로 '인도대추야자'란 뜻이며, 인도에서 많이 나는 열매가 대추야자처럼 달콤한 맛이 나서 붙여진 이름이다.

송이꽃차례에 모여 피는 나비 모양의 꽃은 노란색 바탕에 자갈색 무늬가 있다.

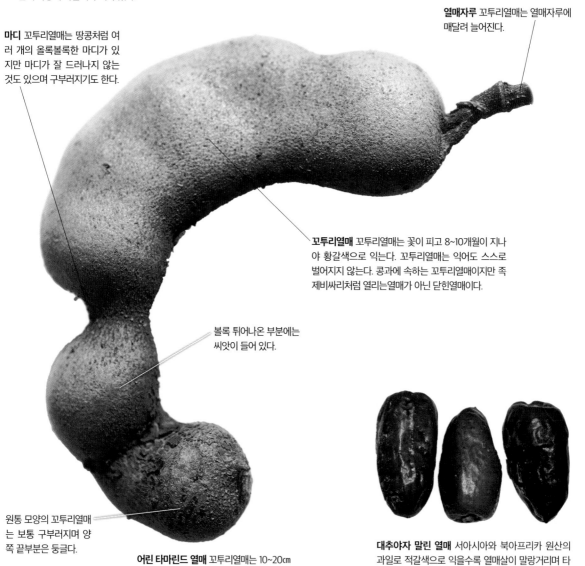

열매자루 꼬투리열매는 열매자루에 매달려 늘어진다.

마디 꼬투리열매는 땅콩처럼 여러 개의 올록볼록한 마디가 있지만 마디가 잘 드러나지 않는 것도 있으며 구부러지기도 한다.

꼬투리열매 꼬투리열매는 꽃이 피고 8~10개월이 지나야 황갈색으로 익는다. 꼬투리열매는 익어도 스스로 벌어지지 않는다. 콩과에 속하는 꼬투리열매이지만 족제비싸리처럼 열리는열매가 아닌 닫힌열매이다.

볼록 튀어나온 부분에는 씨앗이 들어 있다.

원통 모양의 꼬투리열매는 보통 구부러지며 양쪽 끝부분은 둥글다.

어린 타마린드 열매 꼬투리열매는 10~20㎝ 길이이며 열매자루에 매달려 밑으로 늘어진다.

대추야자 말린 열매 서아시아와 북아프리카 원산의 과일로 적갈색으로 익을수록 열매살이 말랑거리며 타마린드와 맛이 비슷하다. 날로 먹거나 말려 먹는다.

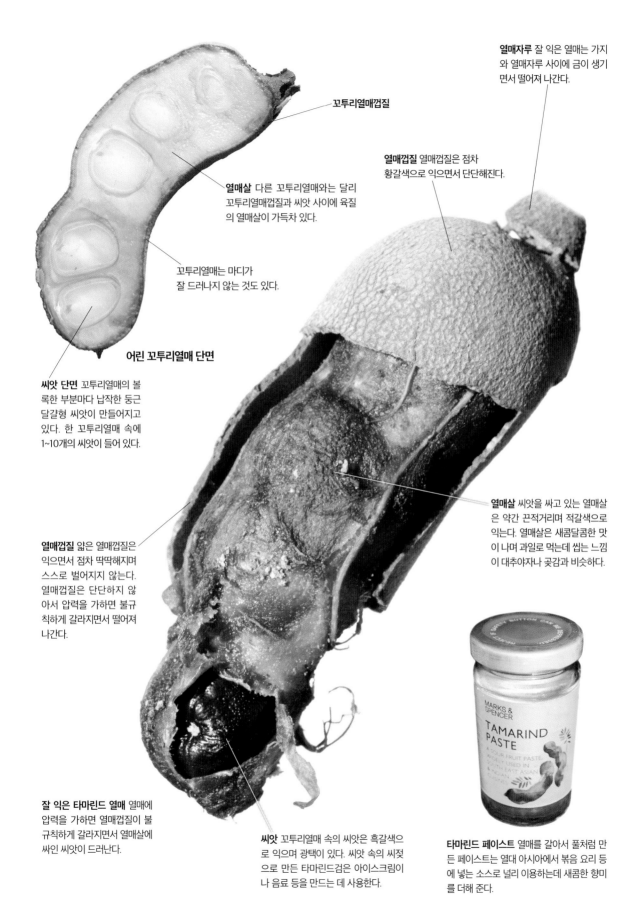

꼬투리열매껍질

열매자루 잘 익은 열매는 가지와 열매자루 사이에 금이 생기면서 떨어져 나간다.

열매살 다른 꼬투리열매와는 달리 꼬투리열매껍질과 씨앗 사이에 육질의 열매살이 가득차 있다.

열매껍질 열매껍질은 점차 황갈색으로 익으면서 단단해진다.

꼬투리열매는 마디가 잘 드러나지 않는 것도 있다.

어린 꼬투리열매 단면

씨앗 단면 꼬투리열매의 볼록한 부분마다 납작한 둥근 달걀형 씨앗이 만들어지고 있다. 한 꼬투리열매 속에 1~10개의 씨앗이 들어 있다.

열매살 씨앗을 싸고 있는 열매살은 약간 끈적거리며 적갈색으로 익는다. 열매살은 새콤달콤한 맛이 나며 과일로 먹는데 씹는 느낌이 대추야자나 곶감과 비슷하다.

열매껍질 얇은 열매껍질은 익으면서 점차 딱딱해지며 스스로 벌어지지 않는다. 열매껍질은 단단하지 않아서 압력을 가하면 불규칙하게 갈라지면서 떨어져 나간다.

잘 익은 타마린드 열매 열매에 압력을 가하면 열매껍질이 불규칙하게 갈라지면서 열매살에 싸인 씨앗이 드러난다.

씨앗 꼬투리열매 속의 씨앗은 흑갈색으로 익으며 광택이 있다. 씨앗 속의 씨젖으로 만든 타마린드검은 아이스크림이나 음료 등을 만드는 데 사용한다.

타마린드 페이스트 열매를 갈아서 풀처럼 만든 페이스트는 열대 아시아에서 볶음 요리 등에 넣는 소스로 널리 이용하는데 새콤한 향미를 더해 준다.

곶감

가을에 단단한 생감의 껍질을 벗겨 햇빛에 잘 말린 것을 곶감이라고
하며 겨우내 두고 간식으로 먹는다. 곶감이라는 이름은 꼬챙이에 꽂
아서 말린 감이란 뜻에서 유래되었다는 설이 있다. 곶감은 한자어로
'건시(乾柿)', 또는 '백시(白柿)'라고도 하는데, 백시는 곶감의 표면에
생기는 서리 같은 하얀 가루 때문에 붙여진 이름이며 하얀 가루는
감의 서리라 하여 '시상(柿霜)'이라고도 한다. 곶감은 겨우내 과일로
먹고 수정과에도 넣는다. 곶감처럼 생과일을 통째로 또는 껍질을 벗
기거나 조각을 내어 햇볕이나 오븐, 열풍 등에 말린 것을 '건과(乾果)'
라고 한다. 건과는 단맛과 향미는 그대로이지만 비타민 등의 손실이
일어날 수 있으며 수분의 증발로 당분이 농축되어 열량은 훨씬 높아
진다. 건과는 저장 기간이 긴 것이 장점이며 그대로 스낵으로 먹거
나 과자, 빵 등을 만들 때 넣으며 요리에도 널리 이용한다.

반건조 곶감은 하얀 가루가
거의 생기지 않는다.

곶감 근래에는 완전히 건조시키지 않고 수분이 어느 정도
남아 있는 반건조 곶감을 많이 볼 수 있는데, 수분이 많아
씹는 맛이 더 차지고 부드러우며 씹기가 편하다. 하지만
수분이 일부 남아 있어서 유통 기한이 곶감보다 짧다.

곶감 말리기 단단한 생감의 껍질을 벗긴 후에 꼬챙이나 실에 꿰어 햇빛에 말리는데 씨앗을 빼내고 손질한 후에 다시 말린다. 근래에는 열풍을 이용해 말리
기도 한다.

여러 가지 건과

건포도 포도를 건조한 건포도는 빵과 과자를 만드는 데 널리 이용하는데, 효모를 얻는 데 사용되기 때문이라고 한다.

건대추 칼슘이 풍부하며 대추차를 비롯해 여러 가지 음식에 넣어 먹고 감초처럼 약방에서도 한약재로 널리 쓰이고 있다.

건살구 항산화 성분인 리코펜이 풍부하다. 그대로 먹거나 뜨거운 물에 불려 먹기도 하고 갈아서 주스나 잼, 젤리 등을 만들기도 한다.

건자두 새콤달콤한 열매를 말린 것을 영어로 흔히 '푸룬'이라고 한다. 그대로 먹거나 샐러드나 주스 등을 만들어 먹는다.

건망고 망고에 비해 입안에서 쫀득거리며 씹히는 식감과 새콤달콤한 맛이 일품이다. 요구르트에 건망고 조각을 넣어 숙성시켜 먹기도 한다.

건키위 즙이 많고 말랑거리는 키위(양다래)와 달리 쫀득거리며 새콤달콤한 맛이 난다. 쿠키를 만드는 데 넣기도 한다.

건파파야 말린 과일을 그대로 먹는다. 건파파야는 식이섬유가 풍부해 변비에 좋으며 항산화 성분도 풍부하다고 한다.

건바나나 바나나에 비해 아삭거리며 씹히는 느낌이 다르고 단맛이 조금 더 강하다. 건바나나는 장 건강을 개선하는 데 좋다고 한다.

건대추야자 대추야자나무의 붉게 익은 열매를 말린 것으로 단맛이 강하며 중동의 사막 지방에서는 여행자의 휴대 식량으로 알려져 있다.

건무화과 소아시아 원산으로 쫀득거리면서도 달콤한 맛이 난다. 대추야자와 마찬가지로 중동의 사막 지방에서는 여행자의 휴대 식량으로 알려져 있다.

초콜릿을 만드는 카카오

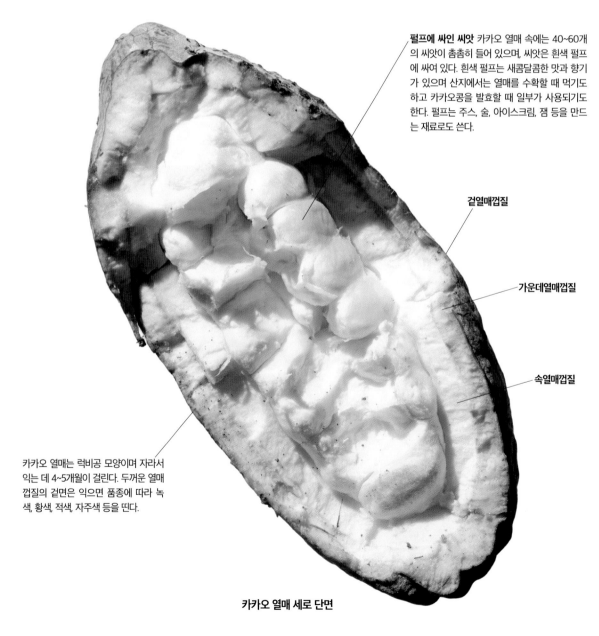

카카오 어린 열매 럭비공 모양의 열매는 길이가 10~30㎝로 매우 크게 자라며 대부분이 줄기나 굵은 가지에 매달린다.

카카오(*Theobroma cacao*)는 중앙아메리카 원산의 늘푸른큰키나무로 줄기나 굵은 가지에 럭비공 모양의 열매가 매달린다. 열매는 10~30㎝ 길이로 매우 크며 속에 든 씨앗에 설탕, 우유, 향신료 등을 배합하여 초콜릿을 만든다. 초콜릿은 19세기에 네델란드의 반호텐이란 사람이 처음 만들었으며 독특한 맛과 향으로 많은 사람의 사랑을 받고 있다. 씨앗을 압축시켜 기름을 빼서 만든 가루를

펄프에 싸인 씨앗 카카오 열매 속에는 40~60개의 씨앗이 촘촘히 들어 있으며, 씨앗은 흰색 펄프에 싸여 있다. 흰색 펄프는 새콤달콤한 맛과 향기가 있으며 산지에서는 열매를 수확할 때 먹기도 하고 카카오콩을 발효할 때 일부가 사용되기도 한다. 펄프는 주스, 술, 아이스크림, 잼 등을 만드는 재료로도 쓴다.

겉열매껍질

가운데열매껍질

속열매껍질

카카오 열매는 럭비공 모양이며 자라서 익는 데 4~5개월이 걸린다. 두꺼운 열매껍질의 겉면은 익으면 품종에 따라 녹색, 황색, 적색, 자주색 등을 띤다.

카카오 열매 세로 단면

'코코아'라고 하며 음료로 마시거나 과자 등의 재료로 쓴다. 카카오는 진정 효과가 있어서 기침, 발열, 불안 등을 치료하는 약재로도 사용되며 피부 미용에도 좋아서 화장품을 만드는 원료로도 사용된다. 원산지에 사는 마야인들은 기원전부터 카카오를 빻아서 죽처럼 만든 음료수를 마셨으며 화폐 대용으로 사용될 정도로 귀하게 여겼다고 한다.

펄프를 씻어 낸 타원형 씨앗은 광택이 있다.

씨앗 씨앗을 싸고 있는 흰색 펄프를 씻어 내면 적갈색 씨앗이 드러난다. 새콤달콤한 펄프와는 달리 쓰고 떫은 맛이 강하다.

카카오콩은 점차 색깔이 검어지고 광택이 없어진다.

카카오콩 펄프에 싸인 씨앗을 나무로 만든 통에서 며칠 동안 발효시킨 다음에 펄프를 씻어 내서 말린 것을 '카카오콩'이라고 하며 떫은 맛도 줄어들고 독특한 초콜릿 향이 난다. 카카오콩을 볶아서 가루로 만든 것을 '카카오 페이스트(cacao paste)'라고 하며 초콜릿을 만드는 원료이다.

초콜릿 카카오 페이스트에 설탕, 우유, 향신료 등을 배합하여 만든 것이 초콜릿이다.

카카오 꽃 줄기나 굵은 가지에 작은 흰색 꽃이 직접 달리는 간생화이며 기다란 열매가 맺힌다.

카카오 어린 열매 열매는 점차 럭비공 모양으로 크게 자란다. 긴타원형 잎은 어긋난다.

카카오 줄기 줄기에 달린 열매는 10~30㎝ 길이이며 품종에 따라 녹색, 황색, 적색, 자주색으로 익는다.

카카오 열매 럭비공 모양의 열매는 세로로 골이 깊게 지는 것도 있고 골이 희미한 것도 있다.

x

347

검은 황금, 후추

후추(*Piper nigrum*)는 인도 남부 말라바 원산으로 열매는 선사 시대부터 향신료로 이용되었다. 열매는 가루를 내어 각종 요리에 양념으로 사용하는데 동양에서는 매운맛과 향미를 더하는 음식 재료로 썼다. 검은색을 띠는 후추는 특히 고기의 부패를 막고 누린내를 없애 주는 역할을 하기 때문에, 육식을 많이 하는 서양에서도 후추의 수요가 많아지면서 중세 시대부터 국제적으로 중요한 무역품이 되었다. 후추는 무역을 하면서 종종 돈 대신 쓰여서 '검은 황금'으로 불렸다. 후추는 중국을 거쳐서 우리나라에 들어왔으며 산초와 비슷해서 '호국(胡國)의 산초(山椒)'를 줄여서 '호초(胡椒)'라고 부르던 한자 이름이 변한 것이다.

검은 후추 상품 후추는 일반적으로 가루로 만든 것을 병에 넣어 팔지만 말린 열매를 그대로 팔기도 하는데 이를 '통후추'라고 한다. 통후추는 즉석에서 페퍼밀(Pepper mill)에 넣고 갈아서 만든 가루를 음식에 넣어 먹는다.

열매껍질이 말라붙어서 주름이 지며 색깔이 검다.

검은 후추 덜 익은 녹색 열매를 따서 뜨거운 물에 담갔다가 꺼내 말리면 까맣게 되는데 이를 '검은 후추'라고 한다. 검은 후추는 일반적으로 흰 후추보다 널리 사용되며 더 맵고 톡 쏘는 맛이 강하다.

후추 나무 모양 후추는 늘푸른덩굴나무로 마디에서 나온 붙음뿌리로 다른 물체에 달라붙고 7~8m 길이로 벋는다. 고온 다습한 열대 지방에서 널리 재배하는데 베트남에서 가장 많이 생산한다.

열매껍질이
제거되었으며 흰색이다.

흰 후추 빨갛게 익은 후추 열매를 따서 10일 정도 물에 담가 두면 발효가 된다. 그런 다음에 열매껍질을 제거하면 흰색을 띠는데 이를 '흰 후추'라고한다.

흰 후추 상품 흰 후추는 검은 후추에 비해 매운맛이 덜하고 부드럽다. 검은 후추만큼 널리 사용되지는 않으며 색이 드러나지 않아 흰살 생선, 닭고기, 크림수프 등의 요리에 주로 사용된다.

후추등 열매 남쪽 섬에서 자라는 늘푸른 덩굴나무로 잎이나 열매가 후추와 비슷하지만 열매는 매운맛이 없어 향신료로 이용되지 않는다.

후추 꽃이삭 야생에서 자라는 것은 암수딴그루이지만 재배하는 후추는 대부분이 암수한꽃이다. 잎과 마주나는 이삭꽃차례는 밑으로 처지며 지름 2㎜ 정도의 자잘한 흰색 꽃이 핀다.

후추 어린 열매이삭 꽃이삭 모양대로 매달리는 열매이삭은 15~17㎝ 길이이고 지름이 5~6㎜인 둥근 열매가 다닥다닥 달린다. 녹색 열매는 점차 붉은색으로 익는다.

악마의 유혹, 커피

커피는 아프리카 원산인 커피나무의 씨앗을 볶아서 간 가루로 독특한 향기가 있어서 차의 원료로 널리 이용된다. 아프리카에서 발견된 커피는 아랍으로 전파되면서 본격적으로 기호 음료로 개발되어 전 세계로 퍼져 나갔다. 커피에는 카페인이 들어 있어서 커피를 마시면 졸음이 사라지고 정신이 또렷해지는 각성 효과가 나타난다. 프랑스의 정치가 탈레랑은 커피를 가리켜 '악마처럼 검고 지옥처럼 뜨거우며, 천사처럼 아름답고 사랑처럼 달콤하다.'라고 하였는데 커피의 속성을 잘 나타낸 말이다. 커피나무는 여러 종이 있는데 가장 많이 재배되고 있는 종은 아라비아커피나무(*Coffea arabica*)이다.

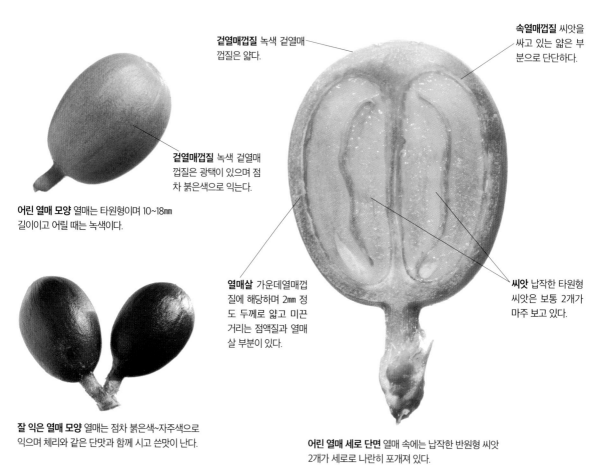

겉열매껍질 녹색 겉열매 껍질은 얇다.

속열매껍질 씨앗을 싸고 있는 얇은 부분으로 단단하다.

겉열매껍질 녹색 겉열매 껍질은 광택이 있으며 점차 붉은색으로 익는다.

어린 열매 모양 열매는 타원형이며 10~18㎜ 길이이고 어릴 때는 녹색이다.

열매살 가운데열매껍질에 해당하며 2㎜ 정도 두께로 얇고 미끈거리는 점액질과 열매살 부분이 있다.

씨앗 납작한 타원형 씨앗은 보통 2개가 마주 보고 있다.

잘 익은 열매 모양 열매는 점차 붉은색~자주색으로 익으며 체리와 같은 단맛과 함께 시고 쓴맛이 난다.

어린 열매 세로 단면 열매 속에는 납작한 반원형 씨앗 2개가 세로로 나란히 포개져 있다.

꽃 잎겨드랑이에 흰색 꽃이 1~5개씩 모여 핀다. 꽃부리는 별처럼 갈라지고 향기가 있다.

익은 열매 가지에 다닥다닥 열리는 열매는 점차 붉은색~자주색으로 익는다.

커피 열매 채취 커피 열매가 익으면 바구니를 차고 익은 열매를 일일이 손으로 따서 모은다.

씨앗 열매에서 꺼낸 씨앗은 약간 말랑거리며 끈적거리기 때문에 씻어서 말리는 것이 좋다. 말린 씨앗은 '커피콩' 또는 '생두(生豆)' 또는 '그린 빈'이라고 한다.

알리카페 말레이시아의 한 기업에서 귀한 약재로 쓰이는 통캇알리를 커피믹스에 첨가해서 '알리카페'란 상품으로 팔고 있는데 우리나라에서도 선물용으로 인기가 있다.

통캇알리(*Eurycoma longifolia*) 동남아시아 원산의 늘푸른큰키나무로 뿌리를 귀한 약재로 쓰며 흔히 '말레이시아 인삼'으로 불린다.

원두는 생두보다 부피는 더 커지지만 무게는 가벼워진다.

센터 컷 커피 씨앗 가운데에 파여진 홈을 '센터 컷(center cut)'이라고 한다. 품종에 따라 센터 컷의 모양이 조금씩 다르다.

연둣빛이 도는 생두를 로스팅 하면 갈색 원두로 바뀐다.

속열매껍질 커피 씨앗을 감싸는 속열매 껍질은 얇지만 단단하다.

커피 바구니 농장에서 채취한 붉은 커피 열매가 바구니에 담겨 있다.

씨앗(생두) 열매를 채취하면 겉껍질과 열매살을 벗겨 내고 씨앗을 발효시켜서 생두를 얻는다.

원두 열매에서 채취한 씨앗인 생두는 단단하고 향과 맛이 약하기 때문에 열을 가해 볶는데 이를 '로스팅(roasting)'이라고 한다. 생두가 로스팅을 거치면 풍부한 맛과 향을 지닌 갈색의 '원두(原豆)'가 된다. 원두는 생두보다 부피가 크고 무게가 가벼워지며 가루로 갈아서 차를 만들어 마신다.

씨앗 껍질 열매에서 씨앗을 채취하고 남은 열매살과 열매껍질이 산처럼 쌓여 있다. 이 부산물은 거름으로 사용할 수 있다.

태국 산악 지대의 커피 농장 커피는 재배 고도에 따라 맛이 달라지는데 일반적으로 높은 지대에서 생산되는 커피가 품질이 좋은 것으로 여겨진다.

레바논의 커피 원두를 파는 상점 원산지인 아프리카에서 제일 먼저 커피를 받아들인 아랍 사람들은 원두 가루로 차를 타서 마시기 시작했다.

독이 있는 열매

먹음직스러운 열매를 만들어 동물이 먹고 씨앗을 널리 퍼뜨리게 하는 식물도 있다. 이들 중에는 동물이 열매를 먹고 씨앗을 배설하는 시간을 조절하거나 열매를 한꺼번에 많이 따 먹지 못하도록 열매 속에 독성 물질을 만드는 것도 있다. 어떤 열매는 치명적인 독을 만들어서 그 독에 내성이 있는 특정한 동물만이 먹을 수 있도록 하거나 미생물이나 해충을 막기도 한다. 그러므로 산에서 먹음직스러운 열매를 만났다고 무조건 따 먹을 일이 아니다.

굴거리 남부 지방에서 자라는 늘푸른큰키나무로 열매를 잘못 먹으면 호흡 곤란이 오고 심하면 심장 마비를 일으킨다.

남천 관상수로 심는 늘푸른떨기나무로 전체에 독성이 있으며 특히 열매가 독성이 강해 먹으면 경련을 일으키고 운동 신경이 마비되며 호흡 곤란이 온다.

붓순나무 남쪽 섬에서 자라는 늘푸른작은키나무로 전체에 독성이 있으며 특히 열매가 독성이 강해 먹으면 구토와 발작을 일으킨다. 중국산 향신료인 팔각회향과 비슷해 혼동하기도 한다.

괴불나무 산에서 자라는 갈잎떨기나무로 가을에 붉게 익는 열매는 맛이 쓰며 많이 먹으면 구토와 설사를 하고 심하면 마비 증상이 온다.

참빗살나무 산에서 자라는 갈잎작은키나무로 특히 씨앗의 독성이 강해 잘못 먹으면 구토와 설사를 하고 복통을 일으키며 오한이 나고 심하면 마비 증상이 온다.

소철 남쪽 섬에서 심어 기르는 늘푸른바늘잎나무로
특히 씨앗을 잘못 먹으면 구토를 하거나 호흡 곤란이 온다.

댕댕이덩굴 산과 들에서
자라는 갈잎덩굴나무로
전체가 유독하며 특히 열
매를 먹으면 호흡 곤란이
오고 심하면 심장 마비를
일으킨다.

오구나무 남부 지방에서 기르는 갈잎큰키나무
로 씨앗으로 짠 기름은 독성이 강해서 피부에
닿으면 염증을 일으키기도 한다.

무환자나무 남부 지방에서 심어 기르
는 갈잎큰키나무로 열매를 잘못 먹으면
중독을 일으킨다.

화살나무 산에서 자라는 갈잎떨기나무
로 특히 씨앗의 독성이 강해 잘못 먹으면
구토와 설사를 하고 복통을 일으키며 심
하면 마비 증상이 온다.

납매 관상수로 심는 갈잎떨기나무로 열
매나 씨앗을 먹으면 마비와 경련, 호흡 곤
란이 온다.

삼지닥나무 남부 지방에서 기르는 갈잎
떨기나무로 특히 열매의 독성이 강하며
잘못 먹으면 위에 염증과 복통을 일으키
고 혈변이 나온다.

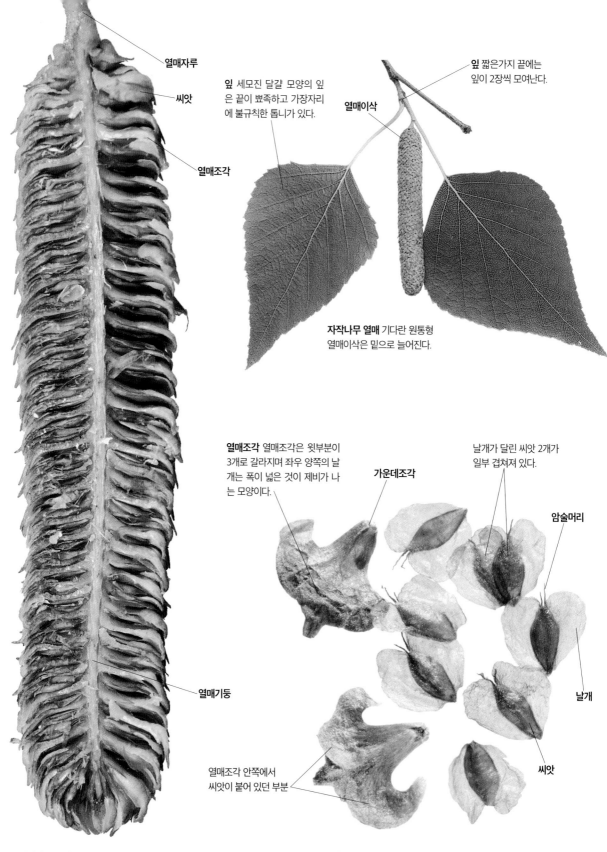

열매자루

씨앗

열매조각

잎 세모진 달걀 모양의 잎은 끝이 뾰족하고 가장자리에 불규칙한 톱니가 있다.

잎 짧은가지 끝에는 잎이 2장씩 모여난다.

열매이삭

자작나무 열매 기다란 원통형 열매이삭은 밑으로 늘어진다.

열매조각 열매조각은 윗부분이 3개로 갈라지며 좌우 양쪽의 날개는 폭이 넓은 것이 제비가 나는 모양이다.

가운데조각

날개가 달린 씨앗 2개가 일부 겹쳐져 있다.

암술머리

날개

씨앗

열매기둥

열매조각 안쪽에서 씨앗이 붙어 있던 부분

자작나무 열매이삭 세로 단면 가운데 열매기둥을 중심으로 많은 열매조각이 촘촘히 돌려나며 사이사이에 씨앗이 들어 있다. 한 열매이삭에 500개 정도의 씨앗이 들어 있다.

자작나무 열매조각과 씨앗 열매조각의 안쪽 면마다 각각 2개의 납작한 씨앗이 붙어 있다가 열매가 부서지면서 함께 떨어져 나간다. 납작한 타원형 씨앗은 갈색이며 양쪽에 투명한 날개가 있고 끝에 2개의 암술머리가 남아 있는 것이 나비를 닮았다.

자작나무 씨앗

자작나무는 주로 북부 지방에서 자라는 갈잎큰키나무로 흰색 줄기가 눈에 잘 띈다. 자작나무는 열매가 잘 익으면 열매이삭이 조금씩 부서지면서 날개가 달린 씨앗이 바람에 날려 퍼진다. 자작나무가 속한 자작나무속(Betula) 열매는 종마다 열매조각의 윗부분이 3개로 갈라지는 모양과 날개가 달린 씨앗의 모양이 조금씩 달라서 구분할 수 있다.

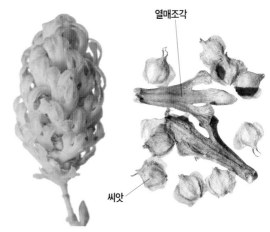

거제수나무 높은 산에서 자라며 달걀형 열매이삭은 곧게 선다. 열매조각은 가운데조각이 양쪽 날개보다 길이가 길다. 진한 회갈색 씨앗은 양쪽에 좁은 날개가 있다.

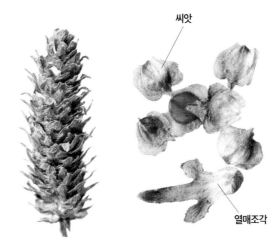

사스래나무 높은 산 정상 부근에서 자라며 원통형 열매이삭은 곧게 선다. 열매조각은 가운데조각이 양쪽 날개보다 2배 이상 길다. 납작한 씨앗은 넓은 달걀형이고 양쪽에 좁은 날개가 있다.

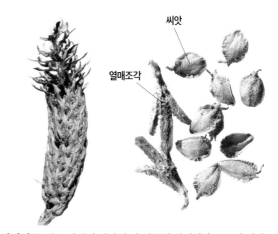

박달나무 깊은 산에서 자라며 긴 원통형 열매이삭은 곧게 선다. 열매조각은 가운데조각이 양쪽 날개의 2배 정도 길이이다. 납작한 씨앗은 넓은 달걀형이고 양쪽에 날개가 거의 없다.

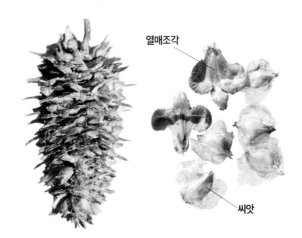

물박달나무 산에서 자라며 긴 원통형 열매이삭은 익어 가면서 조금씩 밑으로 늘어진다. 열매조각은 양쪽 날개의 폭이 넓은 편이다. 납작한 달걀형 씨앗은 양쪽에 투명한 날개가 있다.

개박달나무 중부 이북의 산에서 자라며 달걀형 열매이삭은 위로 곧게 선다. 열매조각은 가운데조각이 양쪽 날개보다 2배 이상 길다. 동글납작한 씨앗은 양쪽에 날개가 거의 없다.

355

열매와 씨앗을 퍼뜨리는 방법

꽃이 피는 꽃식물은 대부분이 열매와 씨앗을 만들어서 대를 이어 가기 때문에 '씨식물'이라고도 한다.
동물처럼 자유롭게 이동할 수 없는 식물은 제자리에서 씨앗이나 열매를 멀리 보낼 수 있는 방법을 궁리해 냈다.

주목 열매 높은 산에서 자라는 늘푸른바늘잎나무로 둥근 헛씨껍질이 가을에 붉게 익으면 새가 통째로 따 먹는데 씨앗이 똥에 섞여서 멀리 퍼진다.

헛개나무 열매 산에서 자라는 갈잎큰키나무로 열매 대신에 열매송이의 자루 부분이 굵어지면서 육질화되는데, 이 부분이 단맛이 나서 동물이 모여든다. 열매를 따 먹은 동물의 똥에 씨앗이 섞여서 멀리 퍼진다.

모감주나무 열매 바닷가에서 자라는 갈잎작은키나무로 7월에 피는 노란색 꽃이 지면 삼각뿔 모양의 열매가 열리는데 꽈리처럼 속이 비어 있다. 열매가 익으면 씨앗이 달린 날개 모양의 열매조각은 조각배처럼 바닷물에 떠다니다가 육지에 닿으면 싹이 터서 자란다.

356

＊씨식물[꽃식물, 종자식물(種子植物), seed plant, spermatophyta, spermatophyte]

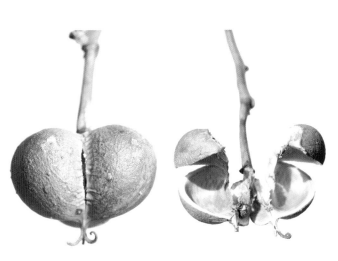

사람주나무 열매 주로 남부 지방의 산에서 자라는 갈잎작은키나무로 동글납작한 열매는 3개의 골이 진다. 가을에 갈색으로 익은 열매는 껍질이 팽창하면서 터지는 힘으로 씨앗을 튕겨 낸다.

구실잣밤나무 열매 남쪽 섬에서 자라는 늘푸른큰키나무로 잣을 닮은 굳은껍질 열매는 속살이 밤처럼 고소해서 다람쥐와 같은 동물이 무척 좋아한다. 다람쥐가 겨울 양식으로 땅에 묻어 놓은 것이 싹이 터서 자란다.

된장풀 열매 제주도에서 자라는 갈잎떨기나무로 꼬투리열매는 잘 익으면 마디가 분리되어 떨어져 나가는 마디꼬투리열매이다. 열매 표면에는 갈고리 모양의 잔털이 많아서 털이나 옷에 닿으면 달라붙으면서 마디가 잘려 나가 퍼진다.

전나무 씨앗 높은 산에서 자라는 늘푸른 바늘잎나무로 씨앗 한쪽에 막질의 넓은 날개가 있어서 바람에 잘 날려 퍼진다.

참오동 씨앗 중국 원산의 갈잎큰키나무로 산이나 들에서 자란다. 씨앗 둘레에 막질의 투명하고 넓은 날개가 있어서 바람에 잘 날려 퍼진다.

겨우살이 씨앗 산에서 자라는 늘푸른떨기나무로 납작한 달걀형 씨앗은 끈적거리는 점액질의 열매살이 묻어 있어서 새가 먹고 싼 똥에 든 씨앗이 나뭇가지에 달라붙으면 싹이 터서 기생한다.

산불에 싹 트는 씨앗

미국 로키산맥 일대는 봄 날씨가 매우 건조해 산불이 자연적으로 발생하는 경우가 많다. 이 지역에 사는 식물은 산불에 대응하며 살아갈 수 있는 여러 방법으로 진화해 왔다. 일부 식물은 산불이 나무를 태울 때 나는 가스 냄새를 신호로 싹을 틔워 자라기 시작한다. 또 일부 풀들은 가스 냄새를 신호로 서둘러 꽃을 피우는데 산불이 나서 나무들이 죽은 동안에 꽃을 피우고 씨앗을 퍼뜨리기 위해서이다. 이 지역에 사는 방크스소나무는 솔방울이 산불에 뜨겁게 달궈져야 벌어지면서 씨앗을 퍼뜨린다.

솔방울열매는 대부분 끝부분이 구부러진다.

방크스소나무 묵은 솔방울열매
솔방울열매는 수십 년 동안 그대로 나무에 달려 있기도 한다.

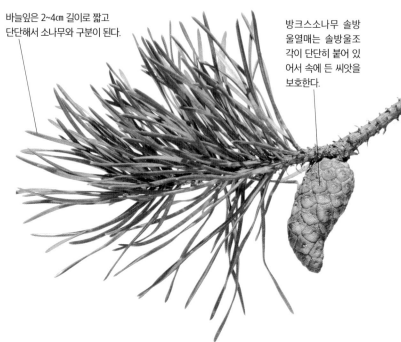

바늘잎은 2~4㎝ 길이로 짧고 단단해서 소나무와 구분이 된다.

방크스소나무 솔방울열매는 솔방울조각이 단단히 붙어 있어서 속에 든 씨앗을 보호한다.

방크스소나무(Pinus banksiana) 솔방울열매 솔방울열매가 익어도 계속 솔방울조각이 벌어지지 않고 닫혀 있는 닫힌솔방울열매이며 산불이 나서 열이 가해져야만 솔방울조각이 벌어지면서 씨앗이 나와 싹이 튼다. 방크스소나무는 산불로 산림이 황폐해졌을 때 씨앗을 떨어뜨려 싹을 틔운다.

빅트리(Sequoiadendron giganteum) 로키산맥 일대에서 자라는 바늘잎나무로 세계에서 부피 기준으로 가장 크게 자라기 때문에 '빅 트리(Big tree)'로 불린다. 두꺼운 나무껍질은 불에 잘 견디는 성질이 있어 산불 속에서도 잘 죽지 않고 견뎌 낸다. 산불로 바닥의 낙엽이 타 버리고 햇빛이 바닥까지 비치면 그제서야 씨앗은 싹이 터서 자라기 시작한다.

우산소나무(Pinus pinea)
지중해 원산으로 높이 자란 줄기 윗부분에 잎가지가 달려서 산불을 견뎌 낸다.

병솔나무 잎 잎은 피침형이며 끝이 뾰족하고 가장자리가 밋밋하며 가죽질이고 단단하다.

병솔나무 열매 열매는 원통 모양이며 가지에 바짝 붙는다. 열매는 익어도 몇 년 동안이고 계속 가지에 달려 있으며 산불로 나무가 불에 타면 열매가 벌어지면서 씨앗이 나와 번식을 한다. 가지를 꺾어도 열매가 벌어진다.

병솔나무 열매가지 호주 원산으로 남쪽 섬에서 관상수로 심는다. 꽃차례의 모양이 시험관을 닦는 솔과 비슷해서 '병솔나무'라고 한다.

호주에서 산불이 자주 발생하는 지역에서 자라는 병솔나무, 방크시아, 유칼립투스, 용왕꽃과 같은 종들은 산불의 고열을 받아야만 열매가 벌어져서 씨앗을 퍼뜨리는 것이 많다.

해안방크시아(*Banksia integri-folia*) 호주 원산으로 열매가 산불에 타면서 벌어져서 씨앗을 퍼뜨린다.

유칼립투스(*Eucalyptus*) 열매 호주에서 널리 자라고 있으며 열매는 주로 산불에 의해서 벌어진다.

용왕꽃(*Protea cynaroides*) 호주 원산으로 열매송이는 산불에 타야만 씨앗을 퍼뜨린다. 호주의 나라꽃이다.

나무의 새싹

땅에 떨어진 씨앗은 싹이 틀 조건이 맞을 때까지 가만히 기다리다가 주변의 온도나 수분 등 조건이 좋아지면 휴면을 끝내고 싹이 터서 자라기 시작한다. 사계절이 뚜렷한 온대 지방에서는 가을에 씨앗이 여무는 식물이 많으며 봄이 되어 기온이 올라가면 겨우내 움추리고 있던 씨앗이 흙을 뚫고 새싹을 내밀며 자라기 시작한다. 씨앗이 싹이 트기 위해서는 적당한 수분과 온도가 필요하고 싹이 트기 시작하면 호흡을 하기 위해 산소가 필요하다.

소나무 씨앗 씨앗은 한쪽에 막질의 넓은 날개가 있어서 바람에 잘 날려 퍼진다.

소나무 줄기 밑에서 싹이 튼 소나무 새싹 소나무 씨앗에서 싹이 튼 새싹은 줄기 끝에 바늘 모양의 떡잎이 3~18개가 빙 둘러난다. 그래서 외떡잎(단자엽)식물이나 쌍떡잎(쌍자엽)식물과 비교해서 '뭇떡잎(다자엽)식물'이라고 한다.

＊뭇떡잎식물[다자엽식물(多子葉植物), polycotyledon]

무궁화 씨앗

쪽동백나무 씨앗

쪽동백나무 새싹 산에서 자라며 긴 타원형 씨앗에서 튼 새싹은 떡잎이 2장이고 본잎은 어긋난다.

무궁화 새싹 관상수로 심으며 털이 달린 씨앗에서 튼 새싹은 떡잎이 2장이고 본잎은 어긋난다.

회양목 씨앗

회양목 새싹 흔히 관상수로 심으며 긴 타원형 까만 씨앗에서 튼 새싹은 떡잎이 2장이고 본잎은 2장씩 마주난다.

멀구슬나무 씨앗

멀구슬나무 새싹 남부 지방에서 기르며 타원형 씨앗에서 튼 새싹은 떡잎이 2장이고 본잎은 깃꼴겹잎이 어긋난다.

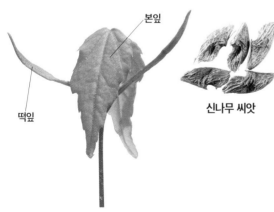

신나무 씨앗

신나무 새싹 산에서 자라며 날개가 달린 열매에서 튼 새싹은 기다란 떡잎이 2장이고 본잎은 2장씩 마주난다.

산초나무 씨앗

산초나무 새싹 산에서 자라며 씨앗에서 튼 새싹은 떡잎이 2장이고 본잎은 깃꼴겹잎이 점차 어긋난다.

잎

꽃눈

잎눈

1. 12월의 겨울눈 늘푸른나무로 겨울에도 푸른 잎을 달고 있으며 붉게 변하기도 한다. 잎겨드랑이에 꽃눈과 잎눈을 달고 겨울을 난다.

꽃봉오리

2. 3월의 꽃봉오리 이른 봄이 되면 꽃눈이 벌어지면서 연노란색 꽃봉오리가 부풀어 오르기 시작한다.

본잎

떡잎

10. 봄에 자란 새싹 씨앗에서 싹이 튼 2장의 떡잎은 길쭉하며 본잎도 마주난다. 새싹은 점차 4m 정도 높이까지 자라며 수령이 200년 정도 된 나무도 있다.

회양목의 한살이

회양목은 회양목과에 속하는 늘푸른떨기나무로 석회암 지대에서 잘 자라며 흔히 정원수로 많이 심는다. 중부 지방에서는 붉게 변한 잎겨드랑이에 꽃눈과 잎눈을 달고 겨울을 난다. 이른 봄이 되면 꽃눈이 벌어지면서 연노란색 꽃이 모여 피고 이어서 잎눈이 벌어지면서 새로운 잎가지가 자란다. 꽃이 진 자리에는 동그란 열매가 맺히는데, 끝에

씨앗

9. 8월의 씨앗 긴 타원형 씨앗은 모가 지고 검은색이며 광택이 있고 6mm 정도 길이이다.

각각의 암술머리는 둘로 갈라진다.

8. 8월 초의 갈라진 열매 여름에 갈색으로 익는 열매는 윗부분이 3갈래로 갈라져 벌어지면서 씨앗이 나온다.

3. 3월 말에 핀 꽃 암수한그루로 꽃송이 가운데에 있는 암꽃을 수꽃이 빙 둘러싸고 있다.

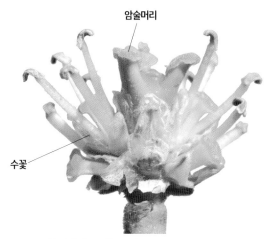

4. 3월 말의 시드는 꽃 둘레의 수꽃은 수술이 각각 4개씩이며 가운데의 암꽃은 암술머리가 3개이다.

3개의 암술대가 뿔처럼 남아 있으며 콩알보다 약간 크게 자란다. 여름이 되면 갈색으로 익는 열매는 윗부분이 3갈래로 갈라져 벌어지면서 까만 씨앗이 나온다. 땅에 떨어진 씨앗은 다음 해 봄이 되면 싹이 터서 새로운 나무로 자라기 시작한다. 이처럼 나무는 씨앗이 싹이 터서 자라 꽃을 피우고 나서 열매와 씨앗을 만들어 세대를 이어 간다.

5. 3월 말의 새잎가지 꽃이 활짝 필 때쯤이면 잎눈이 벌어지면서 새잎가지가 나와서 자라기 시작한다.

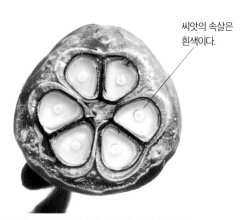

7. 6월 말의 열매 가로 단면 열매 속은 3개의 방으로 나뉘어지고 하트 모양의 방마다 각각 2개씩의 씨앗이 꼭 붙어서 만들어지고 있다.

6. 5월의 어린 열매 3개의 암술머리가 달린 씨방은 점점 커지면서 동그스름한 열매로 자라며 암술대는 그대로 남아 있다.

명자나무 분재

VII 나무와 생활

많은 나무는 함께 어우러져 숲을 이루며 살아간다. 숲은 우리에게 필요한
목재와 같은 자원뿐만 아니라 물의 순환, 흙의 생성과 보존에 영향을 주고
많은 생물이 모여 사는 터전으로써 중요한 역할을 한다. 남북으로 길게 벋은
반도국인 우리나라는 대부분이 온대림이며, 개마고원 이북 지방은 아한대림이
발달하고 남해안 이남은 난대림이 발달한다.
예로부터 나무는 사람들의 생활에 요긴하게 사용되었는데 우리 민족은
소나무와 참나무를 목재와 땔감, 구황 식품과 생활 용재로 널리 이용하였다.
나무는 정자나무나 생울타리 등으로 사용되고 주변 환경을 아름답게 꾸미는
관상수나 분재, 가로수 등으로도 널리 이용되고 있다. 또 나무는 식용뿐만
아니라 약용으로 널리 쓰이고 있다.

숲의 구조

숲은 여러 종류의 나무가 함께 어우러져 살아가는 공간으로 지구상에서 가장 복잡하면서도 완벽한 생태계이다. 숲은 수평적으로 일정한 면적을 가지며 수직적으로 여러 층의 높이로 이루어져 있다. 숲의 수평적 구조는 지면의 경사나 방향에 따른 빛 조건이나 수분 조건 등의 차이로 인해 수종의 구성이 달라진다. 또 숲 가장자리나 숲속, 능선과 계곡에 따라 수종 구성이 조금씩 달라진다. 숲은 높이에 따라 교목층, 아교목층, 관목층, 초본층, 지표층(임상층) 등으로 이루어진다. 처음 만들어진 어린 숲은 단순한 층을 이루지만 시간이 지나면서 점차 복잡한 층을 이루게 된다.

교목층 5m 이상의 높이로 자라는 키나무로 이루어진 층이다.

아교목층 교목층 중에서 보통 8m 이하의 높이로 자라는 작은 키나무 등으로 이루어진 층을 말한다. 앞으로 교목으로 자랄 나무도 포함된다.

관목층 5m 이하의 높이로 자라는 떨기나무로 이루어진 층이다. 교목층에 비해 햇빛의 양이 적어도 자랄 수 있는 음지식물이 대부분이다.

초본층 지피식물을 비롯한 풀로 이루어진 층을 말한다.

지표층(임상층) 바닥을 덮는 이끼식물이나 균류 등이 자라는 층을 말한다.

숲의 계층 구조

오키나와 숲 숲에서 햇빛을 직접 받는 키나무의 가지와 잎이 무성한 부분이 만드는 숲 위층의 전체적인 생김새를 '숲지붕' 또는 '숲 갓'이라고 한다. 각각의 나무의 가지와 잎이 무성한 부분은 '나무갓'이라고 한다. 열대 지방에서는 약간의 나무들이 숲지붕 위로 튀어 나와 자라기도 한다.

열대 우림 관찰로 열대 우림의 교목층은 50m 높이에 달하기 때문에 숲지붕이나 나무갓을 관찰하기가 쉽지 않아서 숲지붕 가까이에 관찰로를 만들어 관찰할 수 있게 해 준다.

소나무 수관기피 현상 일부 나무에서 관찰되는 현상으로 각 나무의 나무갓이 뚜렷하게 경계를 이루며 자라는 것을 '수관기피'라고 하는데 나무들의 거리 두기라고 할 수 있다.

숲의 천이와 극상림

자연환경의 변화에 의해 한 지역의 식물 구성원이 오랜 시간에 걸쳐 자연적으로 바뀌어 가는 과정을 '천이(遷移)'라고 한다. 자연환경의 변화에 의해 생긴 황무지를 그대로 두면 먼저 초원이 만들어지고, 초원에 나무가 들어와 자라면서 숲이 만들어지기 시작한다. 초원에 제일 먼저 들어와 자라는 나무는 햇빛이 잘 드는 양달에서는 잘 자라지만 그늘에서는 잘 자라지 못하는 수종으로 '양수(陽樹)'라고 하며 소

나무와 붉나무 등이 대표적이다. 양수로 이루어진 숲에는 약한 빛에서도 잘 자라는 참나무나 서나무, 단풍나무 등이 들어와 자라면서 숲은 점차 비교적 빛이 약한 그늘에서도 자랄 수 있는 '음수(陰樹)'로 이루어진 숲으로 바뀌어 간다. 이렇게 형성된 음수로 이루어진 숲은 오랫동안 안정적으로 지속되는데, 이 숲을 '극상림(極相林)'이라고 한다.

나무베기를 한 산 산사태, 산불, 나무베기 등으로 드러난 곳은 식물이 거의 자라지 않는 맨땅이 된다. 화산 폭발이 일어난 곳은 토양이 없는 불모지에 유기물이 없으므로 천이가 느리게 진행된다.

풀밭 산사태, 산불, 나무베기 등으로 맨땅이 된 곳은 흙이 있으므로 천이가 빠르게 진행되며 먼저 풀밭이 만들어지는데, 맨 처음에는 망초와 같은 한해살이풀이 주로 자라는 초원이 된다.

풀밭 한해살이풀이 들어와 자라면서 개척한 땅은 냉이나 소리쟁이와 같은 여러해살이풀이 점차 늘어난 풀밭으로 바뀌며 산딸기와 같은 떨기나무가 침입해 자랄 준비를 한다.

3년이 지난 나무베기를 한 산 나무베기를 한 그루터기에서 움돋이 한 어린 나무가 점차 자라며 그 사이로 풀과 함께 싸리와 같은 떨기나무가 많이 들어와 자라기 시작한다.

*나무베기[벌목(伐木), 벌채(伐採), felling, logging] / 극상림(極相林), climax forest

양수림(陽樹林) 햇볕에서 잘 자라는 나무를 '양지나무(陽樹)'라고 하며 소나무가 대표적이다. 어릴 때 빠르게 자라기 때문에 천이 단계에서 초원에 양지나무가 들어와 양수림을 이룬다. 어느 정도 양수림이 만들어지면 그늘진 숲속에서는 양지나무가 싹이 잘 트지 못하고, 그늘에서도 잘 견디는 음수나무가 들어와 싹이 터서 점차 크게 자라기 시작한다.

양지나무인 소나무로 이루어진 숲

혼합림(混合林) 소나무와 같은 바늘잎나무와 참나무와 같은 넓은잎나무가 함께 섞여서 자라는 숲을 '혼합림'이라고 하며 '혼효림(混淆林)'이라고도 한다. 혼합림의 기준은 보통 한쪽의 점유율이 75%를 넘지 않는 범위 내에서 혼합되어 있을 때를 말한다. 혼합림은 나무의 종류가 다양해서 공간 이용도 효과적인 편이며 여러 종류의 해충도 서로 견제하기 때문에 해충 피해가 적은 편이다.

바늘잎나무인 소나무 숲에 점차 넓은잎나무가 들어와 섞여 자라는 숲

음수림(蔭樹林) 양수림에 그늘에서도 잘 자라는 음수가 들어와 싹이 터서 자라게 되면 숲은 수명이 짧은 양지나무에서 점차 수명이 긴 음지나무로 바뀌게 되는데, 이렇게 음지나무로 이루어지는 숲을 '음수림'이라고 한다. 음수림은 천이 과정의 마지막 단계로 숲이 오랫동안 안정적으로 유지되기 때문에 '극상림(極相林)'이라고 한다. 우리나라에서 극상림의 대표 수종으로는 서나무를 꼽는다. 대부분의 음지나무도 점차 크게 자라면 햇볕을 좋아하게 된다.

음지나무인 서나무가 많이 자라는 숲

※양지나무[양수(陽樹), intolerant tree, sun tree] / 음지나무[음수(陰樹), tolerant tree, shade tree]

아한대림 연평균 기온이 –1~6℃인 북부 지방의 개마고원 이북에서는 가문비나무나 전나무와 같은 바늘잎나무가 많이 자라는 숲을 볼 수 있는데, 이를 '아한대림(亞寒帶林)'이라고 한다. 중부 지방이나 남부 지방의 높은 산에도 드문드문 바늘잎나무가 숲을 이루고 있다.

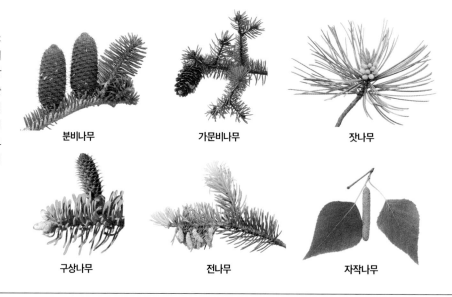

분비나무   가문비나무   잣나무

구상나무   전나무   자작나무

온대림 북위 35~43도 지역으로 연평균 기온이 6~13℃인 지역에 발달한다. 우리나라 온대 지방에는 가을에 낙엽이 지는 갈잎나무가 가장 많이 분포하는 숲을 이루고 있다. 우리나라의 온대림(溫帶林)에는 신갈나무나 상수리나무 같은 참나무가 많이 자란다.

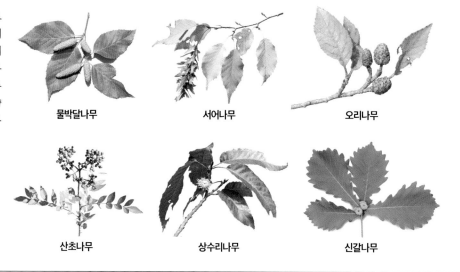

물박달나무   서어나무   오리나무

산초나무   상수리나무   신갈나무

난대림 북위 35도 이남 지역으로 연평균 기온이 14℃ 이상이어서 겨울에도 기온이 영하로 잘 내려가지 않는 남해안 이남은 사계절 푸른 잎을 달고 있는 늘푸른나무가 많이 분포하는 숲을 이루고 있다. 특히 우리나라의 난대림(暖帶林)에는 동백나무 잎처럼 두꺼운 잎의 표면이 광택이 나는 늘푸른나무가 많이 자라는 조엽수림이 발달한다.

구실잣밤나무   돈나무   사철나무

탱자나무   호랑가시나무   후박나무

*산림대(山林帶)[삼림대(森林帶), forest zone] / 아한대림(亞寒帶林), subarctic forest

우리나라의 산림대

삼면이 바다로 둘러싸여 있는 우리나라는 1년에 평균 1,100㎜ 이상의 비가 내리기 때문에 숲이 잘 발달한다. 남북으로 길게 벋은 반도국인 우리나라는 지역에 따라 산림을 이루고 있는 나무의 종류가 다르다. 기후상으로 우리나라 대부분이 온대(溫帶)에 속하며 사계절이 뚜렷하다. 하지만 개마고원 이북 지방은 추운 아한대(亞寒帶)에 속하고 남해안 일대와 남쪽 섬 지방은 따뜻한 난대(暖帶)에 속한다.

잎갈나무 　　　　　　 주목

소나무 　　　　　　 때죽나무

동백나무 　　　　　　 가시나무

아한대림

온대림

난대림

연평균 기온으로 나누어 본 우리나라 산림대

＊온대림(溫帶林), temperate forest / 난대림(暖帶林), warm temperate forest

양달에서 잘 자라는 양지나무

식물은 광합성을 통해 양분을 만들기 때문에 빛은 식물의 생존에 필수적이다. 햇빛이 잘 드는 양달에서는 잘 자라지만 그늘에서는 잘 자라지 못하는 수종을 '양지나무(陽樹)'라고 한다. 양지나무는 햇빛이 밝은 환경에서 광합성이 잘 이루어지며 생존이 가능한 광도는 햇빛이 최대로 비칠 때의 광량인 전광(全光)의 30~60% 정도로 본다. 특히 전광의 60% 이상이라야 생존하는 나무는 '극양수(極陽樹)'라고 한다. 천이 단계에서 초원이 만들어지면 선구적으로 양지나무가 들어와 양지나무로 이루어진 숲을 만든다. 양지나무의 잎은 보통 작고 두꺼우며 많은 빛을 반사시키고 체내의 수분 증발을 억제시켜야 하기 때문에 미세한 털을 만들곤 한다. 털은 작은 생물들이 잎을 먹지 못하게 하는 역할도 한다.

수양버들 수양버들이 속한 버드나무속 나무들은 대표적인 양지나무이다.

찔레꽃 찔레꽃과 관상수로 심는 장미는 양지나무로 햇볕에서 잘 자란다.

진달래 진달래는 산에서 자라는 대표적인 양지나무로 그늘에서는 잘 자라지 못한다.

싸리 천이의 단계에서 풀밭에 침입하는 대표적인 선구수종으로 양지나무의 하나이다.

두릅나무 헐벗은 산에 침입해서 자라는 대표적인 양지나무의 하나이다.

무궁화 우리나라 나라꽃인 관상수로 햇빛을 좋아하는 양지나무이다.

산수유 중국 원산으로 정원수로 심으며 햇빛을 좋아하는 양지나무이다.

일본잎갈나무 일본 원산으로 산에 조림을 하며 햇빛을 좋아하는 대표적인 양지나무이다.

자귀나무 산과 들에서 자라며 햇빛을 좋아하는 양지나무이다.

자작나무 산에서 자라고 관상수로 심으며 햇빛을 좋아하는 대표적인 양지나무이다.

소나무 산에서 널리 자라며 햇빛을 좋아하는 대표적인 양지나무이다.

붉나무 산과 들에서 흔히 자라며 햇빛을 좋아하는 대표적인 양지나무이다.

사과나무 재배하는 과일나무는 대부분이 햇빛을 좋아하는 양지나무이다.

사방오리 일본 원산으로 산에 조림을 하며 햇빛을 좋아하는 양지나무이다.

등 관상수로 심으며 햇빛을 좋아하는 양지나무이다.

배롱나무 중부 이남에서 관상수로 심으며 햇빛을 좋아하는 양지나무이다.

응달에서 잘 자라는 음지나무

음지나무는 비교적 빛이 적은 그늘에서도 자랄 수 있는 나무를 말한다. 음지나무(陰樹)는 낮은 광도에서도 광합성이 잘 이루어지는데, 생존이 가능한 광도는 햇빛이 최대로 비치는 전광의 3~10%로 본다. 특히 전광의 1~3%의 적은 햇빛 아래에서도 생존하는 나무는 '극음수(極陰樹)'라고 한다. 하지만 모든 나무는 햇빛을 좋아하기 때문에 양수와 음수는 햇빛을 좋아하는 정도에 따라서 구분하는 것이 아니라, 실제로는 그늘에서 얼마나 견딜 수 있는지의 내음성(耐陰性) 정도에 따라 구분한다. 음지나무의 잎은 보통 넓고 두께가 얇으며 잎 색깔이 짙은 편이다.

개비자나무 중부 이남의 산에서 자라며 응달에서도 매우 잘 견디는 대표적인 음지나무이다.

주목 높은 산에서 자라며 관상수로도 심는다. 응달에서도 매우 잘 견디는 음지나무이다.

솔송나무 울릉도에서 자라며 응달에서도 잘 견디는 음지나무이다.

굴거리 남부 지방의 산에서 자라며 응달에서도 매우 잘 견디는 음지나무이다.

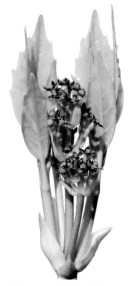

식나무 울릉도와 남쪽 섬에서 자라며 응달에서도 매우 잘 견디는 음지나무이다.

개서나무 남부 지방의 산에서 자라며 응달에서도 잘 견디는 음지나무이다.

자금우 울릉도와 남쪽 섬의 숲속에서 자라며 관상수로도 심는다. 응달에서도 매우 잘 견디는 음지나무이다.

백량금 남쪽 섬의 숲속에서 자라며 관상수로도 심는다. 응달에서도 매우 잘 견디는 음지나무이다.

산호수 제주도에서 자라며 관상수로도 심는다. 응달에서도 매우 잘 견디는 음지나무이다.

사철나무 중부 이남의 바닷가에서 자라며 관상수로도 심는다. 응달에서도 매우 잘 견디는 음지나무이다.

사스레피나무 남쪽 바닷가에서 자라며 생가지를 꽃꽂이 재료로 쓴다. 응달에서도 잘 견디는 음지나무이다.

당단풍 산의 숲속에서 자라며 응달에서도 잘 견디는 음지나무이다.

숲이 주는 이로움

나무가 우거진 숲은 육지 면적의 30% 정도를 차지하고 있다. 사람의 손길이 닿지 않고 자연적으로 이루어진 숲은 '원시림'이라고 하고, 사람이 목재 등을 얻을 목적으로 가꾼 숲은 '인공림'이라고 한다. 숲은 우리에게 필요한 목재와 같은 자원뿐만 아니라 물의 순환, 흙의 생성과 보존에 영향을 주고 많은 생물이 모여 사는 터전으로 중요한 역할을 한다.

동식물의 생활 터전(아프리카물소) 숲은 동식물이 살아가는 중요한 터전이다. 숲은 산소를 생산하고 광합성을 통해 동물들에게 먹이를 제공한다.

물 저장과 온도 조절 능력 숲은 떨어진 낙엽과 뿌리가 물을 저장하는 능력이 뛰어나고, 물을 깨끗이 걸러 주며 온도를 낮춰 주는 역할을 한다.

토사 유출 방지(정선의 폐광) 땅속으로 그물처럼 퍼져 나간 나무 뿌리가 흙과 엉켜서 큰 비에 흙이 떠내려가는 것을 막아 주므로 헐벗은 산에는 사방 공사용으로 나무를 심는다.

수해 방비림(함양의 상림) 홍수에 대비해 쌓은 제방을 보호하기 위하여 심어 만든 나무숲이다. 경남 함양에 있는 상림은 신라 시대에 조성되었으며 천연기념물로 지정하여 보호하고 있다.

조해 방비림(맹그로브 숲) 큰 물결이 밀려오는 해일이나 지진에 의한 쓰나미를 막기 위해 바닷가에 나무숲을 만들기도 한다. 열대 지방의 바닷가에 만들어지는 맹그로브 숲은 천연적인 조해 방비림이다.

방풍림(남해 물건리 방조어부림) 바람이 강하게 부는 바닷가나 들판에 나무를 줄지어 심어 바람을 막는 숲을 '방풍림(防風林)'이라고 한다. 남해 물건리에 있는 방풍림은 천연기념물로 지정되었다.

방사림 사막이나 바닷가에서 바람에 날리는 모래를 막기 위해 만드는 숲을 '방사림(防沙林)'이라고 한다. 우리나라는 봄철에 중국의 사막에서 날아오는 황사를 막기 위해 중국 사막에 모래막이숲을 만드는 조림 활동을 지원하고 있다.

기후 조절 기능 뜨거운 햇빛이 땅에 내리쬐면 뜨거운 복사열로 온도가 많이 오른다. 숲은 뜨거운 햇빛이 직접 지표면에 내리쬐는 것을 차단하고, 일사량의 90 % 정도를 흡수하여 온도가 오르지 않도록 기후를 조절한다.

대기 정화 기능 도시는 자동차나 공장 등의 매연으로 공기 중에 오염 물질이 많이 섞여 있다. 나무는 공기 중의 오염 물질을 흡수하는 능력이 뛰어나며, 이산화탄소도 흡수하므로 공기를 깨끗하게 걸러 주는 역할을 한다.

여가 공간(호주소나무 숲) 숲은 일사량을 흡수해 줄 뿐만 아니라 나무의 김내기 작용으로 기온을 낮춰 주기 때문에 여름의 더위를 식혀 주는 역할을 한다. 숲이 만드는 아름다운 경치는 사람들에게 볼거리와 휴식 공간을 제공한다.

삼림욕(편백 숲) 병을 치료하거나 건강을 위하여 숲에서 산책을 하거나 온몸을 드러내고 숲 기운을 쐬는 것을 '삼림욕(森林浴)'이라고 한다. 삼림욕으로 나무가 내뿜는 피톤치드를 마시면 스트레스가 해소되고 살균 작용이 이루어지는데 특히 편백 숲에서 많이 나온다.

＊방풍림(防風林), windbreak forest

숲의 아이, 수피아

옛날 산촌에서는 아이가 병들면 숲속에 초막을 짓고 그곳에서 간병하는 관행이 있었는데, 그 아이가 살아나면 숲의 아이라는 뜻으로 '수피아'라고 불렀다. 이런 관행은 마을을 전염병으로부터 격리시키는 한편 숲의 치유 효과를 볼 수 있기 때문에 행해졌다. 많은 새는 산란을 앞두고 둥지 속에 피톤치드 성분이 많이 함유된 푸른 나뭇잎을 까는데 피톤치드는 항균, 방충 작용을 한다. 조상들이 떡갈잎 등에 떡을 싸서 찌거나 솔잎을 깔고 송편을 찐 것은 그 잎에서 나는 향내뿐만 아니라 살균 효과도 얻을 수 있기 때문이었다. 이처럼 숲은 인간의 몸과 마음을 건강하게 한다.

편백 열매가지 편백은 일본 원산의 늘푸른바늘잎나무로 주로 남부 지방의 산에 조림을 하거나 공원수로 심고 바람을 막는 나무로도 이용된다. 나무는 해충이나 미생물의 공격으로부터 자신을 지키기 위해 '피톤치드'라는 항균 물질을 내뿜는데, 바늘잎나무가 많이 내뿜으며 그중에서도 편백 숲이 내뿜는 양이 월등히 많다고 한다.

편백 정유 주로 편백의 잎에서 채취한 향기로운 휘발성 기름으로 방향제로 널리 쓰이며 입욕제나 아토피 완화제 등으로도 쓰인다.

편백 숲 근래에는 숲을 찾아 피톤치드의 살균 작용에 의해 맑아진 공기를 마시고 스트레스를 푸는 삼림욕을 즐기는 사람이 많아졌다.

편백 목재 편백은 목재로 가공한 후에도 피톤치드를 내뿜기 때문에 목조 주택을 짓거나 원목으로 가구를 만드는 데 널리 이용된다.

편백 분말 편백의 어린잎을 세척해서 말린 후 갈아서 만든 분말은 입욕제나 비누 등을 만드는 재료로 사용된다.

청미래덩굴 잎가지 산에서 자라는 갈잎덩굴나무로 경상도에서는 '망개나무'라고도 한다. 잎으로 떡을 싸서 찌면 떡이 서로 달라붙지 않고 오랫동안 보관해도 잘 쉬지 않아서 떡을 찌는 데 이용된다.

의령 망개떡 쌀로 만든 떡을 망개나무 잎으로 싸서 찌면 망개잎 특유의 맛과 향이 배어나고 오래 보관할 수 있다. 경상남도 의령에서 만든 망개떡은 향토 식품으로 널리 알려져 있다.

떡갈나무 잎가지 떡갈나무는 참나무의 한 종류로 떡을 찔 때 쓰는 갈잎나무란 뜻의 이름이다. 함경도에서는 갈참나무와 함께 '가랍나무'라고도 하며 잎이 크고 두꺼워서 떡을 찌는 데 사용하는데, 수수 가루 등의 반죽을 잎으로 싸서 쪄 낸 떡을 '가랍떡'이라고 한다. 가랍떡은 서로 달라붙지 않고 잎에서 잘 떨어지며 특유의 향이 배고 항균 물질이 있어 떡이 잘 쉬지 않는다고 한다. 떡갈나무 잎은 일본에서도 떡을 찔 때 널리 사용한다.

맹그로브비파아재비(*Dillenia suffruticosa*) 잎 말레이시아 원산으로 맹그로브 숲에서 자란다. 타원형 잎은 잎맥이 뚜렷하고 12~40cm 길이로 큼직하다. 큼직한 잎은 음식을 싸는 데 이용된다.

템페(tempeh) 인도네시아의 전통 콩 발효 제품으로 잘 익은 템페는 흰 균사로 덮여 있다. 템페는 벽돌 모양으로 만들어 맹그로브비파아재비 잎이나 바나나 잎에 싸서 판매한다.

나무에서 사는 생물

광합성을 통해 스스로 양분을 만드는 나무에는 먹이를 얻기 위해 많은 생물이 모여든다. 이 생물들은 나뭇잎이나 줄기를 갉아 먹을 뿐만 아니라 알을 낳아서 기르고 이들이 만든 상처에 병균이 침입하기도 한다. 어떤 나무는 이들에게 먹히지 않기 위해 잎이나 줄기 속에 곤충이 싫어하거나 해를 입힐 수 있는 화학 물질을 만들어서 몸을 지키기도 한다.

쪽동백나무 때죽납작진딧물이 어린 가지 끝에 바나나 송이 모양의 벌레혹을 만든다.

느티나무 잎에는 외줄면충의 벌레집이 혹처럼 달리기도 한다.

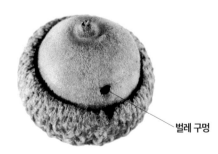

벌레 구멍

벌레 먹은 갈참나무 도토리 도토리거위벌레는 참나무 도토리를 뚫고 속살에 알을 낳는다. 알에서 깬 애벌레는 도토리 속살을 파먹고 자란다.

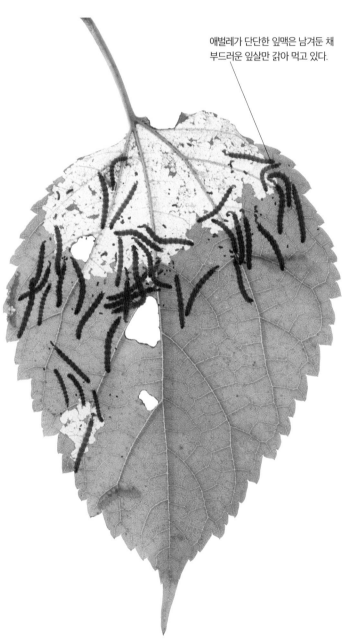

애벌레가 단단한 잎맥은 남겨둔 채 부드러운 잎살만 갉아 먹고 있다.

산뽕나무 잎 곤충의 애벌레는 나뭇잎을 먹고 사는 것이 많다. 뒤늦게 깨어난 애벌레가 산뽕나무 잎이 단풍이 들 때까지 갉아 먹고 있다.

*벌레혹[충영(蟲癭), gall]

알로에염주나무(*Erythrina livingstoniana*) 열대 아프리카 원산으로 새가 꽃의 꿀을 빨아 먹고 꽃 가루받이를 도와준다.

고로쇠나무 잎 대벌레가 잎 가장 자리부터 갉아 먹고 있다. 대벌레 는 위험을 느끼면 죽은 척하는데 나뭇가지처럼 보인다.

딱따구리 집 딱따구리가 일 본잎갈나무 줄기에 구멍을 뚫 어 보금자리를 만들었다. 이 런 구멍은 나무줄기를 썩게 해서 수명을 단축시킨다.

나뭇가지에 만든 벌집 벌은 나 무의 섬유 조직을 씹어서 벌집 을 만드는데 각 방은 육각형으 로 만들고 방마다 알을 낳아 기 른다. 대부분의 벌은 꽃의 꿀을 먹이로 한다.

개다래 열매 열매에 곰팡이 가 기생하는 흑반병이 번져 서 검은색 반점이 생겼다.

신갈나무 광릉긴나무좀과 병 원균에 의해 발생하는 참나무 시들음병에 걸리면 나무가 말 라 죽는다. 이를 막기 위해 줄 기에 끈끈이 테이프를 감아 놓았다.

보리수나무 잎 잎굴파리의 애 벌레가 나뭇잎 잎살 사이를 터 널처럼 파고 들어가면서 잎몸 의 속살을 갉아 먹는다.

노래기 절지동물로 식물의 부식질을 먹고 분해해서 거름으로 만든다.

나뭇잎을 먹고 사는 젖먹이 동물

얼룩말 말목 말과에 속하는 동물로 몸 전 체에 흑백 줄무늬가 생기는 것이 특징이 다. 풀잎과 나뭇잎을 먹이로 하는데 줄기 가 단단한 풀도 잘 뜯어 먹는다.

코끼리 장비목 코끼리과에 속하는 동물로 육지 동물 중에 가장 몸집이 크고 다리가 굵다. 긴 코를 이용해 나뭇잎이나 나무껍 질을 먹는데 하루에 400kg이 넘는 많은 양 을 먹는다.

기린 소목 기린과에 속하는 동물로 아프리 카에 분포한다. 키가 가장 큰 동물로 높은 나무의 나뭇잎을 먹을 수 있도록 목이 길 게 자란다.

줄기의 상처

나무는 줄기나 가지 등에 상처를 입을 수 있다. 보통 상처는 시간이 지남에 따라 저절로 치유되지만, 상처가 깊거나 하면 박테리아나 바이러스 또는 곤충 등이 침입해 부패가 시작되면서 나무를 약하게 만들며 심하면 죽게 만들기도 한다.

자작나무 줄기에 딱따구리가 잡아먹을 벌레를 찾거나 집을 짓기 위해 긴 부리로 구멍을 뚫었다. 나무 구멍의 상처를 통해 세균이나 곤충 등이 침입해 줄기가 썩기도 한다

덩굴이 단단하게 옥죄인 나무줄기는 결국은 물과 양분이 통하지 못해 죽게 된다.

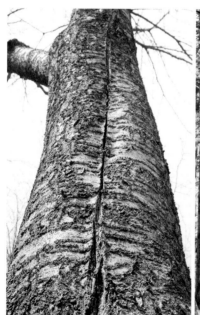

벚나무 줄기 언피해 강추위에 나무줄기의 나무즙이 얼어서 줄기가 갈라지는 피해로, 빠른 시간 안에 줄기의 터진 부분을 노끈이나 고무 밴드로 단단히 묶어 마르지 않도록 해 주어야 한다.

신갈나무 줄기 줄기에 생긴 상처 때문에 줄기 밑동 안쪽으로 큰 구멍이 생겼다. 하지만 줄기 둘레에 분포하는 물관과 체관을 통해 물과 양분이 공급된다.

느티나무 줄기 줄기의 상처를 통해 병균 등이 침입해 썩은 부분은 긁어 내고 살균과 살충 처리를 한 다음 간혹 충전재로 속을 메꿔 주기도 한다.

＊언피해[동해(凍害), freezing damage]

귀룽나무 부러진 줄기 2010년 중부 지방을 강타한 태풍 곤파스의 강한 바람에 귀룽나무 줄기가 갈가리 찢겨 나갔다.

왕버들 줄기 줄기가 썩으면서 생기는 큰 구멍에 살던 벌레나 동물의 시체에서 나온 인 성분이 쌓여서 밤이면 빛을 내기 때문에 '도깨비버들'로 불린다.

신갈나무 줄기의 옹두리 나무 줄기에 상처나 세균 등에 의해 생긴 울퉁불퉁한 혹도 옹두리라고 한다.

소나무 줄기 줄기에 상처를 내어 채집한 송진은 석유 대용품이나 의약품, 화학 약품의 원료로 썼다.

등 줄기 낙서 관광지에서는 사람들이 기념으로 나무줄기에 낙서를 하기도 한다. 칼이나 못 등으로 글자를 새길 때 나무껍질 안쪽까지 나는 상처로 병균 등이 침입해서 위험해질 수 있으므로 하지 말아야 한다.

벼락 맞은 비자나무 줄기 여름철에 주로 발생하는 벼락은 외따로 서 있는 나무 등에 떨어져서 큰 피해를 주거나 죽게 만들기도 한다.

복숭아나무 줄기 버섯은 썩은 나무에 기생하거나 살아 있는 나무에 기생해서 피해를 주며 나무를 죽게 만들기도 한다.

소나무 줄기의 나무주사 솔잎혹파리와 같은 해충의 방제를 위하여 나무줄기에 주사를 꽂아 약물을 투입하기도 한다.

*나무주사[수간주사(樹幹注射), trunk injection]

줄기 상처의 치유

나무줄기에서 갈라지는 가지는 옆으로 비스듬히 길게 자라면서 다시 잔가지를 치며 많은 잎을 달고 있기 때문에 무게가 많이 나간다. 줄기는 무거운 가지를 지탱하기 위해 갈라진 가지 밑부분에 볼록한 조직이 생기는데, 이를 '가지밑살' 또는 '가지깃'이라고 한다. 그리고 가지 윗부분에 생기는 주름살 모양의 능선은 '지피융기선' 또는 '가지등마루선'이라고 한다. 나무를 관리하기 위해 가지치기를 해 주어야 할 경우에는 지피융기선과 가지밑살의 바깥쪽을 잇는 선을 그어서 바투 잘라야 줄기 조직이 상하지 않고 상처가 아문다. 상처가 아물면서 가지의 둘레에 있는 부름켜를

따라 새로운 세포가 자라서 종종 살찐 입술처럼 생긴 굳은 살이 만들어지는데, 이를 '새살고리'라고 한다. 자연적으로 가지가 떨어져 나가면서 생기는 흔적은 '가지자국'이라고 한다. 나무줄기에 붙는 나뭇가지가 부러지거나 상한 자리에 결이 맺혀 혹처럼 크게 튀어나온 자국은 '옹두리'라고 하고 크기가 작은 것은 '옹두라지'라고도 한다. 나무의 옹두리는 나뭇가지가 부러지거나 동물이 흠집을 낸 상처를 치유하는 과정에서 만들어진다. '옹이'는 나무줄기 조직이 성장함에 따라 나무 몸에 박힌 나뭇가지의 밑부분이나 그것이 자란 자리를 말한다.

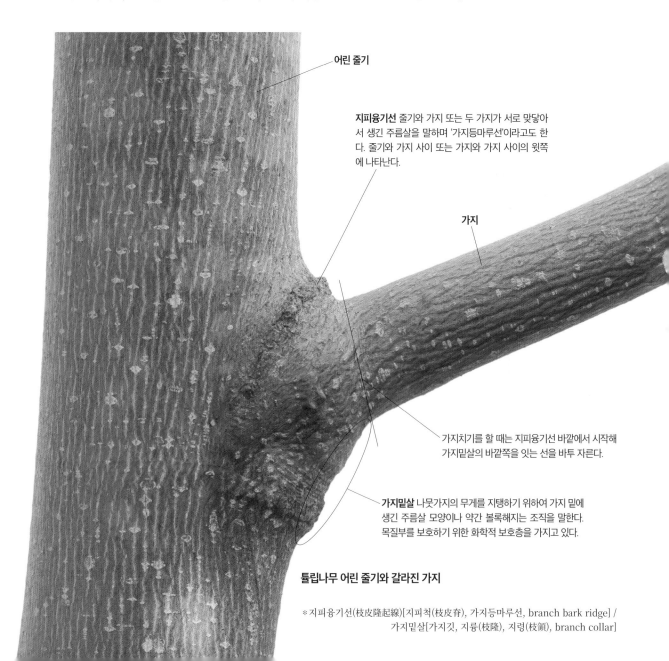

어린 줄기

지피융기선 줄기와 가지 또는 두 가지가 서로 맞닿아서 생긴 주름살을 말하며 '가지등마루선'이라고도 한다. 줄기와 가지 사이 또는 가지와 가지 사이의 윗쪽에 나타난다.

가지

가지치기를 할 때는 지피융기선 바깥에서 시작해 가지밑살의 바깥쪽을 잇는 선을 바투 자른다.

가지밑살 나뭇가지의 무게를 지탱하기 위하여 가지 밑에 생긴 주름살 모양이나 약간 볼록해지는 조직을 말한다. 목질부를 보호하기 위한 화학적 보호층을 가지고 있다.

튤립나무 어린 줄기와 갈라진 가지

*지피융기선(枝皮隆起線)[지피척(枝皮脊), 가지등마루선, branch bark ridge] / 가지밑살[가지깃, 지륭(枝隆), 지령(枝領), branch collar]

후박나무 줄기의 새살고리 나무의 가지치기를 할 경우에 올바르게 자르기를 한 주변에는 상처 가장자리의 부름켜를 따라 새로운 세포가 자라면서 새살이 고리 모양으로 만들어지는데 이를 '새살고리'라고 한다.

새살고리

물오리나무 줄기의 가지자국 나무는 불필요한 가지 밑부분에 떨켜가 생겨 떨어져 나가는 자절작용(自切作用)을 하는데, 이때 남는 흔적을 '가지자국(p.54)'이라고 한다. 물오리나무는 가지자국이 눈 모양으로 독특해서 구분이 쉽다.

소나무 줄기의 옹두리 나뭇가지가 부러지거나 상한 자리에 결이 맺혀 혹처럼 튀어나온 것을 '옹두리'라고 한다. 옹두리 중에서도 작은 것은 흔히 '옹두라지'라고 한다.

신갈나무 줄기의 옹두리 나무줄기에 상처나 세균 등에 의해 생긴 울퉁불퉁한 혹도 옹두리에 포함된다. 옹두리는 잘라 보면 특이한 나뭇결을 하고 있는 경우가 많아 공예품 등의 목재로 귀하게 쓰인다.

모과나무 줄기의 옹두리 모과나무 줄기의 부러진 가지 밑동에 철사를 묶어 놓았는데, 묶였던 철사를 새살이 자라 잘린 부분을 감싸면서 옹두리가 만들어지고 있다.

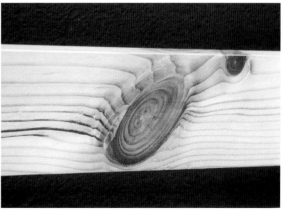

소나무 목재의 옹이 나뭇가지가 잘려 나간 부분은 속에서 상처를 치유하며 단단해지는데, 목재를 잘라 보면 무늬 모양의 나뭇결이 생긴 것을 볼 수 있으며 흔히 '옹이'라고 한다.

＊새살고리[유합조직(癒合組織), callus] / 옹두리[목류(木瘤), burl, gnarl] / 옹이[목절(木節), knot]

대기 오염과 나무

나무도 사람과 마찬가지로 잎의 숨구멍 등을 통해 호흡을 하기 때문에 깨끗한 공기가 필요하다. 하지만 근래에 들어서는 공장이나 자동차 등에서 발생하는 매연으로 공기가 심하게 오염되고 있으며, 오염 물질은 대기권 상층부로 올라가 수증기 등과 결합하여 식초처럼 강한 산성비를 내리게 한다. 산성비를 맞으면 엽록소가 파괴되고 뿌리 주변의 흙을 산성으로 바꾸어서 나무가 잘 자라지 못하게 하여 결국 숲을 망가뜨린다.

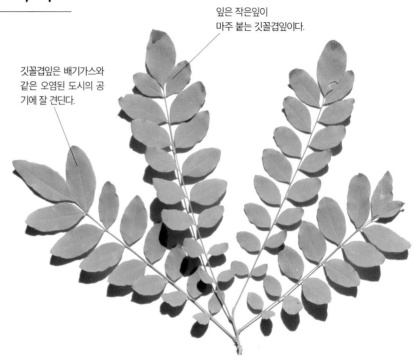

잎은 작은잎이 마주 붙는 깃꼴겹잎이다.

깃꼴겹잎은 배기가스와 같은 오염된 도시의 공기에 잘 견딘다.

회화나무 잎가지 중국 원산의 갈잎큰키나무로 학자나무로 알려져 있으며 정원수로 널리 심고 있다. 특히 배기가스 등의 공해에 매우 강해서 가로수로도 심는다.

녹색이 진한 바늘잎에는 잎파랑이가 많이 들어 있어서 광합성이 더욱 잘 이루어진다.

새로 자란 가지는 옆으로 길게 벋으며 바늘잎이 햇빛을 잘 받을 수 있도록 2줄로 나란히 달린다.

건강한 주목 잎가지 주목은 공기가 깨끗한 높은 산에서 주로 자란다.

주목 가지와 잎이
모두 말라 죽었다.

가지와 잎이 말라 죽는 원인은 매
연과 산성비 이외에도 가뭄이나
병균 등에 의한 것일 수도 있다.

녹색을 띠던 어린 가
지는 말라 죽으면서
적갈색으로 변한다.

밑부분에 달린 가지의 잎
도 점차 누런색으로 변하
고 있다. 이 부분의 잎까
지 말라 죽으면 이 가지는
통째로 말라 죽고 만다.

도시의 대로변에서 자라는 주목 잎가지 배기가스와 같은 매
연과 산성비는 모든 나무에게 해롭지만 넓은잎나무보다는 늘
푸른 잎을 오래 달고 있는 바늘잎나무에 더 해롭다.

나무의 죽음

나무는 자라면서 동물이나 날씨와 같은 외부 환경에 의해 크고 작은 상처를 입게 되고, 상처에 곰팡이나 병균이 번식하면서 줄기의 일부가 썩게 되며 심해지는 경우에는 나무가 견디지 못하고 죽기도 한다. 죽은 나무는 비바람 등의 혹독한 자연환경에 의해 쓰러지고, 쓰러진 나무에는 좀, 하늘소, 사슴벌레 등의 곤충이 모여들어 잔치를 벌이고, 곤충이 낳은 알은 죽은 나무를 먹고 자라면서 나무가 점차 푸석해진다. 썩어 가는 나무는 이끼, 버섯, 곰팡이, 균 등에 의해 조금씩 부스러지면서 다시 흙으로 돌아간다.

곰팡이 곰팡이와 같은 균류는 죽은 나무나 산 나무에 침입해 살아가며 나무를 분해시켜 토양으로 되돌린다.

지의류 조류와 균류가 공생하는 무리로 바위나 나무껍질에 붙어서 살아간다.

아프리카 사바나 지역의 고사목 사바나 지역은 열대 기후 지역 중에서 건기가 길어서 나무가 잘 자라지 못하는 지역을 말한다. 가뭄이 오랜 기간 지속되면 나무가 말라 죽기도 하며 점차 초원으로 변해가면서 가젤과 같은 초식 동물이 무리지어 살아가고 사자와 같은 육식 동물도 많아지면서 동물의 왕국이 된다.

지의류

이끼

버섯

썩은 그루터기에 사는 버섯 버섯은 썩은 줄기에서
영양분을 흡수하면서 나무질을 분해하는 역할을 한다.

규화목(硅化木) 나무는 죽으면 대부분 썩어 없어지지만
습기가 많은 땅에 묻히면 압력에 의해 물에 녹아 있던
광물질이 줄기 속으로 스며들어서 화석처럼 변하기도
하는데 이를 '규화목'이라고 한다.

썩은 나무줄기 썩고 있는 나무는 푸석거리면서 물을 잘
흡수하기 때문에 이끼나 고사리와 같이 수분을 좋아하
는 식물이 잘 자란다. 이끼가 자라는 나무줄기는 양탄
자처럼 폭신거린다.

어린 두릅나무

줄기 속이 빈
주목 그루터기

주목 고사목 높은 산에서 자라는 주목을 두고 흔히 '살아서 천 년, 죽어서 천 년'
이라고 하는데 장수하는 나무로 단단한 목재가 잘 썩지 않고 오래가는 것을 빗
댄 말이다. 속이 빈 주목 줄기 안에서 두릅나무가 싹이 터 자라고 있다.

목재로 이용되는 나무

목재로 쓰기 위해 베어 낸 나무줄기는 먼저 말린 다음에 톱으로 켜서 목재를 얻는다. 목재는 단단하면서도 가벼우며 가공하기가 쉬워서 오랜 옛날부터 집을 짓거나 배, 가구, 도구 등을 만드는 재료로 이용되었다. 특히 산이 많은 우리나라는 목재를 얻기가 쉬워서 집을 짓는 목조 주택 재료로 널리 이용하였다. 하지만 세계적으로 목재의 수요가 늘어나면서 나무숲이 많이 파괴되어 문제가 되고 있다.

소나무(소나무과) 가장 흔한 목재로 나뭇결이 곱고 부드러우며 오래가서 건축재나 가구재, 생활용품 등으로 널리 이용했다.

 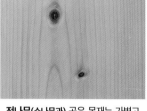

전나무(소나무과) 곧은 목재는 가볍고 연하며 향기가 있다. 건축재나 가구재, 선박재 등에 이용되며 펄프의 원료로도 쓴다.

삼나무(낙우송과) 곧은 목재는 건축재로 널리 쓰인다. 목재는 재질이 연하고 향기가 나며 피톤치드가 나와 건강에 좋다.

  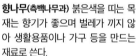

향나무(측백나무과) 붉은색을 띠는 목재는 향기가 좋으며 벌레가 끼지 않아 생활용품이나 가구 등을 만드는 재료로 쓴다.

대추나무(갈매나무과) 목재는 아주 단단해서 연장이나 공예품을 만든다. 벼락 맞은 대추나무로 만든 도장은 행운이 온다고 한다.

감나무(감나무과) 굵은 나무에는 검은색 줄무늬가 있어 보기 좋고 단단해서 가구와 같은 장식 용품을 만드는 데 쓴다.

음나무(두릅나무과) 목재는 가공하기가 쉽고 무늬가 아름다워 가구재나 기구재로 쓰이며 악기를 만드는 데에도 쓴다.

층층나무(층층나무과) 목재는 연한 황백색으로 재질이 고르고 단단하여 공예품이나 젓가락을 만들고 가구를 만들기도 한다.

왓 판타오(Wat Phan Tao) 태국의 북부 치앙마이에 있는 사원이다. 건물은 단단하고 오래가는 티크 목재를 이용해 지었다. 차와 티크 무역이 절정일 때 지어진 건물로 28개의 굵은 티크 기둥이 받치고 있다. 원래는 란나 왕국의 왕실 건물이던 것을 불교 사원으로 개조 하였기 때문에 왕의 상징이 곳곳에 남아 있다.

열대 지방에서 생산되는 대표적인 목재

티크(마편초과) *Tectona grandis*
열대 아시아 원산으로 가지 끝에 자잘한 흰색 꽃이 모여 핀다. 무 겁고 단단한 목재는 뒤틀리거나 갈라지지 않으며 목재 조직에 실리카와 오일을 함유하고 있어서 잘 썩지 않고 내구성이 강해 야외에서도 백 년 이상을 견딘다.

마호가니(멀구슬나무과) *Swietenia mahogani*
열대 아메리카 원산으로 흰색 꽃이 모여 피고 달걀 모양의 큼직 한 열매는 적갈색으로 익는다. 적갈색이 나는 목재는 단단하고 윤기가 있으며 나뭇결이 아름다워서 고풍스러운 느낌을 주기 때 문에 장롱이나 책상 등을 만드는 데 널리 쓰인다.

나무로 만든 생활용품

나무는 목재로 널리 사용하지만 금속이나 돌에 비해 다루기가 쉬워서 생활에 필요한 도구나 기구 등을 만들어 쓰거나 목공예품을 만들어 주변을 아름답게 장식하였다.

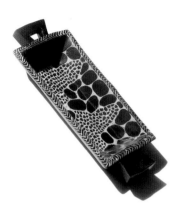

나무 그릇 아프리카에서 만든 그릇으로 음식이나 물건을 담기 위해 사용한다.

나막신 나무를 파서 만든 신발로 앞뒤에 높은 굽이 있어 비가 오는 날이나 진 땅에서 신는다.

키 곡식 등을 담고 까불러서 쭉정이나 검부러기 등을 제거하는 기구로 주로 대나무로 만든다. 대나무는 공예품을 만드는 데 널리 이용된다.

길마 소의 등에 얹어 물건을 나를 때 사용하는 기구로 일종의 안장이다.

나무 공예품 인도네시아에서 장식용으로 만든 나무 조각품이다.

가면 인도에서 장식용으로 나무를 조각해서 만든 가면으로 험상궂은 모습을 하고 있다.

아메리카 인디언의 벽 장식품
나무 공예품 위에 돌로 만든
공예품을 얹어 놓았다.

정원

집에 딸린 뜰에 나무나 꽃 등을 심어 아름답게 가꾼 공간을 '정원'이라고 한다. 식물 이외에 샘이나 연못, 분수, 돌, 조각상, 테라스, 화단, 잔디밭, 정자, 산책로 등을 조합하여 꾸미기도 한다. 아름다운 정원은 산책을 하며 심신의 피로를 회복하는 데 도움을 준다. 정원은 나라마다 또 시대에 따라 만드는 양식이 각기 다르다.

광한루원 전북 남원에 있는 조선 시대 정원으로 '춘향전'의 배경이 되는 정원이다. 광한루 앞의 연못에 오작교와 함께 만든 섬은 왕버들을 중심으로 자연 풍경식 정원을 꾸몄다.

일본 정원(구안전) 나무와 같은 자연물과 인공물이 어우러진 산과 강의 자연 경관을 축소해서 만들어 놓고 감상한다.

중국 정원 나무나 화초와 함께 기암괴석 등을 배치하여 자연 풍경을 조성하고 돌아다니며 감상할 수 있도록 해 준다.

유럽 정원(제주 여미지식물원에 꾸며 놓은 프랑스 정원과 이태리 정원) 대칭적인 면이 강하며 자연을 기하학적으로 질서 정연하게 정리한 느낌을 주는 정형식 정원이다.

아프리카의 옥내 정원 짐바브웨의 호텔에 꾸며진 정원이다. 여러 건물 사이에 정원을 만들고 잔디밭에 나무를 심었다.

＊정원(庭園), garden

연못 정원 연못은 정원을 만드는 데 중요한 요소로 적절한 위치에 적합한 크기로 만드는 것이 중요하다. 싱가포르 가든스 바이 더 베이의 연못 정원이다.

오키나와의 암석정원 일정한 공간에 크고 작은 바위와 돌을 배치하고 사이사이에 고산식물이나 다육식물 등을 심어 기르는 자연식 정원이다.

실내 정원(싱가포르 창이공항) 건물 내부에 정원을 만들고 관엽식물을 기르면 실내 공기를 깨끗하게 만들고 김내기 작용을 통해 습도를 조절해 준다.

실내 정원 건물 내부에 만든 정원에 아름다운 꽃이 피는 난초를 모아 심어서 장식을 하였다. 아름다운 꽃과 향기는 힐링 에너지를 준다.

옥상 정원 도시의 건물 옥상 가장자리에 화단을 만들고 나무를 촘촘히 심어서 생울타리를 만들었다. 길가의 가로수와 함께 콘크리트 도시에 자연의 풍취를 제공해 준다.

수영장 지하 정원 아파트의 지하 주차장에 만든 정원에서 자란 야자나무가 지상의 실외 수영장 밖으로 자라도록 꾸민 열대 정원이다.

석부작 자연적인 산 모양의 돌에 여러 종류의
작은 나무와 고사리 등을 심어서 자라게 만든 작품이다.

베트남 하롱베이 하롱베이는 베트남 북부에 있는 만(灣)으로 크고 작은 2천여 개의 돌섬에 나무가 붙어 자라는 모습이 자연적인
석부작 공원이라고 할 만하며 세계 자연유산의 하나이다.

석부작과 숯부작

자연에서 채취한 산과 같은 자연물을 닮은 돌에 난이나 작은 분재 따위를 붙여 자라게 하여 만든 관상용 장식품을 '석부작(石附作)'이라고 한다. 어떻게 보면 암석정원을 작게 축소한 모양으로 볼 수 있으며, 돌에 붙여 자라게 만든 분재로도 볼 수 있어서 '석부분재(石附盆栽)'라고도 한다. 돌 대신에 숯에 난이나 분재 따위를 붙여 자라게 만든 관상용 장식품은 흔히 '숯부작'이라고 한다.

숯부작 돌 대신에 숯에 난이나 분재 따위를 붙여 자라게 만든 관상용 장식품을 '숯부작'이라고 한다.

석부작처럼 만든 작은 암석정원 경기도 가평 아침고요수목원에 만들어 놓은 작은 정원으로 암석정원을 석부작처럼 꾸몄다.

397

가로수

관상수 중에서 길가에 줄지어 심는 나무를 '가로수(街路樹)'라고 한다. 가로수는 고대 이집트에도 심었다는 기록이 있을 정도로 역사가 오래되었다. 가로수는 아름다운 경치뿐만 아니라 더운 여름에는 시원한 그늘을 만들어 준다. 또 자동차 소음을 줄여 주며 대기 오염 물질을 걸러 주는 역할도 한다. 가로수로 심기에 좋은 나무는 다음과 같은 특징이 있다.

1. 대기 오염이나 눌려서 흙이 단단해져도
   잘 견디는 나무
2. 가뭄이나 여름 더위에도 잘 견디는 나무
3. 가지치기에 잘 견디고 질병이나 해충에도
   잘 견디는 나무
4. 잎이 크고 오래 사는 나무

왕벚나무 봄에 잎보다 먼저 나무 가득 활짝 피는 흰색 꽃이 보기 좋아 가로수로 많이 심는다.

은행나무 곧게 자란 줄기가 원뿔 모양을 이룬 모습이 단정하다. 벌레가 끼지 않고 대기 오염에도 강하다.

느티나무 나무 모양이 단정하고 고르게 퍼지는 가지에 달린 잎이 만드는 그늘이 좋아 가로수나 정자나무로 많이 심는다.

메타세쿼이아 곧게 자란 줄기가 원뿔 모양을 이룬 모습이 단정하다. 가로수로 심은 나무가 줄지어 서 있는 모습이 보기가 좋고 가을 단풍도 아름답다.

이팝나무 산과 들에서 자라는 갈잎큰키나무이다. 나무 모양이 단정하고 긴타원형 잎도 단정하다. 봄에 나무 가득 피는 흰색 꽃도 아름다우며 옮겨심기를 해도 잘 자란다.

구실잣밤나무 남쪽 섬에서 자라는 늘푸른큰키나무로 5월이면 밤꽃과 비슷한 꽃이 핀다. 남쪽 섬에서 가로수나 공원수로 심는다.

398

＊가로수(街路樹), street tree

가죽나무 빠르게 자라는 나무로 나무 모양이 단정하다. 벌레가 끼지 않고 대기 오염에도 강해 도시의 가로수로 많이 심고 있다.

수양버들 축축 늘어지는 가지의 모습이 운치가 있어서 가로수로 널리 심고 있다. 특히 물가에서 잘 자라기 때문에 하천 변의 길가에 많이 심는다.

회화나무 빨리 자라서 좋은 나무 그늘을 만들기 때문에 가로수로 많이 심는다. 병충해가 적고 대기 오염에도 강하다.

양버즘나무 넓은잎은 여름에 좋은 그늘을 만들고 매연에도 잘 견디며 도시의 먼지와 소음을 줄여 주기 때문에 가로수로 널리 심고 있다.

개잎갈나무 바늘잎나무로 나무 모양이 원뿔 모양으로 아름다워서 세계 3대 미송(美松)으로 꼽히며 주로 남부 지방에서 가로수나 공원수로 심는다.

튤립나무 빠르게 자라는 나무로 나무 모양이 단정하며 좋은 그늘을 만든다. 봄에 튤립을 닮은 꽃이 피고 신록이 아름답다.

중국단풍 줄기는 곧게 자라며 좋은 나무 그늘을 만든다. 잎몸은 3갈래로 갈라져서 한자 이름은 '삼각풍(三角楓)'이라고 한다.

399

꽃이 아름다운 조경수

아름다운 꽃을 감상하기 위해서 정원에 심거나 화분에 심어 기르는 나무를 '꽃나무' 또는 '화목(花木)'이라고 한다. 사람들이 아름다운 꽃을 감상할 수 있는 꽃나무를 심어 기른 것은 오랜 옛날부터로, 많은 사람이 꽃에서 마음의 기쁨과 평안을 얻기도 하였다. 또 많은 시인과 화가가 꽃의 아름다움을 노래하거나 그림으로 그렸다.

백목련 중국 원산의 갈잎떨기나무로 3~4월에 잎보다 먼저 나무 가득 큼직한 흰색 꽃이 핀다.

모란 중국 원산의 갈잎떨기나무로 봄에 가지 끝에 커다란 붉은색 꽃이 핀다.

분홍매 중국 원산의 갈잎떨기나무로 봄에 나무 가득 연분홍색 겹꽃이 촘촘히 핀다.

칠엽수 일본 원산의 갈잎큰키나무로 5월에 가지 끝에 커다란 연노란색 꽃송이가 달린다.

산수유 중국 원산의 갈잎작은키나무로 이른 봄에 잎이 돋기 전에 나무 가득 노란색 꽃이 먼저 핀다.

동백나무 남부 지방에서 자라는 늘푸른작은키나무로 12~4월에 큼직한 붉은색 꽃이 계속 피고 진다.

명자나무 중국 원산의 갈잎떨기나무로 봄에 나무 가득 붉은색 꽃이 모여 핀다.

개나리 전국에서 심어 기르는 갈잎떨기나무로 봄에 잎이 돋기 전에 나무 가득 노란색 꽃이 모여 핀다.

망종화 중국 원산의 갈잎떨기나무로 6월에 가지 끝에 큼직한 노란색 꽃이 모여 핀다.

배롱나무 중국 원산의 갈잎작은 키나무로 7~9월에 가지 끝에 커다란 붉은색 꽃송이가 달린다.

홍매화 매실나무 원예 품종으로 이른 봄에 잎이 돋기 전에 붉은색 홑꽃이 나무 가득 핀다.

태산목 북미 원산의 늘푸른큰키나무로 5~7월에 가지 끝에 커다란 흰색 꽃이 피며 향기가 진하다.

석류 유라시아 원산의 갈잎작은 키나무로 5~6월에 가지 끝에 붉은색 꽃이 핀다.

무궁화 관상수로 심는 갈잎떨기나무로 여름에 커다란 분홍색 꽃이 계속 피고 진다.

나무수국 일본 원산의 갈잎떨기나무로 여름에 가지 끝에 커다란 흰색 꽃송이가 달린다.

덩굴장미 관상수로 심는 장미 품종으로 여름에 분홍색~붉은색 겹꽃이 계속 피고 진다.

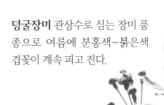

수국 중국 원산의 갈잎떨기나무로 여름에 가지 끝에 크고 둥근 연푸른색 꽃송이가 달린다.

＊꽃나무[화목(花木), flowering trees & shrubs]

열매가 아름다운 조경수

움직이지 못하는 나무는 열매를 맛있는 즙과 아름다운 색깔
로 치장하여 새나 동물이 쉽게 찾아 먹을 수 있도록 만든 것
도 많다. 동물이 따 먹은 열매 속의 씨앗은 동물이 옮겨 다니
면서 씨앗이 든 똥을 배설하기 때문에 멀리 떨어진 장소에서
싹이 틀 수 있다. 꽃이 아름다운 나무를 관상수로 심는 것처
럼 열매가 아름다운 나무도 정원에 심거나 화분에 심어서 감
상하고 있다.

탱자나무 중국 원산의 갈잎떨기나무
로 둥근 열매는 가을에 노란색으로 익
는데 귤을 닮았지만 먹지는 못한다.

산수유 중국 원산의 갈잎작은키나
무로 짧은가지 끝에 모여 매달리는
타원형 열매는 붉게 익으며 겨울까
지 매달려 있다.

피라칸다 중국 원산의 늘푸른떨기
나무로 가지에 촘촘히 모여 달리는
둥근 열매는 붉게 익으며 겨울까지
매달려 있다.

까마귀밥여름나무 산에서 자라는
갈잎떨기나무로 가지에 몇 개씩 모
여 달리는 둥근 열매는 가을에 붉
게 익으며 겨울까지 매달려 있다.

먼나무 남쪽 섬에서 자라는 늘푸른큰키
나무로 촘촘히 달리는 둥근 열매는 늦가
을에 붉게 익으며 겨우내 매달려 있다.

꽝꽝나무 남부 지방에서 자라는
늘푸른떨기나무로 가지에 모여 달
리는 둥근 열매는 가을에 검게 익
으며 겨울까지 매달려 있다.

402

호랑가시나무 남부 지방에서 자라는 늘푸른떨기나무로 가지에 촘촘히 달리는 둥근 열매는 가을에 붉게 익으며 크리스마스 장식으로 쓴다.

감나무 중국 원산의 갈잎큰키나무로 둥근 열매는 가을에 황홍색으로 익으며 겨울까지 매달려 있다.

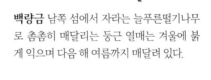

자금우 남쪽 섬에서 자라는 늘푸른떨기나무로 둥근 열매는 겨울에 붉게 익으며 다음 해 여름까지 매달려 있다.

백량금 남쪽 섬에서 자라는 늘푸른떨기나무로 촘촘히 매달리는 둥근 열매는 겨울에 붉게 익으며 다음 해 여름까지 매달려 있다.

석류나무 유라시아 원산의 갈잎작은키나무로 둥근 열매는 가을에 붉게 익으며 겨울까지 매달려 있다.

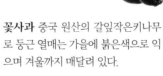

꽃사과 중국 원산의 갈잎작은키나무로 둥근 열매는 가을에 붉은색으로 익으며 겨울까지 매달려 있다.

산딸나무 산에서 자라는 갈잎작은키나무로 딸기 모양의 둥근 열매는 가을에 붉은색으로 익고 단맛이 나며 먹을 수 있다.

좀작살나무 산에서 자라는 갈잎떨기나무로 모여 달리는 자잘한 둥근 열매는 가을에 보라색으로 익고 오래 매달려 있다.

단풍이 아름다운 조경수

가을이 깊어 가면 나뭇잎은 울긋불긋 단풍이 든다. 나무
에 따라서는 한 가지 색깔로 단풍이 드는 나무도 있지만
같은 나무라도 사는 곳의 환경에 따라 단풍의 색깔이 달
라지기도 한다. 가을 단풍의 색깔이 아름다운 나무를 조
경수로 골라 심어 기르기도 한다.

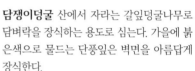

미국풍나무 북미 원산의 갈잎
큰키나무로 관상수로 심는다.
단풍잎처럼 손바닥 모양으로
갈라지는 잎은 붉은색으로 단
풍이 든다.

담쟁이덩굴 산에서 자라는 갈잎덩굴나무로
담벼락을 장식하는 용도로 심는다. 가을에 붉
은색으로 물드는 단풍잎은 벽면을 아름답게
장식한다.

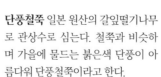

화살나무 산에서 자라는 갈잎떨기
나무로 관상수로 심는다. 긴타원형
~거꿀달걀형 잎은 붉은색으로 단
풍이 든다.

단풍철쭉 일본 원산의 갈잎떨기나무
로 관상수로 심는다. 철쭉과 비슷하
며 가을에 물드는 붉은색 단풍이 아
름다워 단풍철쭉이라고 한다.

배롱나무 중국 원산의 갈잎작은키나
무로 관상수로 심는다. 타원형~거꿀
달걀형 잎은 붉은색이나 노란색으로
단풍이 든다.

튤립나무 북미 원산의 갈잎큰키나무로 관상수로 심는다. 네모진 잎은 노란색으로 단풍이 든다.

은행나무 중국 원산의 갈잎큰키나무로 가로수나 정원수로 심는다. 부채 모양의 잎은 가을에 노란색 단풍으로 유명하다.

이팝나무 중부 이남의 산과 들에서 자라는 갈잎큰키나무로 긴타원형~거꿀달걀형 잎은 노란색으로 단풍이 든다.

느티나무 산골짜기에서 자라는 갈잎큰키나무로 긴타원형~달걀형 잎은 노란색이나 적갈색으로 단풍이 든다.

양버즘나무 북미 원산의 갈잎큰키나무로 잎이 갈색으로 단풍이 드는 것은 갈색 색소인 프로바펜이 축적되기 때문이다.

모감주나무 바닷가에서 자라는 갈잎큰키나무로 깃꼴겹잎은 노란색으로 단풍이 든다.

좋은 그늘을 만드는 정자나무

우리나라는 여름이면 북태평양 고기압이 발달하면서 무덥고 습한 날씨가 계속된다. 옛날에는 이 무더위를 피하기 위해 마을 어귀나 길가에 큰 나무를 심고 나무 그늘 아래에서 마을 사람들이 쉬거나 모여서 놀았는데, 이런 나무를 '정자나무'라고 한다. 정자나무는 가지가 사방으로 벋고 잎이 무성하게 자라서 좋은 그늘을 만들어 주며 오래 사는 나무를 골라 심었다. 주변에서 흔히 볼 수 있는 정자나무는 느티나무, 은행나무, 팽나무로 흔히 3대 정자나무라고 한다.

황목근 경북 예천 금남리 마을 어귀에 있는 팽나무 노거수로 천연기념물로 지정되었다. 사람처럼 황씨 성에 목근이란 이름으로 주변 땅을 소유하고 세금도 내는 부자 나무이다.

느티나무 산골짜기에서 자라는 갈잎큰키나무로 천 년 넘게 살며 좋은 나무 그늘을 만들기 때문에 정자나무로 가장 많이 심는다.

은행나무 중국 원산의 갈잎큰키나무로 천 년 넘게 살고 좋은 나무 그늘을 만들며 3대 정자나무로 꼽힌다.

팽나무 바닷가나 남부 지방에서 자라는 갈잎큰키나무로 5백 년 넘게 살고 좋은 나무 그늘을 만들며 3대 정자나무로 꼽힌다.

서나무 중부 이남의 산에서 자라는 갈잎큰키나무로 오래 살고 좋은 나무 그늘을 만들기 때문에 정자나무로 심는다.

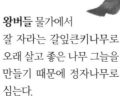

왕버들 물가에서 잘 자라는 갈잎큰키나무로 오래 살고 좋은 나무 그늘을 만들기 때문에 정자나무로 심는다.

＊정자나무[정자목(亭子木), 녹음수(綠陰樹), shade tree]

회화나무 중국 원산의 갈잎큰키나무로 오래 살고 좋은 나무 그늘을 만들기 때문에 정자나무로 심는다.

이팝나무 중부 이남에서 자라는 갈잎큰키나무로 오래 살고 좋은 나무 그늘을 만들기 때문에 정자나무로 심는다.

양버즘나무 북미 원산의 갈잎큰키나무로 보통 2백 년 넘게 오래 살고 좋은 나무 그늘을 만들기 때문에 정자나무로 심어도 좋다.

푸조나무 남부 지방에서 자라는 갈잎큰키나무로 오래 살고 좋은 나무 그늘을 만들기 때문에 정자나무로 심는다.

후박나무 울릉도와 남쪽 섬에서 자라는 늘푸른큰키나무로 오래 살고 좋은 나무 그늘을 만들기 때문에 남쪽 지방에서 정자나무로 심는다.

음나무 산에서 자라는 갈잎큰키나무로 오래 살고 좋은 나무 그늘을 만들기 때문에 정자나무로 심는다.

생울타리를 만드는 나무

이웃집과의 경계 또는 담장 역할을 하기 위해 살아 있는 나무를 촘촘히 심어서 만든 울타리를 '생울타리' 또는 '산울타리'라고 하며, 가지와 잎이 많이 생기는 나무를 주로 사용한다. 생울타리는 자연 친화적인 모습이라서 보기에 좋고 건강에도 도움이 된다.

개나리 전국에서 심어 기르는 갈잎떨기나무로 여러 대가 모여나는 줄기는 둥글게 휘어진다. 나무를 촘촘히 심어서 생울타리를 만드는데, 특히 봄에 잎이 돋기 전에 나무 가득 노란색 꽃이 핀 모습이 아름답다.

구골목서 구골나무와 목서의 교잡종으로 늘푸른떨기나무~작은키나무이며 '뿔잎목서'라고도 한다. 남부 지방에서 생울타리를 만드는데, 가지가 치밀하고 잎가에 바늘 모양의 톱니가 있어서 접근하기가 어려우므로 보안에 도움이 된다.

꽝꽝나무 남부 지방에서 자라는 늘푸른떨기나무~작은키나무이다. 가지가 치밀하고 작은잎이 아름다우며 겨우내 매달린 열매도 보기 좋아서 남부 지방에서 생울타리를 만드는 데 널리 사용한다. 더디게 자라므로 조성에 시간이 걸린다.

무궁화 관상수로 심어 기르는 갈잎떨기나무이다. 오랜 옛날부터 집 둘레에 생울타리를 만들고 봄이면 새순을 따서 나물로 먹었다. 품종에 따라 색깔이 다른 큼직한 꽃을 여름내 계속 달고 있는 모습도 보기에 좋다.

사철나무 중부 이남의 바닷가 산기슭에서 자라는 늘푸른떨기나무이다. 성장이 빠른 편에 속하기 때문에 생울타리를 쉽게 만들 수 있을 뿐만 아니라, 겨울 추위에도 강해서 중부 지방에서도 생울타리용으로 널리 쓰이고 있다.

408

*생울타리[산울타리, 생리(生籬), 생울(生垣), hedge, living fence, planting fence]

서양측백 북미 원산의 늘푸른큰키나무로 곧게 자라는 줄기에 가지가 촘촘히 돌려가며 달린다. 나무를 촘촘히 심어서 생울타리를 만들면 높은 울타리까지 만들 수 있으며, 안을 볼 수 없게 만드는 '가림나무(차폐수)'로도 좋다.

쥐똥나무 산기슭에서 자라는 갈잎떨기나무로 줄기는 여러 대가 모여난다. 중부 지방에서 나무를 촘촘히 심어서 생울타리를 만드는데, 가지치기를 해서 경계를 구분하는 낮은 담장을 주로 만든다. 검게 익는 열매가 쥐똥을 닮았다.

피라칸다 관상수로 심는 늘푸른떨기나무로 가지에 잔가지가 변한 억센 가시가 있다. 나무를 촘촘히 심어서 생울타리를 만드는데, 억센 가시 때문에 접근이 어렵다. 5~6월에 피는 흰색 꽃과 겨우내 매달려 있는 붉은 열매 모두 아름답다.

회양목 석회암 지대에서 자라는 늘푸른떨기나무로 가지가 많이 갈라져서 퍼진다. 키가 작고 자람이 더디므로 경계를 구분하는 낮은 생울타리용으로 널리 쓰인다. 추위에 강해서 중부 지방에서도 널리 심는다.

담쟁이덩굴 돌담이나 바위 또는 나무 표면에 붙어서 자라는 갈잎덩굴나무로 가지에 덩굴손이 변한 붙음뿌리가 있어서 다른 물체에 잘 달라붙는다. 시멘트나 콘크리트로 된 담장을 가리는 용도로 많이 심으며 가을 단풍이 아름답다.

모람 남해안과 남쪽 섬에서 자라는 늘푸른덩굴나무로 줄기는 공기뿌리를 내어 다른 물체에 달라붙는다. 남부 지방에서 시멘트나 콘크리트로 된 담장을 가리는 용도로 많이 심는데, 사철 잎이 푸르러서 보기에 좋다.

분재와 토피어리

화분에 나무를 심어 키와 모양은 작으면서도 고목(古木)처럼 자연스럽고 운치가 있게 가꾼 것을 '분재(盆栽)'라고 한다. 좋은 분재 작품을 만들려면 분재에 적합한 수종을 선택하고 재배 기술을 익히며 심미안도 길러야 한다. 관상수를 가지치기 등으로 잘 다듬어서 여러 가지 동물 모양이나 사물의 모양과 비슷하게 만든 작품을 '토피어리(Topiary)'라고 한다. 토피어리를 만드는 데는 향나무처럼 잎이 늘푸른바늘잎나무나 늘푸른넓은잎나무가 많이 이용된다.

소나무 소나무 분재는 독특한 향이 살균 작용을 할 뿐만 아니라 심신을 안정시켜 주는 역할을 한다.

명자나무 맹아력이 강하고 나무 모양을 조정하기가 쉬워서 분재로 적당하다. 특히 봄에 꽃이 피어 있는 모습이 가장 아름답다.

주목 더디게 자라는 주목은 사계절 푸른 잎과 붉은색 줄기가 아름답다.

뜰보리수 봄에는 은은한 꽃향기가 풍겨서 좋고 초여름에는 열매가 가득 달린 나무 모양이 보기에 좋다.

단풍나무 분재로 튼튼하게 키울 수 있는 나무이며 나무 모양을 다듬기가 좋고 손바닥 모양의 잎도 보기 좋다.

＊분재(盆栽)[bonsai, potted plant]

철사 등으로 만든 틀에 푸밀라고무나무(*Ficus pumila*)와 물이끼를 심어서 만든 토피어리이다. 근래에는 물이끼를 이용해 만드는 모스 토피어리가 유행하고 있으며 실내 장식용으로 널리 쓰인다.

나사백 토피어리 늘푸른바늘잎나무인 나사백을 다듬어서 탑 모양을 만들었다. 나사백은 향나무의 원예 품종이다.

향나무 토피어리 늘푸른바늘잎나무인 향나무 품종을 다듬어서 곰이 반갑게 인사를 하는 모양을 만들었다.

필리핀차나무(*Ehretia microphyla*) **토피어리** 필리핀 원산의 늘푸른떨기나무로 잎으로 차를 끓여 마시기 때문에 붙여진 이름이다.

* 토피어리(Topiary)

약이 되는 나무

옛날에는 약으로 사용하는 것은 대부분이 식물이
었다. 화학적인 방법으로 약을 만드는 오늘날에도
자연에서 얻은 천연 물질이 합성 물질보다 안전하
고 부작용이 적은 경우가 많은 것으로 밝혀지면서
약용식물에 대한 수요가 더욱 늘어나고 있다. 약
으로 사용하는 약초 중에는 약 성분과 함께 독 성
분도 함께 들어 있는 것도 있기 때문에 약초는 전
문가의 도움을 받아 이용하도록 해야 한다.

헛개나무 육질화된 열매송이자루는 단맛이 나는
데 간을 보호하는 한약재로 쓰고 술이 빨리 깬다고
해서 숙취 해소 음료로도 각광받고 있다.

은행 잎에 들어 있는 징코민 성분은 모세
혈관을 확장시켜서 혈액 순환을 돕는 치
료제로 쓴다.

주목 나무껍질에 들어 있는 '택솔'이라는
성분은 암을 치료하는 항암 물질로 사용
된다.

비자나무 열매 속에 든 씨앗을 '비자'라
고 하는데 옛날부터 몸속의 기생충을 없
애는 구충제로 이용했다.

황벽나무 나무껍질 안쪽의 노란색 부분
에 들어 있는 '벨베린'이라는 성분이 위장
을 튼튼하게 해 주고 설사를 멈추게 한다.

두충 나무껍질을 한약재로 쓰는데 고혈
압, 발기 부전, 요통 및 좌골 신경통 등에
사용하며 차를 끓여 마시기도 한다.

골담초 뿌리를 말려서 한약재로 쓰는데
관절염, 신경통, 고혈압 등을 치료하는 데
쓴다.

산겨릅나무 '벌나무'라고도 하며 나무껍질은 간과 관련된 질환을 치료하는 데 효능이 있는 것으로 알려졌다.

느릅나무 뿌리껍질이나 나무껍질을 말린 것을 한약재로 쓰는데 위장병, 기관지염, 비염 등을 치료한다.

오미자 다섯 가지 맛이 나는 열매를 한약재로 쓰는데 간과 관련된 질환, 기침, 가래 등을 치료하는 데 쓴다.

산수유 열매를 한약재로 쓰는데, 간과 신장을 보호해 주며 회춘에 도움을 주는 것으로 알려져 있다. 술을 담그거나 차를 끓여 마시기도 한다.

초피나무 열매껍질을 한약재로 쓰는데, 오한과 땀을 멈추게 하고 뼈의 통증을 멈추는 등의 약재로 쓴다. 경상도에서는 열매껍질을 추어탕을 끓일 때 넣어 비린내를 없앤다.

오갈피 뿌리껍질과 줄기껍질을 한약재로 쓰는데 신경통, 혈액 순환 개선제, 강장제, 노화 방지 등에 사용한다.

옻나무 줄기껍질을 한약재로 쓰는데 위장병, 신장 결석, 간질환, 관절염 등을 치료한다. 옻을 타는 사람은 주의해야 한다.

마가목 줄기 속껍질과 열매를 한약재로 쓰는데 기관지염, 위장병 등을 치료하며 몸이 허약한 사람의 원기를 북돋워 준다.

우리나라에서만 자생하는 특산나무

특산식물(特産植物)은 어느 한정된 지역에서만 자라는 고유식물(固有植物)을 말한다. 우리나라 특산식물은 한반도의 자연환경에 적응해 살아가면서 진화해 온, 오직 우리나라에만 분포하는 독특한 식물로 우리나라의 소중한 유전 자원이다. 특산식물 중에는 환경 때문에 분포 면적이 매우 좁고 개체 수가 얼마 남지 않은 종도 많으므로 잘 보존해야 한다. 우리나라 특산식물 360여 종 가운데 특산나무 일부를 소개한다.

구상나무 한라산, 지리산, 덕유산의 높은 지대에서 자라는 바늘잎나무이다. 솔방울조각 끝이 아래로 처지는 것이 특징이다.

히어리 경남, 전남, 경기도, 강원도의 산기슭이나 산 중턱에서 드물게 자라는 갈잎떨기나무이다. 봄에 잎보다 먼저 가지 가득 늘어지는 노란색 꽃이 아름답다.

만리화 강원도와 경북의 바위 지대나 석회암 지대에서 자라는 갈잎떨기나무이다. 개나리에 비해 잎이 넓은 달걀형~넓은 타원형이다.

개느삼(콩과) 강원도 이북의 건조한 산지의 능선이나 풀밭에서 자라는 갈잎떨기나무이다. 땅속줄기가 벋으며 봄에 노란색 꽃이 모여 핀다.

솔비나무(콩과) 제주도 한라산에서 자라는 갈잎키나무이다. 7~8월에 가지 끝의 송이꽃차례에 나비 모양의 흰색 꽃이 촘촘히 모여 달린다.

복사앵도(장미과) 평남, 함남, 강원도, 경북의 석회암 지대에서 자라는 갈잎떨기나무이다. 3~4월에 잎이 돋기 전에 연분홍색 꽃이 모여 핀다.

흰참꽃(진달래과) 지리산, 가야산, 덕유산의 능선이나 높은 곳에서 자라는 갈잎떨기나무이다. 6~7월에 가지 끝에 흰색 꽃이 모여 핀다.

미선나무

미선나무는 갈잎떨기나무로 1~1.5m 높이로 자란다. 개나리와 비슷하지만 꽃이 희고 열매 모양이 달라서 개나리와는 다른 속으로 구분한다. 미선나무는 세계에서 오직 우리나라에만 있는 특산나무로 미선나무속에 오직 미선나무만이 있는 1속 1종의 귀한 나무이다. 충북 진천, 괴산, 영동 그리고 전북의 내변산에서 자라는데, 이 네 곳의 미선나무는 모두 천연기념물로 지정되어 보호되고 있다.

미선나무 꽃 1속 1종의 희귀한 나무로 봄에 잎보다 먼저 가지 가득 흰색 꽃이 핀다. 미선나무 꽃은 얼핏 보면 생김새가 개나리와 비슷하지만 꽃이 흰색이고 향기가 진하다는 점이 다르다.

미선나무 열매 꽃이 지면 열리는 열매는 동글납작해서 열매가 달걀형인 개나리 열매와 확연히 구분된다. 동글납작한 열매가 '미선(尾扇)'이라는 부채를 닮아서 '미선나무'라고 한다.

꽃 모양 깔때기 모양의 꽃부리는 개나리처럼 4갈래로 깊게 갈라져서 벌어진다.

열매 단면 납작한 열매는 가운데에 2개의 씨앗이 들어 있고 둘레 부분은 날개로 되어 있다.

미선나무 나무 가득 흰색 꽃이 핀 모습이 아름다워 나무를 잘 다듬어 기르면 관상수로 가치가 높다.

왕벚나무의 사계

제각기 다른 모양으로 자라는 나무는 계절에 따라 변하는 날씨에 맞춰 다양하게 모습을 바꾸며 살아간다.

봄 봄이 오면 왕벚나무는 잎보다 먼저 흰색 꽃이 마디마다 2~3송이씩 피어나 나무 전체를 꽃으로 뒤덮는다. 온대 지방의 숲을 이루는 나무는 계절별로 모습을 바꾼다. 봄은 만물이 소생하는 시기로 나무는 가지마다 새순이 돋아 연초록빛으로 물들거나 나무 가득 꽃이 피어나 세상을 울긋불긋 물들이면서 곤충과 새를 불러 모은다.

봄

겨울

겨울 매서운 초겨울 바람이 불어오면 왕벚나무 가지에 매달려 있던 시든 잎은 점차 떨어져 나가고 앙상한 가지가 드러난다. 앙상한 가지를 자세히 보면 다음 해 봄에 새잎과 꽃을 피울 겨울눈이 잔뜩 준비되어 있는 것을 볼 수 있다. 추운 겨울이면 대부분의 나무는 성장을 멈추고 다시 새순을 틔울 따스한 봄을 기다린다.

나무는 땅이 하늘에 쓰는 시이다.
(Trees are poems the earth writes upon the sky.)

　　　　　– 칼릴 지브란의 『모래와 물거품』 중에서

여름

여름 여름이면 왕벚나무는 진녹색 잎으로 뒤덮이고 잎 사이마다 매달리는 작고 동그란 버찌 열매는 초여름이면 붉은색으로 변했다가 흑자색으로 익으며 사람들이 따 먹는다. 햇빛이 풍부한 여름은 점점 녹음이 짙어지는 계절로 많은 나무가 열매를 키워 가는 시기이다.

가을

가을 왕벚나무는 쌀쌀한 가을바람이 불어오면 푸르른 나뭇잎이 붉은빛이나 누런빛으로 물들었다가 점차 하나둘 낙엽이 진다. 가을은 풍요의 계절로 많은 나무의 열매가 익어가는 시기이며 수많은 새가 모여들어 잔치를 벌인다. 날씨가 쌀쌀해지면 많은 갈잎나무가 울긋불긋 단풍잎으로 치장하고 잎을 떨굴 준비를 한다.

용어 해설

2회깃꼴겹잎 167쪽
잎자루 양쪽으로 작은잎이 새깃꼴로 마주 붙는 깃꼴겹잎이 다시 깃꼴로 붙는 겹잎을 말한다. 2회우상복엽(二回羽狀複葉), bipinnately compound leaf라고도 한다. 다시 한번 깃꼴로 갈라지면 3회깃꼴겹잎{3회우상복엽(三回羽狀複葉)}이 된다.

2회깃꼴겹잎 : 왕자귀나무

2회우상복엽(二回羽狀複葉) 167쪽 2회깃꼴겹잎

3주맥(三主脈) 172쪽
잎몸의 밑부분에서 3개의 큰 주맥이 벋은 잎맥을 말한다. 삼행맥(三行脈), triplinerved라고도 한다. 육계나무나 참식나무와 같은 녹나무과 식물에서 흔히 볼 수 있다.

3주맥 : 갯대추나무

5출손꼴겹잎 164쪽
손꼴겹잎 중에서 5장의 작은잎을 가진 손꼴겹잎을 5출손꼴겹잎으로 따로 구분하기도 한다. 5출장상복엽(五出掌狀複葉), 오출엽(五出葉), pentafoliate leaf라고도 한다.

5출손꼴겹잎 : 오갈피나무

5출장상복엽(五出掌狀複葉) 164쪽
5출손꼴겹잎

가경(假莖) 22쪽 헛줄기

가과(假果) 322쪽 헛열매

가는맥 172쪽
보통 측맥과 측맥 사이를 연결하는 가느다란 잎맥으로 계속 그물처럼 갈라져 나간다. 세맥(細脈), veinlet이라고도 한다.

가는맥 : 히어리

가로덧눈 125쪽
곁눈의 왼쪽이나 오른쪽 또는 양쪽에 달리는 덧눈을 말한다. 측생부아(側生副芽), 병생부아(竝生副芽), collateral accessory bud라고도 한다.

가로덧눈 : 느티나무

가로수(街路樹) 398쪽
관상수 중에서 길가에 줄지어 심는 나무를 말한다. 가로수는 아름다운 경치와 더운 여름에 그늘을 만들어 주며 대기 오염 물질을 걸러 준다. street tree라고도 한다.

가로수 : 왕벚나무

가름막 286쪽
씨방이나 열매 등에서 방과 방 사이를 나누는 얇은 벽을 말한다. 격막(隔膜), 격벽(隔壁), septum이라고도 한다.

가름막 : 모감주나무

가운데기둥 287쪽
사물의 중심을 꿰뚫는 기둥을 말한다. 예를 들어 씨방이나 열매 속은 가운데기둥을 중심으로 여러 개의 방으로 나뉘기도 하고 가운데기둥에 밑씨나 씨앗이 붙어서 자라기도 한다. 중축(中軸), axile이라고도 한다.

가운데기둥 : 개나리

가운데맥 148쪽 주맥

가운데씨방 255쪽
씨방이 꽃받침의 중간쯤에 붙어 있는 것을 말한다. 가운데씨방인 식물은 윗씨방처럼 흔하지가 않다. 중위자방(中位子房), half inferior ovary, perigynous라고도 한다.

가운데씨방 : 도라지

가운데열매껍질 308쪽

열매에서 겉열매껍질과 속열매껍질 사이에 있는 부분으로 보통 살열매에서는 두꺼운 육질의 열매살 부분을 이룬다. 중과피(中果皮), mesocarp라고도 한다.

가운데열매껍질 : 매실나무

가운데잎줄 148쪽 주맥

가정아(假頂芽) 121쪽 가짜끝눈

가종피(假種皮) 304쪽 헛씨껍질

가지 80쪽

식물의 원줄기에서 갈라져서 벋어 나가는 부분으로 보통 잎겨드랑이에서 새순이 나와 자란 부분을 말한다. 가지는 계속해서 갈라져 벋으며 갈라져 나가는 방법도 여러 가지이다. 수지(樹枝), branch라고도 한다.

가지 : 계수나무

가지깃 384쪽 가지밑살

가지등마루선 384쪽 지피융기선

가지밑살 384쪽

나뭇가지의 무게를 지탱하기 위하여 가지 밑에 생긴 주름살 모양이나 약간 볼록해지는 조직을 말한다. 목질부를 보호하기 위한 화학적 보호층을 가지고 있다. 가지깃, 지륭(枝隆), 지령(枝領), branch collar라고도 한다.

가지밑살 : 튤립나무

가지자국 54쪽

나무의 원줄기에서 불필요한 가지 밑부분에 떨켜가 생겨 자연적으로 가지가 떨어져 나가면서 만들어지는 눈 모양의 흔적을 말한다. 지흔(枝痕), branch scar라고도 한다.

가지자국 : 자작나무

가짜굳은씨열매 331쪽

호두처럼 가운데열매껍질과 속열매껍질이 단단한 나무질로 변한 것이 굳은씨와 비슷하며 씨앗을 싸서 보호하는 열매를 말한다. 위핵과(僞核果), pseudodrupe라고도 한다.

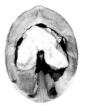
가짜굳은씨열매 : 호두나무

가짜끝눈 121쪽

끝눈처럼 보이지만 크기가 곁눈과 비슷하고 옆에 말라 버린 잔가지의 끝이 남아 있는 눈을 말한다. 헛끝눈, 가정아(假頂芽), 준정아(準頂芽), false terminal bud라고도 한다.

가짜끝눈 : 양버즘나무

각두(殼斗) 336쪽 깍정이

각두과(殼斗果) 336쪽 깍정이열매

간생화(幹生花) 273쪽

굵은 줄기에 직접 달려서 피는 꽃을 말한다. 보통 크고 무거운 열매를 맺는 나무에서 볼 수 있으며 주로 열대 지방에서 흔히 볼 수 있다. cauliflory라고도 한다.

간생화 : 호리병박나무

갈래꽃 235쪽

꽃잎 밑부분이 한 조각씩 서로 떨어지는 꽃을 말한다. 이판화(離瓣花), polypetalous라고도 한다.

갈래꽃 : 탱자나무

갈래잎 161쪽

넓은잎나무의 홑잎 중에서 잎몸의 가장자리가 갈라지는 잎을 말하며 갈래잎이 아닌 모든 홑잎은 '안갈래잎' 또는 '둥근잎'이라고 한다. 결각엽(缺刻葉), 분열엽(分裂葉), lobed leaf라고도 한다.

갈래잎 : 단풍나무

갈잎나무 25쪽

가을에 날씨가 추워지거나 건조해지

갈잎나무 : 신갈나무

면 낙엽이 지고 다음 해 봄에 다시 잎이 나오는 나무를 말한다. 낙엽수(落葉樹), deciduous tree라고도 한다.

감과(柑果) 294쪽 귤꼴열매

감과류(柑果類) 324쪽 감귤류

감귤류 324쪽
귤처럼 씨방벽이 두껍게 발달하고 속열매껍질은 세로로 여러 개의 방으로 나뉘며, 그 속에 즙이 많은 열매살이 가득 차 있는 귤꼴열매 등을 감귤류로 구분하기도 한다. 감과류(柑果類), hesperidium fruits라고도 한다.

감귤류 : 유자나무

갖춘잎 149쪽
잎 중에서 잎몸, 잎자루, 턱잎이 모두 있는 잎을 '갖춘잎'이라고 하고, 이 중에서 어느 하나라도 없는 잎을 '안갖춘잎'이라고 한다. 완전엽(完全葉), complete leaf라고도 한다.

갖춘잎 : 국수나무

갯솜조직 150쪽
잎살을 가로로 자른 단면을 현미경으로 보면 아래쪽(잎 뒷면)에는 세포들이 불규칙하게 모여 있는데 이 부분을 말한다. 해면조직(海綿組織), spongy parenchyma라고도 한다.

갯솜조직 : 잎의 단면과 내부 구조

거꿀달걀형 161쪽
뒤집힌 달걀형의 잎 모양을 말한다. 잎의 밑부분이 좁고 위로 갈수록 넓어지며 끝부분은 둥그스름하다. 도란형(倒卵形), obovate라고도 한다.

거꿀달걀형 : 일본매자나무

거꿀피침형 160쪽
뒤집힌 피침형의 잎 모양을 말한다. 잎몸은 길이가 너비의 몇 배가 되고 위에서 1/3 정도 되는 부분이 가장 넓

거꿀피침형 : 자두나무

다. 도피침형(倒披針形), oblanceolate라고도 한다.

거짓돌려나기 158쪽
가지에 어긋나는 여러 장의 잎 사이의 간격이 좁아 돌려난 것처럼 보이는 것을 말한다. 위윤생(僞輪生), false verticillate라고도 한다.

거짓돌려나기 : 단풍철쭉

거치(鋸齒) 148쪽 톱니

건과(乾果) 294쪽 마른열매

겉씨식물 186쪽
씨식물의 한 종류로 암술에 씨방이 생기지 않고 밑씨가 겉으로 드러나 있기 때문에 '겉씨식물'이라고 한다. 나자식물(裸子植物), gymnosperm이라고도 한다. 대부분이 바늘잎나무이다.

겉씨식물 : 방크스소나무

겉열매껍질 308쪽
열매의 가장 겉쪽에 있는 껍질로 열매가 익으면 보통 색깔이 변한다. 외과피(外果皮), epicarp, exocarp라고도 한다.

겉열매껍질 : 매실나무

겨드랑눈 86쪽 곁눈

겨울눈 82쪽
봄에 잎이나 꽃을 피우기 위해 만들어져 겨울을 나는 눈을 말한다. 겨울눈은 보통 눈비늘조각이나 털 등으로 덮여 있다. 동아(冬芽), winter bud라고도 한다.

겨울눈 : 느릅나무

격막(隔膜) 286쪽 가름막

격벽(隔壁) 286쪽 가름막

견과(堅果) 295쪽 굳은껍질열매

견과류(堅果類) 330쪽

열매가 익어도 열매껍질이 벌어지지 않는 닫힌열매로 단단한 열매껍질에 1개의 씨앗이 싸여 있는 굳은껍질열매를 '견과'라고도 한다. 하지만 일반적으로는 '견과류(nuts)'라고 하면 굳은껍질열매를 포함해 단단한 껍질에 싸인 씨앗 등을 먹을 수 있는 과일을 통틀어 이르는 말로 사용한다. nut fruits라고도 한다.

견과류 : 밤

결각(缺刻) 148쪽

잎의 가장자리가 들쭉날쭉한 모양을 말한다. incision, lobation이라고도 한다. 잎 가장자리가 갈라지는 모양에 따라 손꼴갈래잎, 깃꼴갈래잎 등으로 나누기도 한다.

결각 : 핀참나무

결각엽(缺刻葉) 161쪽 갈래잎

겹열매 297쪽

여러 개의 꽃이 촘촘히 모여 핀 꽃차례가 자라서 하나의 열매처럼 뭉쳐 있는 열매송이가 달리는 것을 말한다. 다화과(多花果), 복과(複果), multiple fruit, composite fruit라고도 한다.

겹열매 : 산딸나무

겹잎 149쪽

여러 개의 작은잎으로 이루어진 잎을 말한다. 잎몸이 1개인 홑잎에 대응되는 말이다. 복엽(複葉), compound leaf라고도 한다.

겹잎 : 으름덩굴

겹잎자루 163쪽 큰잎자루

겹톱니 148쪽

잎몸 가장자리에 생긴 큰 톱니 가장자리에 다시 작은 톱니가 생겨 이중으로 된 톱니를 말한다. 중거치(重鋸

겹톱니 : 인가목조팝나무

齒), 복거치(復鋸齒), doubly serrate라고도 한다.

경침(莖針) 132쪽 줄기가시

곁눈 86쪽

가지의 잎겨드랑이에 형성되는 눈으로 장차 새가지나 잎으로 자랄 눈이며 흔히 끝눈보다 작다. 참나리 등의 잎겨드랑이에 생기는 살눈도 곁눈의 하나이다. 겨드랑눈, 측아(側芽), 액아(腋芽), axillary bud, lateral bud라고도 한다.

곁눈 : 상산

곁맥 149쪽 측맥

곁뿌리 34쪽

원뿌리에서 옆으로 가지를 치면서 갈라져 나가는 뿌리를 말한다. 곁뿌리는 뿌리 주위에 있는 물과 무기 양분을 흡수하도록 도와준다. 측근(側根), lateral root라고도 한다.

곁뿌리 : 회양목

곁잎줄 149쪽 측맥

고정생장(固定生長) 212쪽

지난해에 형성된 겨울눈 속에 들어 있는 잎의 수만큼만 나와 자라고 더 이상의 잎은 새로 만들어지지 않는 자람을 말한다. 고정성장(固定成長), fixed growth라고도 한다.

고정생장 : 단풍나무

고정성장(固定成長) 212쪽 고정생장

골돌과(骨突果) 295쪽

쪽꼬투리열매

골속 140쪽

풀이나 나무줄기 등의 한가운데에 들어 있는 연한 심을 말한다. 수(髓), pith라고도 한다.

골속 : 쥐다래

공기뿌리 36쪽

줄기에서 나와 공기 중에 드러나 있는 뿌리를 말한다. 몸을 붙이거나 물을 흡수하는 역할을 하고 땅에 닿으면 뿌리를 내리고 버팀목 역할을 하는 것도 있다. 기근(氣根), aerial root라고도 한다.

공기뿌리 : 마삭줄

공생(共生) 266쪽

종류가 다른 생물이 같은 곳에서 서로에게 이익을 주면서 함께 사는 것을 말한다. 벌레나름꽃과 곤충의 관계가 대표적인 공생의 예이다. symbiosis라고도 한다.

공생 : 민들레의 빌로오드재니등에

과경(果梗) 256쪽 열매자루

과병(果柄) 256쪽 열매자루

과육(果肉) 291쪽 열매살

과피(果皮) 277쪽 열매껍질

과피편(果皮片) 277쪽 열매껍질조각

과핵(果核) 308쪽 굳은씨

관다발 151쪽

그물처럼 계속 갈라지는 측맥은 파이프처럼 물과 양분의 통로가 되는데 이를 '관다발'이라고 한다. 관다발은 물의 통로가 되는 물관과 양분의 통로가 되는 체관으로 이루어져 있다. 관속(管束), vascular bundle, tube bundle이라고도 한다.

관다발 : 잎의 단면과 내부 구조

관다발자국 109쪽

잎자국에 물과 양분의 통로이던 관다발이 잘려 나간 작은 돌기 모양의 흔적을 말한다. 관다발자국은 나무

관다발자국 : 미국풍나무

종류에 따라 개수와 크기, 모양이 다르다. 관속흔(管束痕), bundle scar라고도 한다.

관목(灌木) 29쪽 떨기나무

관속(管束) 151쪽 관다발

관속흔(管束痕) 109쪽 관다발자국

교목(喬木) 29쪽 키나무

구과(毬果) 13쪽 솔방울열매

굳은껍질열매 295쪽

열매를 덮고 있는 단단한 열매껍질은 익어도 벌어지지 않는 닫힌열매이고 속에 1~여러 개의 씨앗이 들어 있는 열매를 '굳은껍질열매'라고 한다. 견과(堅果), nut라고도 한다.

굳은껍질열매 : 신갈나무

굳은씨 308쪽

속열매껍질이 점차 나무질로 단단해져서 씨앗처럼 보이지만 속에 씨앗이 들어 있어서 '굳은씨'라고 한다. 굳은씨는 동물 등이 먹기가 어렵기 때문에 속에 든 씨앗을 보호한다. 핵(核), 과핵(果核), putamen, pit라고도 한다.

굳은씨 : 매실나무

굳은씨열매 294쪽

굳은씨열매는 열매살과 열매즙이 있는 살열매로 씨방벽이 두껍게 발달해서 만들어진다. 물열매와 비슷하지만 속열매껍질이 단단한 나무질로 되어서 동물 등이 먹기가 어렵기 때문에 속에 든 씨앗을 보호한다. 핵과(核果), 석과(石果), drupe, stone fruit라고도 한다.

굳은씨열매 : 매실나무

권수(卷鬚) 64쪽 덩굴손

귤꼴열매 294쪽

물열매와 비슷하지만 겉열매껍질은 가죽질이고 가운데열매껍질은 부드러우며 속열매껍질은 세로로 여러 개의 작은 방으로 나뉘고, 그 속에 즙이 많은 열매살이 들어 있는 열매를 말한다. 감과(柑果), hesperidium이라고도 한다.

귤꼴열매 : 산귤

그물맥 172쪽

잎의 주맥에서 갈라진 측맥이 그물처럼 얽힌 모양의 잎맥을 말한다. 망상맥(網狀脈), netted venation이라고도 한다. 쌍떡잎식물의 잎맥은 거의가 그물맥이다.

그물맥 : 히어리

극상림(極相林) 368쪽

숲을 이루는 식물이 기후 조건에 맞게 점차 변하다가 맨 마지막 단계에 이르러 안정된 상태로 지속되는 숲을 말하며 보통 음지나무가 주를 이룬다. climax forest라고도 한다.

극상림 : 한라산

근(根) 34쪽 뿌리

근경(根莖) 20쪽 뿌리줄기

근관(根冠) 35쪽 뿌리골무

근모(根毛) 35쪽 뿌리털

기공(氣孔) 30쪽 숨구멍

기공대(氣孔帶) 12쪽 숨구멍줄

기공선(氣孔線) 12쪽 숨구멍줄

기공조선(氣孔條線) 12쪽 숨구멍줄

기근(氣根) 36쪽 공기뿌리

기생식물(寄生植物) 78쪽

다른 식물에 붙어서 기생하면서 양분을 빨아 먹고 사는 식물을 말한다. parasitic plant, parasite라고도 한다.

기생식물 : 겨우살이

기수우상복엽(奇數羽狀複葉) 166쪽 홀수깃꼴겹잎

긴가지 84쪽

정상적으로 길게 자란 가지를 말한다. 끝눈이나 곁눈에서 발달하며 곧게 벋고 잎이 드문드문 달린다. 장지(長枝), long shoot라고도 한다.

긴가지 : 은행나무

긴뾰족끝 168쪽

식물의 잎끝이 점차 좁아지면서 뾰족해져서 꼬리와 비슷하게 되는 모양을 말한다. 점첨두(漸尖頭), acuminate라고도 한다.

긴뾰족끝 : 수국

긴타원형 160쪽

잎몸의 길이와 폭의 비가 3:1에서 2:1 사이인 기다란 타원 모양의 잎을 말한다. 장타원형(長楕圓形), oblong이라고도 한다.

긴타원형 : 굴거리

김내기 30쪽

주로 잎 뒷면에 분포하는 숨구멍을 통해 몸속의 물을 수증기로 내보내는 것을 말한다. 김내기를 하면 빨대로 물을 끌어 올리듯이 물을 끌어 올리는 역할을 한다. 증산(蒸散), 증산작용(蒸散作用), transpiration이라고도 한다.

숨구멍

김내기 : 나한백

깃꼴갈래잎 171쪽

갈래잎 중에서 핀참나무 잎처럼 잎 가장자리가 깃꼴로 갈라지는 잎을 말한다. 우상열(羽狀裂), pinnatifid라고도 한다.

깃꼴갈래잎 : 핀참나무

깃꼴겹잎 166쪽

잎자루 양쪽으로 작은잎이 새깃꼴로 마주 붙는 잎을 말한다. 우상복엽(羽狀複葉), pinnately compound leaf라고도 한다. 홀수깃꼴겹잎과 짝수깃꼴겹잎이 있다.

깃꼴겹잎 : 붉나무

깃꼴맥 172쪽

그물맥 중에서 주맥에서 갈라지는 측맥이 양쪽으로 깃꼴로 갈라지는 잎맥을 말한다. 우상맥(羽狀脈), pinnate venation이라고도 한다.

깃꼴맥 : 거제수나무

깃꼴세겹잎 163쪽

큰잎자루 끝에서 이어 자란 기다란 작은잎자루 끝에 작은잎이 달리고 그 밑 양쪽으로 1쌍의 작은잎이 붙는 세겹잎을 말한다. 우상삼출엽(羽狀三出葉), pinnately trifoliate leaf라고도 한다.

깃꼴세겹잎 : 싸리

깍정이 336쪽

참나무 등의 열매를 싸고 있는 술잔 또는 주머니 모양의 받침을 말한다. 깍정이는 모인꽃턱잎을 구성하는 꽃턱잎이 촘촘히 모여서 만들어진다. 각두(殼斗), cupule, acorn cup이라고도 한다.

깍정이 : 신갈나무

깍정이열매 336쪽

도토리처럼 굳은껍질열매가 컵 모양의 깍정이에 싸여 있는 열매를 특별히 '깍정이열매'라고 구분하기도 한다. 각두과(殼斗果), acorn이라고 한다.

깍정이열매 : 가시나무

껍질가시 136쪽

식물의 껍질에 있는 털이 날카로운 가시로 변한 것을 말하며 누르면 가지와의 경계면을 따라 잘 떨어진다. 피침(披針), 자상돌기체(刺狀突起體), cortical spine, prickle이라고도 한다.

껍질가시 : 음나무

껍질눈 53쪽

나무의 줄기나 뿌리에 만들어진 코르크 조직으로 잎 뒷면의 공기구멍처럼 공기의 통로가 되는 부분을 말한다. 피목(皮目), lenticel이라고도 한다. 특이한 모양을 가진 종도 있어서 나무를 구분하는 데 도움이 된다.

껍질눈 : 박달나무

꼬리모양잎끝 168쪽

잎몸의 윗부분이 꼬리처럼 길어지는 잎을 말한다. 미상두(尾狀頭), caudate라고도 한다.

꼬리모양잎끝 : 폭나무

꼬투리열매 295쪽

콩과에 속하는 식물 대부분에서 볼 수 있는 열매로, 1개의 심피로 된 씨방이 자란 꼬투리열매는 익으면 보통 양쪽의 봉합선을 따라 2줄로 갈라지면서 씨앗이 나온다. 협과(莢果), 두과(豆果), legume이라고도 한다.

꼬투리열매 : 자귀나무

꽃 234쪽

속씨식물의 생식을 담당하는 기관으로 기본적으로 꽃잎, 꽃받침, 암술, 수술의 4가지 기관으로 이루어져 있다. 화(花), flower라고도 한다. 꽃은 정받이가 이루어지면 열매와 씨앗이 자란다.

꽃 : 장구밥나무

꽃가루 22쪽

수술의 꽃밥 속에 들어 있는 가루 모양의 알갱이를 말한다. 화분(花粉), pollen이라고도 한다. 바람에 날려 퍼지는 꽃가루는 알레르기 증상을 일으키기도 한다.

꽃가루 : 소나무

꽃나무 401쪽

아름다운 꽃을 감상하기 위해서 정원에 심거나 화분에 심어 기르는 나무를 말한다. 화목(花木), flowering

꽃나무 : 수국

trees & shrubs라고도 한다.

꽃눈 94쪽

겨울눈 중에서 자라서 꽃이 될 눈을 말한다. 화아(花芽), flower bud, floral bud라고도 한다. 일반적으로 꽃눈은 잎눈에 비해 크고 둥근 것이 많지만 구분이 어려운 것도 있다.

꽃눈 : 백목련

꽃덮이 23쪽

꽃부리와 꽃받침의 구분이 명확하지 않을 때 둘을 통틀어 이르는 말로 겉꽃덮이와 속꽃덮이로 구분할 수도 있다. 넓은 뜻으로 꽃부리와 꽃받침을 통틀어 말하기도 한다. 화피(花被), perianth라고도 한다.

꽃덮이 : 태산목

꽃덮이조각 23쪽

꽃잎과 꽃받침을 구분하기가 어려운 꽃덮이를 이루는 하나하나의 조각을 말한다. 화피편(花被片), tepal, perianth segment라고도 한다.

꽃덮이조각 : 태산목

꽃밖꿀샘 183쪽

대부분의 꿀샘은 꽃 안에 있지만 잎자루, 턱잎, 잎몸의 가장자리처럼 꽃 밖에 있는 꿀샘을 '꽃밖꿀샘'이라고 한다. 화외밀선(花外蜜腺), extrafloral nectary라고도 한다.

꽃밖꿀샘 : 유동

꽃받기 235쪽 꽃턱

꽃받침 234쪽

꽃의 가장 밖에서 꽃잎을 받치고 있는 조각을 말한다. 악(萼), calyx라고도 하며 꽃잎과 함께 암술과 수술을 보호하는 역할을 한다. 밑부분이 합쳐진 것도 있고 여러 개의 조각으로 나누어진 것도 있는 등 모양이 여러

꽃받침 : 능소화

가지이다.

꽃받침조각 235쪽

꽃받침이 여러 개의 조각으로 나뉘어져 있을 때 각각의 조각을 말한다. 악편(萼片), sepal이라고도 한다.

꽃받침조각 : 해당화

꽃받침통 254쪽

꽃받침이 합쳐져서 통 모양을 이룬 부분을 말한다. 악통(萼筒), calyx tube라고도 한다. 갈라진 꽃받침조각을 제외한 아래쪽의 원통 부분은 '통부(筒部)'라고 한다.

꽃받침통 : 복숭아나무

꽃밥 234쪽

수술의 끝에 달린 꽃가루를 담고 있는 주머니를 말한다. 약(約), anther라고도 한다. 일반적으로 꽃밥은 4개의 꽃가루주머니로 이루어지며 크기와 모양이 다양하다.

꽃밥 : 참오동

꽃부리 235쪽

꽃에서 꽃잎 부분을 모두 합쳐 이르는 말로 북한에서는 '꽃갓'이라고 한다. 화관(花冠), corolla라고도 한다. 꽃부리는 수술과 암술을 보호하거나 곤충을 불러들이는 역할을 한다.

꽃부리 : 진달래

꽃식물 356쪽 씨식물

꽃실 234쪽 수술대

꽃싸개잎 22쪽 꽃턱잎

꽃안꿀샘 182쪽

꽃 안에 있는 꿀샘을 말한다. 화내밀선(花內蜜腺), intrafloral nectary라고도 한다. 꽃 안에 들어 있는 달콤한 꿀을 먹기 위해 찾아온 곤충이나 동물이 꽃가루받이를 도와준다.

꽃안꿀샘 : 산수유

꽃이삭 282쪽

한 개의 꽃대에 이삭 모양으로 꽃이
무리 지어 달린 꽃차례를 이르는 말
이다. 화수(花穗), spike라고도 한다.

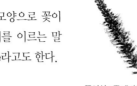

꽃이삭 : 족제비싸리

꽃잎 234쪽

꽃부리를 이루고 있는 낱낱의 조각으
로 보통 암수술과 꽃받침 사이에 있
다. 화판(花瓣), petal이라고도 한다.
꽃받침과 함께 암수술을 보호하고 곤
충을 불러들이는 역할을 한다.

꽃잎 : 복숭아나무

꽃차례 240쪽

작은 꽃이 피는 식물은 곤충의 눈
에 잘 띄기 위해 많은 꽃이 모여
달린 커다란 꽃송이를 만드는데
작은 꽃이 줄기나 가지에 배열하
는 모양을 '꽃차례'라고 한다. 화
서(花序), inflorescence라고도
한다.

꽃차례 : 사철나무

꽃턱 235쪽

꽃에서 꽃잎, 꽃받침, 암술, 수술 등
의 모든 기관이 달리는 꽃자루 맨 끝
의 볼록한 부분을 말한다. 꽃받기,
화탁(花托), 화상(花床), receptacles,
torus, thalamus라고도 한다.

꽃턱 : 검종덩굴

꽃턱잎 22쪽

꽃이나 꽃대의 밑에 있는 작은 잎을
말한다. 꽃싸개잎, 포(苞), bract라고
도 한다. 잎이 변한 것으로 꽃이나 눈
을 보호하며 아름다운 꽃잎 모양인
것도 있다. 꽃턱잎을 구성하는 각각
의 조각은 꽃턱잎조각이라고 한다.

꽃턱잎 : 계수나무

꽃턱잎조각 300쪽

꽃턱잎을 구성하는 각각의 조각을 말
한다. 포조각, 포편(苞片), 포린(苞鱗),
bract scale이라고도 한다.

꽃턱잎조각 : 부겐빌레아

꿀샘 182쪽

꽃이나 잎 등에서 달콤한 꿀을 내는
조직이나 기관을 말한다. 밀선(蜜腺),
nectary라고도 한다. 달콤한 꿀을 먹
기 위해 찾아온 곤충이나 동물이 꽃
가루받이를 도와준다.

꿀샘 : 산수유

끝눈 86쪽

겨울눈 중에서 줄기나 가지 끝에 생
기는 눈을 말한다. 정아(頂芽), apical
bud, terminal bud라고도 한다. 일
반적으로 끝눈은 줄기 옆쪽에 생기는
곁눈보다 크다.

끝눈 : 산겨릅나무

끝눈우세 82쪽

봄에 겨울눈이 싹이 터서 자랄 때 보
통 끝눈이 곁눈보다 더 왕성하게 자
라는 것을 말한다. 끝눈을 잘라 내
면 바로 밑의 곁눈이 새로운 끝눈
이 되어 왕성하게 자라는 것을 볼
수 있다. 정아우세(頂芽優勢), apical
dominance라고도 한다.

끝눈우세 : 나래회나무

나란히맥 173쪽

주맥이 따로 없고 여러 잎맥이 서로
나란히 달리는 잎맥을 말한다. 평행
맥(平行脈), parallel vein이라고도 한
다. 외떡잎식물은 대부분이 나란히
맥이다.

나란히맥 : 이대

나무 11쪽

뿌리와 줄기, 가지가 단단한 나무질
로 이루어져 높게 자랄 수 있는 식
물을 통틀어 이르는 말이다. 목본(木
本), 수목(樹木), tree, woody plant
라고도 한다.

나무 : 신갈나무

나무갓 10쪽

원줄기의 윗부분에 가지와 잎이 달
려서 갓 모양을 이룬 부분을 말한다.

나무갓 : 곰솔

수관(樹冠), crown, canopy라고도 한다. 일반적으로 바늘잎나무는 원뿔형, 넓은잎나무는 구형이나 빗자루 모양이 되지만 주위의 환경에 따라 달라진다.

나무껍질 52쪽

나무줄기의 맨 바깥쪽을 싸고 있는 조직으로 외부로부터 속살을 보호하는 역할을 한다. 수피(樹皮), bark이라고도 한다.

나무껍질 : 은행나무

나무베기 368쪽

숲에서 나무를 베어 쓰러뜨리는 일로 보통 목재를 생산하기 위해 나무베기를 한다. 벌목(伐木), 벌채(伐採), felling, logging이라고도 한다.

나무베기

나무주사 383쪽

솔잎혹파리와 같은 해충의 방제나 병을 치료하기 위하여 나무줄기에 주사를 꽂거나 구멍을 뚫어 약물을 주입하는 방법을 말한다. 수간주사(樹幹注射), trunk injection이라고도 한다.

나무주사 : 소나무

나무즙 72쪽

뿌리에서 흡수되어 줄기를 통해 잎으로 가는 액체를 말한다. 수액(樹液), sap라고도 한다. 봄에 잎이 돋기 직전의 수액에는 뿌리에 저장되어 있던 양분도 포함해서 올려 보내는데 이를 채취해서 음료로 마시기도 한다.

나무즙 : 층층나무

나뭇진 68쪽

나무에서 분비되는 끈끈한 액체로 송진과 호박 따위가 있다. 끈끈한 액체가 산화하여 굳어진 것도 함께 나뭇진이라고 한다. 수지(樹脂), resin이라고도 한다.

나뭇진 : 파라고무나무

나선모양어긋나기 154쪽

잎이 햇빛을 골고루 받을 수 있도록 가지에 조금씩 각도를 달리하며 나선 모양으로 서로 어긋나게 달리는 방법을 말한다. 나선상호생(螺旋狀互生), spiral alternate라고도 한다.

나선모양어긋나기 : 꼬리조팝나무

나선상호생(螺旋狀互生) 154쪽

나선모양어긋나기

나아(裸芽) 90쪽 맨눈

나이테 63쪽

나무의 줄기나 가지 단면에 촘촘히 배열되는 둥근 고리 모양의 테를 말한다. 연륜(年輪), annual ring이라고도 하며, 1년마다 1개씩 생기므로 나무의 나이를 알 수 있다.

나이테 : 리기다소나무

나자식물(裸子植物) 186쪽 겉씨식물

낙엽수(落葉樹) 25쪽 갈잎나무

난대림(暖帶林) 371쪽

한반도에서 북위 35도 이남 지역으로 겨울에도 기온이 영하로 잘 내려가지 않는 남해안 이남 지역에 발달하는 숲을 말하며, 사계절 푸른 잎을 달고 있는 늘푸른나무가 많이 분포하는 숲을 이루고 있다. warm temperate forest라고도 한다.

난대림 : 전남 완도

난형(卵形) 160쪽 달걀형

날개열매 295쪽

날개열매는 열매껍질의 일부가 날개 모양으로 발달한 열매로 열매가 익어도 마른 열매껍질이 벌어지지 않는 닫힌열매이며 바람을 타고 날아간다. 시과(翅果), 익과(翼果), samara, keyfruit라고도 한다.

날개열매 : 단풍나무

내과피(內果皮) 308쪽 속열매껍질

내봉선 289쪽
꼬투리열매의 가장자리를 결합하고
있는 2개의 봉합선 중에서 안쪽에 있
는 봉합선을 '내봉선(內縫線)'이라고
하며 씨앗이 붙어 있다. 복봉선(腹縫
線), ventral suture라고도 한다.

내봉선 : 아까시나무

넓은잎나무 14쪽
손바닥처럼 넓적하고 평평한 잎
을 가진 나무를 말하는데 넓은잎
은 흔히 꽃을 피우는 속씨식물이
가지고 있는 잎을 뜻한다. 바늘
잎나무와 잎의 모양을 보고 구분
이 된다. 활엽수(闊葉樹), broad-
leaved tree라고도 한다.

넓은잎나무 : 신갈나무

녹음수(綠陰樹) 406쪽 정자나무

눈비늘조각 87쪽
겨울눈을 싸서 보호하고 있는 단단한
비늘조각을 말한다. 아린(芽鱗), bud
scale이라고도 한다. 턱잎이나 잎자
루가 변한 것이며, 봄이 되면 벌어져
서 떨어지며 흔적을 남기는데 이를
'눈비늘조각자국'이라고 한다.

눈비늘조각 : 라일락

눈비늘조각자국 83쪽
겨울눈을 싸고 있는 눈비늘조각이 봄
이 되면 벌어져서 떨어지며 흔적을
남기는데 이를 말한다. 아린흔(芽鱗
痕), bud scale scar라고도 한다.

눈비늘조각자국 : 목련

눈자루 95쪽
겨울눈의 밑부분이 굵어져서 자루처
럼 된 부분을 말한다. 눈자루를 가
진 나무는 드물다. 아병(芽柄), bud
peduncle이라고도 한다.

눈자루 : 비목나무

눈젖 332쪽 씨젖

늘푸른나무 24쪽
사시사철 내내 푸른 잎을 달고 있는
나무로 상록수(常綠樹), evergreen
tree라고도 한다. 소나무와 대나무
등이 대표적인 늘푸른나무이다.

늘푸른나무 : 사철나무

능형(菱形) 161쪽 마름모형

다육과(多肉果) 294쪽 살열매

다육식물(多肉植物) 75쪽
줄기나 잎이 살이 찌고 내부에 수
분이 많은 식물을 통틀어 말한다.
succulent plant라고도 한다.

다육식물 : 좁은잎병나무

다자엽식물(多子葉植物) 360쪽
뭇떡잎식물

다출손꼴겹잎 165쪽
손꼴겹잎 중에서 특히 6장 이상
의 작은잎이 손바닥처럼 붙는 겹잎
을 말한다. 다출장상복엽(多出掌狀
複葉), multifoliate leaf, multiple
palmate leaf라고도 한다.

다출손꼴겹잎 : 칠엽수

다출장상복엽(多出掌狀複葉) 165쪽
다출손꼴겹잎

다화과(多花果) 297쪽 겹열매

단신복엽(單身複葉) 162쪽 홑겹잎

단엽(單葉) 149쪽 홑잎

단지(短枝) 84쪽 짧은가지

닫힌열매 295쪽
마른열매 중에서 열매가 익은 후
에도 열매껍질이 벌어지지 않는

닫힌열매 : 외대으아리

열매를 말한다. 닫힌열매에는 낟알열매, 날개열매, 여윈열매, 굳은껍질열매, 마디꼬투리열매, 주머니열매 등이 있다. 폐과(閉果), indehiscent fruit라고도 한다.

달걀형 160쪽
잎몸이 달걀 모양으로 아래쪽이 갸름하게 넓은 모양의 잎을 말한다. 난형(卵形), ovate라고도 한다.

달걀형 : 인가목조팝나무

대과(袋果) 295쪽 쪽꼬투리열매

대생(對生) 155쪽 마주나기

대지(大枝) 80쪽 큰가지

대포자엽(大胞子葉) 18쪽 큰홀씨잎

덧눈 124쪽
정상적인 곁눈의 상하나 좌우에 생기는 눈으로 곁눈에 이상이 생기면 대신 역할을 한다. 부아(副芽), accessory bud라고도 한다.

덧눈 : 느티나무

덩굴나무 29쪽
줄기나 덩굴손으로 물체에 감기거나, 담쟁이덩굴처럼 붙음뿌리로 물체에 붙어 기어오르며 자라는 줄기를 가진 나무를 말한다. 만경(蔓莖), 만목(蔓木), vine이라고도 한다.

덩굴나무 : 미역줄나무

덩굴손 64쪽
줄기나 잎의 끝이 가늘게 변하여 다른 물체를 감아 나갈 수 있도록 덩굴로 모양이 바뀐 부분을 말한다. 권수(卷鬚), tendril이라고도 한다. 줄기, 잎끝, 작은잎, 턱잎 등 여러 부위가 덩굴손으로 변한다.

덩굴손 : 청미래덩굴

도관(導管) 151쪽 물관

도란형(倒卵形) 161쪽 거꿀달걀형

도피침형(倒披針形) 160쪽 거꿀피침형

돌려나기 156쪽
가지의 마디에 3개 이상의 잎이 돌려 붙는 잎차례를 말한다. 윤생(輪生), verticillate, whorled라고도 한다.

돌려나기 : 나무수국

동아(冬芽) 82쪽 겨울눈

동해(凍害) 382쪽 언피해

두갈래맥 173쪽
계속 둘로 갈라지는 잎맥을 말한다. 차상맥(叉狀脈), dichotomous vein이라고도 한다. 주로 고사리식물이나 은행나무 등에서 발견되기 때문에 다른 맥보다는 원시적인 것으로 여겨진다.

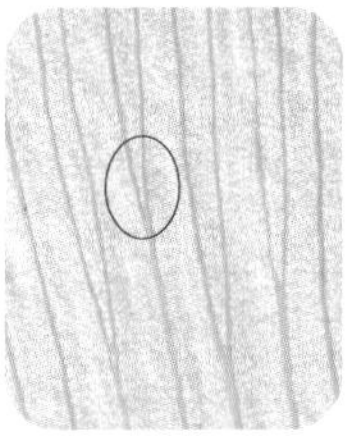
두갈래맥 : 은행나무

두겹잎 162쪽
하나의 큰잎자루에 2장의 작은잎이 1쌍으로 달리는 겹잎을 말한다. 이출복엽(二出複葉), bifoliate compound leaf라고도 한다.

두겹잎 : 발가락나무

두과(豆果) 295쪽 꼬투리열매

두줄마주나기 155쪽
가지의 마디에 2장의 잎이 180도를 이루며 벌어져 마주 달리며, 다음 마디에 마주나는 잎도 같은 위치에서 같은 방향을 보고 달리는 것을 말한다. 이열대생(二列對生), distichous opposite라고도 한다.

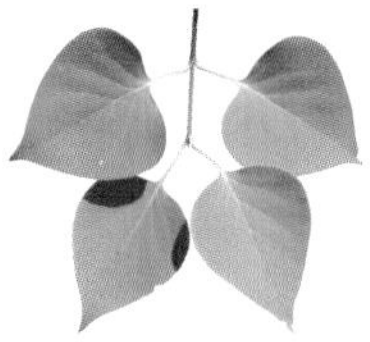
두줄마주나기 : 라일락

두줄어긋나기 154쪽
가지에 서로 어긋나는 잎이 이웃하는 잎과 각각 180도를 이루며 양쪽으로 달리는 잎차례를 말한다. 이

두줄어긋나기 : 사방오리

열호생(二列互生), distichous alternate라고도 한다.

둔거치(鈍鋸齒) 170쪽 둔한 톱니

둔두(鈍頭) 168쪽 둔한끝

둔한 톱니 170쪽
잎 가장자리의 톱니가 둔하고 뭉툭하여 예리하지 않은 모양인 톱니를 말한다. 둔거치(鈍鋸齒), crenate라고도 한다.

둔한 톱니 : 계수나무

둔한끝 168쪽
잎몸의 윗부분이 날카롭지 않고 무딘 모양인 잎을 말한다. 둔두(鈍頭), obtuse라고도 한다. 차나무 잎끝을 예로 들 수 있다.

둔한끝 : 차나무

둥근끝 168쪽
잎몸의 윗부분이 둥근 모양인 잎을 말한다. 원두(圓頭), rounded라고도 한다. 돈나무 잎끝을 예로 들 수 있다.

둥근끝 : 돈나무

둥근밑 169쪽
잎 밑부분이 둥그스름한 모양의 잎을 말한다. 원저(圓底), rounded라고도 한다. 안개나무 잎밑을 예로 들 수 있다.

둥근밑 : 안개나무

둥근잎 161쪽 안갈래잎

뒤로 말린 170쪽
잎 가장자리가 뒤로 말리는 모양을 말한다. 반전(反轉), revolute라고도 한다. 만병초 잎 가장자리는 뒤로 말린다.

뒤로 말린 : 만병초

떡잎 330쪽
씨앗에서 처음으로 싹 트는 최초의 잎을 말한다. 싹이 틀 때 1장의 떡잎이 나오는 외떡잎식물과 싹이 틀 때 2장의 떡잎이 나오는 쌍떡잎식물이 있다. 자엽(子葉), cotyledon이라고도 한다.

떡잎 : 쪽동백나무

떨기나무 29쪽
대략 5m 이내 높이로 자라는 키가 작은 나무를 말한다. 관목(灌木), shrub이라고도 한다. 흔히 줄기가 모여나 덤불을 이루는 나무가 많다.

떨기나무 : 영산홍 품종

떨켜 108쪽
잎, 꽃, 과일 등이 줄기나 가지에서 떨어져 나갈 때 연결되었던 부분에 생기는 특별한 세포층을 말한다. 떨켜는 수분이 빠져나가는 것을 막고 병균이 침입하는 것도 막는 역할을 한다. 이층(離層), absciss layer, abscission layer라고도 한다.

떨켜 : 칡

마디꼬투리열매 295쪽
꼬투리열매 중에서 꼬투리는 가로로 몇 개의 마디가 생기고 익으면 마디가 분리되어 떨어져 나가는 열매를 말한다. 분리된 마디 속의 씨앗은 닫힌열매이다. 절과(節果), 절두과(節豆果), loment라고도 한다.

마디꼬투리열매 : 된장풀

마디사이 85쪽
줄기나 가지에서 잎이나 겨울눈이 달려 있는 마디와 마디 사이를 말한다. 절간(節間), internode라고도 한다.

마디사이 : 물푸레나무

마른열매 294쪽
어린 열매는 수분이 있지만 열매가 익으면 열매껍질이 마르면서 건조해지는 열매를 말한다. 마른열매는 마른 열매껍질이 자연스럽게 갈라지느냐 갈라지지 않느냐에 따라 다시 열리는열매와 닫힌열매로 구분한다.

마른열매 : 동백나무

건과(乾果), dry fruit라고도 한다.

마름모형 161쪽

잎몸이 넓은 달걀형으로 가운데 부분이 약간 모가 진 잎을 말한다. 능형(菱形), rhomboid라고도 한다. 오구나무 잎은 대개 둥근 마름모형이다.

마름모형 : 오구나무

마주나기 155쪽

한 마디에 2장의 잎이 마주 달리는 잎차례를 말한다. 대생(對生), opposite라고도 한다. 두줄마주나기, 십자마주나기 등 여러 가지 방법으로 잎이 마주난다.

마주나기 : 마삭줄

막눈 129쪽

끝눈이나 곁눈처럼 일정한 자리가 아닌 곳에서 나오는 눈을 말한다. 부정아(不定芽), adventive bud, indefinite bud라고도 한다.

막눈 : 녹나무

만경(蔓莖) 29쪽 덩굴나무

만목(蔓木) 29쪽 덩굴나무

망상맥(網狀脈) 172쪽 그물맥

맨눈 90쪽

눈비늘조각에 싸여 있지 않고 그대로 드러나는 눈을 말한다. 벗은눈, 나아(裸芽), 무린아(無鱗芽), naked bud라고도 한다.

맨눈 : 나도밤나무

맹그로브 46쪽

열대나 아열대의 바닷가나 하구의 습지에서 자라는 나무를 통틀어 '맹그로브'라고 한다. 홍수림(紅樹林), mangrove, mangrove forest라고도 한다. 맹그로브 숲은 파도가 심한 곳에서는 잘 형성되지 않고 대개 큰 강의 하구에 잘 만들어진다.

맹그로브 : 싱가포르

맹아(萌芽) 129쪽 움돋이

모여나기 156쪽

한 마디나 한 곳에 여러 개의 잎이 무더기로 모여 난 잎차례를 말한다. 총생(叢生), fascicled라고도 한다.

모여나기 : 굴거리나무

모인꽃턱잎조각 97쪽

많은 꽃이 촘촘히 모인 꽃송이에서는 짧아진 꽃자루에 꽃턱잎이 촘촘히 붙는 경우가 있는데 이를 '모인꽃턱잎'이라고 한다. 모인꽃턱잎조각은 모인꽃턱잎을 구성하는 각각의 조각을 말한다. 총포조각, 총포편(總苞片), 총포엽(總苞葉), involucral bract라고도 한다.

모인꽃턱잎조각 : 산수유

모인열매 296쪽

하나의 꽃에 여러 개의 암술이 있는 여러암술꽃이 자라서 된 열매를 말한다. 여러 개의 꽃이 모여 달린 꽃송이가 열매송이로 변한 겹열매와 비슷하지만 하나의 꽃에서 자란 열매송이란 점이 다르다. 취과(聚果), 집합과(集合果), aggregate fruit, etaerio라고도 한다.

모인열매 : 줄딸기

목류(木瘤) 385쪽 옹두리

목본(木本) 11쪽 나무

목절(木節) 385쪽 옹이

무린아(無鱗芽) 90쪽 맨눈

무한꽃차례 241쪽

유한꽃차례와 반대로 꽃차례의 꽃이 밑에서부터 위로 계속 피어 올라가거나 밖에서부터 안으로 계속 피어 들어가는 것을 '무한꽃차례'라고 한다. 무한화서(無限花序), indeterminate inflorescence라고도 한다. 무한꽃차

무한꽃차례 : 칡

례에는 이삭꽃차례, 꼬리꽃차례, 송이꽃차례, 원뿔꽃차례,
우산꽃차례, 고른꽃차례, 머리모양꽃차례 등이 있다.

무한화서(無限花序) 241쪽 무한꽃차례

묶어나기 157쪽

소나무나 잣나무처럼 2~5개의 바
늘잎이 1개의 다발로 뭉쳐나거나 짧
은가지 끝에 잎이 뭉쳐나는 것을 말
한다. 속생(束生), fasciculate라고도
한다.

묶어나기 : 곰솔

묻힌눈 122쪽

햇가지의 조직 속에 묻혀 있어 겉으
로 드러나지 않는 눈을 말한다. 은아
(隱芽), concealed bud라고도 한다.
회화나무의 겨울눈은 잎자국 속에서
반쯤만 드러나는데 이는 '반묻힌눈'
이라고 한다.

묻힌눈 : 얇은잎고광나무

물결모양 171쪽

잎 가장자리의 톱니 끝이 날카롭
지 않고 전체가 물결처럼 보이는 모
양을 말한다. 파상(波狀), repand,
undulate라고도 한다.

물결모양 : 백량금

물관 151쪽

뿌리에서 흡수한 물과 무기 양분
이 식물의 각 부위로 이동하는 통
로를 말한다. 도관(導管), vessel,
conduit tube라고도 한다.

물관 :
잎의 단면과 내부 구조

물열매 294쪽

물열매는 살열매의 하나로 열매살
과 열매즙이 있는 씨방벽이 두껍게
발달해서 만들어진다. 물열매 중에
는 열매즙이 달콤해서 과일로 먹는
것이 여럿 있다. 장과(漿果), 액과
(液果), berry라고도 한다.

물열매 : 다래

뭇떡잎식물 360쪽

겉씨식물은 떡잎의 수가 다양한데
그중에서 3개 이상의 떡잎이 빙
둘러나는 것을 '뭇떡잎식물'이라
고 한다. 다자엽식물(多子葉植物),
polycotyledon이라고도 한다.

뭇떡잎식물 : 소나무

뭉뚝끝 168쪽

잎몸의 윗부분이 뾰족하거나 파이
지 않고 칼로 자른 것처럼 수평을
이루는 잎을 말한다. 절두(截頭),
truncate라고도 한다.

뭉뚝끝 : 주걱잎고무나무

뭉뚝밑 169쪽

잎 밑부분이 점차 좁아지거나 파이지
않고 칼로 자른 것처럼 편평한 모양
의 잎을 말한다. 절저(截底), 평저(平
底), truncate라고도 한다.

뭉뚝밑 : 새머루

미상두(尾狀頭) 168쪽

꼬리모양잎끝

미철두(微凸頭) 168쪽 침끝

밀선(蜜腺) 182쪽 꿀샘

밋밋한 170쪽

잎 가장자리가 갈라지지 않고 톱니나
가시가 없이 매끄러운 모양을 말한
다. 전연(全緣), entire라고도 한다.

밋밋한 : 회양목

밑씨 257쪽

암술대 밑부분의 씨방 속에 들어 있으
며 정받이를 한 뒤에 자라서 씨앗이
되는 기관을 말한다. 배주(胚珠), ovule
이라고도 한다. 함박꽃나무는 꽃턱에
나선상으로 빙 둘러 있는 씨방 속에
깨알처럼 작은 밑씨가 들어 있다.

밑씨 : 함박꽃나무

밑씨자루 291쪽

정받이가 되면 씨앗으로 자랄 밑씨와 씨자리를 이어 주는 자루를 말한다. 주병(珠柄), funicle, funiculus라고도 한다.

밑씨자루 : 파파야

바늘잎 10쪽

소나무처럼 바늘 모양으로 생긴 잎을 말한다. 침엽(針葉), acicular leaf, needle leaf라고도 한다. 구조적으로 수분의 증발을 억제하기 때문에 가뭄에 잘 견디며 추위에도 강하다.

바늘잎 : 금송

바늘잎나무 12쪽

소나무처럼 바늘잎을 달고 있는 나무를 모두 일컫는 말이다. 침엽수(針葉樹), conifer, coniferous tree, needle-leaved tree라고도 한다. 측백나무처럼 비늘이 포개진 모양의 비늘잎을 가진 나무들도 바늘잎나무에 포함되며 모두 겉씨식물에 속한다.

바늘잎나무 : 리기다소나무

바늘형 160쪽

잎몸이 바늘같이 매우 길고 좁으며 끝이 뾰족한 잎을 말한다. 침형(針形), aciculate라고도 한다. 소나무나 비자나무 등의 잎이 대표적이다.

바늘형 : 개잎갈나무

반묻힌눈 123쪽

겨울눈은 일부가 잎자국 속에 숨어서 겉으로 반쯤만 드러나는 눈을 말한다. 반은아(半隱芽), semiconcealed bud라고도 한다.

반묻힌눈 : 회화나무

반상록성(半常綠性) 26쪽

줄기에 부분적으로 푸른 잎이 남아 있는 채로 겨울을 나는 것을 말한다. semi-evergreen, semi-deciduous 라고도 한다.

반상록성 : 꽃댕강나무

반은아(半隱芽) 123쪽 반묻힌눈

반전(反轉) 170쪽 뒤로 말린

받침뿌리 38쪽 버팀뿌리

받침잎 49쪽 턱잎

방사대칭꽃 236쪽

꽃잎이 가지런히 배열된 꽃의 중심을 평면으로 잘랐을 때 양쪽이 똑같은 모양으로 나누어지는 대칭축이 몇 개씩 있는 꽃을 말한다. 방사대칭꽃은 꽃잎의 수에 따라 대칭축의 수가 다르다. 방사대칭화(放射對稱花), 방사상칭화(放射相稱花), 정제화(整齊花), actinomorphic flower라고도 한다.

방사대칭꽃 : 라일락

방사대칭화(放射對稱花) 236쪽 방사대칭꽃

방사상칭화(放射相稱花) 236쪽 방사대칭꽃

방패밑 169쪽

잎자루가 잎몸 안쪽에 붙어서 방패처럼 보이는 잎을 말한다. 순저(盾底), peltate라고도 한다. 새모래덩굴의 잎밑이 대표적이다.

방패밑 : 새모래덩굴

방풍림(防風林) 377쪽

거센 바람을 막기 위해 나무를 촘촘히 심어 만든 숲을 말한다. windbreak forest라고도 한다. 수종은 뿌리가 깊어서 바람에 잘 견디는 늘푸른나무 중에서도 바늘잎나무가 더 적당하다.

방풍림 : 곰솔

배(胚) 313쪽 씨눈

배꼽열매 294쪽

배꼽열매는 씨방이 아닌 꽃턱이나 꽃받침의 밑부분이 두껍게 발달해서 씨

배꼽열매 : 콩배나무

방을 싸고 있는 헛열매로 살열매의 일종이다. 심피는 연골질이나 종이질이며 씨앗은 많다. 이과(梨果), pome이라고도 한다.

배병(胚柄) 304쪽 씨눈자루

배봉선(背縫線) 289쪽 외봉선

배아(胚芽) 313쪽 씨눈

배유(胚乳) 332쪽 씨젖

배젖 332쪽 씨젖

배주(胚珠) 257쪽 밑씨

배축(胚軸) 45쪽 씨눈줄기

버팀뿌리 38쪽
줄기에서 방사상으로 나온 공기뿌리가 땅으로 내려 단단히 박고 버팀목 역할을 하는 뿌리를 말한다. 받침뿌리, 지주근(支柱根), prop aerial root, prop root라고도 한다. 나무줄기의 곁뿌리가 널빤지 모양으로 사방으로 발달해서 버팀목 역할을 하는 판뿌리도 버팀뿌리의 한가지로 볼 수 있다.

버팀뿌리 : 대만판다누스

벌레혹 380쪽
식물체에 곤충이 알을 낳거나 기생해서 만들어지는 혹 모양의 조직을 말한다. 충영(蟲癭), gall이라고도 한다.

벌레혹 : 느티나무

벌목(伐木) 368쪽 나무베기

벌채(伐採) 368쪽 나무베기

벗은눈 90쪽 맨눈

벽씨자리 290쪽
가운데기둥과 각 방 사이의 벽이 없

벽씨자리 : 파파야

어져서 하나의 씨방실로 합쳐지고 씨방실 안쪽 옆 벽의 가름막이 있던 자리에 밑씨가 붙는 씨자리를 말한다. 측막태좌(側膜胎座), 측벽태좌(側壁胎座), parietal placentation이라고도 한다.

변연태좌(邊緣胎座) 288쪽 테씨자리

병생부아(竝生副芽) 125쪽 가로덧눈

복거치(復鋸齒) 148쪽 겹톱니

복과(複果) 297쪽 겹열매

복봉선(腹縫線) 289쪽 내봉선

복엽(複葉) 149쪽 겹잎

봉선(縫線) 288쪽 봉합선

봉합선(縫合線) 288쪽
열매의 가장자리를 결합하고 있는 선을 말하며 열매가 익으면 봉합선을 따라 쪼개진다. 봉선(縫線), suture라고도 한다.

봉합선 : 아까시나무

부름켜 17쪽
세포가 왕성하게 분열하면서 줄기가 굵어지게 만드는 살아 있는 세포층을 말한다. 형성층(形成層), cambium이라고도 한다. 관다발의 물관부와 체관부 사이에 있다.

부름켜 : 나무줄기 단면

부아(副芽) 124쪽 덧눈

부정아(不定芽) 129쪽 막눈

부정제꽃 237쪽 좌우대칭꽃

부정제화(不整齊花) 237쪽 좌우대칭꽃

부착근(付着根) 48쪽 붙음뿌리

부착반(附着盤) 49쪽 붙음판

부피생장 63쪽
나무줄기는 줄기 바깥쪽에 원통 모양
으로 빙 둘러 있는 부름켜가 계속 밖
으로 분열하면서 자라므로 안쪽의 목
질부가 점점 굵어지는데 이를 '부피생
장'이라고 한다. 직경생장(直徑生長),
diameter growth라고도 한다.

부피생장 : 등칡

분열엽(分裂葉) 161쪽 갈래잎

분재(盆栽) 410쪽
화분에 나무를 심어 작은 노거목처럼
축소시켜 가꾼 것을 말한다. bonsai,
potted plant라고도 한다.

분재 : 소나무

불규칙거치(不規則鋸齒) 171쪽 불규칙한 톱니

불규칙한 톱니 171쪽
잎 가장자리의 톱니가 불규칙하게 들
쑥날쑥한 모양을 말한다. 불규칙거
치(不規則鋸齒), erose라고도 한다. 은
사시나무 잎에서 볼 수 있다.

불규칙한 톱니 :
은사시나무

불분열엽(不分裂葉) 161쪽 안갈래잎

불완전엽(不完全葉) 149쪽 안갖춘잎

붙음뿌리 48쪽
다른 것에 달라붙기 위해서 줄기
의 군데군데에서 뿌리를 내는 식물
의 뿌리를 말한다. 부착근(付着根),
adhesive root라고도 한다.

붙음뿌리 : 능소화

붙음판 49쪽
담쟁이덩굴 붙음뿌리의 가지 끝마
다 달리는 둥근 물체는 끈적이는
점액질을 내어 다른 물체에 달라
붙어서 '붙음판'이라고 한다. 부착
반(附着盤), pulvillus라고도 한다.

붙음판 : 담쟁이덩굴

비늘눈 87쪽
겨울눈 속에 들어 있는 잎이나 꽃이
될 어린 조직을 보호하기 위해 겉이
눈비늘조각에 싸여 있는 눈을 말한
다. 인아(鱗芽), 인편아(鱗片芽), 유린
아(有鱗芽), scaled bud라고도 한다.

비늘눈 : 상산

비늘잎 13쪽
작은잎이 물고기의 비늘조각처럼 포
개지는 잎을 말한다. 인엽(鱗葉), 인
편엽(鱗片葉), scale leaf라고도 한다.

비늘잎 : 편백

비늘조각 14쪽
식물체 표면에 생기는 비늘 모양의 작
은 조각을 말한다. 인편(鱗片), scale이
라고도 한다. 예를 들면 도토리 깍정이
겉을 덮고 있는 것이 비늘조각이다.

비늘조각 : 신갈나무

비늘형 160쪽
작고 평평한 잎이 비늘처럼 포개지는
잎을 말한다. 인형(鱗形), scalelike라
고도 한다. 비늘잎을 가진 나무도 바
늘잎나무에 포함된다.

비늘형 : 나한백

빨판 48쪽
붙음뿌리 가지 끝마다 달리는 물체
는 우묵한 내부가 공기압을 낮추어
다른 물체에 단단히 달라 붙는데
이를 말한다. 흡반(吸盤), sucker,
adhesive disk라고도 한다.

빨판 : 담쟁이덩굴

뾰족끝 168쪽
잎몸의 윗부분이 끝으로 갈수록 점
차 좁아지면서 뾰족해지는 잎을 말한
다. 예두(銳頭), acute라고도 한다.

뾰족끝 : 미선나무

뾰족밑 169쪽
잎 밑부분이 잎자루로 갈수록 점차
좁아지면서 뾰족해지는 잎을 말한
다. 예저(銳底), acute라고도 한다.

뾰족밑 : 감탕나무

뿌리 34쪽

땅속에 있어서 식물의 몸이 쓰러지지 않도록 떠받치고 물이나 양분을 흡수해서 줄기와 잎으로 보내는 기관을 말한다. 근(根), root, radix라고도 한다.

뿌리 : 회양목

뿌리골무 35쪽

뿌리 끝부분에 있는 모자 모양의 조직으로 뿌리 끝에 있는 분열 조직인 생장점을 보호한다. 근관(根冠), root cap이라고도 한다.

뿌리골무 : 감자

뿌리줄기 20쪽

줄기가 변해서 뿌리처럼 땅속에서 옆으로 벋으면서 자라는 것을 말한다. 근경(根莖), rhizoma, rhizome이라고도 한다. 마디에서 잔뿌리가 돋으며 비늘 모양의 잎이 돋아 구분이 된다.

뿌리줄기 : 솜대

뿌리털 35쪽

뿌리의 껍질 세포 중 일부는 바깥쪽으로 길게 자라서 털 모양이 되는데 이를 '뿌리털'이라고 한다. 근모(根毛), root hair라고도 한다.

뿌리털 : 감자

사관(篩管) 151쪽 체관

삭과(蒴果) 295쪽 터짐열매

산림대(山林帶) 370쪽

산림을 기후, 특히 온도의 차이에 따라 띠 모양의 지역으로 구분하는 것을 말한다. 삼림대(森林帶), forest zone이라고도 한다. 온도 변화에 따른 산림대는 위도에 따른 수평적 산림대와 해발 고도에 따른 수직적 산림대가 있다.

산림대

산울타리 408쪽 생울타리

살열매 294쪽

열매살이 두껍고 열매즙이 있는 열매를 말한다. 살열매에는 물열매, 굳은씨열매, 박꼴열매, 귤꼴열매, 석류꼴열매, 배꼴열매 등이 있다. 육질과(肉質果), 다육과(多肉果), fleshy fruit라고도 한다.

살열매 : 괴불나무

살찐솔방울열매 303쪽

측백나무과 향나무속의 솔방울열매는 살이 많은 육질의 비늘잎으로 이루어져서 '살찐솔방울열매'라고 한다. 육질구과(肉質球果), galbulus라고도 한다. 살찐솔방울열매는 익으면 점차 마르면서 갈라져 벌어진다.

살찐솔방울열매 : 노간주나무

삼각형(三角形) 161쪽

홑잎 중에서 잎몸이 삼각형 모양인 잎을 말한다. deltoid라고도 한다. 양버들의 잎이 삼각형 모양이다.

삼각형 : 양버들

삼림대(森林帶) 370쪽 산림대

삼성동주(三性同株) 251쪽
수꽃암꽃암수한꽃한그루

삼출복엽(三出複葉) 162쪽 세겹잎

삼출엽(三出葉) 162쪽 세겹잎

삼행맥(三行脈) 172쪽 3주맥

상록수(常綠樹) 24쪽 늘푸른나무

상산모양잎차례 159쪽

상산은 잎이 2장씩 교대로 어긋나는 독특한 잎차례를 하고 있는데 이를 '상산모양잎차례'라고 한다. 상산형엽서(常山型葉序), orixate phyllotaxis라고도 한다. 배롱나무에서도 볼 수 있다.

상산모양잎차례 : 상산

상산형엽서(常山型葉序) 159쪽 상산모양잎차례

상위자방(上位子房) 254쪽 위씨방

새가지 81쪽 햇가지

새살고리 385쪽
나무의 가지치기를 할 경우에 올바르게 자르기를 한 주변에는 상처 가장자리의 부름켜를 따라 새로운 세포가 자라면서 새살이 고리 모양으로 만들어지는데 이를 말한다. 유합조직(癒合組織), callus라고도 한다.

새살고리 : 후박나무

생리(生籬) 408쪽 생울타리

생울(生垣) 408쪽 생울타리

생울타리 408쪽
살아 있는 나무를 촘촘히 심어 만든 울타리를 말한다. 산울타리, 생리(生籬), 생울(生垣), hedge, living fence, planting fence라고도 한다.

생울타리 : 구골목서

석과(石果) 294쪽 굳은씨열매

석류과(石榴果) 294쪽 석류꼴열매

석류꼴열매 294쪽
물열매와 비슷하지만 속열매껍질이 여러 개의 작은 방으로 나뉘고 방마다 씨앗이 가득 들어 있으며 씨앗을 싸고 있는 헛씨껍질이 육질이고 즙이 많다. 석류과(石榴果), pomegranate, balausta라고도 한다.

석류꼴열매 : 석류

섞임눈 102쪽
하나의 겨울눈 속에 꽃으로 자랄 꽃눈과 잎가지로 자랄 잎눈이 함께 들어 있는 눈을 말한다. 혼아(混芽), mixed

섞임눈 : 딱총나무

bud라고도 한다. 꽃눈처럼 생겨서 꽃눈에 포함시키기도 한다.

선형(線形) 160쪽
폭이 좁고 길이가 길어 양쪽 가장자리가 거의 평행을 이루는 잎이나 꽃잎을 말한다. 길이와 너비의 비가 5:1에서 10:1 정도이다. linear라고도 한다.

선형 : 비자나무

세거치(細鋸齒) 170쪽 잔톱니

세겹잎 162쪽
3장의 작은잎으로 이루어진 겹잎을 말한다. 삼출엽(三出葉), 삼출복엽(三出複葉), ternate compound leaf라고도 한다. 싸리, 칡, 탱자나무 등에서 볼 수 있다.

세겹잎 : 탱자나무

세로덧눈 125쪽
곁눈의 위나 아래에 달리는 덧눈을 말한다. 중생부아(重生副芽), 종생부아(縱生副芽), serial accessory bud라고도 한다. 덧눈은 정상적인 눈에 변고가 생겼을 때에만 생장을 한다.

세로덧눈 : 쪽동백나무

세맥(細脈) 172쪽 가는맥

소교목(小喬木) 29쪽 작은키나무

소지(小枝) 80쪽 잔가지

소포자낭(小胞子囊) 19쪽 작은홀씨주머니

소포자엽(小胞子葉) 19쪽 작은홀씨잎

속생(束生) 157쪽 묶어나기

속씨식물 15쪽
꽃이 피고 열매를 맺는 씨식물 중에서 씨방 안에 밑씨가 들어 있는 식물을 말한다. 피자식물(被子植物), angiosperm,

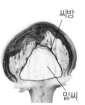
씨방
밑씨
속씨식물 : 모란

angiospermae라고도 한다. 식물 중에서 가장 진화한 무리로 전체 식물의 90% 정도를 차지한다.

속씨자리 287쪽

몇 개의 심피로 이루어진 씨방에서 각각의 심피 가장자리가 합착하여 씨방실의 중앙에 가운데기둥이 만들어진 것을 '속씨자리'라고 한다. 중축태좌(中軸胎座), axile placentation, axile placenta라고도 한다.

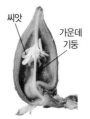
속씨자리 : 개나리

속열매껍질 308쪽

열매의 껍질 중에서 가장 안쪽에 있는 껍질을 '속열매껍질'이라고 한다. 살구나무 등에서는 굳은씨가 되고 귤에서는 열매살을 싸고 있는 등 여러 가지이다. 내과피(內果皮), endocarp라고도 한다.

속열매껍질 : 멀구슬나무

손꼴갈래잎 171쪽

갈래잎 중에서 잎 가장자리가 손바닥 모양으로 갈라지는 잎을 말한다. 장상열(掌狀裂), palmatifid라고도 한다.

손꼴갈래잎 : 단풍나무

손꼴겹잎 164쪽

잎자루 끝에 여러 개의 작은잎이 손바닥 모양으로 빙 돌려가며 붙은 겹잎을 말한다. 장상복엽(掌狀複葉), palmately compound leaf라고도 한다.

손꼴겹잎 : 으름덩굴

손꼴맥 173쪽

잎자루 끝에서 여러 개의 주맥이 손바닥 모양으로 벋는 모양을 한 잎맥을 말한다. 장상맥(掌狀脈), palmately vein이라고도 한다. 산겨릅나무 잎에서 볼 수 있다.

손꼴맥 : 산겨릅나무

손꼴세겹잎 163쪽

세겹잎 중에서 큰잎자루 끝에 작은잎자루가 없는 3장의 작은잎이 직접 붙

손꼴세겹잎 : 탱자나무

는데 이런 세겹잎을 '손꼴세겹잎'으로 구분하기도 한다. 장상삼출엽(掌狀三出葉), palmately trifoliate leaf라고도 한다.

솔방울열매 13쪽

바늘잎나무에 열리는 솔방울열매는 나무질의 비늘조각이 여러 겹으로 포개져 있으며 조각 사이마다 씨앗이 들어 있다. 구과(毬果), cone, strobilus라고도 한다.

솔방울열매 : 소나무

솔방울조각 13쪽

솔방울열매를 구성하는 각각의 비늘 모양의 조각을 '솔방울조각'이라고 하며 단단한 나무질로 이루어져 있다. 실편(實片), 종린(種鱗), ovuliferous scale, cone scale이라고도 한다.

솔방울조각 : 소나무

송진(松津) 68쪽

소나무과에 속하는 나무가 상처를 입으면 흰색 나뭇진이 흘러나오는데 흔히 '송진'이라고 하며 끈적거린다. pine resin이라고도 한다.

송진 : 섬잣나무

수(髓) 140쪽 골속

수간주사(樹幹注射) 383쪽 나무주사

수과(瘦果) 295쪽 여윈열매

수관(樹冠) 10쪽 나무갓

수관기피(樹冠忌避) 367쪽

일부 나무에서 관찰되는 현상으로 각 나무의 나무갓이 뚜렷하게 경계를 이루며 자라는 현상을 말하는데 나무들의 거리두기라고 할 수 있다. crown shyness라고도 한다.

수관기피 : 소나무

수구화수 258쪽 수솔방울

수그루 247쪽

암수딴그루 중에서 수꽃이 피는 나무를 말한다. 웅주(雄株), male plant라고도 한다. 암꽃만 피는 암그루와 대응되는 말이다.

수그루 : 계수나무

수근(鬚根) 32쪽 수염뿌리

수꽃눈 98쪽

겨울을 이겨 낼 꽃눈 중에서 앞으로 수꽃이 필 겨울눈을 말한다. 웅화아(雄花芽), male flower bud라고도 한다. 암꽃으로 필 암꽃눈에 대응되는 말이다.

수꽃눈 : 오리나무

수꽃암꽃암수한꽃한그루 251쪽

한 그루에 수꽃과 암꽃, 암수한꽃이 함께 섞여 피는 잡성그루를 말한다. 삼성동주(三性同株), trimonoecism이라고도 한다.

수꽃암꽃암수한꽃한그루 : 망고

수꽃암수한꽃한그루 251쪽

한 그루에 수꽃과 암수한꽃이 함께 섞여 피는 잡성그루를 말한다. 웅성양성동주(雄性兩性同株), andromonoecism이라고도 한다.

수꽃

암수한꽃

수꽃암수한꽃한그루 : 칠엽수

수목(樹木) 11쪽 나무

수솔방울 258쪽

겉씨식물에서 꽃가루를 생산하는 기관으로 속씨식물의 수꽃차례에 해당한다. 수구화수, 웅구화수(雄毬花穗), 웅성구화수(雄性毬花穗), male cone이라고도 한다.

수솔방울 : 소나무

수술 234쪽

식물이 씨앗을 만드는 데 꼭 필요한 꽃가루를 만드는 기관을 말한다. 웅예(雄蕊), stamen이라고도

수술 : 순비기나무

한다. 꽃가루를 담고 있는 꽃밥과 꽃밥을 받치고 있는 수술대의 두 부분으로 되어 있다. 수술은 보통 한 꽃에 여러 개가 모여 달린다.

수술대 234쪽

수술의 일부분으로 꽃밥을 달고 있는 실 같은 자루를 말한다. 보통은 실 모양이지만 아욱과처럼 합쳐져서 통 모양이 되는 것도 있고 수련처럼 수술이 넓고 평평해서 수술대를 구분하기 어려운 것도 있다. 꽃실, 화사(花絲), filament라고도 한다.

수술대 : 순비기나무

수액(樹液) 72쪽 나무즙

수염뿌리 32쪽

뿌리줄기의 밑동에서 길이와 굵기가 비슷한 뿌리가 수염처럼 많이 모여나는 뿌리를 말한다. 수근(鬚根), fibrous root라고도 한다. 주로 외떡잎식물에서 볼 수 있는 뿌리로 원뿌리는 거의 발달하지 않는다.

수염뿌리 : 코코스야자

수지(樹脂) 68쪽 나뭇진

수지(樹枝) 80쪽 가지

수초(樹梢) 81쪽 우듬지

수피(樹皮) 52쪽 나무껍질

숙악(宿萼) 318쪽 영구꽃받침

숙존악(宿存萼) 318쪽 영구꽃받침

순저(盾底) 169쪽 방패밑

숨구멍 30쪽

주로 관다발식물의 잎 뒷면에 있는 작은 구멍으로 광합성이나 호흡, 김내기 작용 등을 할 때 공기나 수증기의 통로가 된다. 기공

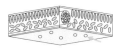
숨구멍 : 잎의 단면과 내부 구조

(氣孔), stigma, stomata라고도 한다.

숨구멍줄 12쪽
숨쉬기와 증산작용을 하는 작은 숨
구멍이 모인 줄을 말한다. 기공조선
(氣孔條線), 기공선(氣孔線), 기공대(氣
孔帶), stomatal band, coniferous
stomata라고도 한다. 바늘잎나무의
잎 뒷면에서 흔히 볼 수 있으며 흰색
이나 연녹색이 돈다.

숨구멍줄 : 비자나무

숨뿌리 35쪽 호흡뿌리

숨은눈 129쪽 잠눈

숲갓 367쪽 숲지붕

숲지붕 367쪽
숲에서 햇빛을 직접 받는 키나무
의 가지와 잎이 무성한 부분이 만
드는 숲 위층의 전체적인 생김새
를 말한다. 숲을 이루는 여러 나무
갓의 생김새에 따라 전체적인 모
양이 달라진다. 숲갓, 임관(林冠),
canopy라고도 한다.

숲지붕 : 오키나와

시과(翅果) 295쪽 날개열매

신장형(腎臟形) 161쪽 콩팥형

신지(新枝) 81쪽 햇가지

신초(新梢) 81쪽 햇가지

실편(實片) 13쪽 솔방울조각

심장밑 169쪽
흔히 볼 수 있는 심장 도형처럼 잎
의 밑부분이 둥글고 가운데가 쑥 들
어간 모양을 말한다. 심장저(心臟底),
cordate라고도 한다. 잎끝이 뾰족하
면 전체적으로 하트 모양이 된다.

심장밑 : 댕댕이덩굴

심장저(心臟底) 169쪽 심장밑

심장형(心臟形) 161쪽 하트형

심파상(深波狀) 171쪽 큰물결모양

심피(心皮) 284쪽
암술을 구성하는 단위로 씨방, 밑씨,
암술대, 암술머리로 이루어져 있다.
보통 암술은 1~여러 개의 심피로 이
루어지지만 겉만 보고 심피의 수를
알기 어려울 때도 많다. carpel이라
고도 한다.

심피 : 가래나무(2심피)

십자대생(十字對生) 155쪽 십자마주나기

십자마주나기 155쪽
잎가지를 위에서 보면 2장씩 마
주 달리는 잎의 위치가 90도씩
직각으로 어긋나서 햇빛을 잘 받
도록 하는 마주나기를 말한다.
십자대생(十字對生), decussate
opposite라고도 한다.

십자마주나기 : 마삭줄

씨 276쪽 씨앗

씨껍질 305쪽
식물의 씨앗을 싸고 있는 껍질을 말하
며 밑씨의 껍질이 변한 것이다. 씨앗껍
질, 종피(種皮), seed coat, testa라고
도 한다.

씨껍질 : 밤나무

씨눈 313쪽
씨앗 속에 들어 있는 씨눈은 앞으로 싹
이 터서 식물체로 자랄 기관이다. 배
(胚), 배아(胚芽), embryo라고도 한다.

씨눈 : 두리안

씨눈자루 304쪽
밑씨를 씨자리에 부착시키는 자루를
말한다. 배병(胚柄), suspensor라고
도 한다. 주목 씨앗을 둘러싸는 붉은

씨눈자루 : 주목

색 헛씨껍질은 씨눈자루가 자란 것이다.

씨눈줄기 45쪽

씨앗 속에 들어 있는 씨눈에서 앞으로 줄기로 자랄 부분을 말한다. 배축(胚軸), embryonic axis, hypocotyl이라고도 한다.

씨방 234쪽

암술대 밑부분에 있는 통통한 주머니 모양을 한 부분으로 속에 밑씨가 들어 있다. 자방(子房), ovary라고도 한다.

씨방 : 모란

씨식물 356쪽

꽃이 피고 씨를 만들어 번식하는 식물을 말한다. 꽃식물, 종자식물(種子植物), seed plant, spermatophyta, spermatophyte라고도 한다. 씨식물은 씨방이 없이 밑씨가 겉으로 드러나는 겉씨식물과 씨방 속에 밑씨가 들어 있는 속씨식물로 나눈다.

씨식물 : 장미

씨앗 276쪽

식물의 밑씨가 정받이를 한 뒤에 자란 열매 속에 들어 있는 기관을 말한다. 씨껍질, 씨젖, 씨눈으로 구성되며 씨식물(종자식물)에서만 볼 수 있다. 씨, 종자(種子), seed라고도 한다.

씨앗 : 붓순나무

씨앗껍질 305쪽 씨껍질

씨자루 291쪽

씨앗과 씨자리를 이어 주는 자루를 말하며 밑씨자루가 자란 것이다. 종자병(種子柄), podosperm이라고도 한다.

씨자루 : 파파야

씨자리 286쪽

속씨식물의 씨방 안에서 밑씨가 붙는 부위를 말한다. 씨자리에 붙어 있던 밑씨는 정받이가 이루어지면 점차 씨앗으로 자란다. 태좌(胎座), placenta라고도 한다.

씨자리 : 개나리

씨젖 332쪽

씨앗 속에 들어 있는 씨젖은 씨눈이 싹이 터서 혼자 자랄 수 있을 때까지 필요한 양분을 저장한 기관이다. 씨젖은 대부분이 녹말이다. 배젖, 눈젖, 배유(胚乳), endosperm이라고도 한다.

씨젖 : 두리안

씨털 276쪽

씨앗의 겉에 있는 털뭉치로 바람을 이용해 씨앗을 멀리 퍼뜨리는 데 도움을 주는 기관이다. 종발(種髮), coma라고도 한다.

씨털 : 무궁화

아교목(亞喬木) 29쪽 작은키나무

아래씨방 255쪽

씨방이 꽃받침보다 아래에 붙어 있는 것을 말한다. 아래씨방은 위씨방보다 조금 더 발전된 씨방으로 열매 끝에 꽃받침자국이 남아 있는 경우가 있다. 하위자방(下位子房), inferior ovary, epigynous라고도 한다.

아래씨방 : 장미

아린(芽鱗) 87쪽 눈비늘조각

아린흔(芽鱗痕) 83쪽 눈비늘조각자국

아병(芽柄) 95쪽 눈자루

아한대림(亞寒帶林) 370쪽

온대와 한대 사이에 해당하며 가장 따뜻한 달의 평균 기온이 10℃ 이상이고 가장 추운 달의 기온이 영하 3℃ 이하인 기후대에서 자라는 산림대를 말한다. subarctic forest라고도 한다.

아한대림 : 우리나라 산림대

아형(芽型) 130쪽

겨울눈 안에 어린 잎이나 가지, 꽃봉오리가 촘촘히 포개져 있는 모양을 말하는데 종마다 특색이 있다. 유엽

아형 : 동백나무

태(幼葉態), aestivation이라고도 한다.

악(萼) 234쪽 꽃받침

악통(萼筒) 254쪽 꽃받침통

악편(萼片) 235쪽 꽃받침조각

안갈래잎 161쪽
잎몸이 갈라지지 않는 잎을 말한다.
둥근잎, 불분열엽(不分裂葉), unlobed
leaf라고도 한다. 잎몸이 여러 갈래로
갈라지는 갈래잎에 대응되는 말이다.

안갈래잎 : 청미래덩굴

안갖춘잎 149쪽
잎을 구성하는 요소인 잎몸, 잎자루, 턱
잎 중에서 어느 하나라도 없는 잎을 말
한다. 불완전엽(不完全葉), incomplete
leaf라고도 한다. 갖춘잎에 대응되는
말이다.

안갖춘잎 : 배롱나무

암구화수 259쪽 암솔방울

암그루 247쪽
암수딴그루 중에서 암꽃이 피는 나무
를 말한다. 자주(雌株), female plant
라고도 한다. 수꽃만 피는 수그루와
대응되는 말이다.

암그루 : 계수나무

암꽃눈 98쪽
겨울을 이겨 낼 꽃눈 중에서 앞으로
암꽃이 필 겨울눈을 말한다. 자화아
(雌花芽), female flower bud라고도
한다. 수꽃으로 필 수꽃눈에 대응되
는 말이다.

암꽃눈 : 오리나무

암꽃암수한꽃한그루 251쪽
한 그루에 암꽃과 암수한꽃이 함
께 섞여 피는 잡성그루를 말한
다. 자성양성동주(雌性兩性同株),
gynomonoecism이라고도 한다.

암꽃암수한꽃한그루 : 털머위

암솔방울 259쪽
겉씨식물에서 암배우체를 생산하는
기관으로 속씨식물의 암꽃차례에 해
당한다. 암구화수, 자구화수(雌毬花
穗), 자성구화수(雌性毬花穗), female
cone이라고도 한다.

암솔방울 : 소나무

암수딴그루 246쪽
암꽃이 달리는 암그루와 수꽃
이 달리는 수그루가 각각 다른
식물을 말한다. 자웅이주(雌雄異
株), 이가화(二家花), dioecism,
dioecious plant라고도 한다.

암수딴그루 : 소귀나무

암수한그루 242쪽
암꽃과 수꽃이 한 그루에 따로 달
리는 식물을 말한다. 자웅동주(雌雄
同株), 일가화(一家花), monoecism,
monoecious plant라고도 한다.

암꽃
수꽃
암수한그루 : 중국굴피나무

암술 234쪽
꽃의 가운데에 있으며 꽃가루를
받아 씨앗과 열매를 맺는 기관을
말한다. 자예(雌蘂), pistil이라고
도 한다. 보통 암술머리, 암술대,
씨방의 세 부분으로 이루어져 있
으며 암술대가 없는 것도 흔하다.

암술 : 탱자나무

암술먼저피기 244쪽
한 꽃에 있는 암술과 수술 중에서 암
술이 먼저 자라고 암술의 꽃가루받이
가 끝나면 수술이 자라게 하는 방법
으로 제꽃가루받이를 피하는데 이를
'암술먼저피기'라고 한다. 자예선숙
(雌蘂先熟), protogynous, protogyny
라고도 한다.

암술먼저피기 : 백목련

액과(液果) 294쪽 물열매

액아(腋芽) 86쪽 곁눈

야자나무 16쪽

외떡잎식물 야자나무과에 속하는 식물의 총칭으로 곧게 자라는 줄기는 대부분 가지가 갈라지지 않으며 커다란 잎이 줄기 끝부분에 빙 둘러나므로 쉽게 구분할 수 있다. 드물게 덩굴로 자라기도 한다. 야자수(椰子樹), palm이라고도 한다.

야자나무 : 칼라파리아야자

야자수(椰子樹) 16쪽 야자나무

약(藥) 234쪽 꽃밥

약목(若木) 52쪽 어린나무

양낭(瓤囊) 324쪽 쪽

양성동주(兩性同株) 250쪽 잡성그루

양수(陽樹) 369쪽 양지나무

양지나무 369쪽

햇빛이 잘 드는 양달에서는 잘 자라지만 그늘에서는 잘 자라지 못하는 나무를 말한다. 양수(陽樹), intolerant tree, sun tree라고도 한다.

양지나무 : 사과나무

어긋나기 154쪽

줄기의 마디마다 잎이 1장씩 달려서 서로 어긋나게 보이는 잎차례를 말한다. 호생(互生), alternate라고도 한다.

어긋나기 : 사방오리

어긋밑 169쪽

잎 밑부분의 양쪽이 좌우 대칭이 아닌 일그러진 모양의 잎을 말한다. 왜저(歪底), oblique라고도 한다. 느릅나무 잎밑을 예로 들 수 있다.

어긋밑 : 느릅나무

어린나무 52쪽

씨앗에서 싹이 터서 한두 해쯤 자란 작은 나무를 말한다. 유목(幼木), 약목(若木), young tree, sapling이라고도 한다.

언피해 382쪽

겨울철 온도가 낮게 내려가서 농작물 등이 입는 피해를 말한다. 강추위에 나무줄기의 나무즙이 얼어서 줄기가 갈라지는 피해를 입기도 하는데, 빠른 시간 안에 줄기의 터진 부분을 노끈이나 고무 밴드로 단단히 묶어 마르지 않도록 해 주어야 한다.

언피해 : 벚나무

여름눈 106쪽

우기와 건기로 나뉘는 열대 지역에서는 건기에 낙엽이 지면서 휴면 상태의 눈이 생기기도 하는데 이를 말한다. 하아(夏芽), summer bud라고도 한다. 우기가 다가오면 여름눈에서 새순이 터서 자란다.

여름눈 : 면도솔나무

여윈열매 295쪽

마른 열매껍질은 얇은 막질이며 속에 들어 있는 1개의 씨앗과 단단히 붙어 있어서 전체가 씨앗처럼 보이는 열매를 말한다. 수과(瘦果), achene이라고도 한다.

여윈열매 : 외대으아리

연륜(年輪) 63쪽 나이테

열개과(裂開果) 295쪽 열리는열매

열리는열매 295쪽

마른열매 중에서 열매가 익으면 열매껍질이 벌어져서 씨앗이 드러나는 열매를 '열리는열매'라고 한다. 열리는열매에는 꼬투리열매, 튀는열매, 뚜껑열매, 뿔열매, 쪽꼬투리열매 등이 있다. 열개과(裂開果), dehiscent fruit라고도 한다.

열리는열매 : 참오동

열매껍질 277쪽

씨방벽이 발달하여 생긴 것으로 속에 있는 씨앗을 외부로부터 보호하는 역할을 한다. 과피(果皮), pericarp라고

열매껍질 : 망고스틴

도 한다. 일반적으로 열매의 가장 바깥쪽 부분을 '겉열매껍질'이라고 하고, 가장 안쪽에 있는 부분은 '속열매껍질'이라고 하며, 가운데 부분은 '가운데열매껍질'이라고 한다.

열매껍질조각 277쪽
열매가 다 익으면 여러 갈래로 벌어지는 열매껍질의 각각의 조각을 말한다. 과피편(果皮片), pericarp pieces, valve라고도 한다.

열매껍질조각 : 무궁화

열매살 291쪽
열매에서 씨앗을 둘러싸고 있는 두툼한 살을 말한다. 과육(果肉), flesh, fruit pulp, sarcocarp라고도 한다. 열매살은 동물이 섭취하도록 해서 씨앗을 퍼뜨리기 위한 수단이다.

열매살 : 파파야

열매자루 256쪽
열매가 매달려 있는 자루를 말한다. 과병(果柄), 과경(果梗), peduncle, fruit stalk라고도 한다. 꽃이 열매로 변하면 꽃자루가 자연스럽게 열매자루가 된다.

열매자루 : 올벚나무

엽두(葉頭) 168쪽 잎끝

엽록소(葉綠素) 151쪽 잎파랑이

엽록체(葉綠體) 150쪽 잎파랑치

엽맥(葉脈) 148쪽 잎맥

엽병(葉柄) 148쪽 잎자루

엽병내아(葉柄內芽) 126쪽 잎자루속눈

엽서(葉序) 152쪽 잎차례

엽선(葉先) 168쪽 잎끝

엽신(葉身) 148쪽 잎몸

엽아(葉芽) 94쪽 잎눈

엽액(葉腋) 108쪽 잎겨드랑이

엽육(葉肉) 150쪽 잎살

엽초(葉鞘) 20쪽 잎집

엽축(葉軸) 163쪽 큰잎자루

엽침(葉針) 134쪽 잎가시

엽침(葉枕) 179쪽 잎베개

엽흔(葉痕) 108쪽 잎자국

영구꽃받침 318쪽
꽃봉오리 때부터 싸고 있던 꽃받침이 열매가 다 익을 때까지 남아서 씨앗까지 보호하는데 이런 꽃받침을 말한다. 숙악(宿萼), 숙존악(宿存萼), persistent calyx라고도 한다.

영구꽃받침 : 누리장나무

예두(銳頭) 168쪽 뾰족끝

예저(銳底) 169쪽 뾰족밑

오목끝 168쪽
잎몸의 윗부분이 안쪽으로 오목하게 파인 잎을 말한다. 요두(凹頭), emarginate라고도 한다. 양다래 잎끝을 예로 들 수 있다.

오목끝 : 양다래

오출엽(五出葉) 164쪽 5출손꼴겹잎

온대림(溫帶林) 371쪽
난대와 한대 사이에 해당하며 연평균 기온이 6~13℃인 기후대에서 자라는 산림대를 말한다. temperate forest라고도 한다.

온대림 : 태백산

옹두리 385쪽
나뭇가지가 부러지거나 상한 자리에 결이 맺혀 혹처럼 튀어나온 것을 말한다. 나무줄기에 상처나 세균 등에 의해 생긴 울퉁불퉁한 혹도 '옹두리'라고 한다. 목류(木瘤), burl, gnarl이라고도 한다.

옹두리 : 소나무

옹이 385쪽
나무줄기의 조직이 자람에 따라 나뭇가지가 붙는 곳에 생기는 흔적이나 흠을 말한다. 목절(木節), knot라고도 한다.

옹이 : 소나무

완전엽(完全葉) 149쪽 갖춘잎

왜저(歪底) 169쪽 어긋밑

외과피(外果皮) 308쪽 겉열매껍질

외봉선(外縫線) 289쪽
꼬투리열매의 가장자리를 결합하고 있는 2개의 봉합선 중에서 바깥쪽에 있는 봉합선을 말한다. 배봉선(背縫線), dorsal suture라고도 한다.

외봉선 : 아까시나무

요두(凹頭) 168쪽 오목끝

우듬지 81쪽
나무의 원줄기 꼭대기에 있는 끝눈이 자란 가지를 우리말로 '우듬지'라고 하는데 모든 가지의 우두머리가 되는 가지란 뜻이다. 수초(樹梢), treetop이라고도 한다. 우듬지는 잎을 달고 있고 한 나무에 하나밖에 없으며 해를 따라 위로 자랄 방향을 잡는 중심 가지이다.

우듬지 : 독일가문비

우상맥(羽狀脈) 172쪽 깃꼴맥

우상복엽(羽狀複葉) 166쪽 깃꼴겹잎

우상삼출엽(羽狀三出葉) 163쪽 깃꼴세겹잎

우상열(羽狀裂) 171쪽 깃꼴갈래잎

우수우상복엽(偶數羽狀複葉) 167쪽 짝수깃꼴겹잎

울타리씨방 257쪽
항아리 모양의 꽃받침통이 떨어져서 씨방을 빙 둘러싸고 있는데, 이를 '울타리씨방'이라고 하며 대부분의 벚나무속 나무가 가지고 있는 특징이다. 주위자방(周位子房), perigyny라고도 한다.

울타리씨방 : 올벚나무

울타리조직 150쪽
잎 표면의 얇은 껍질 밑에는 세로로 가늘고 긴 세포가 울타리처럼 늘어서 있는데 이를 말한다. 책상조직(柵狀組織), palisade parenchyma라고도 한다. 잎파랑치가 분포해서 광합성을 한다.

울타리조직 : 잎의 단면과 내부 구조

움돋이 129쪽
풀이나 나무를 베어 낸 곳에서 새로 돋아 나오는 싹을 말한다. 움싹, 맹아(萌芽), sprout라고도 한다. 나무는 줄기나 가지의 나무껍질 안쪽에 있는 잠눈이 움터서 자란다.

움돋이 : 녹나무

움싹 129쪽 움돋이

웅구화수(雄毬花穗) 258쪽 수솔방울

웅성구화수(雄性毬花穗) 258쪽 수솔방울

웅성양성동주(雄性兩性同株) 251쪽 수꽃암수한꽃한그루

웅예(雄蘂) 234쪽 수술

웅주(雄株) 247쪽 수그루

웅화아(雄花芽) 98쪽 수꽃눈

원두(圓頭) 168쪽 둥근끝

원뿌리 34쪽
씨앗에서 나와 밑으로 곧게 자
란 가운데의 굵은 뿌리를 말한
다. 주근(主根), main root, tap
root라고도 한다. 쌍떡잎식물
과 겉씨식물은 원뿌리가 발달
한다.

원뿌리 : 밤나무

원저(圓底) 169쪽 둥근밑

원형(圓形) 161쪽
잎몸이 동그란 원 모양인 잎을 말한
다. orbicular라고도 한다. 청미래덩
굴의 잎이 대부분 원형이다.

원형 : 청미래덩굴

위경(僞莖) 22쪽 헛줄기

위과(僞果) 322쪽 헛열매

위씨방 254쪽
씨방이 꽃받침보다 위에 붙어 있는 것
을 말하며 꽃식물의 씨방 중에서 가
장 흔하다. 위씨방에서 만들어진 열
매는 꽃받침보다 위에 있으므로 어린
열매로도 씨방의 위치를 알 수 있다.
상위자방(上位子房), superior ovary,
hypogynous라고도 한다.

위씨방 : 모란

위윤생(僞輪生) 158쪽 거짓돌려나기

위핵과(僞核果) 331쪽 가짜굳은씨열매

유린아(有鱗芽) 87쪽 비늘눈

유목(幼木) 52쪽 어린나무

유엽태(幼葉態) 130쪽 아형

유저(流底) 169쪽 흐름밑

유한꽃차례 240쪽
무한꽃차례와 반대로 꽃차례
의 꽃이 위에서부터 밑으로 피
어 내려가거나 안에서부터 밖으
로 피어 가는 것을 말한다. 유
한화서(有限花序), determinate
inflorescence라고도 한다. 유
한꽃차례에는 홀로꽃차례, 갈래
꽃차례, 숨은꽃차례 등이 있다.

유한꽃차례 : 사철나무

유한화서(有限花序) 240쪽 유한꽃차례

유합조직(癒合組織) 385쪽 새살고리

육질과(肉質果) 294쪽 살열매

육질구과(肉質球果) 303쪽 살찐솔방울열매

윤생(輪生) 156쪽 돌려나기

으뜸눈 124쪽
가지의 한 마디에 2개 이상의 겨울눈이
붙어 있을 때 그중에서 가장 큰 겨울눈
을 말한다. 주아(主芽), superimposed
bud, main bud라고도 한다. 나머지
작은 겨울눈은 '덧눈'이라고 한다.

으뜸눈 : 때죽나무

은아(隱芽) 122쪽 묻힌눈

음수(陰樹) 369쪽 음지나무

음지나무 369쪽
비교적 빛이 약한 그늘에서도 자랄
수 있는 나무를 말한다. 음수(陰樹),
tolerant tree, shade tree라고도 한
다. 생존이 가능한 광도는 햇빛이 최
대로 비치는 전광의 3~10%로 본다.

음지나무 : 식나무

이가화(二家花) 246쪽 암수딴그루

이과(梨果) 294쪽 배꼴열매

이열대생(二列對生) 155쪽 두줄마주나기

이열호생(二列互生) 154쪽 두줄어긋나기

이차분지(二次分枝) 121쪽
줄기나 가지 끝부분의 분열조직 부위에서 가지가 둘로 나누어져서 자라는 것을 말한다. dichotomous branching이라고도 한다.

이차분지 : 계수나무

이출복엽(二出複葉) 162쪽 두겹잎

이층(離層) 108쪽 떨켜

이판화(離瓣花) 235쪽 갈래꽃

익과(翼果) 295쪽 날개열매

인과류(仁果類) 322쪽
꽃턱이나 꽃받침처럼 씨방이 아닌 부분이 발달해서 씨방을 싸고 있는 열매는 거짓열매란 뜻으로 '헛열매'라고 하는데, 헛열매 중에서 과일로 먹는 열매를 말한다. pome fruits라고도 한다. 사과나 배가 대표적인 인과류이다.

인과류 : 배나무

인아(鱗芽) 87쪽 비늘눈

인엽(鱗葉) 13쪽 비늘잎

인편(鱗片) 14쪽 비늘조각

인편아(鱗片芽) 87쪽 비늘눈

인편엽(鱗片葉) 13쪽 비늘잎

인형(鱗形) 160쪽 비늘형

일가화(一家花) 242쪽 암수한그루

임관(林冠) 367쪽 숲지붕

잎가시 134쪽
식물의 잎이나 잎자루, 턱잎 등 잎의 일부분이 변하여 날카로운 가시로 변한 것을 말한다. 엽침(葉針), leaf spine이라고도 한다. 잎가시는 손으로 누르면 가지와의 경계면을 따라 잘 떨어진다.

잎가시 : 매발톱나무

잎겨드랑이 108쪽
줄기에서 잎이 나오는 겨드랑이 같은 부분으로 잎자루와 줄기 사이를 말한다. 엽액(葉腋), axil, leaf axil이라고도 한다.

잎겨드랑이 : 비쭈기나무

잎꼭지 148쪽 잎자루

잎끝 168쪽
잎끝은 잎자루에서 가장 먼 잎몸의 윗부분을 말한다. 엽선(葉先), 엽두(葉頭), leaf apex라고도 한다. 잎끝은 대개 뾰족하거나 둥글지만 나무에 따라서 모양이 조금씩 다르다.

잎끝 : 차나무

잎눈 94쪽
겨울눈 중에서 자라서 잎이나 줄기가 될 눈을 말한다. 엽아(葉芽), leaf bud, foliar bud라고도 한다. 일반적으로 꽃눈보다 작고 길쭉한 것이 많다.

잎눈 : 비목나무

잎맥 148쪽
잎몸 안에 그물망처럼 분포하는 조직으로 물과 양분의 통로가 된다. 엽맥(葉脈), vein이라고도 한다. 크게 나란히맥과 그물맥으로 나뉜다.

잎맥 : 거제수나무

잎몸 148쪽
잎을 잎자루와 구분하여 부르는 이름으로 잎자루를 제외한 나머지 부분을 말한다. 엽신(葉身), lamina, leaf blade라고도 한다.

잎몸 : 국수나무

잎베개 179쪽

잎자루 양쪽의 통통한 부분을 말하며 콩과식물의 잎이 가지고 있는 특징이다. 엽침(葉枕), pulvinus, leaf cushion이라고도 한다. 자귀나무나 미모사 등의 잎은 잎베개의 팽압운동에 의해 잎이 닫히고 열리는 운동을 한다.

잎베개 : 박태기나무

잎살 150쪽

잎에서 잎맥과 얇은 위아래 껍질을 제외한 사이의 조직을 말한다. 엽육(葉肉), mesophyll이라고도 한다. 잎살에는 잎파랑이가 있어 광합성 작용을 통해 양분을 만든다.

잎살 : 잔잎산오리나무

잎자국 108쪽

줄기와 가지에 남아 있는 잎이 떨어진 흔적을 말한다. 엽흔(葉痕), leaf scar라고도 한다. 겉은 코르크로 싸서 추위와 병균의 침입을 막는다.

잎자국 : 가죽나무

잎자루 148쪽

잎몸을 줄기나 가지에 붙게 하는 꼭지 부분을 말한다. 잎꼭지, 엽병(葉柄), petiole이라고도 한다. 종에 따라 또는 잎이 붙는 위치에 따라 모양과 길이가 달라지기도 한다.

잎자루 : 담쟁이덩굴

잎자루속눈 126쪽

추운 겨울을 나기 위해 만들어지는 겨울눈이 잎자루 속에서 만들어지는 것을 말한다. 엽병내아(葉柄內芽), intrapetiolar bud라고도 한다. 겨울눈이 잎자루 속에서 만들어지기 때문에 낙엽이 지기 전까지는 겨울눈이 만들어지는 것이 보이지 않는다.

잎자루속눈 : 쪽동백나무

잎집 20쪽

잎의 밑부분에서 줄기를 싸고 있는 부분을 말한다. 벼과식물이나 쇠뜨기와 같은 고사리식물 등에서 볼 수 있다. 엽초(葉鞘), leaf sheath라고도 한다.

잎집 : 왕대

잎차례 152쪽

줄기나 가지에 잎이 붙어 있는 모양을 말한다. 엽서(葉序), phylotaxis, phyllotaxy, leaf arrangement라고도 한다. 잎차례는 나무가 햇빛을 고루 받기 위해서 효율적으로 잎을 배치하는 중요한 특징이다.

잎차례 : 다정큼나무

잎파랑이 151쪽

잎을 초록색으로 보이게 하는 색소로, 여러 파장의 빛 가운데 초록색은 반사하고 나머지 파장의 빛은 흡수해서 잎파랑치로 전달하면 광합성의 재료로 사용된다. 엽록소(葉綠素), chlorophyll이라고도 한다.

잎파랑치 150쪽

식물의 잎에 들어 있는 작은 녹색 알갱이로 잎파랑치 안에는 많은 잎파랑이가 들어 있다. 엽록체(葉綠體), chloroplast라고도 한다. 잎파랑이가 흡수한 빛과 물, 이산화탄소를 이용해 광합성을 해서 탄수화물과 산소를 만든다.

잎파랑치 : 잎의 단면과 내부 구조

자구화수(雌毬花穗) 259쪽 암솔방울

자방(子房) 234쪽 씨방

자상돌기체(刺狀突起體) 136쪽 껍질가시

자성구화수(雌性毬花穗) 259쪽 암솔방울

자성양성동주(雌性兩性同株) 251쪽 암꽃암수한꽃한그루

자엽(子葉) 330쪽 떡잎

자예(雌蘂) 234쪽 암술

자예선숙(雌蘂先熟) 244쪽 암술먼저피기

자웅동주(雌雄同株) 242쪽 암수한그루

자웅이주(雌雄異株) 246쪽 암수딴그루

자웅잡가(雌雄雜家) 250쪽 잡성그루

자유생장(自由生長) 213쪽
지난해에 형성된 겨울눈에서 새순이
나와 자라고, 이어서 새로운 눈이 만
들어지면서 계속해서 새잎과 가지가
자라는 것을 말하며 생장이 빠르다.
자유성장(自由成長), free growth라
고도 한다.

자유생장 : 일본목련

자유성장(自由成長) 213쪽 자유생장

자주(雌株) 247쪽 암그루

자화아(雌花芽) 98쪽 암꽃눈

작은키나무 29쪽
줄기와 곁가지가 분명하게 구별되며
보통 5~10m 높이로 자라는 나무를
말한다. 소교목(小喬木), 아교목(亞喬
木), subarbor라고도 한다.

작은키나무 : 동백나무

작은홀씨잎 19쪽
홀씨에 암수가 있는 경우 수꽃 역
할을 하는 작은홀씨를 생성하는
잎을 말한다. 소포자엽(小胞子葉),
microsporophyll이라고도 한다.

작은홀씨주머니 19쪽
작은홀씨잎 위에 만들어지는 작은
홀씨를 담고 있는 주머니 모양의
기관을 말한다. 소포자낭(小胞子囊),
microsporangium이라고도 한다.

작은홀씨
주머니

작은홀씨잎 : 소철

잔가지 80쪽
가지에서 계속 갈라져 나간 말
단부의 가지를 통틀어 말한다.
1~3년 정도 자란 가느다란 가지
를 생각할 수 있다. 소지(小枝),
branchlet, twig라고도 한다.

잔가지 : 진달래

잔톱니 170쪽
잎 가장자리의 톱니가 자잘한 모양
을 말한다. 세거치(細鋸齒), serrate
라고도 한다.

잔톱니 : 앵두나무

잠눈 129쪽
줄기의 껍질 속에 숨어서 보통 때
에는 자라지 않고 있다가 가지나
줄기를 자르면 비로소 자라기 시
작하는 숨어 있는 눈을 말한다. 숨
은눈, 잠아(潛芽), 잠복아(潛伏芽),
latent bud라고도 한다.

잠눈 : 우산고로쇠

잠복아(潛伏芽) 129쪽 잠눈

잠아(潛芽) 129쪽 잠눈

잡성그루 250쪽
암수한그루 중에서 칠엽수처럼
한 그루에 암수한꽃과 암수딴꽃
이 함께 피는 것은 특별히 '잡성
그루'라고 한다. 암수한꽃과 수꽃
이 피는 종도 있고 암수한꽃과 암
꽃이 피는 종도 있는 등 여러 가
지이다. 잡성주(雜性株), 양성동
주(兩性同株), 자웅잡가(雌雄雜家),
polygamy라고도 한다.

잡성그루 : 칠엽수

잡성주(雜性株) 250쪽 잡성그루

장과(漿果) 294쪽 물열매

장과류(漿果類) 328쪽
씨방벽이 두껍게 발달해서 만들어진

장과류 : 포도

열매살과 열매즙이 많은 열매를 '살열매(장과)'라고 하며 장과 중에서 과일로 먹는 열매를 '장과류'라고 한다. berry fruits라고도 한다.

장상맥(掌狀脈) 173쪽 손꼴맥

장상복엽(掌狀複葉) 164쪽 손꼴겹잎

장상삼출엽(掌狀三出葉) 163쪽 손꼴세겹잎

장상열(掌狀裂) 171쪽 손꼴갈래잎

장지(長枝) 84쪽 긴가지

장타원형(長楕圓形) 160쪽 긴타원형

전연(全緣) 170쪽 밋밋한

절간(節間) 85쪽 마디사이

절과(節果) 295쪽 마디꼬투리열매

절두(截頭) 168쪽 뭉뚝끝

절두과(節豆果) 295쪽 마디꼬투리열매

절저(截底) 169쪽 뭉뚝밑

점첨두(漸尖頭) 168쪽 긴뾰족끝

정아(頂芽) 86쪽 끝눈

정아(定芽) 129쪽 제눈

정아우세(頂芽優勢) 82쪽 끝눈우세

정원(庭園) 394쪽
나무나 꽃과 같은 자연물이나 인공물 등을 이용해 아름답게 꾸민 공간을 말한다. garden 이라고도 한다.

정원 : 광한루

정자나무 406쪽
무더위를 피하기 위해 마을 어귀나 길가에 큰 나무를 심고 나무 그늘 아래에서 마을 사람들이 쉬거나 모여서 놀았는데, 이런 나무를 말한다. 정자목(亭子木), 녹음수(綠陰樹), shade tree라고도 한다.

정자나무 : 팽나무

정자목(亭子木) 406쪽 정자나무

정제화(整齊花) 236쪽 방사대칭꽃

제눈 129쪽
가지 끝이나 잎겨드랑이에 정상적으로 달리는 눈을 말한다. 정아(定芽), definite bud라고도 한다. 정상적인 위치에 나지 않는 막눈에 대응되는 말이다.

제눈 : 굴피나무

조림목(造林木) 54쪽 조림수

조림수(造林樹) 54쪽
산이나 들에 인공적인 숲을 만들기 위해 심는 나무를 말한다. 조림목(造林木), plantation wood라고도 한다. 조림은 헐벗은 땅에 숲을 복구하거나 목재 등의 임산 자원을 얻기 위해 조성한다.

조림수 : 자작나무

조엽수림(照葉樹林) 222쪽
난대림과 아열대림에서 발달하는 산림의 일종으로, 늘푸른넓은잎나무의 잎 표면에 큐티클층이 발달해서 광택이 나는 가죽질의 진녹색 잎을 가진 조엽수가 주종을 이루는 숲을 말한다. laurel forest라고도 한다.

조엽수림 : 전남 완도

종린(種鱗) 13쪽 솔방울조각

종발(種髮) 276쪽 씨털

450

종생부아(縱生副芽) 125쪽 세로덧눈

종의(種衣) 304쪽 헛씨껍질

종자(種子) 276쪽 씨앗

종자병(種子柄) 291쪽 씨자루

종자식물(種子植物) 356쪽 씨식물

종피(種皮) 305쪽 씨껍질

좌우대칭꽃 237쪽
꽃받침조각이나 꽃잎의 모양이 서로
다르며 보통 대칭축이 하나밖에 없는
꽃으로 곤충은 일정한 방향으로만 꽃
에 접근할 수 있다. 좌우대칭화(左右對
稱花), 부정제꽃, 부정제화(不整齊花),
zygomorphic flower라고도 한다.

좌우대칭꽃 : 참오동

좌우대칭화(左右對稱花) 237쪽 좌우대칭꽃

주근(主根) 34쪽 원뿌리

주맥(主脈) 148쪽
잎몸에 여러 굵기의 잎맥이 있을 경
우 가장 굵은 잎맥을 말한다. 중앙
맥(中央脈), 가운데맥, 가운데잎줄,
main vein, central vein, midvein
이라고도 한다. 보통은 잎의 가운데
있는 가장 큰 잎맥을 가리킨다.

주맥 : 먼나무

주병(珠柄) 291쪽 밑씨자루

주아(主芽) 124쪽 으뜸눈

주위자방(周位子房) 257쪽 울타리씨방

준정아(準頂芽) 121쪽 가짜끝눈

줄기가시 132쪽
줄기나 가지가 변한 가시를 통틀어 말하며 매우 단단하

고 잘 떨어지지 않는다. 경침(莖針),
thorn, stem spine이라고도 한다.

중거치(重鋸齒) 148쪽 겹톱니

중과피(中果皮) 308쪽
가운데열매껍질

줄기가시 : 탱자나무

중생부아(重生副芽) 125쪽 세로덧눈

중앙맥(中央脈) 148쪽 주맥

중위자방(中位子房) 255쪽 가운데씨방

중축(中軸) 287쪽 가운데기둥

중축태좌(中軸胎座) 287쪽 속씨자리

증산(蒸散) 30쪽 김내기

증산작용(蒸散作用) 30쪽 김내기

지령(枝領) 384쪽 가지밑살

지륭(枝隆) 384쪽 가지밑살

지주근(支柱根) 38쪽 버팀뿌리

지피융기선(枝皮隆起線) 384쪽
줄기와 가지 또는 두 가지가 서
로 맞닿아서 생긴 주름살 모양
의 능선을 말한다. 지피척(枝皮
脊), 가지등마루선, branch bark
ridge라고도 한다.

지피융기선 : 튤립나무

지피척(枝皮脊) 384쪽 지피융기선

지흔(枝痕) 54쪽 가지자국

직경생장(直徑生長) 63쪽 부피생장

집합과(集合果) 296쪽 모인열매

짝수깃꼴겹잎 167쪽

좌우에 몇 쌍의 작은잎이 달리고 그 끝에는 작은잎이 달리지 않는 깃 모양 겹잎을 말한다. 우수우상복엽(偶數羽狀複葉), even-pinnately compound leaf, paripinnately compound leaf 라고도 한다.

짝수깃꼴겹잎 : 참골담초

짧은가지 84쪽

마디 사이의 간격이 극히 짧아서 촘촘해 보이는 가지를 말한다. 단지(短枝), short shoot라고도 한다. 잎이 짧은 마디마다 달리기 때문에 모여 달린 것처럼 보인다.

짧은가지 : 물푸레나무

쪽 324쪽

열매에서 속열매껍질에 의해 나뉘어진 작은 방을 말하며 보통 심피의 숫자와 같다. 열매살과 씨앗이 들어 있다. 양낭(瓤囊), segment라고도 한다.

쪽 : 산귤

쪽꼬투리열매 295쪽

마른열매의 하나로 하나의 심피로 이루어진 씨방이 자란 주머니 모양의 열매는 1줄의 봉합선을 따라 벌어지면서 1~여러 개의 씨앗이 드러난다. 대과(袋果), 골돌과(骨突果), follicle이라고도 한다.

쪽꼬투리열매 : 모란

차상맥(叉狀脈) 173쪽 두갈래맥

착생식물(着生植物) 76쪽

나무나 바위에 붙어서 살아가는 식물을 말한다. air plant, aerial plant, epiphyte라고도 한다. 온도가 높고 습기가 많은 열대 우림 같은 곳에서 흔히 볼 수 있다.

착생식물 : 레인트리

책상조직(柵狀組織) 150쪽 울타리조직

체관 151쪽

잎에서 만들어진 영양분이 줄기나 뿌리와 같은 식물체의 여러 부분으로 이동하는 통로를 말한다. 사관(篩管), phloem, sieve tube라고도 한다.

체관 : 잎의 단면과 내부 구조

초본(草本) 11쪽 풀

총생(叢生) 156쪽 모여나기

총엽병(總葉柄) 163쪽 큰잎자루

총포엽(總苞葉) 97쪽 모인꽃턱잎조각

총포조각 97쪽 모인꽃턱잎조각

총포편(總苞片) 97쪽 모인꽃턱잎조각

충영(蟲癭) 380쪽 벌레혹

취과(聚果) 296쪽 모인열매

측근(側根) 34쪽 곁뿌리

측막태좌(側膜胎座) 290쪽 벽씨자리

측맥(側脈) 149쪽

중심이 되는 가운데 주맥에서 좌우로 뻗어 나간 잎맥을 말한다. 곁맥, 곁잎줄, lateral vein이라고도 한다.

측맥 : 거제수나무

측벽태좌(側壁胎座) 290쪽 벽씨자리

측생부아(側生副芽) 125쪽 가로덧눈

측아(側芽) 86쪽 곁눈

침거치(針鋸齒) 171쪽 침톱니

침끝 168쪽

잎몸의 끝부분이 가시나 털이 달린 것처럼 급격히 뾰족해지는 잎끝을 말한

침끝 : 땅비싸리

다. 미철두(微凸頭), mucronate라고도 한다.

침엽(針葉) 10쪽 바늘잎

침엽수(針葉樹) 12쪽 바늘잎나무

침톱니 171쪽
잎 가장자리의 톱니 끝이 바늘처럼 뾰족한 모양을 말한다. 침거치(針鋸齒), aculeate라고도 한다.

침톱니 : 밤나무

침형(針形) 160쪽 바늘형

콩팥형 161쪽
밑부분이 약간 오목하게 들어간 콩팥처럼 생긴 잎 모양을 말하며 보통 세로 길이가 가로보다 길다. 신장형(腎臟形), reniform이라고도 한다.

콩팥형 : 계수나무

큰가지 80쪽
나무줄기에서 바로 자라 나중에 가지와 잔가지로 나뉘는 가지를 말한다. 대지(大枝), bough, limb이라고도 한다.

큰가지 : 구실잣밤나무

큰물결모양 171쪽
잎 가장자리의 톱니 끝이 날카롭지 않으며 전체가 크고 깊은 물결처럼 보이는 모양을 말한다. 심파상(深波狀), sinuate라고도 한다.

큰물결모양 : 떡갈나무

큰잎자루 163쪽
겹잎에서 작은잎이 모여 달린 잎자루를 말한다. 겹잎자루, 엽축(葉軸), 총엽병(總葉柄), rachis라고도 한다.

큰잎자루 : 모란

큰홀씨잎 18쪽
홀씨에 암수가 있는 경우 암꽃 역할을 하는 큰홀씨를 생성하는 잎을 말한다. 대포자엽(大胞子葉), megasporophyll

큰홀씨잎 : 소철

이라고도 한다.

키나무 29쪽
줄기와 곁가지가 분명하게 구별되며 대략 5m 이상 높이로 자라는 나무를 말한다. 교목(喬木), tree, arbor, tall-tree라고도 한다. 보통 5~10m 높이로 자라는 나무는 '작은키나무(小喬木)'라고 하고, 10m 이상 크게 자라는 나무는 '큰키나무(喬木)'라고 한다.

키나무 : 양버들

타원형(楕圓形) 160쪽
잎몸의 가운데 부분이 가장 넓고 양쪽으로 같은 비율로 좁아지는 잎을 말한다. elliptical이라고도 한다.

타원형 : 먼나무

탁엽(托葉) 49쪽 턱잎

탁엽아린(托葉芽鱗) 104쪽 턱잎눈비늘조각

탁엽침(托葉針) 134쪽 턱잎가시

탁엽흔(托葉痕) 109쪽 턱잎자국

태생모종 44쪽 태생씨앗

태생씨앗 44쪽
열매 속에 있는 씨앗의 씨눈이 휴면 상태가 되지 않고 열매에서 직접 발아하면 씨눈줄기가 길어지면서 붓 모양으로 자라는 것을 말한다. 태생종자(胎生種子), 태생모종, 태생열매, viviparous seed라고도 한다.

태생씨앗 : 장다리홍수

태생열매 44쪽 태생씨앗

태생종자(胎生種子) 44쪽 태생씨앗

태좌(胎座) 286쪽 씨자리

터짐열매 295쪽

속이 여러 칸으로 나뉘고 칸마다 씨앗이 많이 들어 있는 열매를 말한다. 삭과(蒴果), capsule이라고도 한다. 대부분이 열매가 익으면 껍질이 위에서 아래로 갈라지면서 씨앗이 나온다.

터짐열매 : 동백나무

턱잎 49쪽

잎자루 기부나 잎자루 밑부분 주변의 줄기에 붙어 있는 비늘 같은 작은 잎 조각을 말한다. 받침잎, 탁엽(托葉), stipule이라고도 한다. 쌍떡잎식물에서 주로 볼 수 있으며 대부분이 일찍 탈락한다.

턱잎 : 칡

턱잎가시 134쪽

잎자루 밑부분에 달리는 1쌍의 턱잎이 변한 가시를 말한다. 탁엽침(托葉針), stipular spine이라고도 한다. 턱잎가시는 잎가시의 일종으로 본다.

턱잎가시 : 갯대추나무

턱잎눈비늘조각 104쪽

겨울눈을 싸고 있는 눈비늘조각이 턱잎이 변해서 만들어진 것을 말하며 목련속에서 쉽게 볼 수 있다. 탁엽아린(托葉芽鱗), stipular bud scale이라고도 한다.

턱잎눈비늘조각 : 목련

턱잎자국 109쪽

가지에서 턱잎이 떨어진 자국을 말한다. 탁엽흔(托葉痕), stipule scar라고도 한다. 보통 잎자국 양쪽에 나타나며 일반적으로 길쭉하다.

턱잎자국 : 칡

테씨자리 288쪽

암술은 1개의 심피로 이루어지고 씨방은 1개이며 심피 가장자리를 결합한 봉합선을 따라 밑씨가 달리는 씨자리를 말하며 콩과식물이 대

테씨자리 : 아까시나무

표적이다. 변연태좌(邊緣胎座), marginal placentation이라고도 한다.

토피어리 411쪽

관상수를 가지치기 등으로 잘 다듬어서 여러 가지 동물 모양이나 사물의 모양과 비슷하게 만든 작품을 말한다. Topiary라고도 한다.

토피어리 : 필리핀차나무

톱니 148쪽

잎 가장자리가 톱날처럼 들쑥날쑥한 모양을 말한다. 거치(鋸齒), serrate, tooth라고도 한다. 종에 따라 톱니의 모양과 크기가 여러 가지이다.

톱니 : 시무나무

통꽃 235쪽

한 꽃 안에 있는 꽃잎의 일부 또는 전부가 붙어서 통 모양으로 되는 꽃을 말한다. 꽃잎이 한 조각씩 떨어지는 갈래꽃에 대응되는 말이다. 합판화(合瓣花), gamopetalous라고도 한다.

통꽃 : 고욤나무

통꽃받침 256쪽

꽃받침의 밑부분이 서로 붙어 있어서 통 모양을 이루는 것을 말한다. 통꽃받침은 꽃받침통과 꽃받침갈래조각으로 구분된다. 합판악(合瓣萼), 합악(合萼), synsepalous calyx라고 한다. 꽃부리가 통꽃이면 통꽃받침을 가진 경우가 대부분이다.

통꽃받침 : 복숭아나무

파상(波狀) 171쪽 물결모양

판근(板根) 40쪽 판뿌리

판뿌리 40쪽

줄기 밑동에서 방사상으로 벋는 곁뿌리가 평판 모양으로 크게 자라서 판자를 세운 것처럼 되는 뿌리를 말한다. 판근(板根),

판뿌리 : 케이폭나무

buttress root라고도 한다. 판뿌리는 나무가 넘어지는 것을 막아 주는 역할을 한다.

평저(平底) 169쪽 뭉뚝밑

평행맥(平行脈) 173쪽 나란히맥

폐과(閉果) 295쪽 닫힌열매

포(苞) 22쪽 꽃턱잎

포린(苞鱗) 300쪽 꽃턱잎조각

포조각 300쪽 꽃턱잎조각

포편(苞片) 300쪽 꽃턱잎조각

풀 11쪽
줄기가 나무질이 아니어서 연하고 물기가 많은 식물을 통틀어 이르는 말이다. 초본(草本), herb, herbaceous plant라고도 한다. 한두 해밖에 못사는 한두해살이풀과 여러 해를 사는 여러해살이풀로 구분한다.

풀 : 지느러미엉겅퀴

피목(皮目) 53쪽 껍질눈

피자식물(被子植物) 15쪽 속씨식물

피침(披針) 136쪽 껍질가시

피침형(披針形) 160쪽
잎이 창처럼 생겼으며 잎몸은 길이가 너비의 몇 배가 되고 밑에서 1/3 정도 되는 부분이 가장 넓으며 끝은 뾰족하다. lanceolate라고도 한다.

피침형 : 댕강나무

하아(夏芽) 106쪽 여름눈

하위자방(下位子房) 255쪽 아래씨방

하트형 161쪽
동그스름한 잎몸의 밑부분은 오목하게 쏙 들어간 심장저이고 잎끝은 뾰족한 것이 하트(♡) 또는 심장처럼 생긴 잎 모양을 말한다. 심장형(心臟形), cordate라고도 한다.

하트형 : 이나무

한몸겹잎 162쪽 홑겹잎

합악(合萼) 256쪽 통꽃받침

합판악(合瓣萼) 256쪽 통꽃받침

합판화(合瓣花) 235쪽 통꽃

해면조직(海綿組織) 150쪽 갯솜조직

핵(核) 308쪽 굳은씨

핵과(核果) 294쪽 굳은씨열매

핵과류(核果類) 326쪽
씨방벽이 열매살로 두껍게 발달하며 속열매껍질이 단단한 나무질로 된 굳은씨열매인 핵과 중에서 과일로 먹는 열매를 핵과류로 구분한다. stone fruits라고도 한다.

핵과류 : 복숭아나무

햇가지 81쪽
그해에 새로 나서 자란 어린 가지를 말한다. 새가지, 신초(新梢), 신지(新枝), new shoot, new branch라고도 한다.

햇가지 : 닥나무

헛끝눈 121쪽 가짜끝눈

헛씨껍질 304쪽
열매 중에는 정받이가 끝난 뒤에 밑씨가 붙는 씨자리나 밑씨가 심피에 붙는 자루 부분이 발달해서 씨앗을 둘러싸는 껍질이 된 것도 있는데, 이

헛씨껍질 : 사철나무

455

를 말한다. 가종피(假種皮), 종의(種衣), aril, arillus라고도
한다.

헛열매 322쪽
식물 중에는 씨방 이외의 부분인 꽃
받침, 꽃턱, 꽃차례 등이 점차 크게
자라서 열매가 되기도 하는데, 씨방
이 자란 열매인 참열매와 구분하기
위해 '헛열매'라고 한다. 위과(僞果),
가과(假果), false fruit, pseudocarp
라고도 한다.

헛열매 : 모과나무

헛줄기 22쪽
줄기는 잎집이 서로 촘촘히 감겨서
생긴 가짜 줄기를 말한다. 위경(僞
莖), 가경(假莖), pseudostem이라고
도 한다. 바나나 줄기가 헛줄기이다.

헛줄기 : 바나나

협과(莢果) 295쪽 꼬투리열매

형성층(形成層) 17쪽 부름켜

호생(互生) 154쪽 어긋나기

호흡근(呼吸根) 35쪽 호흡뿌리

호흡뿌리 35쪽
특수한 뿌리로 지상에 뿌리의 일
부를 내서 호흡을 통해 공기를
얻는 뿌리를 말한다. 숨뿌리, 호
흡근(呼吸根), respiratory root
라고도 한다.

호흡뿌리 : 낙우송

혼아(混芽) 102쪽 섞임눈

홀수깃꼴겹잎 166쪽
좌우에 몇 쌍의 작은잎이 달리고
그 끝에 1개의 작은잎으로 끝나는
깃 모양 겹잎을 말한다. 기수우상
복엽(奇數羽狀複葉), odd-pinnately
compound leaf, imparipinnately

홀수깃꼴겹잎 : 붉나무

compound leaf라고도 한다.

홍수림(紅樹林) 46쪽 맹그로브

홑겹잎 162쪽
홑잎처럼 보이지만 잎자루에 마디가
있어 잎몸이 둘로 되어 있는 겹잎을
말한다. 한몸겹잎, 홑잎새겹잎, 단신
복엽(單身複葉), unifoliate compound
leaf라고도 한다. 유자나무 잎에서 볼
수 있다.

홑겹잎 : 유자나무

홑잎 149쪽
잎몸이 1개인 잎을 말한다. 단엽(單葉),
simple leaf라고도 한다. 여러 개의 작
은잎으로 이루어진 겹잎에 대응되는
말이다.

홑잎 : 국수나무

홑잎새겹잎 162쪽 홑겹잎

화(花) 234쪽 꽃

화관(花冠) 235쪽 꽃부리

화내밀선(花內蜜腺) 182쪽 꽃안꿀샘

화목(花木) 401쪽 꽃나무

화분(花粉) 22쪽 꽃가루

화사(花絲) 234쪽 수술대

화상(花床) 235쪽 꽃턱

화서(花序) 240쪽 꽃차례

화수(花穗) 282쪽 꽃이삭

화아(花芽) 94쪽 꽃눈

화외밀선(花外蜜腺) 183쪽 꽃밖꿀샘

흐름밑 169쪽
잎자루를 따라 잎몸이 이어져서 날개처럼 된 모양의 잎밑을 말한다. 유저(流底), decurrent, attenuate라고도 한다.

흐름밑 : 구기자나무

식물 이름 찾아보기

강원도 함백산의 주목

저자 **윤주복**

식물생태연구가이며, 자연이 주는 매력에 빠져 전국을 누비며
꽃과 나무가 살아가는 모습을 사진에 담고 있다.
저서로는 《꽃 책》, 《쉬운 식물책》, 《우리나라 나무 도감》, 《나무 해설 도감》,
《나무 쉽게 찾기》, 《겨울나무 쉽게 찾기》, 《열대나무 쉽게 찾기》,
《야생화 쉽게 찾기》, 《화초 쉽게 찾기》, 《APG 나무 도감》, 《APG 풀 도감》,
《나뭇잎 도감》, 《식물 학습 도감》, 《어린이 식물 비교 도감》,
《봄 · 여름 · 가을 · 겨울 식물도감》, 《봄 · 여름 · 가을 · 겨울 나무도감》,
《재밌는 식물 이야기》, 《나라꽃 무궁화 이야기》 등이 있다.

나
무
책

인쇄 – 2025년 4월 8일
발행 – 2025년 4월 15일
지은이 – 윤주복
발행인 – 허진
발행처 – 진선출판사(주)
편집 – 김경미, 최윤선, 최지혜
디자인 – 고은정
총무 · 마케팅 – 유재수, 나미영, 허인화
주소 – 서울시 종로구 삼일대로 457 (경운동 88번지) 수운회관 15층
　　　전화 (02)720-5990　팩스 (02)739-2129
　　　홈페이지 www.jinsun.co.kr
등록 – 1975년 9월 3일 10-92

＊책값은 뒤표지에 있습니다.

ISBN 979-11-93003-70-1 06480

진선 **books**는 진선출판사의 자연책 브랜드입니다.
자연이라는 친구가 들려주는 이야기 – '진선북스'가 여러분에게 자연의 향기를 선물합니다.